北方木本粮油树种主要病虫害

卢绍辉　孙丹萍　袁国军　主编

黄河水利出版社

·郑州·

内容提要

本书针对核桃、大枣、板栗、柿子、油用牡丹、油茶等我国北方栽培面积较大的木本粮油树种，简要论述每个树种的生长习性与分布、作为木本粮油树种的主要用途、产业现状等基本情况；重点论述每个树种主要病虫害的形态特征、为害症状、发生规律、绿色防控技术等；为我国木本粮油产业的健康有序发展提供技术支撑。

本书可供林业科技人员、基层林业工作者、林农、大中专院校师生阅读参考。

图书在版编目(CIP)数据

北方木本粮油树种主要病虫害/卢绍辉，孙丹萍，袁国军主编. —郑州：黄河水利出版社，2019.9

ISBN 978-7-5509-2501-4

Ⅰ.①北… Ⅱ.①卢…②孙…③袁… Ⅲ.①木本粮食林-病虫害防治②木本油料林-病虫害防治 Ⅳ.①S763

中国版本图书馆 CIP 数据核字(2019)第 201359 号

组稿编辑：李洪良　电话：0371-66026352　E-mail：hongliang0013@163.com

出 版 社：黄河水利出版社

网址：www.yrcp.com

地址：河南省郑州市顺河路黄委会综合楼 14 层　邮政编码：450003

发行单位：黄河水利出版社

发行部电话：0371-66026940、66020550、66028024、66022620(传真)

E-mail：hhslcbs@126.com

承印单位：虎彩印艺股份有限公司

开本：787 mm×1 092 mm　1/16

印张：17.25　插页：8

字数：420 千字　印数：1—1 000

版次：2019 年 9 月第 1 版　印次：2019 年 9 月第 1 次印刷

定价：98.00 元

《北方木本粮油树种主要病虫害》编写委员会

主　　任　尚忠海

副 主 任　宋宏伟　菅根柱　周三强　杨伟敏　范增伟　董玉山

主　　编　卢绍辉　孙丹萍　袁国军

副 主 编　王　平　汤清波　孙炳剑　高　飞　张元臣　王海军　苏衍修　李济武　梅象信　马俊青

参编人员（按姓氏笔画排序）

丁　鑫　王亚玲　方松山　丛海江　冯晓三
朱雨行　刘　莹　李　波　李喜林　李瑞芬
杨彦利　何贵友　沈　伟　沈植国　张来群
张改香　张　亮　张艳星　陈玮歌　陈景震
范培林　郑浩宇　郑　谊　赵　琳　胡　平
郜旭芳　姚永生　袁红霞　陶俊岭　郭　巍
唐秀军　龚东风　盛宏勇　常　如　韩　松
焦艳红　谢　彬

前　言

国以民为本,民以食为天,粮油既是关系国计民生和国家经济安全的重要战略物资,也是人类最基本的生活资料。木本粮油具有不与粮争地的显著特点,大力发展木本粮油产业,是缓解粮油供需矛盾、维护国家粮油安全的必然选择。

木本粮油树种是指通过栽培利用,可收获木本淀粉或木本油料的经济树种。木本粮油树种的果实或种仁富含淀粉或油脂,大多数可作为果品食用,或加工成食用淀粉、工业用淀粉、燃料乙醇、食用油和生物柴油等产品。木本粮油产品具有绿色、健康、营养和保健等多种特性,能最大程度地满足人们日益增长的对健康饮食与消费的需求。

我国木本粮油树种栽培利用历史悠久,资源丰富,分布广泛,我国国土总面积的2/3是山地丘岭,适宜生长种类繁多的木本粮油树种。我国木本粮油种质资源丰富,产量逐年增加。我国有木本粮食树种200多种,如大枣、柿子、板栗等树种都是大宗的木本粮食树种。我国有各种木本油料树种200多种,其中含油量在50%~60%的有50多种,作为食用油料栽培的有10多种。

加快木本粮油产业发展,对促进农民增收、加快山区经济发展、推进社会主义新农村建设具有积极意义。发展木本粮油,既可以补充粮油的不足,又可以改善人们的膳食结构,提高中华民族整体的健康水平。木本粮油树种多属原产我国的乡土树种,部分还属于常绿树种,四季常青,根系发达,耐干旱瘠薄,适生范围广,还具有很好的生态价值,被列为生态型经济林树种,是退耕还林和荒山荒地造林绿化的优良树种。

近年来,我国木本粮油产业发展迅猛,木本粮油树种栽植面积逐年增加,尤其是单一树种纯林的不断增加,使得病虫害问题愈加严重。在木本粮油病虫害防控方面,存在常发性病虫害连年暴发、部分次要病虫害已上升为主要病虫害、新的病虫害在部分地区猖獗危害、化学农药的长期超量使用、病虫害抗性增加、环境污染、产品质量下降等诸多问题,这些情况都严重限制了我国木本粮油产业的健康发展。

本书比较全面地介绍了核桃、大枣、板栗、柿子等29种北方主要木本粮油树种的生物学特性、分布范围等,对不同树种为害严重害虫的形态特征、生物学习性、为害状、防治方法进行了较详细的叙述,并着重介绍了一些新的农业防治、生物防治、物理防治、化学防治方法;对发生面积大、危害重的病害分别对其症状、病原、发病规律、防治方法进行了详细的叙述。本书编写内容以尽量符合环境保护的要求为宗旨。

木本粮油植物及其资源研究进展迅速,编著者亦尽可能地使本书内容完整与新颖,编写过程中参考了国内外许多专著与文献,部分文献引用时未能一一注明,在此向文献作者表示歉意!

因时间仓促,同时受资料来源和作者水平所限,书中难免有疏漏与不足之处,恳请读者及同仁批评指正,不吝赐教!

编　者

2019年8月

目　录

上篇　木本粮食树种主要病虫害

下篇　木本油料树种主要病虫害

上篇　木本粮食树种主要病虫害

一、枣树病虫害

枣树 *Zizyphus jujube*，鼠李科，枣属，是著名的经济树种，为落叶乔木，高可达 10 m，树冠卵形。树皮灰褐色，条裂。枝有长枝、短枝与脱落性小枝之分。长枝红褐色，呈“之”字形弯曲，光滑，有托叶刺或不明显；短枝在二年生以上的长枝上互生；脱落性小枝较纤细，无芽，簇生于短枝上，秋后与叶俱落。叶卵形至卵状长椭圆形，先端钝尖，边缘有细锯齿，基生三出脉，叶面有光泽，两面无毛。5～6 月开花，聚伞花序腋生，花小，黄绿色。核果卵形至长圆形，8～9 月果熟，熟时暗红色。果核坚硬，两端尖。枣较抗旱，适合生长在贫瘠的土壤上。在中国分布很广，自东北南部至华南、西南，西北到新疆均有，而以黄河中下游、华北平原栽培最普遍。

枣是中国第一大干果，枣树面积 100 万 hm^2 以上，总产量 250 万 t，占世界总产量的 99%，年产值 200 多亿元，目前中国枣产品已出口亚洲、欧洲、北美洲与非洲的 20 多个国家和地区。除新疆外，河北、河南、山东、山西、陕西等均为主要枣产区，800 万农户“靠枣吃饭”。据《中国果树志·枣卷》记载，我国共有枣品种 700 个，其中优良枣品种很多。①优良制干品种主要有金丝小枣、赞皇大枣、灰枣、圆铃枣、灵宝大枣、永城长红、相枣、根德大枣、临泽小枣。②优良鲜食品种主要有冬枣、尖脆枣、七月鲜、中酥脆、大城苹果枣、蜂蜜罐、临猗梨枣、彬县酥枣、不落酥、疙瘩脆等。③优良的兼用品种主要有鸡心枣、板枣、鸣山大枣、晋枣、民勤小枣、壶瓶枣等。④优良的蜜枣品种主要有扁核酸、义乌大枣、白皮马枣、南京枣、宣城尖枣、郎溪牛奶枣、灌阳长枣、涪陵鸡蛋枣、中卫木枣、木桐慷枣等。

近年来西部大开发过程中，枣业发展已经成为农民增收、改善西部生态环境的重要方向。目前，新疆已经成为全国发展枣业面积最大的省区，也是全国最大的枣生产区。但是随着人们对枣树经济价值的逐步认可和枣树大面积的种植，枣树病虫害也出现了愈演愈烈的趋势，并且病虫害种类多、分布广、危害重，这些都导致枣树产量低、枣品质下降。当前严重发生的病虫害主要有枣尺蠖、枣黏虫、桃小食心虫、食芽象甲、枣疯病、枣锈病、枣缩果病等。因此，我们要对枣产区进行病虫害监测，做到早发现、早控制，来保护中国枣产业的发展。防治时要坚持贯彻预防为主的无公害综合防治措施，以达到有效地控制病虫害发生与危害的目的。

（一）绿盲蝽

绿盲蝽 *Apolygus lucorμm* Meyer－Dür.，又名花叶虫、小臭虫等，属半翅目，盲蝽科。分布于全国林区。除危害菊花，还危害大丽菊、扶桑、木槿、紫薇、桃、山茶花、茶树、桑树、石榴、葡萄、苹果、梨、樱桃、海棠、板栗、山楂、柿子、李、杏等，其中葡萄、苹果、枣、桃、梨等是绿盲蝽的越冬寄主，越冬卵孵化后，若虫直接取食寄主的芽、花等幼嫩组织，被害部分出现黑褐色坏死小斑点，深处为黑色汁液。被害的叶片破损，产生落蕾、落花、果实畸形等。近年来，绿盲蝽在我国北方果区、茶区暴发成灾，由次要害虫上升为农林生产上的主要害虫，用于防治绿盲蝽的杀虫剂使用量也随之急剧增加。

1. 形态特征

1）成虫

体长5～8 mm，黄绿色至绿色，较扁平，头部三角形。复眼红褐色，触角淡褐色。前胸背板深绿色，布许多小黑点，前缘宽。小盾片三角形微突，黄绿色，中央具1浅纵纹。前翅绿色，膜质部淡褐色。足橘黄色，腿节较粗。足各节生小刺及细毛。飞行扩散能力与隐蔽性强，高温时常转移至植株下部或飞至农田周围的树林、杂草丛等阴凉地方。

2）卵

长1 mm，口袋形，黄绿色，卵盖奶黄色，中央凹入，产于植物组织中，多为散产。

3）若虫

初孵若虫体短且粗，似成虫，绿色，体表多黑色细毛，翅芽长达腹部第四节。若虫活动灵活，一旦受惊扰，迅速转移，且白天多藏于植株叶背、花等隐蔽处。

2. 为害状

该虫以成、若虫危害嫩叶、叶芽和花蕾及幼果的汁液。第1代主要危害幼芽、嫩叶，幼嫩组织被害后，先出现枯死小点，随后变黄枯萎，顶芽被害生长抑制，幼叶被害先呈现失绿斑点，随着叶片的伸展，小点逐渐变为不规则的孔洞，叶片周缘变黄，被害的枣吊不能正常伸展而呈弯曲状。绿盲蝽大发生时，常使枣树不能正常发芽，第2代主要危害花蕾及幼果，花蕾受害后即停止发育而枯死脱落，重者其花蕾几乎全部脱落，整树无花可开，幼虫被害出现黑色坏死斑，其果肉组织坏死，大部分受害果脱落，严重影响产量。

3. 生物学习性

绿盲蝽在华北地区一年发生4～5代，越冬卵于次年4月上中旬，均温高于10 ℃或连续5日均温达11 ℃，相对湿度高于70%时，开始孵化，同枣树的发芽期相吻合，孵化盛期为4月末至5月初；5月上旬第1代若虫开始羽化，羽化高峰期为5月中旬末；第2代若虫5月中旬开始出现，孵化盛期为5月末；6月上旬为第2代若虫羽化开始期，羽化高峰期为6月中旬末，羽化后的第2代成虫极少数在枣树或杂草上产卵，大多数转移至间作物绿豆、黄豆、爬豆、蔬菜上产卵；高峰期在6月中下旬；枣树上的第3代若虫于6月中旬出现，这时绿盲蝽迁入棉田为害；7月上旬为第3代若虫羽化开始期，羽化高峰期为7月中旬；第4代若虫7月中旬开始出现，孵化高峰期为7月中下旬，7月下旬为第4代若虫羽化开始期，羽化高峰期为8月中上旬，绿盲蝽迁至枣树、苹果、梨、葡萄等寄主上为害，因这些果树均在花果期或幼果期，幼果受害后出现黑色坏死斑或出现隆起的小疱，果肉组织坏死，严重时会导致幼果脱落，影响产量；第5代若虫8月上旬开始出现，孵化盛期为8月中旬，8月中旬为第五代若虫羽化开始期，羽化高峰期为8月末9月初，第3、4、5代成虫寿命30～50天，因而世代重叠严重。

4. 防治方法

1）物理防治

清除田间蒿类等杂草，减少盲蝽繁殖场所。枣树在早春萌芽前，加强人工清园和剪除夏剪口、枣头残留橛等末代成虫产卵部位，最大限度地降低虫源基数；清除枣林内及附近杂草。由于绿盲蝽成虫活动能力强，有一定的飞行扩散能力，可将绿色粘虫板挂于枣树林中，对防御成虫有很好的作用。在枣树离地1 m处缠上黄色粘虫胶带，对阻止幼虫上树有很好的效果。

2）化学防治

当卵已孵化，则应在越冬虫源寄主上喷洒50%甲胺磷乳油或50%甲基对硫磷1 500倍液，可减少越冬虫源。在为害期可选用联苯菊酯1 500倍液，灭杀效果可达93.10%；联苯菊酯2 500倍液和毒死蜱1 500倍液处理效果也较好，灭杀效果分别可达到89.66%和74.14%。在阴雨连绵天气，发生盛期隔一周喷一次。

3）生物防治

在树冠上悬挂由河南佳多科工贸有限公司提供的频振式杀虫灯（420 nm），5～6套/亩，棋盘式悬挂，每月更换一次诱芯，进行绿盲蝽种群监测和防治，绿盲蝽性诱剂诱芯由河南佳多科工贸有限公司生产提供。

（二）枣尺蠖

枣尺蠖 *Sucra jujuba* Chu，又称枣步曲，属于鳞翅目、尺蛾科害虫。以幼虫危害枣、苹果、梨的嫩芽、嫩叶及花蕾，严重发生的年份，可将枣芽、枣叶及花蕾吃光，不但造成当年绝产，而且影响翌年产量。

1.形态特征

1）成虫

雌蛾体长12～17 mm，灰褐色，无翅；腹部背面密被刺毛和毛鳞；触角丝状，喙（口器）退化，足胫节有5个白环；产卵器细长、管状，可缩入体内。雄蛾体长10～15 mm；前翅灰褐色，内横线、外横线黑色且清晰，中横线不太明显，中室端有黑纹，外横线中部折成角状；后翅灰色，中部有1条黑色波状横线，内侧有1黑点。中后足有1对端距。

2）卵

扁圆形，径长0.8～1 mm，有光泽，常数十粒或数百粒聚集成1块。初产时灰绿色，逐渐变为淡黄褐色，接近孵化时变为黑灰色，卵中央呈现凹陷时即将孵化。

3）幼虫

幼虫5龄。第1龄和第5龄各10天左右，第2至4龄共10天。1龄：初孵化时体长2 mm，头大，体黑色，全身有6条环状白色横纹，活泼。2龄：初脱皮体长5 mm，头大，色黄有黑点，体灰色，出现白色横纹8条，环状纹仍未消失，但已褪为黄白色。3龄：初脱皮体长11 mm，全身有黄、黑、灰3色断续纵纹若干条，头部小于胸部，头顶有黑色点。头胸接近处为黄白色环状纹，各节与深灰色的环纹，气门已明显。行动敏捷，食量增加。4龄：初脱皮体长17 mm，头部比身体细小，淡黄色，生有黑点和刺毛，体有光泽，气门线为纵行黄色宽条纹，体背及体侧均杂生黄、灰、黑断续条纹，各节生有黑点。5龄：初脱皮体长28 mm，老熟幼虫体长46 mm，最大长51 mm。头部灰黄色，密生黑色斑点，体背及侧面均为灰、黄、黑三色间杂的纵条纹。灰色纵条较宽，背色深，腹面色浅。气孔呈一黑色圆点，周围黄色。胸足3对，黄色，密布黑色小点，腹足及臀足各1对，为灰黄色，也密布黑色小点。个体间有的色深些，有的色浅些。1龄幼虫黑色，有5条白色横环纹；2龄幼虫绿色，有7条白色纵走条纹；3龄幼虫灰绿色，有13条白色纵条纹；4龄幼虫纵条纹变为黄色与灰白色相间；5龄幼虫（老龄幼虫）灰褐色或青灰色，有25条灰白色纵条纹。胸足3对，腹足1对，臀足1对。

4）蛹

纺锤形，雄蛹长16 mm，雌蛹长约17 mm。初为红色，后变为枣红色。

2. 为害状

初孵幼虫危害嫩芽，常称“顶门吃”，并且吐丝缠绕，阻碍树叶伸展，严重时可将树叶全部吃光，将枣树啃成光杆。

3. 生物学习性

1 年 1 代，有少数个体 2 年完成 1 代，以蛹在树冠下 3 ~ 20 cm 深的土中越冬，近树干基部越冬蛹较多。翌年 2 月中旬至 4 月上旬为成虫羽化期，羽化盛期在 2 月下旬至 3 月中旬。雌蛾羽化后于傍晚大量出土爬行上树；雄蛾趋光性强，多在下午羽化，出土后爬到树干、主枝阴面静伏，晚间飞翔寻找雌蛾交尾。雌蛾交尾后 3 天内大量产卵，每头雌蛾产卵量 1 000 ~ 1 200粒，卵多产在枝杈粗皮裂缝内，卵期 10 ~ 25 天。枣芽萌发时幼虫开始孵化，3 月下旬至 4 月上旬为孵化盛期。3 ~ 6 月为幼虫为害期，以 4 月危害最重。幼虫喜分散活动，爬行迅速并能吐丝下垂借风力转移蔓延，幼虫具假死性，遇惊扰即吐丝下垂。幼虫的食量随虫龄增长而急剧增大，4 月中下旬至 6 月中旬老熟幼虫入土化蛹。

枣尺蠖成虫的羽化受天气影响很大，气温高的晴天出土羽化多，气温低的阴天或降雨天则出土少。

4. 防治方法

1）农业防治

（1）在秋季和早春成虫羽化前，在距树干周围 1.5 m 范围内挖表土 10 cm 深，捡拾越冬蛹集中消灭。

（2）利用枣尺蠖在树下越冬，雌成虫需爬树交配的特点，在枣树的主干中部偏上处选择平滑处刮除老皮，涂上粘虫胶，阻止雌虫上树和成虫下树越冬。可利用雄成虫的趋光性，在成虫发生期悬挂黑光灯诱杀。

2）生物防治

保护天敌，如肿跗姬蜂、家蚕追寄蝇和彩艳宽额寄蝇等，以枣尺蠖幼虫为寄主，老熟幼虫的寄生率可以达到 30% ~ 50%，应注意保护。

3）物理防治

秋季翻园捡拾蛹消灭。在幼虫发生期，利用 1、2 龄幼虫的假死性，以木杆击枝，敲树振虫，可使幼虫落地进行人工捕杀。可以使用一种阻止害虫上树的装置（河南省林业科学研究院研制）阻止雌蛾上树危害，此方法简便易行。

4）化学防治

（1）薄膜毒绳法。阻止雌成虫、幼虫上树，成虫羽化前在树干基部绑 15 ~ 20 cm 宽的塑料薄膜带，环绕树干一周，下缘用土压实，接口处钉牢，上缘涂上粘虫药带，即可阻止雌蛾上树产卵。早春成虫即将羽化时，在树干中下部刮去老粗皮，绑宽 20 cm 扇形薄膜，用 2.5% 溴氰菊酯 1∶1 000 倍液浸草绳，晾干后捆绑薄膜中部。将薄膜上方向下反卷成喇叭形，以阻止和杀死上树雌蛾和幼虫。

（2）尽量选择在低龄幼虫期防治，此时虫口密度小，危害小，且虫的抗药性相对较弱，使用国光依它（45% 丙溴辛硫磷）1 000 倍液，或国光乙刻（20% 氰戊菊酯）1 500 倍液 + 乐克（5.7% 甲维盐）2 000 倍混合液，国光必治（40% 啶虫毒死蜱）防治。防治时分别可以用 25% 灭幼脲悬浮剂 3 000 倍液、2.5% 多杀霉素悬浮剂 3 000 倍液、10% 虫螨腈悬浮剂 3 000 倍液、5% 氟啶脲乳油3 000倍液、4.5% 高效氯氰菊酯乳油 3 000 倍液等来药剂防治，间隔7 ~

10 天。可轮换用药，以延缓抗性的产生。

（三）枣黏虫

枣黏虫 *Ancylis Sativa* Liu，又名包叶虫，属鳞翅目、小卷叶蛾科，是枣树的重要害虫之一。枣黏虫的幼虫吐丝将叶片、嫩枝或果实黏包在一起，在包内吃食为害，造成落果或减产，甚至绝收。

1. 形态特征

1）成虫

体长 5 ~ 7 mm，翅展 13 ~ 15 mm，体黄褐色，触角丝状，前翅前缘有黑色短斜纹 10 余条，翅中部有两条褐色纵线纹，翅顶角突出并向下呈镰刀状弯曲，后翅暗灰色，缘毛较长。

2）卵

扁椭圆形，初产时白色，最后变成橘红色至棕红色。

3）蛹

长约 7 mm，纺锤形，初期绿色后变黄褐色，羽化前变暗褐色，臀体 8 根，各节有两排横列刺突，蛹外披白色薄茧。

4）幼虫

体长约 15 mm，胴体淡绿至黄绿色或黄色，头部红褐或褐色，并有黑褐色花斑，前胸盾片和臀片褐色并有黑褐色花斑，胸侧毛 3 根，臀栉 3 ~ 6 齿。

2. 为害状

枣黏虫是以幼虫吐丝缠枣芽、叶、花和果实进行危害的一种小型鳞翅目害虫。枣黏虫以幼虫食害枣芽、枣花、枣叶，并蛀食枣果，导致枣花枯死、枣果脱落，发生较重时会引起严重减产。

3. 生物学习性

枣黏虫以蛹在枝干皮缝内过冬，在河北、山西、山东、北京、天津等每年 3 代，在河南、江苏 1 年发生 4 代，翌年 3 月下旬开始羽化。

成虫晚上活动，趋光性很强。第 1 代幼虫发生盛期在 5 月初，主要危害枣芽；第 2 代幼虫发生盛期在 6 月下旬至 7 月上旬，主要危害枣花花蕾和幼果；第 3 代幼虫发生盛期在 8 月上中旬，主要危害枣叶和着色枣果。第 3 代幼虫除卷叶为害外，还将叶片粘缀在果面上并在其中啃食或钻入果内取食果肉，这代幼虫为害直至 9 月中旬，于 9 月中下旬爬行到树皮裂缝或树洞中做茧、化蛹转入越冬。

4 月上旬为羽化盛期并开始产卵，卵期约 15 天，4 ~ 5 月间发生第 1 代幼虫正值枣树展叶期，幼虫集中为害幼芽和嫩叶，吐丝将叶黏合在一起，幼虫居内为害，一头幼虫 4 ~ 5 天取食一片叶，每头幼虫一生为害 6 ~ 8 片叶；大量黏叶出现在 5 月中下旬，幼虫老熟后即在卷叶内化蛹，5 月下旬至 6 月下旬出现第 1 代成虫。成虫产卵在枣叶上，每雌产卵约 60 粒，多者 130 多粒，卵期约 13 天，成虫日伏夜出，有趋光性。第 2 代幼虫发生期在 6 月中旬，正值开花期，危害叶片、花蕾和幼果。第 2 代成虫发生期在 7 月间，第 3 代幼虫发生期在 8 ~ 9 月间，正值枣果着色期，危害叶片和果实。到 10 月老熟，爬到树皮缝内结茧，在蛹内过冬。中国各枣区均有发生，干旱年份危害严重。

4. 防治方法

1）农业防治

用黑光灯诱杀成虫：利用成虫趋光性较强的特点，在成虫发生期，于晚间用黑光灯诱杀成虫，每10～15行枣树为一带，一带中每200～300 m距离设一盏黑光灯即可，每亩枣园可设2～3台黑光灯。

2）生物防治

利用赤眼蜂或微生物农药防治：在枣黏虫第2、3代产卵盛期每株枣树释放赤眼蜂3 000～5 000头，卵寄生蜂可达75%左右；幼虫发生期树冠喷洒生物农药青虫菌，杀螟杆菌等微生物农药100～200倍液，防治效果达70%～90%。

3）物理防治

（1）8月下旬在树干上绑草环，引诱幼虫在其中化蛹，10月下旬取下草环烧毁。冬季或早春彻底刮树皮用黄泥堵树洞，可消灭越冬蛹80%以上，基本控制1、2代幼虫的危害。

（2）用性信息素诱芯诱捕或迷向进行防治。一种是大量诱捕，利用枣黏虫性信息素的诱捕器来大量消灭其雄虫而使雌虫失去配偶，降低交配率，压低虫口密度，以达到控制危害的目的。另一种是迷向防治，就是将足够量的人工合成枣黏虫性信息素撒布到枣园空间，破坏雌雄之间的联系，使雄虫失去对配偶的选择能力，不能交配，从而控制下一代虫口的发生量。

4）化学防治

即虫口密度特别大的情况下，可在枣树芽长3 cm和5～8 cm时，往树上各喷一次75%辛硫磷2 000倍液或2.5%溴氰菊酯4 000倍液或25%的杀虫星1 000倍液等，可有效控制危害。生长季树上喷药，可用药剂有10%烟碱乳油800～1 000倍液、5%抑太保乳油1 000～2 000倍液、20%氰戊菊酯2 000倍液，4.5%高效氯氰菊酯乳油、200 g/L氯虫苯甲酰胺悬浮剂、5%甲维盐乳油、阿维菌素等。

（四）桃小食心虫

桃小食心虫 *Carposina niponensis* Walsingham，又名桃蛀果蛾，属鳞翅目、蛀果蛾科，以幼虫蛀害果实，虫粪留在果内，不堪食用。枣桃小食心虫为世界性害虫，分布于中国北纬31°以北、东径102°以东的北方果区。枣桃小食心虫在枣产区普遍发生，尤其大枣产区为害严重，危害严重时虫果率高达90%以上，一般虫果率也在50%～70%，严重影响枣的品质和产量，造成严重经济损失。因桃小食心虫幼虫孵化后即钻入果内取食为害，一旦蛀入果内，就很难防治。所以，做好桃小食心虫的调查和预测预报，对掌握防治适期、提高防治效果是十分重要的。

1. 形态特征

1）成虫

雌虫体长7～8 mm，翅展16～18 mm；雄虫体长5～6 mm，翅展13～15 mm，全体白灰至灰褐色，复眼红褐色。雌虫唇须较长，向前直伸；雄虫唇须较短并向上翘。前翅中部近前缘处有近似三角形蓝灰色大斑，近基部和中部有7～8簇黄褐或蓝褐色斜立的鳞片。后翅灰色，缘毛长，浅灰色。

2）卵

椭圆形或桶形，初产卵橙红色，渐变深红色，近孵卵顶部显现幼虫黑色头壳，呈黑点状。卵顶部环生2～3圈“Y”状刺毛，卵壳表面具不规则多角形网状刻纹。

3）蛹

体长6～8 mm，羽化时灰褐色。长6.5～8.6 mm，长纺锤形，刚化蛹黄白色，近羽化时灰褐色，翅、足和触角端部游离，蛹壁光滑无刺。茧分冬、夏两型。

4）茧

分冬茧和夏茧两种，冬茧扁圆形，直径5 mm左右，长2～3 mm，质地较致密，老熟幼虫在茧内越冬。夏茧长纺锤形，长7.8～13 mm，丝质较薄，质地较软，粘有土粒，幼虫在茧内化蛹。

5）幼虫

初龄幼虫黄白色，老龄桃红色，末龄体长13～16 mm，腹部色淡，无臀栉，头黄褐色，前胸盾黄褐至深褐色，臀板黄褐或粉红。腹足趾钩单序环10～24个，臀足趾钩9～14个，无臀栉。

2.为害状

幼虫孵出后多从枣果近顶部和中部驻入。幼虫蛀入果后，先在果皮下潜食，果面可见到淡褐色潜痕，不久便可蛀至枣核，在枣核的周围边取食边排粪，使枣核四周充满虫粪。

3.生物学习性

北方枣区1年1～2代，山西中部枣区1年1代，河北枣区多为1年2代，以老熟幼虫在树干周围土壤内越冬，4～7 cm土层内分布较多。越冬幼虫翌年6月麦收前，日均气温20 ℃左右，土壤含水量10%以上出土，出土期受雨情制约，雨期早则出土早，6～7月每逢下雨后出现出土高峰，水地枣园比旱地枣园危害严重。

幼虫出土后在地面做茧化蛹，10天后羽化，成虫有避光性，白天潜伏，夜间活动，交尾产卵，卵多产在叶片背面和果实梗洼、萼洼处，每只雌虫产卵50粒左右，多者达200粒以上，卵期7天左右。幼虫孵化后在果面爬行数小时蛀果危害，单头幼虫只危害1个果，无转果危害习性。幼虫18天左右老熟落地，并做茧化蛹，10天左右羽化为第2代成虫并产卵孵化。第2代幼虫再次蛀果危害，成虫多将卵产在枣叶背面和果实上，2代幼虫分别在7月和8～9月大量蛀果为害。9月幼虫老熟，大部落地做茧越冬，部分随果实带入晾晒场地和烤房中。

4.防治方法

1）农业防治

（1）在春季解冻后，可捡拾落果，培土20 cm，阻止幼虫出土。在晚秋时节，幼虫开始准备越冬时，铲起枣树根茎部位的土层，约10 cm深，将这部分土向田间抛撒，同时一起铲下枣树根茎部位的虫茧，虫茧会因天气转凉而死亡。

（2）春季对树干周围半径100 cm以内的地面覆盖地膜，能控制幼虫出土、化蛹和成虫羽化。

（3）疏除过密枝叶、摘除虫果和贴在果实上的叶片，将地面落的虫果收拾干净，集中处理，在堆果品的场地，铺塑料布或铺3～6 cm细沙，可将脱果幼虫集中消灭。

2）生物防治

保护和利用天敌。利用甲腹茧蜂、中国齿腿姬蜂、蚂蚁等天敌控制害虫。①施用白僵菌。可在8月下旬老熟幼虫脱果前，按每亩用菌粉0.5 kg、细土30 kg，混拌均匀制成菌土，均匀撒在树盘，落地幼虫接触到白僵菌孢子后，在合适的温度、湿度下会发病致死。②释放桃小食心虫寄生蜂。桃小食心虫的寄生蜂有多种，尤以桃小食心虫甲腹茧蜂和中国齿腿姬蜂的寄生率较高。可在越冬代成虫发生盛期，释放桃小食心虫寄生蜂。每头雌蜂产卵60～

140余粒，寄生率5%～20%。在虫果率低于5%的果园，保护利用甲腹茧蜂，可有效控制桃小食心虫的危害。

3）化学防治

（1）在6月幼虫出土期，雨后每亩用50%辛硫磷乳油500 mL，兑水100 kg喷洒树盘杀灭出蛰幼虫。雨后地面喷药，可用5%辛硫磷颗粒剂每亩5～6 kg，也可使用5%西维因可湿性粉剂500～1 000倍液，施药后用锄轻锄一下。

（2）当成虫出现1周左右时，为树上喷洒的最佳时期，一般年份的7月中下旬和8月中下旬，通常需要进行2～3次。在1、2代成虫发生盛期，分别选用48%毒死蜱乳油1 500倍液等喷洒杀第一代，4.5%高效氯氰菊酯乳油1 500倍等喷洒杀第2代。

（五）枣食芽象甲

枣食芽象甲 *Scythropus yasumatsui* Koneet Merimoto，又叫枣飞象、枣芽象甲等，属鞘翅目、象甲科，是专食幼芽和幼叶的鞘翅目害虫。危害枣、苹果等果树。受害枣吊生长短，开花坐果时间推迟，仅能少量结枣，质量差。成虫危害枣树嫩芽或幼叶，发生严重时将全树嫩芽吃光，导致枣树二次萌芽，严重影响树势，造成减产。

1.形态特征

1）成虫

体长5～7 mm。雌虫土黄色，雄虫深灰色。头喙粗短，触角12节，棍棒状，着生于头喙前端。鞘翅卵圆形，末端稍尖，表面有纵列刻点，散生有不明显的褐斑，并有灰色短茸毛。

2）卵

长椭圆形，较小，初产时乳白色，表面光滑有光泽，后变为棕色，堆生。

3）幼虫

长5～6 mm，弯纺锤形，无足，前胸背板淡黄色，胴部乳白色，头部褐色。

4）蛹

裸蛹，长4～5 mm，纺锤形，初期乳白色，渐变淡黄色至红褐色。

2.为害状

枣芽象甲以成虫取食枣树的嫩芽。严重时能将嫩芽全部吃光，长时间不能正常萌发，枣农俗称“迷芽”，造成二次发芽，大量消耗树体营养，导致枣树开花、结果推迟，结“末喷枣”（指枣树坐果的最后一个高峰期所坐的枣，相对于头喷枣、中喷枣，其果个较小，成熟度低），产量低、质量差。幼叶展开后，成虫继而食害嫩叶，将叶片咬成半圆形或锯齿形缺刻。

3.生物学习性

该虫一年发生1代，以幼虫在树冠下5～50 cm深的土壤中越冬。翌年3月下旬至4月上旬化蛹，4月中旬至5月上旬是成虫羽化盛期，亦是为害的高峰期，成虫羽化后，即取食幼芽。在羽化初期，气温较低，成虫一般喜欢在中午取食为害，早晚多静伏于地面，但随着气温的升高，成虫多在早晚活动为害，中午静止不动，成虫有多次交尾的习性，雌虫白天产卵。卵多块产于枣树嫩芽、叶面、枣股、翘皮下及枝痕裂缝内。幼虫孵化后坠落于地，潜入土中，越冬长达10个月左右，取食植株地下部分，9月以后，入土层30 cm处越冬，春暖花开，幼虫上升，在土层10 cm以上，做球形土室化蛹，成虫具假死性、群集性。

4. 防治方法

1）物理防治

成虫出土前，结合长效杀虫药带防治枣尺蠖（见枣尺蠖部分），阻止或毒杀上树成虫。在成虫羽化期，早晨趁露水未干时，敲击枣树，一般击树2～3次，利用该虫假死性，人工捕杀或毒杀落地成虫。

2）化学防治

（1）土壤处理：成虫出土前，在树干周围利用辛硫磷300倍液进行地面封闭，地面撒粉时，要结合振树利用成虫假死性，集中毒杀落地成虫。喷药后浅翻土壤，以防光解。

（2）树冠喷药：在成虫发生盛期（4月中下旬），采用50%辛硫磷1 000倍液、40%高效氟氯氰菊酯1 000～1 500倍液树冠喷雾，均有较好的防效。或树上喷施25%杀虫星1 000倍液消灭上树成虫。

（六）枣龟蜡蚧

枣龟蜡蚧 *Ceroplastes japonicus* Green，又名日本龟蜡蚧、日本蜡蚧、枣龟甲蜡蚧、龟蜡蚧、枣虱子，属半翅目、蚧科。

1. 形态特征

1）成虫

雌成虫体长2～4 mm，扁椭圆形，紫红色，体被覆白色蜡质介壳。中央隆起，表面有龟甲装凹陷。蜡壳中央有角状隆起，四周有8个突起。雄虫体长1.3 mm，翅展2.2 mm，淡红色，翅透明，有明显的2个主脉。

2）卵

椭圆形，长0.2 mm产于雌虫介壳体下，初产卵橙黄色，孵化前变为紫色。

3）若虫

初孵若虫体扁体平，长约0.5 mm，紫褐色。固着后，体背面成白色蜡壳，周缘有14个三角形腊芒，形似葵花状，雌若虫蜡壳椭圆形，雄若虫蜡壳长椭圆形；蛹为雄虫所有，梭形、棕褐色。

4）拟蛹

为雄虫所有，梭形，棕褐色。

2. 为害状

以若虫、雄成虫吸食枝、叶、果的汁液，除危害枣树外，还危害石榴、苹果等，其排泄物常诱发霉菌蔓延，使枝、叶及果布满黑霉，影响光合作用，导致大量落果，树势衰弱，果质下降，甚至引起植株死亡。

3. 生物学习性

枣龟甲蚧一年发生1代，以受精雌成虫在一、二年生枣枝上固着越冬，翌年4月越冬雌虫开始吸食树液，5月底至6月初开始产卵。6月中下旬开始孵化，7月上旬为孵化盛期。初孵幼虫活动4～6天后多固定在叶片正面、枣头、二次枝、枣吊上刺吸为害。雄虫8月下旬至9月初为化蛹盛期，9月中旬为羽化盛期，雄虫羽化后白天寻觅雌虫交尾。在叶和枣吊上为害的雌虫到8月中下旬逐渐爬回枝上，9月上中旬为回枝盛期，回枝后固定不动，进入越冬期。

4. 防治方法

1) 农业防治

从 11 月到第 2 年 3 月,可用工具刷擦死虫体;冬季修剪时,可剪去虫枝。

2) 生物防治

该虫天敌较多,捕食性红点唇瓢虫一生可捕食数千雌虫;长盾金小蜂幼虫可寄生该虫腹下,取食蚧卵。长盾金小蜂幼虫可寄生该虫腹下,取食蚧卵。

3) 化学防治

(1)枣树萌芽前,喷 3 ~ 5 波美度石硫合剂,或 5% ~10% 柴油乳剂或喷生石灰、硫黄、食盐、水以 3:2:0.5:100 的混合液。

(2)在卵孵化盛期(7 月初),开始第一次用药,喷药间隔 6 ~ 8 天,连喷 3 ~ 4 次。可使用 40% 水胺硫磷乳油 1 000 倍液,或蜡蚧灵 1 000 倍液,或白磷 3 号 1 000 ~ 1 500 倍液,或木虱净 1 000 倍液,或 22.4% 螺虫乙酯 4 000 ~ 5 000 倍液喷雾。

(七)枣粉蚧

枣粉蚧 *Planococcus citri* Risso,又称柑橘粉蚧、紫苏粉蚧,属半翅目、粉蚧科,俗名“树虱子”。

1. 形态特征

1) 成虫

扁椭圆形,体长约 2.5 mm,背部稍隆起,密布白色蜡粉,体缘具针状蜡质物,尾部有一对特长的蜡质尾毛。若虫体扁椭圆形,足发达、腿褐色。

2) 卵

椭圆形,由白色蜡质絮状物组成。

3) 若虫

体扁椭圆形,足发达、褐色。

2. 为害状

以成虫和若虫刺吸枣枝和枣叶中的汁液,导致枝条干枯、叶片枯黄、树体衰亡,减产严重。该虫黏稠状分泌物常招致霉菌发生,使枝叶和果实变黑,如煤污状,也影响树势、枣果品质及产量。

3. 生物学习性

该虫每年可发生 3 代,以成虫或者若虫在树的枝干粗皮缝中越冬,以树干上部东西向皮缝中最多。翌年 4 月下旬出蛰。第 1 代发生期在 5 月底至 6 月底,盛期为 6 月上旬。第 2 代发生期在 7 月初至 8 月上中旬,孵化盛期在 7 月中下旬。第 3 代(越冬代)于 8 月上中旬开始发生,孵化盛期约在 9 月初,约 10 月上旬可全部休眠越冬。第 1、2 代危害最重(6 ~ 8 月)。第 1 代若虫期约 28 天,雌成虫期约 22 天,雄成虫期约 10 天;第 2 代若虫期约 27 天,雌成虫期约 12 天,雄成虫期约 3 天。这两代是危害冬枣树的主体,危害的主要部位为嫩枝、枣吊、叶片等。进入雨季后,其分泌物招致的霉菌可将叶片、果实及枝条染黑,影响产量和枣果质量。5 月底至 6 月底为第 1 代发生期,7 月中下旬为第 2 代孵化盛期,9 月初为第 3 代孵化盛期。

4. 防治方法

1）物理防治

结合冬剪刮树皮同时涂白，消灭越冬若虫；在此虫出蛰之前在树干上缠粘虫胶带辅助杀虫。

2）化学防治

第1代若虫发生盛期（一般在6月上旬）进行喷药防治。适宜的农药有：10%吡虫啉可湿性粉剂1 500～2 500倍液，25%扑虱灵可湿性粉剂1 500～2 000倍液（提前2天应用），苦楝油原油乳剂200倍液等，杀扑磷1 500倍液，高效氯氟氰菊酯和啶虫脒混合液1 500倍液，杀扑磷和吡虫啉混合液1 500倍液，毒死蜱1 500倍液，氧化乐果1 500倍液，30%乙酰甲胺磷乳油500倍液。7月上中旬可用25%喹硫磷乳油1 000～1 500倍液＋4.5%高氯2 000倍液防治。

（八）枣瘿蚊

枣瘿蚊 *Contaria* sp.，属双翅目、瘿蚊科的一种昆虫。分布于河北、陕西、山东、山西、河南等各地枣产区。幼虫危害嫩叶，叶受害后红肿，纵卷，叶片增厚，先变为紫红色，终变黑褐色，并枯萎脱落。

1. 形态特征

1）成虫

雌虫体长1.4～2.0 mm；复眼黑色肾形；触角念珠状14节，黑色细长，各节近两端轮生刚毛；头部较小，头、胸灰黑色；腹背隆起，黑褐色；胸背与腹部有3块黑褐色斑；全身密被灰黄色细毛；翅椭圆形，前缘毛细密而色暗；足细长，3对，黄白色，腿节外侧的毛呈灰黑色，前足与中足等长，后足较长；腹面黄白、橙黄或橙红色，共8节，第15节背面有红褐色带，第9节延伸成一细长的产卵管，第8与9节间可以套缩。雄虫体型小于雌虫，体长1.0～1.3 mm，腹节狭长，9节。

2）卵

白色微带黄，长椭圆形，长径约0.3 mm，短径约0.1 mm，一端削尖，外被一层胶质，有光泽。

3）幼虫

老熟幼虫体长1.5～2.9 mm，明状，乳白至淡黄色，体节明显，头小，褐色，胸部具琥珀色胸叉1个。

4）蛹

长1.0～1.9 mm，略呈纺锤形。初化蛹乳白色，后渐变黄褐色。头顶具一对明显的刺。触角、足、翅芽均清晰。腹部8节。雌蛹足短，伸达第6节；雄蛹足长，达腹末。茧长1.5～2.0 mm，椭圆形，灰白色或灰黄色丝质，外附土粒。

2. 为害状

危害幼叶，幼虫吸食刚萌发出来的嫩叶，嫩叶受害后不能正常展开，危害部位呈红肿症状，从叶片两侧向正面正向翻卷，成筒状，叶尖成紫红色，叶片发硬发脆，危害重的叶片逐渐枯萎脱落。

不同品种的枣树受危害差异大，小枣类萌动早的品种危害轻，如金丝小枣在不同树龄、不同栽培条件下单株危害较轻，通常一株树上只有几片叶子受害。各种大枣危害都比较重。不同品种危害症状也不相同。一些品种枣柄与叶同时受影响变软而早期落叶，另一些落叶较迟。移植栽培小树受害重,枣园内部比边界发生早,以后渐趋相同。

3. 生物学习性

在华北枣区,该虫1年发生5~7代,以老熟幼虫在浅土层中结茧越冬,翌年4月下旬越冬蛹开始羽化,越冬代成虫4月底5月上旬成虫羽化,产卵于刚萌动的枣芽上,5月上旬为为害盛期。第1~4代幼虫发生盛期分别为6月上旬、6月下旬、7月中下旬、8月上中旬,8月中旬开始产生第5代幼虫,除越冬幼虫外,平均幼虫期和蛹期10天,幼虫越冬茧入土深度因土壤种类而不同,黄土地多在离地面2~3 cm处,沙土则在离地面3~5 cm处,最适宜的发育温度为23~27 ℃。另外,在5月干旱少雨时节,该虫发生较迟。喜在树冠低矮、枝叶茂密的枣枝或丛生的酸枣上危害,树冠高大、零星种植或通风透光良好的枣树受害轻。

4. 防治方法

1)物理防治

(1)利用枣瘿蚊成虫趋黄特性,枣园内悬挂黄色粘虫板。

(2)在枣瘿蚊对枣叶片危害时(卷筒状),及时进行剥查,人工灭杀潜藏危害的幼虫,减少虫口基数。

(3)4月中下旬结合果园中耕除草把蛹翻入深层,阻止成虫羽化出土。5月下旬果园灌水可杀死大量第2代幼虫、蛹。在树干基部堆土,选择6月上旬幼虫出土化蛹盛期,在距离树干1 m范围内,培起10~15 cm厚的土堆,拍打结实,防止羽化成虫出土。

(4)在当年8月下旬以前,在枣树下覆盖薄膜,阻止老熟幼虫入土做茧或化蛹越冬。在翌年3月下旬以前,在枣树下覆盖薄膜,阻止越冬蛹羽化出土。这样均可大大减少虫源基数。

2)化学防治

重点是第一代幼虫,如防治得好,以后各代不重点防治,可在防治红蜘蛛、介壳虫时兼治。在5月初枣吊5~6片叶展叶时,树上喷药一次,第1代幼虫入土期视灌水情况在地面使用50%辛硫磷乳油(亩喷0.5 kg)喷1次,喷后浅耙,可杀死入土化蛹的老熟幼虫。各代幼虫危害初期,采用48%毒死蜱乳油1 000倍液,或20%啶虫脒乳油3 000倍液,或10%吡虫啉乳油3 000倍液喷雾防治。

(九)枣实蝇

枣实蝇 *Carpomya vesuviana* Costa,双翅目、实蝇科、咔实蝇属的一种昆虫。是2007年5月29日发布的《中华人民共和国进境植物检疫性有害生物名录》中规定的中国禁止进境的检疫性入侵害虫,危害各种枣类,以幼虫蛀食果肉,通常可造成20%以上的产量损失,局部严重的可以致使全部枣果受害,严重影响枣产品质量和枣的整体商品价值。枣实蝇在吐鲁番地区多有发生,因此需要加强枣实蝇的检疫工作,以防枣实蝇在其他枣区扩散。

1. 形态特征

1)成虫

头高大于长,雌雄的头宽相同,淡黄至黄褐色。额表面平坦,两侧近于平行,约与复眼等宽。喙略较额短,侧面观平直,触角沟浅而宽,中间具明显的喙脊。复眼圆形,其高与长大致相等。触角全长较喙短或约与喙等长,第3节的背端尖锐;触角芒裸或具短毛。喙短,呈头状。头部鬃序:下侧额鬃3对,上侧额鬃2对;单眼后鬃、内顶鬃、外顶鬃、颊鬃各1对;胸部:盾片黄色或红黄色,中间具3个细窄黑褐色条纹,向后终止于横缝略后;两侧各有4个黑色斑点，横缝后亚中部有2个近似椭圆形黑色大斑点，近后缘的中央于两小盾前鬃之间有一褐色圆形大斑点；横缝后另有2个近似叉形的白黄色斑纹。小盾片背面平坦或轻微拱起；白黄色，具5个黑色斑点，其中2个位于端部，基部的3个分别与盾片后缘的黑色斑点连接。胸部侧面大部分淡黄至黄褐色，中侧片后缘中间有一黑色小斑点；侧背片部分黑褐色；后小盾片大部分黑色，中间黄色。翅透明，具4个黄色至黄褐色横带，横带的部分边缘带有灰褐色；基带和中带彼此隔离，较短，均不达翅后缘；Cup室的后端角较短。足完全黄色；前股节具1~3根后背鬃和1列后腹鬃；中胫端刺（距）1根。雄虫第5背板几呈三角形，其宽度不足长度的2倍；第5腹板后缘向内成V形凹陷；雌虫第6背板略长于第5背板。雄性外侧尾叶后面观超过第9背板长度的1/2；阳茎端中部大片几丁化。雌性产卵管基节圆锥形，约与第5背板的长度相等；针突末端渐窄至尖锐，两侧具微细锯齿。体、翅长2.9~3.1 mm。

2）卵

圆形，黄色至黄褐色。

3）幼虫

蛆形，白色或黄色，3龄幼虫体长7.0~9.0 mm、宽1.9~2.0 mm；口感器具4个口前齿；口脊3条，其缘齿尖锐；口钩具1个弓形大端齿。第1胸节腹面具微刺；第2、3胸节和第1腹节均有微刺环绕；第3~7腹节腹面具条痕；第8腹节具数对大瘤突。前气门具20~23指状突；后气门裂大，长4~5倍于宽。

4）蛹

蛹体节11节，初蛹黄白色，后变黄褐色。

2. 为害状

该虫繁殖能力强，世代重叠，1年发生6~10代。枣实蝇是产卵为单粒，雌成虫穿透果皮将卵产于表皮下，卵为单粒，平均每雌可产19~22卵，每果产卵1~4粒，最多8粒。幼虫共3龄，1~2龄幼虫是危害枣果的主要龄期，幼虫老熟后，脱离枣果落地在6~15 cm深的土壤中化蛹，而后成虫羽化出土。幼虫取食枣肉并向中间蛀食，导致果实提早成熟和腐烂，蛀果率可以达到30%~100%。幼虫老熟后，脱离枣果落地在6~15 cm深的土壤中化蛹，而后成虫羽化出土。

3. 生物学习性

枣实蝇在吐鲁番地区1年发生2~3代，世代重叠现象严重，以第2代晚熟幼虫所化之蛹和第3代蛹在枣树树盘土壤内越冬。翌年5月中旬头茬枣花约一半坐果时，越冬代成虫开始羽化出土，5月下旬至6月上旬羽化最盛，7月初越冬代成虫羽化完毕，羽化期长达48天之久。越冬代成虫于6月中旬头棚枣果初次膨大时开始产卵，枣果受害从6月中旬一直持续到10月中旬。9月下旬绝大多数枣果采摘完毕时，老熟幼虫开始脱离枣果入土化蛹越冬，至10月中旬结束。

成虫多在9~14时羽化，白天交配产卵，晚间在树上歇息，其卵产于枣果的皮下，卵为单粒，平均每雌可产19~22卵，每果产卵1~4粒，最多8粒；幼虫孵化后蛀食果肉。相关资料显示，1~2龄幼虫是危害枣果的主要龄期，果肉比例、可溶性固体物质和总糖含量高且酸度、维生素C和苯酚含量低的品种，易遭受枣实蝇的危害；蛹一般于土体下3~6 mm的位置越冬。

4. 防治方法

1）加强检疫

严禁疫区内生产的鲜枣果及苗木外运；建立健全产地、枣树种植面积、枣果年产量、销售流向的档案登记，严防疫区内生产的枣果及苗木借外区域的名义外运。

2）农业防治

压低越冬虫口基数。秋后及时清洁枣园，落果、虫果集中起来深埋或烧毁；翻耕树下和周围土壤，以消灭土壤中的幼虫和蛹。零星发生地区可以在越冬代成虫羽化前铺设地膜，消灭越冬代成虫。

3）生物防治

（1）应用引诱剂甲基丁香酚（methyleugenol）进行疫情监测和大量诱杀（引诱剂 + 马拉硫磷）成虫，按每个诱捕器放入 100 mL 诱剂，将诱捕器悬挂于树上，放置密度为 10 个诱捕器/hm^2。

（2）伊朗曾引进 1 种茧蜂 *Fopius carpomyia*（Silvestri）作为幼虫的天敌控制枣实蝇，取得一定效果，同时发现 1 种新的寄生蜂 *Biosteres vandenboschi* Fullaway，也是枣实蝇的寄生性天敌。

4）化学防治

（1）每年 5 月中下旬，在越冬代成虫羽化盛期，用 40% 毒死蜱乳油 1 500 倍液、48% 乐斯本乳油 3 000 倍喷洒树体，重点喷洒枝叶茂密、结果较多的树冠，喷药时间最好选择在上午 9 ~ 11 时。

（2）从 5 月上旬开始至 9 月下旬，在成虫活动产卵期，可用毒死蜱、马拉硫磷、敌百虫液，加入 10% 红糖喷洒树冠，诱杀成虫，每隔 15 天喷 1 次，连续喷洒 3 ~ 4 次，蛀果率可控制在 3% 以下。

（3）结合秋翻冬灌，用 5% 辛硫磷颗粒剂 6 ~ 7 g/m^2 或用 40% 辛硫磷乳油 600 倍液处理土壤，杀灭越冬蛹。

（十）皮暗斑螟

皮暗斑螟 *Euzophera batangensis* Caraja，俗称甲口虫，属鳞翅目、螟蛾科，我国河北地区经常发生。该虫食性较杂，除危害枣树外，尚危害梨、苹果、杏、旱柳、榆树、刺槐、香椿、杨树等。

1. 形态特征

1）成虫

体长 6.0 ~ 8.0 mm，翅展 13.0 ~ 17.5 mm，全体灰色至黑灰色。下唇须灰色、上翘。触角暗灰色丝状，长约为前翅的 2/3，复眼、胸部背面暗灰色，腹面及腹部灰色。前翅暗灰色至黑灰色，有两条镶有黑灰色宽边的白色波状横线，缘毛暗灰色，后翅浅灰色，外缘色稍深，缘毛浅灰色。

2）卵

椭圆形，长 0.5 ~ 0.55 mm、宽 0.35 ~ 0.4 mm，初产卵乳白色，中期为红色，近孵化时多为暗红色至黑红色，卵面具蜂窝状网纹。

3）幼虫

初孵时头浅褐色，体乳白色，老熟幼虫体长 10 ~ 16 mm，灰褐色，略扁。头褐色，前胸背板黑褐色，臀板暗褐色，腹足 5 对，第三至第六节腹足是趾钩双序全环，趾钩 26 ~ 28 枚。臀足趾钩双序中带，趾钩 16 ~ 17 枚。

4）蛹

体长5.5～8 mm，胸宽1.3～1.7 mm，初期为淡黄色，中期为褐色，羽化前为黑色。

2. 为害状

以幼虫危害枣树开甲甲口，使甲口不能愈合，树势衰弱，落花落果，严重的造成枣树死亡。

3. 生物学习性

皮暗斑螟在河北沧州1年发生4～5代，以第4代幼虫和第5代幼虫为主交替越冬，有世代重叠现象，以幼虫在为害处附近越冬，第2年3月下旬开始活动，4月初开始化蛹，越冬成虫4月底开始羽化，5月上旬出现第一代卵和幼虫。第4代部分老熟幼虫不化蛹，于9月下旬以后结茧越冬，第5代幼虫于11月中旬进入越冬。

4. 防治方法

1）农业防治

春天刮树皮，并重点清除甲口周围的翘皮，消灭越冬虫茧和幼虫。

2）化学防治

枣树萌芽前喷5波美度的石硫合剂，重点喷洒甲口部位。枣树开甲后的2天内甲口部位用10%氯虫苯甲酰胺悬浮剂，或白僵菌或灭幼脲3号2.5%功夫乳油500倍液，或40%乐斯本乳油100～200倍液加20%灭扫利乳油500倍液抹甲口防治，7天1次，连续抹3次，即可有效防治，保护甲口愈合良好。

（十一）朱砂叶螨

朱砂叶螨 *Tetranychus cinnabarinus* Boisduval，别名红叶螨、玫瑰赤叶螨，属蛛形纲、真螨目、叶螨科。枣树上红蜘蛛种类较多，枣粮间作的枣园中的优势种为朱砂叶螨种，其寄生广泛，包括枣树、棉花、玉米、豆类及多种杂草和蔬菜。主要危害茄科、葫芦科、豆科、百合科等多种蔬菜作物。

1. 形态特征

1）成螨

一般呈红色，也有褐绿色等。足4对。雌螨体长0.38～0.48 mm，卵圆形。体背两侧有块状或条形深褐色斑纹。斑纹从头胸部开始，一直延伸到腹末后端；有时斑纹分隔成2块，其中前一块大些。雄虫略呈菱形，稍小，体长0.3～0.4 mm。腹部瘦小，末端较尖。

2）卵

圆球形，光滑，越冬卵红色，非越冬卵淡黄色，较少。

3）幼螨

近圆形，有足3对，越冬代幼螨红色，非越冬代幼螨黄色，越冬代若螨红色，非越冬代若螨黄色，体两侧有黑斑。

4）若螨

足4对，体侧有明显的块状色素。

2. 为害状

朱砂叶螨体形不到1 mm，圆形或卵圆形，橘黄色或红褐色，由于体小不易发现。这种虫子危害方式是以口器刺入叶片内吮吸汁液，使叶绿素受到破坏，叶片呈现灰黄点或斑块，叶片枯黄、脱落甚至落光。

3. 生物学习性

朱砂叶螨1年发生13代，以卵越冬，越冬卵一般在3月初开始孵化，4月初全部孵化完毕，越冬后1~3代主要在地面杂草上繁殖危害，4代以后即同时在枣树、农作物和杂草基部等地越冬，3月初越冬卵孵化后即离开越冬部位，向早春萌发的杂草上转移危害，初孵化幼螨在2天内可爬行的最远距离约为150 m，若2天内找不到食物，即可因饥饿而死亡。5月上旬，当枣树萌发时，地面杂草上的部分叶螨开始向树上转移危害枣树，转移的主要途径是沿树干向上爬行。叶螨的各个活动虫态均可转移。危害盛期为7~8月。朱砂叶螨的主要繁殖方式为两性生殖，也能进行孤雌生殖。孤雌生殖的后代为雄性。多数雌螨一生交尾1次，也有少数交尾2~3次，但雌雄可进行多次交尾，每次交尾时间从1分钟至数分钟不等。雌螨交尾后1~2天即可产卵。卵单产，多产于叶背主脉两侧，为害严重时也可产在叶表、叶柄等处。每头雌螨平均产卵量为120粒，最少55粒，最多达255粒。幼螨、若螨及成螨多在植株的幼嫩部位，尤其在叶背面栖息取食。叶片受害后其上部叶片僵直，叶背呈黄褐色，叶缘向下卷曲，受害严重时卷叶，颈部、果柄、萼片及果实变灰褐色或黄褐色；花蕾期受害后，严重时不能开花。越冬雌螨有群集越冬的习性，越冬数量以避风向阳处为多，迁移传播有主动和被动2种方式：在食料丰富的环境中，它的活动范围一般较小，主要靠爬行传播，这属于主动传播方式；被动传播方式主要凭借风力、流水、昆虫、人畜及人类农事活动携带传播。

叶螨繁殖能力很强，最快约5天，就可繁殖一代，此虫喜欢高温干燥环境，因此在高温干旱的气候条件下，繁殖迅速，危害严重。虫子多群集于叶片背面吐丝结网危害。叶螨的传播蔓延除靠自身爬行外，风、雨及操作携带是重要途径。

4. 防治方法

1）农业防治

在早春时节，进行翻地，清除地面杂草，保持越冬卵孵化期间没有杂草，使叶螨因找不到食物而死亡。可在4月枣树发芽前，将不干粘虫胶在树干上缠一圈，可阻止叶螨向树上转移危害，效果可达90%。

2）生物防治

中华草岭、食螨瓢虫和捕食螨类等，其中中华草岭的种群数量较多，对枣叶螨的捕食量大。保护和增加天敌数量可增强对叶螨种群的控制作用。

3）化学防治

叶螨抗药力强，一般使用1~2次速效性杀螨剂（如螨危、哒螨灵、克螨特、阿维菌素等）进行防治。在5月上旬左右，使用螨危4 000~5 000倍液。9、10月朱砂叶螨虫口密度上升达到防治指标时，使用上述杀螨剂再喷施一次，可控制到冬季清园。

（十二）枣缩果病

枣缩果病又名铁皮病、黑头病等，近几年枣缩果病在枣区大面积发生，在河北、河南、新疆等枣区发生严重，部分枣树发生缩果病达70%~90%，已成为毁灭性灾害，严重影响枣农的积极性，影响枣产业的发展。

1. 症状

发生枣缩果病枣果的果皮表面会出现土黄色的水渍样病斑，病斑逐渐扩大，颜色逐渐转暗，枣果失水后皱缩，形成黄色的斑块，一般病斑好发于果肩部，病组织海绵状坏死，有苦味。病果一般在发病一周后落果。

2. 病原

引起枣缩果病的病原菌较为复杂，目前并无定论。国内外多名研究人员从病果中分离和鉴定出多种真菌与细菌，也可能是多种病原真菌或细菌复合侵染造成；河南省林科院研究证明，缩果病的发生可能与铜元素超标有关，目前对枣缩果病的病因仍存在较大争议。采集具有典型缩果病症状的病果进行分离培养，将分离物进行室内和田间回接，进行致病性测定和病原形态鉴定。鉴定出枣缩果病病原菌有6种：链格孢菌 *Alternaria alternata*，鸭梨链格孢菌 *A. yaliinficiens*，细极链格孢菌 *A. tenuissima*，七叶树壳梭孢菌 *Fusicoccum aesculi*，头状茎点霉菌 *Phoma glomerata*，解淀粉芽孢杆菌 *Bacillus amyloliquefaciens*。

3. 发病规律

枣缩果病的病原菌为弱寄生菌，分布于树体上的各个部位，如枣树皮、枣吊、枣枝和枣果。有研究者认为，枣缩果病的病原菌由绿盲蝽刺吸枣花时造成的伤口侵入危害，如果在枣成熟期遇上阴雨天气，枣缩果病会暴发成灾。枣缩果病在树势衰弱的枣树上表现更为明显，强壮的树一般发病晚且轻。

不同品种枣树的抗性也不同，陕西梨枣、河北赞皇大枣、河南桐柏大枣、新郑灰枣最易感病。山西木枣、灵宝大枣、鸡心枣，七月鲜、尖脆枣、冬枣等鲜食品种，这些品种因错过7、8月的雨季而很少发病，山东的圆铃和长虹品种极少发病。

4. 防治方法

1）选栽抗病品种

可根据当地的气候和土质条件，选择适宜的抗病枣树品种。

2）农业防治

加强土、肥、水的管理，合理整形修剪，改善树体营养和通风、透光条件来增强树势、提高树体的抗病能力。对枣园内的落叶、落果要集中进行处理，以切断传播源。树龄较大的树，应在枣树萌芽前刮除并烧毁老树皮，并对全树喷1次石硫合剂。

3）化学防治

从7月开始至采收前的15天，每隔10天喷1次80%的枣病克星可湿性粉剂600～800倍液（河南省林业科学研究院研制），近年来在新疆、河南、陕西、山东等枣区大面积推广，对枣缩果病的防治效果平均可达90%以上。西北农林科技大学筛选出500 mg/L的壳聚糖可以较好地抗性诱导剂，喷施500 mg/L的壳聚糖后枣果发病率仅为13.67%，对枣缩果病有较好的预防作用。也可以用抗真菌1号800倍液或硫酸链霉素6 500倍液，或用甲基托布津可湿性粉剂1 000倍液，或50%多菌灵可湿性粉剂600～800倍液。

（十三）枣疯病

枣疯病又称为丛枝病，是一种系统性侵染的毁灭性病害，在全国各枣区都有发生，其中河北、河南、山东、山西等地发生严重。成年结果树感病，3～5年后即可导致整株死亡。枣疯病在枝干上或枝条上表现出一丛丛、一束束的症状，病枝在秋季干枯、冬季不易脱落，严重时会导致整树死亡，甚至全园毁灭。

1. 症状

枣疯病在枣树的根部、叶、花、果均有发生，其表现症状、发病部位不同。

（1）病根变为褐色或深褐色，形成斑点性溃疡病，导致烂根。病根常萌发大量丛生的小根，长到30 cm时，即停止生长而枯死。

(2)丛枝发病枝条的顶芽和腋芽大量萌发成枝，丛生枝条纤细，节间短，叶片小。

(3)枣吊发育变态。发病的枣吊先端延长，延长部分叶片小。

(4)花期受害，常出现花器叶变症状，花梗延长，萼片、花瓣、雄蕊均变为小叶。

(5)果实受害呈现花脸形，果小，果肉松散，不堪食用。

2. 病原

枣疯病的病原为植原体(*Phytoplasma*)，属枣疯病菌(Candidatue *Phytoplasma ziziphi*)。无细胞壁，仅以厚度约10 nm单位的膜所包围。易受外界环境条件的影响，形状多样，大多为椭圆形至不规则形，一般直径为90～260 nm不规则球形。对青霉素等抗生素不敏感，但对四环素类药物敏感。用四环素处理罹病植株，症状会暂时消失或减退，有效期可达1年。

3. 发病规律

各种嫁接(如芽接、皮接、枝接、根接)分根等无性繁殖均可以传病。枣疯病在田间的传播主要通过3种叶蝉，主要有凹缘菱纹叶蝉 *Hishimones sellatus* Uhler、中华拟菱纹叶蝉 *Hishimonoides chinensis* Anufriev、片突菱纹叶蝉 *Hishimonus lamellatus* Cai et Kuoh 等。病原体一旦侵入树体，7～10天向下运行到根部，在根部增殖后，通过韧皮部的筛管运转，从下而上运行到树冠，引起疯枝。小苗当年可疯，大树大多第2年才出现疯枝症状。

发病程度与枣的品种有关，河南的扁核酸和灰枣感病最重，广洋大枣、九月青和鸡心枣发病较轻，灵宝大枣几乎不发病。枣疯病的发生与管理水平也有一定的关系，管理粗放、树势衰弱的枣园发病重，反之则发病轻。

4. 防治方法

1)农业防治

(1)选育和采用抗病的品种，如：高抗品种的极抗枣疯病且综合经济性状优良的新品种‘星光’(原名‘抗疯1号’)；嫁接时采用无病的砧木和接穗。

(2)枣树如果出现一枝病枝，应刨除整株，不要只去病枝不刨树，只去疯枝不去病树，常造成扩散病源的恶果。

(3)在6月初至9月下旬应及时清除杂草及野生灌木，注意防治传病昆虫，减少传病媒介。

(4)加强枣园管理，注意加强水肥管理，对土质条件差的要进行深翻扩穴，增施有机肥、磷钾肥料，穴施土壤免深耕处理剂200 g/亩，穴施“保得”土壤生物菌接种剂250～300 g/亩，疏松土壤，改良土壤性质，提高土壤肥力，增强树体的抗病能力。

2)化学防治

河北农业大学研制出具有杀灭病原和补充关键营养双重功效的低毒高效复配药物——“祛疯1号”和“祛疯2号”，具有治疗和康复的作用。经连续多年多点大样本试验，总有效率95%以上，当年治愈率80%～85%(常规防治只有30%～50%)。已在河北、辽宁、陕西、山西、山东、河南等重病区示范推广，效果显著。在往年发病的枣园，可在春季树液流动时按每亩枣园喷施0.2%的$FeCl_2$溶液及“祛疯1号”或“祛疯2号”2～3次，隔5～7天喷1次。每次用药液75～100 kg，对于预防枣疯病具有良好效果。

(十四)枣裂果病

枣裂果病属于生理性病害，在枣成熟后期遇阴雨天气易发生，果面开裂，果肉外漏，此时较易感染细菌、真菌等，最后枣果腐烂变质，失去实用价值。枣裂果病主要分布于河南、河北、陕西、山西等枣树栽培区。

1. 症状

枣果成熟时，果面裂开，果肉稍外漏，炭疽菌等病菌侵入，加速果实腐烂变酸。果面开裂轻者，在树上不霉烂，晾干后进入储藏期，开裂处发霉腐烂。

2. 发病规律

该病为生理性病害。在8～9月果实的脆熟期遇到降水的天气，使果肉体积因吸水膨胀，果皮因缺乏弹性开裂，9月初以前成熟的早熟、中早熟品种和10月初以后成熟的晚熟品种，以及中熟品种后期花形成的果实极少裂果。裂果和果皮缺乏钙元素有关。

易发生枣裂果的品种有金丝小枣、灰枣、薛城冬枣、辣椒枣等。

3. 防治方法

1）农业防治

在枣果成熟前(8～9月)遇到旱情时能及时浇灌，经常保持枣园的土壤湿润，可减少裂果的发生。平时注意修剪。注意通风透光，以利于雨后枣果果面迅速变干，减少发病。可选择抗裂品种种植，可选择山西运城相枣1号、木枣抗裂1号、山西金谷大枣、河北金丝小枣。

2）物理防治

如果遇到连续阴雨的天气，及时用塑料膜覆盖于枣树上，四周固定防止大风掀翻，可减少枣果因吸水过多膨胀而导致枣果开裂。矮化栽植的枣园，可搭建避雨棚或避雨温室，可完全免除枣裂果病的影响。

3）化学防治

从7月下旬开始，喷施0.3%的$CaCl_2$ +0.2% KH_2PO_4溶液，每2周喷施1次，连续喷2～3次，或者在果实膨大期开始喷氨基酸800～1 000倍液，均可有效防止裂果。

（十五）枣黑斑病

近年来，枣树黑斑病在我国的新疆大面积发生，是新疆枣树的一种新病害，枣园里枣果黑斑病的发病率可达30%，多雨潮湿环境中病害发生严重，病重的枣园发病率高达50%，枣农经济损失惨重。

1. 症状

枣黑斑病易在营养不良、树势衰弱的枣树上发生，一般在5月末枣树黑斑病的发病初期，整株枣树叶片发黄、卷曲，叶片上出现黑褐色近圆形病斑，后期枣果的果肩部和腰部会出现黑色的斑点，病斑会逐渐扩大，表面光滑，病斑处的果肉为土黄色。

黑斑病的主要特点是在果面上形成黑色病斑，该病斑可以分为红褐型、灰褐型、干腐型、疮痂型四种症状类型。从幼果期(果粒似豆粒大小时)至白熟期均可侵染危害。

2. 病原

真菌性病害，目前病原菌不明。

3. 发病规律

黑斑病的病原菌多残留于枣吊或枣头上，在翌年的6月前后发病，发病部位一般在叶片和花器上，后期侵染果实，在果实上病害侵染的潜伏期长，症状不明显，在8～9月果实白熟期时，若遇阴天多雨的天气，易大面积暴发。枣枝、枣股、落果、落吊、落叶均为病原菌越冬场所。

4. 防治方法

1）农业防治

春、秋两季刮除树干老树皮，人工剪除病枝、枯叶，摘除病果。合理施肥、经常修剪，使树形通风透光。

2）化学防治

抽枝展叶期有叶斑症状的枣园以喷洒治疗剂（腈菌唑、苯醚甲环唑、嘧菌酯）为主，每10～15天喷药一次，连喷2～3次；白熟期选择保护性杀菌剂（甲基托布津、代森锰锌、大生M－45）。10月注意枣园湿度和气候，果实露水或降雨及时喷洒保护性杀菌剂和治疗性杀菌剂。

（十六）枣炭疽病

枣炭疽病是一种真菌性病害，是枣生产中重要的病害之一，分布于河南、山西、陕西、安徽等省。以河南灵宝大枣和新郑灰枣受害重。果实近成熟期发病，果实感病后常提早脱落，品质降低，严重者失去经济价值。炭疽病危害一般年份产量损失20%～30%，发病重的年份损失高达50%～80%。该病除侵害枣外，还能侵害苹果、核桃、葡萄、桃、杏、刺槐等。

1. 症状

主要侵染果实，也可侵染枣吊、枣叶、枣头及枣股。叶片受害后变黄绿色、早落，有的呈黑褐色、焦枯状悬挂在枝条上。果实发病后，在果肩或果腰受害处，最初出现淡黄色水渍状斑点，以后逐渐扩大成不规则形黄褐色斑块，中间产生圆形凹陷病斑，扩大后连片，红褐色，引起落果。病果着色早，在潮湿条件下，病斑上能长出许多黄褐色小突起及粉红色黏性物质。对落地病果进行解剖发现，部分枣果由果柄向果核处呈漏斗状变黄褐色，果核变黑。重病果晒干后，只剩下枣核和丝状物连接果皮。果实味苦，不能食用。轻病果品质也极差。

2. 病原

真菌性病害，病原菌为胶孢炭疽菌 *Colletotrichum gloeosporioides*。

3. 发病规律

枣炭疽病病菌潜伏于残留的枣吊、枣头、枣股及僵果内越冬。潜伏期的长短除气候条件影响外，与枣树的生活力强弱也密切相关。发病的早晚和轻重，取决于当地降雨时间的早晚和阴雨天持续的长短。雨量多，或连续降雨，阴雨连绵，田间空气的相对湿度在90%以上发病就早而重。

绿盲蝽发生严重枣园病害发生重，弱树上病果较多。果实受侵害早晚及轻重，取决于降雨的早晚和阴雨高湿环境持续时间的长短，降雨早、雨量大、高湿环境持续时间长，病害发生早而重。

4. 防治方法

1）农业防治

摘除残留的越冬老枣吊，清扫、掩埋落地的枣吊、枣叶，并进行冬季深翻；再结合修剪剪除病虫枝、枯枝，以减少侵染来源。加强枣园管理。增施有机肥料，可增强树势，提高植株的抗病能力。冬季每株施入有机肥30 kg。6～7月施碳酸氢铵，花期及幼果期可结合治虫、治病，叶面喷施磷酸二氢钾和尿素。

2）化学防治

发病期前的6月下旬可选甲基托布津、多菌灵进行防治，发病期的8月中旬左右，喷施代森锰锌、大生 M－45、枣病克星（河南省林科院研制），每 10～15 天喷施 1 次，至 9 月上中旬结束用药。

（十七）枣锈病

枣锈病是一种真菌性病害，又称串叶病、雾烟病，各地都有分布。枣锈病主要危害叶片，一般多发生于阴雨天气，南方多于北方，树势弱的多于树势强的。

1. 症状

枣锈病只危害叶片，发病初期叶片背面多在中脉两侧及叶片尖端和基部散生淡绿色小点，渐形成暗黄褐色突起，即锈病菌的夏孢子堆。夏孢子堆埋生在表皮下，后期破裂，散放出黄色粉状物，即夏孢子。发展到后期，在叶正面与夏孢子堆相对的位置出现绿色小点，使叶面呈现花叶状。病叶渐变灰黄色，失去光泽，干枯脱落。树冠下部先落叶，逐渐向树冠上部发展。在落叶上有时形成冬孢子堆，黑褐色，稍突起，但不突破表皮。发病严重时，枣树上的叶片全部脱落，只留下未成熟的青枣。

2. 病原

枣锈病病原菌枣层锈菌 *Phakopsora ziziphi－vulgaris* 为担子菌门、锈菌目、栅锈菌科、层锈菌属。

3. 发病规律

枣锈病是以夏孢子进行侵染的单主循环病害，病叶、枣股上越冬的夏孢子堆是翌年侵染发病重要的病源菌来源。在 6～7 月雨水多、温度高时，夏孢子发芽，从气孔侵入，8～16 天后出现症状，产生夏孢子。然后靠风雨传播，进行再侵染。枣锈病是在 7 月下旬出现病症，首先是在树冠的下部离地面较近的枝叶上发生，然后逐渐向上传染。常在果实膨大期时发病，并引起大量的落叶，易导致枣果皱缩、果肉含糖量大减、枣果多数失去食用价值，病株早期落叶后出现二次发芽，又导致翌年减产。到 8 月中下旬，叶片大量脱落。每年的发病时期早晚和发病程度大小，与当年大气的温度、湿度高低关系极大。降雨早、连阴天、空气湿度大时发病早，而且严重；反之则轻。树下间作高秆农作物、通风不良的枣园，发病早而重。发病先从树冠下部、中部开始，以后逐渐向冠顶扩展。发病严重时，叶片提早脱落，削弱树势，降低枣的产量和品质。

4. 防治方法

1）农业防治

可选择抗锈病的品种，例如，冬枣、安徽的小枣、河北赞皇大枣、梨枣、新郑九月青较为抗病。新建枣园不宜密植，应合理修剪使之通风透光；雨季及时排水，防止园内过于潮湿，以增强树势。晚秋和冬季应及时清除落叶，集中烧毁。

2）化学防治

枣树萌芽前喷 3～5 波美度石硫合剂；7 月中上旬可喷施 1∶2∶200 波尔多液。7～8 月锈病发生高峰期，可使用戊唑醇、丙环唑、苯醚甲环唑等杀菌剂喷施树冠，效果良好。

二、板栗病虫害

板栗 *Castanea mollissima* BL.，隶属壳斗科 Fagaceae，栗属 Castanea，统称栗，又称板栗、魁栗、毛栗、风栗等，素有“干果之王”的美誉。

板栗根系发达，能伸入土壤深层。在山地，土壤较浅，根系多为水平分布，板栗小根尖端常有外生菌根，扩大根系吸收营养物质和水分，但板栗根系再生能力较弱，板栗细根断后，一般在伤口附近很快地发出新根，大根先形成愈伤组织，从愈伤组织分化出根，不易产生根蘖苗。板栗枝叶茂盛，冠幅 15～20 m，但没有明显的中央枝干，主枝开放，树皮较粗。板栗芽有花芽、叶芽和隐芽 3 种，花芽有两种：一种为结果枝，一种为雄花枝。叶芽萌发短枝和叶片，隐芽一般不萌发，枝条修剪或与严重损伤时，可长出徒长枝。板栗枝条分为结果枝、雄花枝和发育枝 3 种，结果枝着生在一年生枝的前端，自然生长的栗树，结果枝多分布在树冠外围，有些品种在枝条中下部短截后也能抽生出结果枝；雄花枝生长量短，顶芽瘪小；发育枝是不产生雌雄花序的枝条。板栗叶为单叶，每节有 1 个叶片，并着生 2 个托叶，当叶片生长停滞后，托叶便脱落。叶色深浅影响板栗的营养状况，绿叶叶片光合效率高，能提供较多的营养物质。板栗是雌雄异花植物，异花授粉。板栗雄花很多，有特殊的腥香气味，能引诱昆虫传授花粉；雌花着生在结果枝前端雄花序的基部。板栗果实是雌花簇进一步发育形成的坚果，坚果是由子房发育而成的，一般一个球苞中着生 3 个坚果，其大小依品种而异，一般南方品种较大，每果 12～17 g，北方品种坚果较小，每果 7～10 g。

板栗喜温和温润气候，耐寒，能耐 -30 ℃低温，抗旱、耐涝、喜光。对土壤要求不严，喜肥沃温润、排水良好的沙质或优质壤土，对有害气体抗性强。忌积水，忌土壤黏重。深根性，根系发达，萌芽力强，耐修剪，虫害较多，花期 4～6 月，果期 8～10 月。板栗适于在年平均温度 10～17 ℃、年降水量 500～2 000 mm，光照充足的地区种植。板栗生长需要特定的条件。板栗一般生长在海拔 370～2 800 m 的山地；板栗喜光，整个生长期要求每天至少 6 小时以上光照；适宜生长的平均温度为 8～15 ℃，能忍受 -25 ℃的低温；年降水 500～1 000 mm 最佳；土壤酸碱度是板栗生长的关键限制因子，板栗适宜在酸性或微酸性土壤上生长，pH 值 5～6 生长良好，pH 值 7.5 以下也可生长。板栗作为重要的生态经济林树种，原产于中国，北半球的亚洲、欧洲、美洲和非洲均有分布。国内辽宁、内蒙古、北京、天津、河北、山西、陕西、山东、江苏、安徽、上海、浙江、江西、福建、河南、湖北、湖南、海南、广东、广西、重庆、四川、贵州、云南、西藏、台湾等地均有栽培。根据《中国绿色时报》统计，2015 年我国板栗种植总面积达 2 700 万亩，年产板栗 195 万 t，占世界板栗总产量的 84%。中国人均 1.4 kg，世界人均不足 0.33 kg，现有产量远不能满足消费需求。所以，大力发展集中连片形成的板栗经济林，不仅可以满足国内对板栗的需要，而且具有良好的生态效应，可以在保水固肥、防止水土流失、净化空气、调节气候、改善生态环境等方面发挥重要作用。同时，板栗经济林带来的自然风光又能为旅游景区增添一道亮丽的风景，有利于形成集观赏、采摘、休闲为一体的特色旅游，促进旅游业发展，帮助农民增加旅游服务收入。

板栗有很高的营养价值，被称为“木本粮食”。板栗果含糖 10%～21%、蛋白质 9%～14%、脂肪 2.35%～3.34%、淀粉 50%～67.5%、微生素 C 69.3～86.1 mg/100 g、胡萝卜素 0.3～0.59 mg/100 g，并含有容易被人体吸收的 16 种不饱和氨基酸，其总量为 6.25～7.03 mg/100 g，是水果不可比拟的；板栗的蛋白质含量与面粉近似，比大米高 30%；氨基酸比玉米、面粉、大米高 1.5 倍；脂肪含量比大米、面粉高 2 倍；微生素 C 含量是苹果、梨的 5～10 倍，因此被称为是难得的代用粮食的“铁杆庄稼”。

板栗是我国原产的木本粮食果树，出口创汇率较高。随着农村产业结构和果树品种结构的调整，近几年有较大面积的发展，总产量不断增加。板栗营养丰富，鲜食、加工经济效益高。但大部分较长时间储存条件要求高,成本不断增加,所以对鲜果的综合开发利用十分活跃,新产品不断问世,内容丰富,形式、品种多样,前景广阔。我国北方产区的板栗支链淀粉多,糯性强,适宜炒食。长江中下游和南方产区的板栗果型较大,偏梗性,煮食不易糊化,适宜制作菜肴及加工食品,尤其是开发功能性食品。

板栗的病虫害种类较多,严重影响板栗的产量和品种,在我国危害板栗的害虫就有150种。其中危害较为严重的病虫害有10多种。由于不同地区的自然条件差异较大,病虫害的发生和危害程度不同。根据板栗产区的不同,主要危害病虫不一样。在南方,温湿度大,降雨较多,病害侵染迅速和食心虫危害严重,但在北方,降水较少,则以红蜘蛛和食心虫为主。主要病虫害有栗实象 *Curculio davidi* Fairmaire、桃蛀螟 *Dichocrocis punctiferalis* Guenee、栗瘿蜂 *Dryocosmus kuriphilus* (Yasumatsu)、栗大蚜 *Lachnus tropicalis* (Vander Goot)、板栗红蜘蛛 *Oligonychus ununguis* (Jacobi)、板栗透翅蛾 *Aegcria molybdoceps* Hampson、板栗剪枝象 *Cyllorhynchices cumulatus* (Voss)、栗绛蚧 *Kermes castaneae* Shi et Liu、木橑尺蠖 *Culcula panterinria* Bremer et Grey、板栗疫病 *Cryphonectria parasitica* (Murr.) Barr、板栗叶锈病 *Pucciniastrum castaneae* Diet.、板栗白粉病 *Microsphaera alni* (Wallr) Salm、板栗煤污病 *Meliolasp*、板栗种实腐烂病 *Penicilliums* p、栗炭疽病 *Colletotrichum gloeosporioides*、栗干枯病 *Enthothia parasitica*(Murr.) Barr、板栗膏药病 *Septobasidium* spp. 等,现针对以上板栗主要病虫害形态特征、危害症状、生物学习性、病原、侵染症状等做描述。

(一)栗实象

栗实象 *Curculio davidi*,又名栗实象鼻虫,简称栗实象,属于鞘翅目、象甲科,是危害板栗种植业的一种重要害虫。在河南地区栗实象危害率严重的可达80% ~90%,平均危害率在3.5% ~82.5%。近年来,栗实象在北方地区的板栗林为害严重。该虫成虫与幼虫均危害板栗,成虫取食板栗树的新芽、嫩叶;幼虫则由在果实内部的虫卵孵化而成,孵化后的幼虫在果实内部蛀食。其中以幼虫危害最为严重,它可以使板栗果实内部蛀空,充满虫粪,果实品质下降,失去食用价值和种植价值,造成经济损失。栗实象甲在世界范围内分布广泛,在我国东北三省、北京、天津、河北、安徽、浙江、河南、陕西、山西、广东、重庆以及云南省等板栗产区均有发生,主要集中在华北地区和华中地区。

1.形态特征

1)成虫

栗实象甲的成虫体长7 ~12 mm,体形呈长椭圆形,体壁颜色多呈现黑褐色,被覆灰色的光泽鳞毛,具有凹凸不平的刻纹。喙呈圆筒形,长度与体长相近。触角沟位于喙端部附近,呈坑状。触角,膝状,呈M形,雄虫的一般长于雌虫,由触角沟到端部依次是柄节、索节、棒节,分别有1节、7节和3节,共11节。复眼,大而突出,呈圆形,位于头的两侧。口器,由上唇、上颚、下颚、下唇组成,位于喙的端部,咀嚼式。胸部有由背板、侧板、腹板组成的胸、中、后胸,2对翅,分别是骨化的鞘翅、膜质的后翅,翅可以覆盖中胸以下部分,鞘翅较圆,前宽后窄,上面有刻纹。足3对,分别位于前、中、后胸上,端部具有离生的爪。

2)卵

栗实象甲的卵一般白色透明,呈椭圆形。

3)幼虫

栗实象甲的幼虫静止时体长一般为3 ~12 mm,刚孵化时,身体透明,之后身体颜色变为白色或乳白色，体表具有短毛，无足，单眼，头部无冠缝，棕褐色咀嚼式口器，背、腹具有明显的横沟，受到刺激，幼虫会出现假死性，身体呈现钩状。

4）蛹

裸蛹，在老熟幼虫的基础上，长出翅芽，三对足，一对复眼，一对触角、喙、口器等。其中复眼大而突出，呈黑色；喙短小白色透明，咀嚼式口器在喙的端部，呈棕色；触角位于喙基部附近，呈浅棕色；翅白色透明，包裹身体的腹部，背部未全部覆盖；足白色透明，位于身体腹部；出现尾突。

2. 为害状

栗实象甲对板栗果实的为害程度可划分为为害初期、为害中期、为害末期三个阶段。为害初期，板栗果皮完整无损伤，种子表面有虫道，虫卵刚开始孵化，虫道放大只能隐约看到小如米粒、透明的幼虫，以及与一些白色粉末状的虫粪颗粒。为害中期，板栗种子表面出现充满白色颗粒状虫粪的孔道，孔道直径约 3 mm，里面有 1 头或多头幼虫，此时幼虫体长多为 8.5 ~12 mm，无足，呈镰刀形弯曲，头部明显为黄褐色，口器黑褐色，此期间幼虫逐渐发育为老熟幼虫并开始脱果。为害末期，板栗果皮上出现一个或多个的虫孔，老熟幼虫脱果，收集的幼虫大小也有差别，果实内部充满白色颗粒状的虫粪，看不到完整果实。受害果实作为种子种植，彻底失去了应用价值与食用价值。

3. 生物学习性

栗实象在长江流域及其以北地区两年完成 1 代，以幼虫入土结土室越冬。栗实在云南等地 1 年 1 代，以老熟幼虫在土中做土室越冬。越冬幼虫于6 月中下旬在土室内化蛹，蛹期 10 ~15 天。7 月中旬当新梢停止生长、雌花开始脱落时进入化蛹盛期，并有成虫羽化。7 月下旬雄花大量脱落时为成虫羽化盛期。成虫羽化后在土室内潜居 15 ~20 天再出土。8 月中旬栗球苞迅速膨大期为成虫出土盛期，直到 9 月上中旬结束。成虫出土后取食嫩叶，白天在树冠内活动，受惊扰后就迅速飞去或假死落地；夜间不活动。成虫寿命 1 个月左右。交尾后的雌成虫在果柄附近咬一个产卵孔，深达种仁，产卵其中。每处产卵 1 粒，偶有 2 粒或 3 粒者。栗实象的发生和为害程度与板栗品种、立地条件等有密切关系。大型栗苞，苞刺密而长，质地坚硬，苞壳厚的品种表现出抗虫性，主要原因是成虫在这种类型的球苞上产卵比较困难；相反，小型栗苞，苞刺短而稀疏的品种被害率则高。山地栗园或与蕨类植物混生的栗园受害重，平地果园受害则轻。

4. 防治方法

1）农业防治

新建栗园时，选用栗苞大、苞刺密及成熟早的抗虫品种，是预防该虫害的最根本途径。冬春季清除园内落叶、杂草、翻土，破坏幼虫越冬场所，杀死幼虫。及时采收成熟的蓬苞，采收后不要堆放在土地面上脱粒，要集中放在水泥地上，使其集中脱果，并在水泥地的栗堆四周撒 2 ~4 cm 宽，1 ~2 cm 高的土埂，栗果全部脱蓬后，将土埂收起来埋入 100 cm 深的土壤中。

2）生物防治

在栗实象幼虫期使用斯氏线虫防治效果较好，但见效慢；或使用生绿 Bt 悬浮剂稀释 800 倍液；也可在栗实象发生期间释放天敌松毛赤眼蜂。

3）物理防治

果实采收后，及时脱粒，杀虫处理。对于剪苞法脱粒或少量栗实，可用 50 ~55 ℃热水浸种10分钟，即可杀死其中的幼虫。利用成虫的假死习性，在成虫发生盛期，8月上中旬，清晨可振动树枝，树下铺席或塑料布，将振落的成虫集中收集消灭。

4）化学防治

及时采收成熟的栗子果，要集中堆放，集中脱粒，使幼虫集中脱离越冬。待板栗运走后，对脱离地面喷施50%辛硫磷乳剂200倍液，要精细喷洒，可杀死入土越冬的幼虫。对受害严重的栗园，自成虫刚开始出土时，即7月下旬至9月上旬，地面及时喷洒50%辛硫磷乳剂稀释200倍，25%西维因颗粒剂稀释500倍，喷于地表，或用50%辛硫磷颗粒剂0.5 kg，加细沙土60 kg混合均匀，撒施于树冠下。第一次施药后隔15天再施1次，连续施药2次效果较好。在成虫发生期，7月下旬至9月上旬，树上连续喷施80%敌百虫可溶性粉剂1 000倍液，50%马拉硫磷乳油1 000倍液，20%氰戊菊酯乳油3 000倍液。上述几种药液间隔12天左右，交替喷施，通过以上防治措施，可完全控制住栗实象甲的发生和为害。

（二）栗瘿蜂

栗瘿蜂 *Dryocosmus kuriphilus*，又叫栗瘤蜂，属膜翅目、瘿蜂科，在我国各板栗产区几乎都有分布。发生严重的年份栗树受害株率可达100%。

1. 形态特征

1）成虫

成虫体长2～3 mm，翅展4.5～5 mm，黑褐色，有金属光泽。头短而宽，触角丝状，基部两节黄褐色，其余为褐色。胸部膨大，背面光滑，前胸背板有4条纵线。两对翅白色透明，翅面有细毛。前翅翅脉褐色，无翅痣。足黄褐色，有腿节距，跗节端部黑色。产卵管褐色。

2）卵

卵椭圆形，乳白色，长0.1～0.2 mm。一端有细长柄，呈丝状，长约0.6 mm。

3）幼虫

幼虫体长2.5～3 mm，乳白色。老熟幼虫黄白色，体肥胖，略弯曲。头部稍尖，口器淡褐色，末端较圆钝。腹部可见12节，无足。

4）蛹

离蛹，体长2～3 mm，初期为乳白色，渐变为黄褐色。复眼红色，羽化前变为黑色。

2. 为害状

栗瘿蜂以幼虫危害芽和叶片，形成各种各样的虫瘿。被害芽不能长出枝条，直接膨大形成的虫瘿称为枝瘿。虫瘿呈球形或不规则形，在虫瘿上有时长出畸形小叶。在叶片主脉上形成的虫瘿称为叶瘿，瘿形较扁平。虫瘿呈绿色或紫红色，到秋季变成枯黄色，每个虫瘿上留下一个或数个圆形出蜂孔。自然干枯的虫瘿在一两年内不脱落。栗树受害严重时，虫瘿比比皆是，很少长出新梢，不能结实，树势衰弱，枝条枯死。

3. 生物学习性

栗瘿蜂1年1代，以初孵幼虫在被害芽内越冬。翌年栗芽萌动时开始取食为害，被害芽不能长出枝条而逐渐膨大形成坚硬的木质化虫瘿。幼虫在虫瘿内做虫室，继续取食为害，老熟后即在虫室内化蛹。每个虫瘿内有1～5个虫室。在长城沿线板栗产区，越冬幼虫从4月中旬开始进入蛹期。化蛹前有一个预蛹期（2～7天），然后化蛹。蛹期15～21天。6月上旬至7月中旬为成虫羽化期。成虫羽化后在虫瘿内停留10天左右，在此期间完成卵巢发育，然后咬一圆孔从虫瘿中钻出。成虫出瘿期在6月中旬至7月底。在长江流域板栗产区，上述各时期提前约10天。在云南昆明地区,越冬幼虫于1月下旬开始活动,3月底开始化蛹,5月上旬为化蛹盛期和成虫羽化始期,6月上旬为成虫羽化盛期。成虫白天活动,飞行力弱,晴朗无风天气可在树冠内飞行。成虫出瘿后即可产卵,营孤雌生殖。成虫产卵在栗芽上,喜欢在枝条顶端的饱满芽上产卵,一般从顶芽开始,向下可连续产卵5~6个芽。每个芽内产卵1~10粒,一般为2~3粒。卵期15天左右,幼虫孵化后即在芽内为害,于9月中旬开始进入越冬状态。

4. 防治方法

1)农业防治

(1)剪除虫枝。剪除虫瘿周围的无效枝,尤其是树冠中部的无效枝,能消灭其中的幼虫。

(2)剪除虫瘿。在新虫瘿形成期,及时剪除虫瘿,消灭其中的幼虫。剪虫瘿的时间越早越好。

2)生物防治

保护和利用寄生蜂是防治栗瘿蜂的有效手段。寄虫蜂成虫发生期不喷任何化学农药。

3)化学防治

(1)在栗瘿蜂成虫发生期,喷50%杀螟松乳油、80%敌敌畏乳油、杀螟松800~1 000倍液,或喷40%乐果乳油800倍液,此外,在树冠茂密的板栗林内,在成虫盛发期,也可用敌敌畏烟剂薰杀成虫。

(2)在春季幼虫开始活动时,用1.8%阿维菌素2 000~3 000倍液喷施或25%灭幼脲3号悬浮剂1 500倍液防治栗瘿蜂初孵幼虫,或用40%乐果乳油2~5倍液涂树干,利用药剂的内吸作用杀死栗瘿蜂幼虫。

(三)栗大蚜

栗大蚜 *Lachus tropicalis*,别名栗大黑蚜、栗枝大蚜、黑大蚜,属于半翅目、大蚜科,寄主主要为板栗、麻栗、橡树等,在国内分布于河北、河南、山东、江苏、辽宁、四川、浙江、江西、广东、台湾等地。因为栗大蚜以成虫、若虫群集刺吸板栗新梢、嫩枝和叶片汁液,削弱树势,影响新梢生长和栗果实的成熟,是板栗生产中主要防治的虫害之一。

1. 形态特征

1)无翅孤雌成蚜

体长3~5 mm,宽约2 mm。体黑色并有光泽,体表有微细网纹,密被长毛。足细长。腹部肥大,第8腹节有毛25~34根。触角长1.6 mm,并具很多短毛。喙长大,超过后足节,复管短小,尾片短小呈半圆形,上有短毛。

2)有翅孤雌成蚜

体长3~4 mm,翅展约13 mm,体黑色,腹部色淡,第1~8腹节有横带,背毛长,第8腹节有毛60余根,翅脉黑色,前翅中部斜至后角有2个透明斑,前缘近顶角处有一透明斑。尾片有毛44~72根。

3)卵

卵长椭圆形,长约1.5 mm。初产为红褐色,后渐变为黑色,有光泽。

4)若虫

若虫体形近似无翅雌蚜,但体小,色淡,多为黄褐色,渐变黑色;腹管痕迹明显。

2. 为害状

栗大蚜以成虫、若虫群集危害板栗新梢、嫩枝和叶片背面等,刺吸汁液为害,刺吸汁液削弱树势,影响新梢生长和栗果实的成熟。在几米之外即可看到枝条上群集为害的大黑蚜虫。

3. 生物学习性

栗大蚜每年发生10余代,以卵于枝干皮缝处或表面越冬,阴面较多,常数百粒单层排列成片。翌年3月底至4月上旬,越冬卵孵化为干母,密集在枝干原处吸食汁液,成熟后胎生无翅孤雌蚜和繁殖后代。4月底至5月上中旬达到繁殖盛期,也是全年为害最严重的时期,并大量分泌蜜露,污染树叶。5月中、下旬开始产生有翅蚜,部分迁至夏寄主上繁殖。9~10月又迁回栗树继续孤雌胎生繁殖,常群集在栗苞果梗处为害,11月产生性母,性母再产生雌、雄蚜,交配后产卵越冬。栗大蚜在旬平均气温约23 ℃,相对湿度70%左右繁殖适宜,一般7~9天即可完成1代。气温高于25 ℃、湿度80%以上虫口密度逐渐下降;遇暴风雨冲刷会造成大量死亡。

4. 防治方法

1)农业防治

结合板栗园冬季(休眠期)和夏季(生长期)修剪,可剪掉有越冬蚜卵的枝条。将有大量虫卵的枝条集中焚毁。采取抚育和修剪措施,改善栗园通风透光环境;通过施肥、中耕、除草等措施,提高树势,提高树体自身抗蚜能力。

2)生物防治

保护和利用天敌来防治,常见天敌昆虫有瓢虫类、草蛉类、小花蝽类及蚜茧蜂类等。

3)物理防治

用硬橡皮块,在产卵树皮缝隙抹杀虫卵,虽费工时,但效果显著,或在虫卵集聚处举火烧杀,但要注意栗园防火。

4)化学防治

杀蚜卵,45%马拉硫磷乳油1 000~1 500倍液或50%杀螟松乳油1 000~1 500倍液能较好地杀死蚜卵。杀若蚜,使用25%吡虫啉可湿性粉剂3 000~5 000倍液、3%啶虫脒微乳剂1 500~2 500倍液和2.5%高效氯氟氰菊酯微乳剂1 500~2 500倍液、25%吡蚜酮悬浮剂稀释2 500~3 000倍液、25%抗蚜威可湿性粉剂稀释2 500~3 000倍液、25%噻嗪酮可湿性粉剂稀释2 000~3 000倍液。

(四)板栗红蜘蛛

板栗红蜘蛛 *Oligonychus ununguis*,又名栗小爪螨、针叶小爪螨、栗叶螨等,属蛛形纲、真螨目、叶螨科,在我国北方板栗主产区如山东、河北、北京等地为常发性主要害虫之一,尤其在春夏交替的干旱季节易暴发成灾。

1. 形态特征

1)雌成螨

雌成螨体长0.42 ~0.48 mm、宽0.26 ~0.31 mm,椭圆形,红褐色。体背隆起,前端较宽,末端暗窄钝圆,足粗,淡绿色,体背常有暗褐绿色斑,刚毛粗大,黄白色,24根。

2)雄成螨

雄成螨略小,近似三角形,腹末略尖。

3）幼螨

越冬卵刚孵化的幼虫鲜红色，夏卵初孵幼螨浅红色，取食后变暗红色或黄绿色。

4）卵

卵葱头状，初产乳白色，近孵化时变红色，越冬卵暗红色。

2. 为害状

以板栗叶片正面取食为主，用刺吸式口器吸食叶片汁液，削弱栗树叶片的光合作用，致使当年产量下降，并严重影响翌年产量。暴发严重时每叶成螨少则数百头，多则上千头，可使叶片全部失绿，变为黄白色至灰白色，直至全叶变褐焦枯，提前脱落。

3. 生物学习性

华北地区 1 年发生 5 ~9 代，以卵在 1 ~4 年生枝条的背阴面越冬，主要分布于叶痕、粗皮缝隙和枝条分杈处。越冬卵从栗叶伸展期开始孵化，集中孵化期在 4 月底至 5 月上中旬；5 月初，有80%~90%的卵集中在 10 天左右孵化。幼螨孵化后即集中到栗幼嫩新梢上取食为害；6 ~7 月初为高发期。高温干旱年份危害尤其严重；山东鲁中山区一般在麦收后危害最重；河北省燕山产区在 7 月上旬形成全年高峰。因成虫、若虫、幼虫多集中在叶正面取食，所以遇暴风雨冲刷虫口可减少 80%~90% 。

4. 防治方法

1）农业防治

选用抗板栗红蜘蛛较强的优良品种，如黄棚、泰安薄壳等生长势强的品种；避免大面积栽植单一品种，最好选择几个品种混栽，降低对板栗红蜘蛛敏感品种的虫口密度。高温干旱季节，在板栗红蜘蛛大面积发生前期，有条件的栗园要及时浇水，降低栗园温度，提高空气湿度。春季栗园实行生草制，可种植花生、苜蓿等矮秆作物，能降温保湿，并为天敌的繁殖与活动提供适宜环境。

2）生物防治

注意保护和利用天敌，栗园中天敌主要有草蛉等及各种捕食螨等，尽量施用专一杀螨剂，避免使用广谱杀虫剂。有条件的地方可释放深点食螨瓢虫、小花蝽等捕食螨。

3）物理防治

利用骨香、麸香、豆饼香、糖醋浸渍活性炭、肉汤浸渍活性炭等味诱物诱集红蜘蛛等螨类害虫，再施以脉冲电杀，效果较好。

4）化学防治

根据板栗无公害生产技术标准，允许使用生物源农药、矿物源农药和低毒有机合成农药，有限制地使用中毒农药，禁止使用剧毒、高毒和高残留农药。用药时间要及时，做到提前预防；避免长期单一用药，以免产生抗药性。萌芽前，采用石硫合剂 3 ~5°Be 喷施；5 月初至 5 月下旬，喷施 240 g/L 螺螨酯悬浮剂稀释 4 000 ~6 000 倍液，或 11% 乙螨唑悬浮剂稀释 5 000 ~7 500 倍液；5 月中下旬至 6 月中旬，喷施 240 g/L 螺螨酯悬浮剂稀释 4 000 ~6 000 倍液，或 20% 丁氟螨酯悬浮剂稀释 1 500 ~2 000 倍液，或 75% 克螨特乳油稀释 1 500 ~2 000 倍液，或 1.8% 阿维菌素稀释 3 000 ~5 000 倍液，或 43% 联苯肼酯悬浮剂稀释 2 000 ~3 000 倍液。

（五）板栗透翅蛾

板栗透翅蛾 *Aegcria molybdoceps*，又名串皮虫，属鳞翅目、透翅蛾科，是危害板栗的主要害虫。除危害栗树外，还危害栓皮栎、麻栎等树木。板栗透翅蛾幼虫在栗树枝干韧皮部和形成层串食，多数纵向钻蛀危害，破坏皮层输导组织，在嫁接伤口处多为横向蛀食，导致树势衰弱。一般为主干下部受害较重，被害处树皮肿胀开裂，并有丝网黏连虫粪附于其上，形成肿瘤状隆起。

1. 形态特征

1）成虫

成虫触角两端尖细，棍棒状，基半部橘黄色，端半部赤褐色，稍向外弯曲，顶端有 1 束由长短不等的黑褐色细毛组成的笔形毛束；下唇须黄色；雄蛾略小，体长 13 ~ 19 mm，色泽较为鲜艳，尾部有红褐色毛丛；雌虫一般比雄虫大，体长 14 ~ 21 mm，翅展 37 ~ 42 mm；腹部各节橘黄色或赤黄色，翅透明，翅脉及缘毛为茶褐色或黑褐色；足黄褐色，后足胫节赤褐色，毛丛尤其发达。

2）卵

卵椭圆形，一端较齐，长 0.8 ~ 0.9 mm，初为枣红色或浅褐色，以后逐渐变为赤褐色，无光泽，一端稍平；质硬，以顶端或一侧附于树皮上。

3）幼虫

幼虫初孵幼虫和越冬幼虫乳白色，半透明；低龄幼虫淡黄色，有时微带红色，常随取食部位的颜色而变暗；老熟幼虫体长 26 ~ 42 mm，污白色，化蛹前为黄色；头部淡栗褐色，稍嵌于前胸；前胸背板淡黄褐色，后缘中部有一褐色倒“八”字形细斑纹；臀板淡黄褐色骨化，后缘尖端有一个向前弯曲的角状突刺。气门椭圆形，褐色。

4）蛹

蛹体长 14 ~ 20 mm，体型细长，初为黄褐色，后渐变为深褐色，羽化前，呈棕黑色；蛹体两端略微向腹面下弯曲。

2. 为害状

主要是幼虫期危害，大部分幼虫一生只危害枝干韧皮部和形成层，少数幼虫轻度啃食木质部；幼虫多数纵向钻蛀危害，但在嫁接伤口处多为横向蛀食；一般主干下部受害较重，被害部位臃肿膨大，呈肿瘤状隆起，皮层翘裂，并有丝网黏连虫粪，附在其上。被害处呈黄褐色，原蛀道为黑褐色，新梢提早停止生长，叶片枯黄早落，部分大枝枯死。严重时，幼虫横向蛀食、环绕树干或主枝一周，在皮层与木质部之间形成 1 ~ 3 cm 宽的虫道，影响树体养分的输送，造成虫枝枯死或全株死亡。也可将卵产在嫁接口，使幼虫在嫁接部位活动取食，造成嫁接口处隆起，愈合不良，导致死亡。

3. 生物学习性

该虫分布于东北、华北、华东等地，1 年 1 代或 2 年 1 代。成虫主要把卵产在老粗皮、嫁接口、伤口等地方，幼虫孵化以后就从这些地方钻入树体内危害。以 2 龄幼虫或少数 3 龄幼虫在树皮缝内越冬。第 2 年 3 月下旬幼虫开始活动；4 月中旬和 8 月中旬是危害盛期，7 月中下旬开始化蛹，8 月上中旬为化蛹盛期，也是成虫产卵盛期。幼虫结茧前，在表皮下向外皮咬一圆形羽化孔，然后结茧化蛹，羽化时蛹体露出树皮外约 1/3；8 月中下旬进入羽化盛期。成虫夜间产卵，多产于主干基部 20 ~ 80 cm 处的皮缝或树洞内。8 月下旬至 9 月中下旬卵开始孵化，幼虫孵化后立即蛀入树皮下危害，10 月进入 2 龄后越冬。

4. 防治方法

1）农业防治

加强栗园土肥水管理，增强树势；适时中耕，彻底清除果园内杂树、灌木及杂草；科学施肥，注意灌水和排水；及时防治枝干病害和其他病虫害，尤其是栗疫病；注意保护伤口，使其早日愈合；避免机械损伤，对于嫁接伤口和其他机械伤口，及时包扎保护，防止成虫产卵，减少危害；伤口愈合后，及时解除包扎物；采果时，不要损伤树皮；结合冬季整形修剪，剪除虫害枝，并集中烧毁。刮除虫疤周围的翘皮、老皮，带出园外，集中烧毁，消灭幼虫。

2）生物防治

保护和利用天敌，5 月下旬天敌羽化期，不要使用农药。

3）物理防治

应用透翅蛾性信息素设饵的诱捕器，诱捕成虫。

4）化学防治

（1）喷药防治。成虫羽化盛期，栗园喷洒 80% 敌敌畏乳油 2 000 倍液，或 2.5% 氯氰菊酯乳油 4 000 倍液，毒杀成虫。幼虫孵化盛期，在树干下部，每隔 7 天喷 1 次敌敌畏，共喷 2 ~ 3 次，可控制虫害。

（2）药剂涂刷。幼虫越冬前，用敌敌畏与煤油 1∶6倍液，或与柴油 1∶20 倍液涂刷虫斑，或全面涂刷树干；涂刷在枝干表皮失去光泽、水肿、流液、有腐臭味等被虫害处；或在被害处 1 ~ 2 cm 范围内，涂刷一环状药带。幼虫蛀干期，如果发现枝干上有新虫粪，立即用上述混合药液涂刷被害处，可很快杀死里面的幼虫；一般每隔 10 天涂刷 1 次，连续使用 2 次，可取得良好效果。

（3）涂药浆糊。一般在 4 月底至 5 月初，板栗嫁接时，用面粉做成稀浆糊，向内加入高效氯氰菊酯或速灭杀丁，搅拌均匀，用刷子将药浆糊刷在嫁接塑料条外，或砧木直径 3 cm 以上的锯口；对害虫起趋避作用，避免害虫产卵危害，效果很好。

（4）刮皮喷药。药剂可选择 80% 敌敌畏乳油 1 500 倍液，直接喷涂树干，一般每隔 15 天喷药 1 次，连续施药 2 ~ 3 次。刮皮树干涂白，在秋、冬季刮老皮，树干上涂刷白涂剂，可防治越冬幼虫，还可防止冻害。尤其被害处，要重刮皮、重涂药，对刮下的树皮收集后集中烧毁。在成虫产卵前（8 月前）树干涂白，可阻止成虫产卵，对控制危害可起到一定作用。

（六）板栗剪枝象

板栗剪枝象 *Cyllorhynchites cumulatus*，又名栗实剪枝象、剪枝象甲、剪枝板栗象鼻虫、栗剪枝象、栗剪枝象鼻虫、剪枝象鼻虫、板栗剪枝象甲、锯枝虫等。属鞘翅目、象甲科，寄主为板栗和茅栗，主要分布于黄河以南的陕西、河南、安徽、江苏、湖北、湖南、贵州、云南、浙江、福建等地。

1. 形态特征

1）成虫

成虫身体的长度、宽度分别为 6.5 ~ 9 mm、3.2 ~ 4.0 mm，体表为蓝黑色，具光泽，密集地分布一些绒毛（银灰色），中间稀疏地分布着一些较长、黑色、呈竖立状的毛；腹面的颜色为银灰色。头管有点弯曲，长度与鞘翅相同。鞘翅上各分布着 10 行纵向沟，呈点刻状。具有 11 节触角。雄虫、雌虫的触角位置稍有差别，分别位于头管端部的 1/3、1/2 处。雄虫身体胸前部的两侧分别有 1 个尖刺，雌雄的胸部两侧没有。

2)卵

卵的颜色在刚产下时为乳白色,椭圆形,在孵化前颜色逐渐转为黄色。

3)幼虫

幼虫的体表为乳白色,长度为4.4~8.2 mm,身体弯曲,有很多横向分布的褶皱,无足。

4)蛹

蛹长8 mm左右,始为乳白色,后逐渐加深,转为淡黄色。

2.为害状

雌成虫羽化后,寻找板栗的雄花序和嫩栗苞啃食,经6~10天补充营养后交尾,每天交尾高峰在上午9~11时和下午3~5时;交尾后2~3天,先选一嫩果枝,在栗苞下端2~6 cm处用口器把嫩果枝从上面剪断,下面仅留表皮,使嫩果枝悬挂空间,然后爬到饱满栗苞上刻槽产卵。7天左右即可交尾、产卵,在产卵前,其咬断与栗苞距离为5 cm左右的果枝(皮层仍相连),果枝即呈现倒悬的状态,然后用其锋利的口器在栗苞上刻槽,将卵产在槽中,形成1个小洼坑;产卵后,先用碎屑封闭产卵孔,再爬回原来剪折处把果枝咬断,致使果枝坠落地面,但一般不在空栗苞上产卵。每个栗苞中一般产卵1粒,产2粒者甚少。每头雌虫产卵19~30粒,多的达40粒,剪果枝20~30枝,多的在40个以上,危害栗苞30~50个不等,甚至更多。雄虫仅取食栗苞造成危害,不会咬断果枝。

3.生物学习性

板栗剪枝象1年发生1代。板栗果实落下后,虫卵在其中发育成成熟的幼虫,进入土壤中越冬。直到第2年的5月开始化蛹,蛹期持续天数约22天。板栗剪枝象在北方地区出土的时间为6月上旬,开始对板栗树产生危害,其发生盛期为每年的6~7月,一般直到8月才会有所缓解。据统计,平均每头雌虫可对15~35个幼栗产生危害。板栗剪枝象成虫出土后,即爬到树上,对花序、幼嫩的栗苞等产生危害,成虫活动的时间一般在白天,其中最为活跃的时间段为09:00~16:00,一旦外界有任何惊扰,其立即假死坠到地上。在脱落的栗实中,卵发育5~8天。幼虫孵化的时间在6月的中下旬开始,刚开始孵化出的幼虫首先危害栗苞,然后慢慢进入坚果的内部取食。幼虫持续时间为30~40天。幼虫老熟后从果实中脱落,进入土壤中越冬,土质不同,其进入土壤中的深度有所不同,一般在3~9 cm的表层分布较多。

4.防治方法

1)农业防治

(1)清除栗园周边锥栗、茅栗、栓皮栎、麻栎、辽东栎、蒙古栎等寄主,减少中间寄主及虫源。

(2)选择抗虫害品种,避免多个品种混种,调优品种结构及种植布局,如炭木桥村13.33 hm^2 板栗基地,树龄档次6个以上,熟期不同品种5个以上,适宜该虫危害的雄花序、嫩果枝、嫩栗苞期长,加大了防治难度。

(3)调优栗园林分,如栗茶混交后,招引更多食虫鸟类取食,为鸟类等天敌提供良好的栖息与生活环境,控制该虫数量。

(4)调优树形,应压矮树冠、适度疏除过多大枝、回缩行间交叉枝,调整为开心分层形或开心形,控制树高3.2~4.2 m,枝下高1.0~1.5 m,冠幅6.5~8.5 m^2,单位冠幅面积果枝量约17条/m^2,叶果比1:(35~45),改善栗园和树冠内通风透光性,改变该虫发生危害环境。

(5)翻园灭虫,即秋冬季深翻栗园土壤,使幼虫遭受旱、冻而死;春季土温 18 ℃以上时,浅翻栗园土壤灭蛹。

(6)6 月上旬至 8 月中旬,每 3 ~ 5 天(间隔不超过 10 天),拾回带卵落果枝及栗苞集中烧毁。

2)生物防治

有关报道可使用65 亿孢子/mL 粉拟青霉菌防治栗剪枝象,效果较好。

3)物理防治

(1)利用成虫聚集分布、夜晚和雨天静伏树冠内隐蔽处、趋光性极差、有假死性等特性,在成虫发生期傍晚、夜晚、雨天,猛摇树枝,把成虫震落,集中消灭。

(2)成虫出土上树期间,用粘虫带、胶环、透明胶等包扎树干或围绕树蔸做“环形水槽”(加八成水深度),阻止成虫上树,并将阻集在粘虫带等下面或“环形水槽”内的成虫收集处理,至成虫绝迹后再取下胶环等。

4)化学防治

(1)成虫羽化初期和盛期前夕,清洁园内外地表后,地表配水喷雾(浇施)40% 辛硫磷乳剂 0.25 ~1.0 kg/亩(48% 毒死蜱乳油 0.15 ~0.25 kg/亩),或5% 辛硫磷颗粒剂 1.5 ~3.0 kg/亩(90% 敌百虫原粉 1 ~2 kg/亩)拌干细土或细砂撒施。

(2)成虫羽化始盛期,喷雾 100 亿/mL 苏云金杆菌(Bt)乳剂 500 倍,约 15 天喷雾 1 次,连续喷雾 2 次。

(3)上树危害成虫达 0.12 头/株,喷 2% 噻虫啉微胶囊粉剂 0.2 kg,或喷雾 2% 噻虫啉微胶囊悬浮剂 200 倍液、48% 噻虫啉水悬浮剂 3 000 倍液、10% 吡虫啉可湿性粉剂 2 000 ~3 000倍,20 ~25 天 1 次,连续喷雾 2 ~3 次;或喷雾 40% 乐果乳油 1 000 ~1500 倍液,加 2.5% 高效氯氰菊酯乳油 3 000 ~4 000 倍液、2.5% 溴氰菊酯乳油或 20% 杀灭菊酯乳油 2 000 ~3 000 倍液、50% 敌敌畏乳油 800 倍液、90% 敌百虫乳油 1 000 倍液,再少量喷矿物油乳剂或有机硅增效剂混合液或喷雾 741 烟雾剂 2 ~2.5 kg/亩,7 ~10 天 1 次,连续喷雾 2 ~3 次。

(七)栗绛蚧

栗绛蚧 *Kermes castaneae* Shi et Liu,又名板栗球蚧、栗红蚧,俗称水痘子,属半翅目、绛蚧科,广泛分布于安徽、江苏、浙江、湖南、湖北、贵州、四川、江西等省板栗产区,是板栗枝干上主要的刺吸式害虫之一。

1.形态特征

1)雌成虫

雌成虫体呈球形或半球形,直径 5 mm 左右,初期为嫩绿色至黄绿色,背面稍扁,体壁软而脆,腹末有一小水珠,称为“吊珠”,至体内卵成熟时小水珠消失。体表有光泽,黄褐色或深褐色,上有黑褐色不规则的圆形或椭圆形斑,并有数条黑色或深褐色横纹,基部一侧附有数条白色蜡丝。触角线状,7 节,基节扁宽,第 3 节最长,节间环生细毛。胸足跗节 1 节,爪 1 个,稍向内弯曲,爪冠毛 2 根,端部膨大呈球状。中、后胸各有 1 对气门,开口呈喇叭状,气门基部有多孔腺。肛环稍硬化,有 1 对肛环刺毛。体背密布小管状腺。

2)雄成虫

雄成虫体长 1.49 mm,翅展 3.09 mm,体棕褐色,触角丝状,10 节,每节具数根细毛。复眼发达,黑色,圆形,单眼3对,排列呈"八"字形。口器退化。前翅土黄色,透明,翅脉2根,翅面上布满点刻,并密生细的刚毛。胸足发达,各节均密生细毛,胫节末端具1对端刺,爪冠毛端部膨大呈球形。腹末具有1对细长的白色蜡丝,长约0.7 mm,并具有锥状交尾器。

3)卵

卵长椭圆形,初期为乳白色或无色透明状,卵与卵之间充满黏液,使之黏结在一起,近孵化时变为紫红色,黏液逐渐消失。

4)若虫

1龄初孵若虫长椭圆形,肉黄色。1龄寄生若虫长椭圆形,黄棕色,胸部两侧各具白色蜡粉1块,其上还有少量白色蜡丝。2龄寄生若虫体椭圆形,肉红色,体背常黏附有1龄若虫的脱皮壳。触角7节,第3节最长。胸足发达。尾毛2根,为白色细长的蜡丝,后期脱落,只留痕迹。

5)雄茧、雄蛹

茧扁椭圆形,1.65 mm×0.88 mm,白色,为较薄的丝棉状。蛹长椭圆形,1.20 mm×0.55 mm,黄褐色,离蛹。

2.为害状

在板栗未发芽之前,栗绛蚧就黏附在枝条和芽上,吸食树液,影响板栗发芽,使枝条萎缩枯死,轻微的造成落叶、落花、落果,颗粒无收,严重时造成受害株当年死亡。

3.生物学习性

板栗绛蚧1年发生1代,以2龄若虫在枝条基部、枝干伤疤、芽痕、树皮裂缝等隐蔽处越冬,当翌年3月上旬日平均气温达10 ℃以上时越冬若虫恢复取食。3月中旬以后,部分若虫脱皮变为成虫,继续取食危害,3月下旬至4月下旬雌蚧迅速膨大,蚧壳变硬,此阶段是栗绛蚧主要的危害期;另一部分2龄雄若虫迁移到树皮的裂缝、树基部的凹陷、树洞或苔藓层的下面结茧化蛹,4月上旬雄成虫开始羽化,4月下旬为羽化盛期。4月中旬,雌成虫开始孕卵,卵在母体内孵化。5月中旬当气温达到25~26 ℃时,1龄初孵若虫从母体的肛门爬出。从6月中下旬开始,1龄若虫脱皮变为2龄,取食一段时间后,于7月上中旬开始越夏,至秋末开始越冬,翌年3月上中旬恢复取食。

4.防治方法

1)农业防治

(1)做到适地适树和优质壮苗。新建栗园,首先应选择适宜的立地条件。海拔500 m以下,背风向阳,坡度25°以下,土层肥沃、深厚、湿润,排水良好的砂岩、花岗岩风化的微酸性砾质土壤最利于板栗生长发育;栽植前进行大穴整地,表土、心土各放一边,回填时先表土、后心土,这样既能增加土壤肥力,又能减轻华栗绛蚧发生。华栗绛蚧的远距离传播主要通过苗木和接穗,因此新建栗园应选择健壮、优质的苗木和接穗。采取接穗封蜡可有效地控制华栗绛蚧传播,并能提高嫁接成活率。

(2)因地制宜地进行垦抚施肥。秋冬季节对栗园进行垦抚,施足基肥,以土杂肥(如饼肥、农家肥等)为宜,促进栗树健壮生长,增强抗虫能力,促使栗园生物群落多样化,形成不利于虫害发生而有利于栗树生长的生态环境。

(3)进行修剪、刮皮、涂白。结合冬季栗树整形修剪,剪除有虫枝、纤细枝、背下枝、徒长枝,刮除病疤、粗皮、翘皮,破坏华栗绛蚧的越冬场所,增强树势;刮皮修剪一般在冬季,最迟不能超过惊蛰;剪除的枝条和刮下的病疤、树皮应带出栗园,集中烧毁,消除虫源;刮皮后用自制的白涂剂进行涂白,预防冻害和虫害的发生。

2)生物防治

自然条件下中华栗绛蚧的天敌较多,优势种主要有黑缘红瓢虫、绛蚧跳小蜂、芽枝状芽孢霉菌等,应加以保护利用,达到控制华栗绛蚧发生的目的。

3)物理防治

早春若虫出土时间,在树基部涂胶环或者使用透明胶带,以防若虫上树危害。

4)化学防治

当栗绛蚧偏重发生和大发生时,抓住3月26~30日越冬若虫膨大期这一最佳时机,选择高效、低毒和低残留农药,可获得较理想的除治效果,此时正好避开了寄生蜂羽化高峰期和黑缘红瓢虫卵孵化期,避免大量杀伤天敌。采用10%高渗吡虫啉可湿性粉剂1 000倍液既经济又高效,是目前较为理想的农药。

(八)板栗疫病

板栗疫病又称板栗干枯病、溃疡病、腐烂病等,是一种世界性病害,可寄生欧洲板栗、美洲板栗、板栗、日本板栗、锥栗、栎树、栓皮栎夏栎、无梗花栎、漆树、山核桃、常绿锥栗、欧洲山毛榉等植物。造成树势衰弱,栗实产量下降,严重时引起树木死亡。

1.症状

病原菌侵入主干或枝条后,初期在病部表皮出现水渍状圆形或不规则的病斑,淡褐色至褐色,略隆起,后逐渐扩展,韧皮部死亡后形成溃疡和烂皮,病斑蔓延直至包围树干,病斑组织初期湿腐,死皮下可见污白色至淡黄色扇形菌丝,发病枝条上的叶变褐色死亡后久不脱落,4月病斑开始产生橘红色瘤状子座,秋季子座变橘红色至酱红色,病斑扩展后树皮开裂脱落,露出木质部,翌年旧病复发,病斑继续扩展至环绕主干后造成整株死亡。

2.病原

板栗疫病病原为寄生隐丛赤壳 *Cryphonectria parasitica*(Murr.)marr,属子囊菌门坚座壳目(Diaporthaceae),隐丛赤壳属。子囊壳黑褐色球形或扁球形,有长喙与顶端相通。子囊棍棒状,无侧丝,无色,子囊孢子8个。在PDA培养基上菌落黄白色至橙黄色,棉絮状,生长迅速。

3.发病规律

病菌以多年生菌丝体和子座在病组织中越冬。4月中下旬产生新的分生孢子,借雨水、气流、昆虫和鸟类等传播,入侵新的寄主伤口。10月下旬产生子囊壳和子囊孢子,借风雨传播。病菌可随种子、苗木和接穗远距离传播。日灼、冻害、嫁接和虫害等所导致的伤口是病菌孢子的主要侵染途径。

4.防治方法

1)农业防治

适地适树是防治板栗疫病的根本途径。先用优良抗病的品种对板栗林进行改造,苗木调运要严格执行检疫,对调入的枝条与植株用180倍石灰倍量式波尔多液浸泡后再用,以免病害扩散蔓延。①入冬前进行1次松土,每株施入有机肥1.5~2.5 kg或菜油饼1.0~1.5 kg,以改良土壤结构,增加土壤肥力和有机质含量,为来年板栗生长提供足够的营养;并对树根培土,培成锥形,开春扒开,减少幼林发生冻害机会;同时喷1次200倍液的石灰倍量式波尔多液,保护树木越冬。②早春松土1次,从干基向外由浅到深进行翻土,以不伤害板栗树的根为准。结合翻土每株施尿素或复合肥250~500 g,或菜油饼肥1.0~1.5 kg,或有机肥2.5~3.5 kg,促进根系生长和树木营养供给,增强树势。

2)化学防治

(1)刮除主干及大枝条上的病斑,剪除小病枝。病斑刮除要彻底,深度达木质部,刮下的树皮和剪下的枯死枝集中烧毁。伤口处用2%多菌灵或甲基托布津、10%碱水涂刷。为防止嫁接后疫情发生,嫁接口处及时涂药。

(2)用敌克松500倍液进行全面喷洒,每隔15天喷1次,连喷3次。敌克松对板栗疫病有明显的治疗效果。

(3)早春板栗发芽前,打1次2~3°Be石硫合剂;发芽后,再打1次0.5°Be石硫合剂,保护伤口不被侵染,减少发病概率。

(4)在板栗的整个生长期,一旦发现有害虫危害嫩梢、叶,立即用溴氰菊酯进行防治,保护叶、枝少受伤害。

(九)板栗白粉病

板栗白粉病是危害板栗树的主要病害之一。近几年来,板栗白粉病在板栗主产区危害面积大,且逐年蔓延扩展,严重影响板栗生产。

1.症状

板栗白粉病危害树叶、新梢、幼芽。发病初期,叶面上、下出现黄斑,随后黄斑上出现白粉,逐渐产生灰白色菌丝层和分生孢子。黄斑逐渐扩大,白粉也越来越多,嫩叶感病处生长停滞,叶片扭曲变形。受害严重时嫩梢枯萎,嫩芽不能展开,树叶枯黄提前脱落,严重影响树冠的光合效率和树体营养物质的积累转化,造成栗树不能挂果或大量空苞。进入秋季,受害叶片的白粉层上出现许多黄色小颗粒,后变成黑色,即病菌的闭囊壳,内藏子囊和子囊孢子。

2.病原

引起板栗树白粉病的白粉菌有两种,均属子囊菌门。发生于叶正面的为中国叉丝壳 *Microsphaera sinesnsis* Yu,闭囊壳内含4~8个子囊,子囊孢子椭圆形(17~26)μm×(9~15)μm,附属丝5~14根,呈二叉状分枝2~4次,末端分枝卷曲;发生在叶背面的白粉菌为栎球针壳 *Pyllaclinia roboris* (Gachet) Blum.,闭囊壳的附属丝为球针形。

3.发病规律

板栗白粉病病菌以闭囊壳在病叶和树梢上越冬,翌年春季4~5月,以子囊孢子完成初次侵染,侵染嫩叶和新梢。病菌在病部可不断产生分生孢子,在生长季节会对新梢、嫩芽进行多次侵染,对板栗生长危害严重,秋季9~10月,受害叶子白粉层上出现许多黄色小颗粒,随后变黑,其为病菌的闭囊壳。栗树新梢生长期,阴雨较多时发病严重。实生树、苗子及幼树发病重。品种间存在发病差异。

4.防治方法

1)农业防治

(1)在秋冬季落叶后对感病栗树进行修剪,剪除病枝,清扫落叶,集中在园外焚烧深埋,彻底清除侵染源。

(2)选择适宜本地生长的外地抗病良种,进行间套栽植,可改变病虫害生活习性,能有效控制或减轻病虫危害,提高林分质量,达到板栗高产增收的目的。

(3)根据生产实践观察验证,科学合理地改善栗园生产条件,是防治白粉病侵染蔓延的一种有效途径。对栽植密度大、郁闭、配置不合理,通风透光条件差的密植栗园,进行合理间伐,控冠修剪,伐去病虫侵染较重、生长不良的衰弱树。25°以上的陡坡栗园每亩保留 60 ~ 70 株,郁闭度不大于0.6。对土层瘠薄、营养条件差的感病栗园,在结合药剂防治的同时,以施硼、磷、钾为主,少量施氮肥增加营养,提高栗树的抗病性能和挂果率。

2)化学防治

在春季栗树展叶后,发病初期,每隔 15 天树冠喷洒 430 g/L 戊唑醇悬浮剂 3 000 ~6 000 倍液、60% 苯醚甲环唑悬浮剂 800 ~1 200 倍液,或 40% 丙环唑乳油稀释 1 000 ~1 500 倍液,或 40% 腈菌唑可湿性粉剂稀释 200 ~300 倍液。

(十)板栗炭疽病

板栗炭疽病是一种主要危害果实、叶片和新梢的真菌性病害,在板栗种植区均有危害。常导致果实腐烂,严重影响板栗产业的发展。

1. 症状

该病主要危害果实,也危害新梢和叶片。

(1)果实受害一般进入 8 月以后栗蓬上的部分蓬刺和基部的蓬壳开始变成黑褐色,并逐步扩大,至收获期全部栗蓬变成黑褐色。受害的栗蓬表面密生黑色粒状分生孢子盘,潮湿时产生肉桂色黏稠状分生孢子团。感病粒蓬比健康的小,多提早脱落。栗果实发病比栗蓬发病迟,多从果实的顶端开始,也有的从侧面或底部开始,感病部位果皮变黑,常附着灰白色菌丝。病菌侵染果仁后,种仁变暗褐色,随着症状的发展,种仁干腐萎缩,产生空洞,内部充满灰白色菌丝,最后全部种仁呈干腐状,不能食用。

(2)新梢和叶部受害在新梢上形成椭圆形或纺锤形黑褐色病斑,一般发生较少。叶片受害,多在盛夏之后发生,叶片形成暗褐色不规则病斑,叶柄和叶脉上的病斑较长,稍凹陷。天气潮湿时,新梢和叶片上的病斑也产生肉桂色黏稠糊状的分生孢子团。

2. 病原

栗果实炭疽病的病原菌为围小丛壳 *Glomerella cingulata*,属子囊菌门真菌。无性世代为盘长孢状刺盘孢。病部表生分生孢子盘,有或无刚毛。分生孢子无色,单胞,内含油滴。孢子形状因菌株不同,有圆筒形和纺锤形两种,圆筒形孢子大小为(13 ~24)μm×(4.5 ~6.5)μm。纺锤形为(13 ~20)μm×(4 ~6)μm。在培养基上,菌丝为黑绿色或红褐色。菌丝发育和孢子发芽温度为 15 ~30 ℃。5 ℃左右时菌丝也能缓慢生长,所以储藏期种仁上的病斑也能缓慢地扩展。

3. 发病规律

病菌以菌丝或子座在树的枝干上越冬,其中以潜伏在芽鳞质中越冬量较多。落地的病栗蓬上的病菌基本不能越冬,不能成为下年的侵染来源。

枝干上越冬的病菌在下年条件适宜时,产生分生孢子,借助风雨传播到附近栗蓬上,引起发病。病菌从落花后不久的幼果期开始侵染栗蓬,但只能在生长后期病害症状才进展较快。病菌还能在花期经柱头侵入,造成栗蓬和种仁在 8 月以后发病。

发病轻重与品种关系密切。老龄树、密植园、肥料不足以及根部和树干受伤害所致的衰弱病,发病重。树上枯枝、枯叶多和栗瘿蜂危害严重的树往往发病也重。栗蓬形成期潮湿多雨,有利于病害发生。

4. 防治方法

1)农业防治

(1)选育抗病品种。从丰产性能好的良种筛选出抗病品种,并充分利用当地抗病的优良品种,如镇安大板栗。

(2)清除病源。冬季剪除病枝、枯枝,同时要搞好栗园卫生,及时清除园内落叶、病果、落果,并将其烧毁或深埋,以减少病源传播。

(3)加强栽培管理。合理施肥,勿过多施氮肥,防止徒长。对贫瘠栗园,要进行土壤改良、增施有机肥、适时灌水排水、科学整形修剪等栽培管理,增强树势和抗病力。

(4)坚持落地捡拾采收,减少失水和机械损伤,缩短暂存时间,收获后及时放入0~6 ℃的冷库中存放,以防止储藏期病害发生危害。

(5)减少发病诱因和侵染入口。及时防虫,保护嫁接口以及避免其他一切机械损伤,各种伤口可涂波尔多液予以保护。保护好树体枝干,可在晚秋进行树干涂白。

2)化学防治

可交替使用50%甲基托布津可湿性粉剂500~800倍液、48%苯甲嘧菌酯悬浮剂1 500~2 000倍液、40%咪鲜胺悬浮剂1 500倍液、42%肟菌戊唑醇悬浮剂2 000~3 000倍液。

(十一)板栗膏药病

膏药病又称烂脚藓、黄膏病,危害板栗、柑橘、桃、梨、山楂、杏、桑、茶等阔叶树,是我国南方经济林果的一种常见病害。由于病原菌丝体在枝干表面形成厚而致密的菌丝膜紧缠枝干,菌丝侵入树皮组织内吸取营养和水分,在菌丝膜下同时发生蚧群集性危害,致使树势衰弱,甚至枝条枯死,造成挂果少、果实小、空蓬率高而减产。近年来随着板栗生产的迅速发展,膏药病的发生趋于严重。据在安徽舒城、岳西、金寨等县的调查,膏药病株率高达30%~90%,严重影响板栗的生长与产量,造成减产30%~50%,带来了难以估计的经济损失。

1. 症状

膏药病仅危害枝干,其显著特征是在枝干上形成厚而致密的菌膜,形似膏药,北方主要有两种:①灰色膏药病,菌膜圆形或椭圆形,初灰白色,后灰褐色或暗褐色,菌膜表面比较平滑,干后易脱落。②褐色膏药病,菌膜圆形、椭圆形或不规则形,开始即为紫褐色或栗褐色,仅边缘色淡,菌膜表面呈天鹅绒状,老时龟裂。

2. 病原

病原菌为多种隔担子菌 *Septobasidium* spp.。现按其为害症状,分别叙述于下:

(1)茂物隔担耳 *S. bogoriense* Pat.,可引起灰色膏药病。担子果平伏,革质,棕灰色至浅灰色,边缘初期近白色,质地疏松,海绵状,全厚0.6~1.2 mm,表面平滑。基层是较薄的菌丝层,其上有直立的菌丝柱,粗50~110 μm,高(100~500)μm,由褐色、粗(3~3.5)μm的菌丝组成。菌丝柱上部与子实层相连。近子实层表面的菌丝产生球形或亚球形原担子,直径(8~10)μm。从原担子顶端长出有3个隔膜的圆筒形担子,大小(25~35)μm×(5.3~6)μm。担孢子长圆形,稍弯曲,无色平滑,大小(14~18)μm×(3~4)μm。

(2)田中隔担耳 *S. tanakae*(Miyabe) Boed. et Steinm.,引起褐色膏药病。担子果平伏,被膜状,表面天鹅绒状,淡紫褐色、栗褐色以至暗褐色,初期圆形,后扩大直径可达10 cm,周缘部通常灰白色,全厚约1 mm。组成菌丝呈褐色,有隔膜,壁较厚,粗(3~5)μm。子实层产生于上层菌丝层,原担子无色,单胞;担子纺锤形,2 ~ 4 个隔膜,大小(49 ~ 65) μm × (8 ~ 9) μm;担孢子弯曲呈镰刀形,顶端圆,下端细,无色,平滑,大小(27 ~ 40) μm × (4 ~ 6) μm。

3. 发病规律

板栗膏药病多发生在主干中上部和 2 年生枝条上,初侵染时多发生在主干和枝干分叉处下方及背阳面。病菌以菌膜在被害枝干上越冬,次年 5 月产生担孢子,担孢子借风雨和介壳虫等昆虫传播,萌发成菌丝,通过皮层或枝干裂缝及皮孔侵入内部吸取养分。病害的发生、发展与栎霉盾蚧等蚧虫的消长有着密切关系,每年 4 ~ 5 月和 9 ~ 10 月既是膏药病盛发期,亦是栎霉盾蚧第 1、2 代的繁殖扩散期。

不同品种病害发生程度不同,粘底板、二水早等品种抗病能力较强。

4. 防治方法

1) 农业防治

可选择粘底板、二水早等抗病品种通过嫁接技术进行换园。密度要适宜,栗园不宜间作高秆作物,及时整枝修剪,去除病枝,保持林内通风透光,平衡施肥,保持栗树健壮生长。

2) 药剂防治

防治膏药病首先防治介壳虫,可选用 22.4% 螺虫乙酯悬浮剂 3 000 ~ 4 000 倍液、48% 毒死蜱乳油 1 000 ~ 1 500 倍液、10% 吡丙醚乳油 750 倍液、25% 噻虫嗪水分散粒剂 1 500 ~ 2 000倍液等药剂。杀菌剂可选用 80% 多菌灵 800 ~ 1 200 倍液和 70% 甲基托布津可湿性粉剂 1 500 ~ 2 000 倍液。防治时间:第 1 次为 4 月下旬至 5 月上旬,第 2 次为 9 月。

三、柿树病虫害

柿树 *Diospyros* kaki Thunb.,又名朱果、猴枣,属落叶乔木,柿树科、柿树属。柿树品种很多,但大致分为烘柿和甜柿两大类。烘柿为软柿,果实采摘后需放置几天或进行脱涩处理方可食用;甜柿为硬柿,果实成熟后不用脱涩即可食用。

柿树原产我国,是一种落叶乔木,高可达 15 m 以上,树干直立,树冠庞大,胸径可达 65 cm。枝开展,带绿色至褐色,无毛,散生纵裂的长圆形或狭长圆形皮孔;嫩枝初时有棱,有棕色柔毛或绒毛或无毛。冬芽小,卵形,先端钝。叶革质,卵状椭圆形至倒卵形或近圆形,通常较大,长 5 ~ 18 cm、宽 2.8 ~ 9 cm,先端渐尖或钝,基部楔形、钝圆形或近截形,很少为心形。花黄白色。结浆果,果型多种,有圆形、球形、扁球形、球形而略呈方形、卵形等,直径 3.5 ~ 8.5 cm 不等,基部通常有棱,嫩时绿色,后变黄色、橙黄色,果肉较脆硬,老熟时果肉变成柔软多汁,呈橙红色或大红色等,有种子数颗,种子褐色,椭圆状。柿果成熟于 9 ~ 10 月。

柿果即柿子,它美味多汁,含有丰富的胡萝卜素、维生素 C、葡萄糖、果糖和钙、磷、铁等矿物质,成熟柿子与杂粮混合做成的炒面甜香可口,可以作为主食。柿子不但营养丰富,而且有较高的药用价值。柿子味甘、涩,性寒,有清热去燥、润肺化痰、软坚、止渴生津、健脾、治痢、止血等功能,可以缓解大便干结、痔疮疼痛或出血、干咳、喉痛、高血压等症。所以,柿子是慢性支气管炎、高血压、动脉硬化、内外痔疮患者的天然保健食品。如果用柿叶煎服或冲开水当茶饮,也有促进机体新陈代谢、降低血压、增加冠状动脉血流量及镇咳化痰的作用。柿树作为中药早已收入《名医别录》等医学书籍之中。

柿树的木材是上好的木料,可以制作各种器具。柿木质地坚硬,常用来做高尔夫球杆坚硬的杆头。

柿树原产中国,栽培、分布范围很广,栽培历史悠久。山地、丘陵地、农田、“四旁”、城市绿化、景区等均有栽培。柿树抗旱、耐湿,结果早,产量高,寿命长。柿树嫁接后5~6年即可开始结果,10~12年后进入盛果期。柿树的树冠较为开张,自然更新的能力也比较强,在一般的栽培条件下,结果年限可达百年以上,在良好的管理条件下,树龄可长达300年以上,可谓是一年种,百年收,造福于后代,而且生长期间一般不需浇水、施肥,节省劳力。

柿树主要虫害有柿绵蚧、柿长绵粉蚧、草履蚧、日本龟蜡蚧、柿蒂虫、柿小叶蝉等,主要病害有柿炭疽病、柿圆斑病、柿角斑病、柿疯病等。其中以介壳虫类、柿蒂虫和柿小叶蝉发生较为普遍。

(一)柿绵蚧

柿绵蚧 *Acanthococcus kaki* Kuwana,又称柿绒蚧、柿毛毡蚧、柿粉蚧,属半翅目、粉蚧科,是柿树上的一种重要害虫,以若虫和雌成虫危害果实和新梢,影响柿子的产量和品质。在我国南北方柿产区及城市绿化、庭院“四旁”柿树上普遍发生,尤以管理粗放树势衰弱树发生严重。

1. 形态特征

1)成虫

雌成虫体长约1.5 mm,宽约1 mm,体节非常明显,紫红色;体背面有刺毛,腹部边缘有白色弯曲的细毛状蜡质分泌物,虫体背面覆盖白色毛毡状介壳,长约3 mm,宽约2 mm,正面隆起,前端椭圆形,尾部卵囊由白色絮状物构成,表面有稀疏白色蜡毛。雄成虫体细长,约1.2 mm,紫红色,触角细长,由9节构成,以第3节和第4节最长,各节均有2~3根刺毛,翅1对,透明,介壳长约1.2 mm,宽约0.5 mm,长椭圆形。

2)卵

卵圆形,长0.3~0.4 mm,紫红色,表面附有白色蜡粉,藏于卵囊中。

3)若虫

卵圆形或椭圆形,体侧有若干对长短不一的刺状物,触角粗短,由3节构成。初孵化时血红色,随着身体的增长,经过一次脱皮后变为鲜红色,而后转为紫红色。

2. 为害状

以若虫和雌成虫危害果实、叶片和新梢,嫩枝被害后,轻则形成黑斑,重则枯死;叶片被害严重时畸形,提早落叶;幼果被害容易落果,柿果长大以后,由绿变黄变软,虫体固着部位逐渐凹陷、木栓化,变黑色,严重时能造成裂果,对产量、质量都有很大影响。枝多、叶茂、皮薄、多汁的品种受害重。

3. 生物学习性

一年发生4代,以被有薄层蜡粉的初龄若虫在3~4年生枝的皮层裂缝或树干的粗皮缝隙、枝条轮痕、叶痕及干柿蒂上越冬。翌年柿树萌芽时期若虫开始活动,5月上旬达到出蛰盛期,爬到嫩芽、新梢、叶柄、叶背等处刺吸汁液,以后虫体逐渐长大分化为雌、雄两性,5月中下旬成虫交尾,随后雌虫体背面形成白色卵囊并开始产卵,每头雌虫可产卵130~140粒,卵期12~21天。一年中各代若虫出现盛期分别为:第1代6月上中旬,第2代7月中旬,第3代8月中旬,第4代9月中下旬。各代发生不整齐,互相交错,但基本上是每月发生1代。前2代主要危害叶及1~2年生小枝,后2代主要危害柿果,以第3代危害最重。10月下旬至11月初若虫开始越冬。

4. 防治方法

1) 农业防治

增施生物有机肥，提高树体抗性；合理密度和适度修枝，改善通风透光条件；秋末冬初翻动树盘，刮老树皮集中烧毁或深埋，降低越冬虫口基数。

2) 生物防治

注意保护天敌，利用黑缘红瓢虫、红点唇瓢虫等进行生物防治。

3) 物理防治

结合冬剪，剪除虫枝；刮除老粗树皮后集中烧毁；冬、春季树干涂刷国光松尔液态膜或石硫合剂余渣或涂白剂，对于受害严重的枝干，可用毛刷、麻布片、鞋底等物体擦伤虫体。

4) 化学防治

春季萌芽前树体喷淋5°Be石硫合剂或45%施呐宁3 000倍液；发芽后至开花前喷施22.4%螺虫乙酯悬浮剂2 000倍液，或48%毒死蜱乳油1 000～1 500倍液，根据虫害情况，5月下旬至6月上旬第1代若虫出现盛期再喷施一次，用药同上次。注意一定要喷药均匀周到，使叶、果、枝干都要着药。

（二）柿长绵粉蚧

柿长绵粉蚧 *Phenacoccus pergandei* Cockerell 是柿树上的主要害虫之一，分布于河南、河北、山西、陕西、四川、安徽等地。

1. 形态特征

1) 成虫

雌成虫体长约4 mm，扁椭圆形，全体浓褐色，触角丝状，9节；足3对；无翅；体表被覆白色蜡粉，体缘具圆锥形蜡突10多对，有的多达18对。

雄成虫体长约2 mm，翅展3.5 mm左右，体色灰黄，触角似念珠状，上生茸毛；3对足；前翅白色透明较发达，翅脉1条分2叉，后翅特化为平衡棒；腹部末端两侧各具细长白色蜡丝1对。

2) 卵

卵圆形，橙黄色。

3) 若虫

若虫与雌成虫相似，仅体形小，触角、足均发达。1龄时为淡黄色，后变为淡褐色。

4) 蛹

裸蛹，长约2 mm，形似大米粒。

2. 为害状

该虫以若虫和成虫聚集在柿树嫩枝、幼叶和果实上吸食汁液为害。枝、叶被害后，失绿而枯焦变褐；果实受害部位初呈黄色，逐渐凹陷变成黑色，受害重的果实，最后变烘脱落。受害树轻则造成树体衰弱，落叶落果；重则引起枝梢枯死，甚至整株死亡，严重影响柿树产量和果实品质。

3. 生物学习性

柿长绵粉蚧在河南郑州每年发生1代，以3龄若虫在枝条上和树干皮缝中结大米粒状的白茧越冬。翌年春季柿树萌芽时，越冬若虫开始出蛰，转移到嫩枝、幼叶上吸食汁液。长成的3龄雄若虫脱皮变成前蛹，再次脱皮而进入蛹期；雌虫不断吸食发育，约在4月上旬变为成虫。雄成虫羽化后寻找雌成虫交尾，后死亡，雌成虫则继续取食，约在4月下旬开始爬到叶背面分泌白色绵状物，形成白色带状卵囊，长达20～70 mm，宽5 mm左右，卵产于其中。每雌成虫可产卵500～1 500粒，橙黄色。卵期约20天。5月上旬开始孵化，5月中旬为孵化盛期。初孵若虫为黄色，成群爬至嫩叶上，数日后固着在叶背主侧脉附近及近叶柄处吸食为害。6月下旬脱第1次皮，8月中旬脱第2次皮，10月下旬发育为3龄，陆续转移到枝干的老皮和裂缝处群集结茧越冬。

4. 防治方法

1）农业防治

增施有机肥，提高树体抗性；合理密度和适度修枝，改善通风透光条件；秋末冬初翻树盘，刮老树皮集中烧毁或深埋，降低越冬虫口基数。

2）生物防治

柿长绵粉蚧的捕食性天敌有小二星瓢虫和草蛉等，寄生性天敌有寄生蜂等，对该虫都有一定的自然控制作用，在天敌发生期，注意保护天敌，应尽量少用或不用广谱性杀虫剂。

3）物理防治

同柿绵蚧。

4）化学防治

若虫越冬量大时，可于初冬或柿树发芽前喷1次5°Be石硫合剂，或95%机油乳剂、15%～20%柴油乳剂，或8～10倍的松脂合剂，消灭越冬若虫，效果好，药害也轻；在卵孵化盛期和第1龄若虫发生期，连续喷2次22.4%螺虫乙酯悬浮剂2 000倍液或48%毒死蜱乳油1 500倍液，可基本控制其为害。

（三）草履蚧

草履蚧 *Drosicha corpulenta*（Kuwana），又名日本履绵蚧，属半翅目、绵蚧科。分布于全国各地，除危害柿树外，还危害核桃、无花果、杨树、柑橘等多种树木。

1. 形态特征

1）成虫

雌成虫无翅，体长达10 mm左右，背面棕褐色，腹面黄褐色，被一层霜状蜡粉。触角8节，节上多粗刚毛；足黑色，粗大。体扁，沿身体边缘分节较明显，呈草鞋底状；雄成虫体紫色，长5～6 mm，翅展10 mm左右。翅淡紫黑色，半透明，翅脉2条，后翅小，仅有三角形翅茎；触角10节，因有缢缩并环生细长毛，似有26节，呈念珠状。腹部末端有4根体肢。分别是上腿，下腿。

2）卵

初产时橘红色，有白色絮状蜡丝粘裹。

3）若虫

初孵化时棕黑色，腹面较淡，触角棕灰色，唯第三节淡黄色，很明显。

4）雄蛹

棕红色，有白色薄层蜡茧包裹，有明显翅芽。

2. 为害状

若虫和雌成虫常成堆聚集在芽腋、嫩梢、叶片和枝干上，吮吸汁液危害，造成植株生长不良，早期落叶。

3. 生物学习性

一年发生1代。以卵在土中越夏和越冬；翌年1月中下旬越冬卵开始孵化，若虫孵化后暂时停居在卵囊内，随着温度上升，陆续出土上树，2月中旬至3月中旬为出土盛期。若虫多在中午前后沿树干爬到嫩枝顶部的顶芽、叶腋和芽腋间，待新叶初展时群集顶芽上刺吸为害，稍大后喜在直径5 cm左右粗细的枝上取食，并以阴面较多，3月下旬至4月下旬第二次蜕皮后陆续转移到树皮裂缝、树干基部、杂草落叶中、土块下分泌白色蜡质做薄茧化蛹，5月上旬羽化。雄成虫飞翔能力弱，略有趋光性。雌若虫第三次蜕皮后变为雌成虫，交配后沿树干爬到根部周围的土层中产卵，卵产于白色绵囊中越夏、越冬，每囊有卵100多粒。雌虫产卵后即干缩死去。田间为害期为3～5月，6月以后虫量减少。

4. 防治方法

1）农业防治

结合秋冬季翻树盘、施基肥等农业管理措施，挖除土缝中、杂草下及土堰等处的卵块烧掉。

2）生物防治

红环瓢虫和暗红瓢虫发生时注意保护。

3）物理防治

刮除主干上老粗皮，带出园外深埋或烧毁；冬春季树干涂刷国光松尔液态膜或涂白剂（生石灰1份、盐0.1份、水10份、植物油0.1份、石硫合剂0.1份）；树干布杀虫带：在1月底草履蚧若虫上树前，在树干离地面50 cm处，先刮去一圈老粗皮，然后绑一圈5 cm宽塑料带，下缘内折1 cm，在塑料袋带上涂抹一周药膏，涂抹宽度约2 cm，也可涂抹一圈10～20 cm的粘虫胶，当若虫上树途经杀虫带时即被毒死或被胶粘着而死。在整个若虫上树期，应绝对保证胶的黏度，注意经常检查，发现黏度不够要及时刷除死虫，添补新虫胶，对未死若虫可人工捕杀、火烧；或用48%毒死蜱1 000倍液喷雾消灭。此法是防治草履蚧的关键措施。粘虫胶的配置方法：一是利用棉油泥沥青，即棉油泥提取脂肪酸后的剩余物，黏性持久，效果好，价格低廉，可以直接涂抹；二是利用废机油加热，然后投入石油沥青，熔化后混合均匀即可使用，效果也很好。

4）化学防治

若虫上树初期，在柿树发芽前喷施3～5°Be石硫合剂或15%～20%柴油乳剂等，发芽后喷施22.4%螺虫乙酯悬浮剂2 000倍液或48%毒死蜱乳油1500～2 000倍液，杀灭上树若虫。

（四）柿蒂虫

柿蒂虫 *Kakivoria flavofasciata* Nagano，又叫柿实蛾、柿实虫、钻心虫，属鳞翅目、举肢蛾科。在中国主要柿产区普遍发生，是一种专门危害柿果的害虫，以幼虫蛀果为主，也蛀嫩梢，使柿果提前变黄、早落，不能食用，俗称“红脸柿”“旦柿”，受害严重的地区，会造成大幅度减产甚至绝收。

1. 形态特征

1）成虫

雌成虫体长7 mm左右，翅展宽15～17 mm；雄成虫体长约5.5 mm。头部黄褐色，有光泽。复眼红褐色。触角丝状。身体紫褐色,胸部中央为黄褐色。翅狭长,端部缘毛较长,后翅缘毛尤长,前翅近顶角处有一条斜向外缘的黄色带状纹。足和腹部末端黄褐色。后足长,静止时向后上方伸举。胫节密生长毛丛。

2)卵

近椭圆形,乳白色,后变淡粉红色,长约0.5 mm,表面有细微纵纹,上部有白色短毛。

3)幼虫

老熟幼虫体长10 mm左右,头部黄褐色,前胸背板和臀板暗褐色,胴部各节背面呈淡暗紫色。中后胸背面有"×"形皱纹,中部有一横列毛瘤,毛瘤上各生一根白色细毛。各腹节背面有一横皱。胸足呈浅黄色。

4)蛹

长约7 mm,褐色。茧椭圆形,长7.5 mm左右,污白色,附有虫粪、木屑等物。

2. 为害状

主要以幼虫蛀果为害,也蛀嫩梢。第1代幼虫危害幼果,孵化后的幼虫先吐丝将果柄、果蒂连同身体缠住,不让柿果落地,而后将果柄吃成环状,从果柄或果蒂蛀入幼果内为害,粪便排于蛀孔外,虫果由绿变灰褐色,最后干枯,呈"黑柿"状,不易脱落。第2代幼虫危害的果实,提前变红变软,形成"柿烘",最后从蒂部脱落。

3. 生物学习性

一年发生2代。以老熟幼虫在树皮裂缝、树上干果内、柿蒂上及根茎附近3 cm多深土中结污白色薄茧越冬,于翌年4月中下旬化蛹,5月上旬成虫开始羽化,5月中旬进入羽化盛期。第1代幼虫在5月下旬至7月上旬为害,盛期为6月上中旬;第2代幼虫在7月中旬开始为害,一直到果实采收。8月中下旬幼虫老熟开始脱果,结茧越冬。初羽化的成虫飞翔能力差,白天静伏于叶背面或其他阴暗处,夜晚开始活动,以晚上8~10时最为活跃。雌、雄成虫后交尾后立即产卵,每只雌成虫产卵10~40粒,卵多产于果柄与果蒂相连处或柿蒂外侧,卵期5~7天。6月下旬至7月上旬第1代幼虫老熟,一部分在果内,一部分在枝皮下结茧化蛹。幼虫有转果习性,1头幼虫可危害4~6个幼果。

4. 防治方法

1)农业防治

柿树落叶后,彻底清除树上和树下残枝、落叶、虫果、柿蒂和杂草;冬季刮去枝干上老粗皮,集中烧毁,可以消灭越冬幼虫,结合涂白,以防治残存幼虫化蛹和羽化成虫。摘虫果,在幼虫危害果期,每隔1周左右摘除和捡净虫果1次,连续3次,可收到良好效果。摘虫果时一定要将柿蒂一起摘下,以消灭留在柿蒂和果柄内的幼虫。如果第1代虫果摘除干净,可减轻第2代为害。当年摘得彻底,可减轻翌年的虫口密度和危害;树干绑草环诱杀,8月中旬以前,即老熟幼虫转移至树皮下越冬以前,在刮过粗皮的树干、主枝基部绑草环,可以诱集老熟幼虫,冬季解下烧毁。

2)生物防治

柿蒂虫缺沟姬蜂对柿蒂虫具有很强的控制作用。姬蜂一年发生2代,以幼虫寄生在柿蒂虫越冬幼虫体内越冬,成虫羽化期与柿蒂虫成虫羽化期非常吻合,对柿蒂虫第1代幼虫也有很高的寄生率。利用白僵菌,在柿蒂虫危害严重的地方,可在树干上喷白僵菌液,最好在阴雨天湿度大时喷。

3）物理防治

黑光灯诱杀成虫。在2代成虫羽化盛期，用黑光灯诱杀成虫效果很好。同时，可利用黑光灯测报柿蒂虫的发生期，在成虫高峰日出现后第6天进行化学药剂防治，效果很好。

4）化学防治

在成虫发生盛期，树上喷药1～2次消灭柿蒂虫成虫，药剂可选用25%灭幼脲1 000～1 500倍液，或1%苦参碱1 000倍液，或20%甲氰菊酯乳油2 000～2 500倍液，或4.5%高效氯氰菊酯1 500～2 000倍液，或10%氯氟氰菊酯2 000～3 000倍液等药剂喷雾，均可取得良好效果。

（五）柿小叶蝉

柿小叶蝉 *Erythroneura* sp.，又称柿斑叶蝉、柿血斑小叶蝉、血斑浮尘子，属半翅目、叶蝉科。柿产区几乎都有发生，主要以若虫和幼虫危害叶片，引起叶片失绿变干（为害状与红蜘蛛相似），提前落叶，影响果实产量和质量。

1. 形态特征

1）成虫

成虫体长约3 mm，全身淡黄白色，头部向前呈钝圆锥突出，前胸背板前缘有淡橘黄色斑点2个，后缘有同色横纹，小盾片基部有橘黄色“V”字形斑1个，前翅黄白色，基部、中部和端部各有1条橘红色不规则斜斑纹，翅面散生若干褐色小点。

2）卵

白色，长形稍弯曲。

3）若虫

共5龄，初孵若虫淡黄白色，复眼红褐色，随龄期增大体色渐变为黄色，末龄若虫体长2.3 mm，体上有白色长刺毛，羽化前前翅芽黄色加深。

2. 为害状

以若虫和成虫栖息在叶背的叶脉两侧刺吸汁液，使被害处叶绿素遭到破坏，叶正面出现失绿白色小点，严重时全叶呈苍白色，中脉附近组织变褐，导致提早落叶，果实变小、味淡、产量降低。

3. 生物学习性

一年发生3代以上，以卵在当年生枝条的皮层内越冬。翌年4月下旬柿树展叶时孵化，若虫期约1个月。5月上中旬出现成虫，不久交尾产卵。卵散产在叶背面叶脉附近。6月上中旬孵化第2代若虫，7月上旬第2代成虫出现，以后世代交替，各代若虫、成虫重叠发生。初孵若虫先集中枝条基部、叶片背面主脉两侧吸食汁液，不活跃。随着龄期增长食量增大，逐渐分散为害。成虫和老龄若虫性情活跃，喜横行，成虫受惊动即起飞。

4. 防治方法

1）农业防治

合理密植并适度修剪，保证树冠内通风透光。

2）生物防治

保护利用天敌红点平盲蝽、锤肋跷蝽、七星瓢虫、中华草蛉、蚂蚁、螳螂、蜘蛛等。

3）化学防治

在5月下旬柿树开花后，即第1代若虫大量出现时，用50%氟啶虫胺腈8 000～10 000

倍液,或70%吡虫啉6 000 ~8 000 倍液,或50%噻虫嗪3 000 ~4 000 倍液,或48%毒死蜱2 000倍液树上喷施,以后视虫情再喷施1 ~2 次。

(六)柿炭疽病

柿树炭疽病主要危害柿子的果实及枝梢,是柿树上唯一能够造成毁灭性损失的侵染性病害。炭疽病在枝条、叶片与果实上均有发生,其中叶片、当年生枝条更易侵染。病害在6月至8月下旬出现,一直持续到11月中旬。柿炭疽病在我国各地均有发生,其中陕西、广西、浙江、江苏等地发病严重,而河南、湖北等地发病较少。

1. 症状

主要危害新梢和果实,有时也侵染叶片。

新梢染病,多发生在5月下旬至6月上旬,最初于表面产生黑色圆形小斑点,后变暗褐色,病斑扩大呈长椭圆形,中部稍凹陷并现褐色纵裂,其上产生黑色小粒点,即病菌分生孢子盘。天气潮湿时黑色病斑上涌出红色黏状物,即孢子团。病斑长10 ~20 mm,其下部木质部腐朽,病梢极易折断。当枝条上病斑大时,病斑以上枝条易枯死。

果实染病,自幼果膨大期至成熟储藏均可发生,多发生在6月下旬至7月上旬,也可延续到采收期。病果初在果面产生针头大小深褐色至黑色小斑点,后扩大为圆形或椭圆形,稍凹陷,外围呈黄褐色。中央密生灰色至黑色轮纹状排列的小粒点,遇雨或高湿时,溢出粉红色黏状物质。病斑也会出现肉色孢子团。病斑常深入皮层以下,果内形成黑色硬块,一个病果上一般生1 ~2 个病斑,多者数十个,常早期脱落。叶片染病,多发生于叶柄和叶脉,初黄褐色,后变为黑褐色至黑色,长条状或不规则形。

2. 病原

病原 *Gloeosporium kaki* Hori 称柿盘孢子菌,属无性型真菌。分生孢子梗无色、直立,具1 ~3 个隔膜,大小(15 ~30)μm×(3 ~4)μm;分生孢子无色、单胞,圆筒形或长椭圆形,大小(15 ~28)μm×(3.5 ~6.0)μm,中央有一球状体。该菌发育温限9 ~36 ℃,适温25 ℃,致死温度50 ℃经10 分钟。

3. 发病规律

病菌主要以菌丝体在枝梢病斑中越冬,也可以分生孢子在病干果、叶痕和冬芽等处越冬;第2 年初夏产生分生孢子,进行初次侵染,分生孢子借风雨传播,侵害新梢、幼果;生长期分生孢子可以多次侵染,病菌可从伤口或表皮直接进入,有伤口时更易侵入为害,潜育期3 ~10 天。在北方果区,一般年份,枝梢6 月上旬开始发病,雨季为发病盛期,秋梢可继续受害;果实发病时期一般始于6 月下旬7 月上旬,直至采收期,发病重时7 月下旬果实开始脱落。炭疽病菌喜高温高湿,雨后气温升高,易出现发病盛期;夏季多雨年份发病重,干旱年份发病轻;病菌发育最适温度为25 ℃左右,低于9 ℃或高于35 ℃,不利于此病发生蔓延;管理粗放、树势衰弱易发病。

4. 防治方法

1)加强柿苗检疫管理

购苗时仔细选择枝上无炭疽病斑,淘汰带病柿苗,选栽健壮无病苗木。并用1∶3∶80 倍式波尔多液或20%石灰乳浸苗10 分钟,然后定植。

2)农业防治

培育抗炭疽病的柿树品种。加强栽培管理,尤其是肥、水管理,控制好柿苗营养生长,防止徒长枝产生。防止柿园或林间空气湿度过大。加强柿园的生产管理,防止出现发病中心。

3)物理防治

结合冬剪剪除病虫枝,清除树上病果和地下落叶落果,集中烧毁或深埋,清除侵染源。生长季节发病时,也要剪除病枝梢烧毁,防止病菌分生孢子随风雨传播。

4)化学防治

发芽前喷洒5°Be石硫合剂或45%晶体石硫合剂30倍液,6月上中旬各喷一次1:5:400倍式波尔多液,7月中旬及8月上中旬各喷一次1:3:300倍式波尔多液,或80%代森锰锌可湿性粉剂600~800倍液加40%苯醚甲环唑悬浮剂4 000倍液,或25%吡唑嘧菌酯2 000倍液,或45%咪鲜胺悬浮剂1 000~1 500倍液。

(七)柿角斑病

柿角斑病在我国普遍发生,华北、西北、华中、华东各省以及广东、广西、云南、贵州、四川、台湾等省区都有发生。主要危害柿和君迁子的叶片及果蒂,造成早期落叶,枝条衰弱,果实提前变软脱落,严重影响树势和产量,并诱发柿疯病。

1.症状

柿角斑病主要危害柿树叶片及柿蒂。

叶片受害初期正面出现不规则形黄绿色病斑,边缘较模糊,斑内叶脉变为黑色。随着病斑的扩散,颜色逐渐加深,呈浅褐色,由于病斑扩展受到叶脉的限制,形成多角形带棱角的斑,故称为角斑病。病斑上面还有密生黑色绒状小粒点。

柿蒂染病后,由蒂的尖端逐渐向内扩展,形状不定,蒂两面均可产生绒状黑色小粒点,但以背面较多且明显。病情严重时,造成柿树早期落叶落果,降低产量和品质,削弱树势。采收前1个月大量落叶。落叶后柿子变软,相继脱落,而病蒂大多残留在枝上。因枝条发育不充实,冬季容易受冻枯死。

2.病原

柿角斑病菌 *Cercospor kaki* Ell. et Ev.,称柿尾孢,属无性型真菌。分生孢子梗基部的菌丝集结成块,扁球形至半球形,深橄榄色,大小(17~50)μm×(22~66)μm,其上着生分生孢子梗,分生孢子梗短杆状,不分枝丛生,浅褐色,大小(7~23)μm×(3.3~5)μm,其上着生1个分生孢子。分生孢子棍棒状,稍弯曲或直上,上端略细,基部宽,浅黄色或无色,具0~8个隔膜,大小(15~77.5)μm×(2.5~5)μm。

3.发病规律

病菌以菌丝体通常在病蒂及病叶内越冬,翌年环境条件适宜时,产生大量分生孢子,通过风雨传播,进行初次侵染。河南、河北等地6~7月借助雨水传播,自叶背侵入。因此,阴雨较多的年份,发病早而严重。8月为发病盛期,随后便大量落叶、落果。树上的病蒂常能残存2~3年,病菌继续生存是主要的传播中心和初侵染来源,因此清除树上挂着的病蒂是减少病原侵染的关键措施。

柿叶的抗病力与树势有关,树势强的抗病力强,树势弱的则易感病。抗病力还因发育阶段不同而异。幼叶不易受侵染,老叶易受侵染;在同一枝条上顶部叶不易受侵染,而下部叶易侵染。地势低洼处栽培或周围种植高秆作物的柿树以及内膛叶片,由于相对湿度较高,一般发病早而严重。丘陵地栽植的柿树发病较轻。病菌越冬量与发病轻重也有关系。树上残留病蒂多的树,发病早而严重。君迁子树上残留病蒂多,因而靠近君迁子树的柿树,发病早而严重。君迁子苗木易感病，能造成严重落叶。

4. 防治方法

1）农业防治

（1）加强土肥水及树体管理。增施有机肥料，改良土壤，促使树势生长健壮，增强树势，以提高抗病力。柿树周围不种高秆作物，注意开沟排水，以降低果园湿度，减少发病。

（2）避免与君迁子混栽。君迁子的蒂特别多，为避免其带病侵染柿树，应尽量避免在柿园中混栽君迁子。

（3）清除病源。挂在树上的病蒂是主要的侵染来源和传播中心。冬季彻底清除挂在柿树上的病蒂及病落叶，集中深埋或烧毁。在北方柿区，只要彻底摘除柿蒂，即可避免此病成灾。

2）化学防治

喷药保护要抓住关键时间，一般北方地区为6月下旬至7月下旬，即落花后20～30天。可用1∶5∶(400～600)波尔多液喷1～2次，或喷43%戊唑醇2 000～3 000倍液，或40%苯醚甲环唑3 000～4 000倍液，或70%多菌灵锰锌可湿性粉剂1 000～1 200倍液。南方柿区，因温度高、雨水较多，喷药时间应稍提前，可参考当地物候期，提早10天左右，可喷药2～3次，药剂与北方相同。

（八）柿圆斑病

柿圆斑病俗称柿子烘，在我国河北、山东、山西、陕西、四川、浙江等省都有分布。主要危害叶片，有时也侵染柿蒂，造成早期落叶，并引起柿果提前变红变软脱落，严重影响产量。由于削弱树势，可引起柿疯病的发生。

1. 症状

在叶片上，最初正面出现圆形浅褐色的小斑点，边缘不清，逐渐扩大呈圆形，深褐色，边缘黑褐色，病斑直径多数2～3 mm，最大可达7 mm，每一叶片上一般有100～200个病斑，最多可出现500多个病斑。发病后期在叶背可见到黑色小点粒，即病菌的子囊壳。发病严重时，病叶在发病5～7天内多数脱落，仅留柿果。此后柿果蒂部感病，柿果逐渐变红、变软，相继大量脱落。病斑主要生于叶面，其次是主脉。危害叶脉时，使叶呈畸形。

2. 病原

病原为柿叶球腔菌 *Mycosphaerella awae* Hiura et Ikata，属子囊菌门真菌。

子囊果球形成洋梨形，黑褐色，直径53～100 μm，顶端有小孔口。子囊丛生于子囊果底部，无色，圆筒形，大小(24～45) μm×(4～8) μm，内有8个子囊孢子。子囊孢子在子囊内排成两行，无色，纺锤形，成熟时上胞较宽，分隔处稍溢缩，大小(6～12) μm×(2.4～3.6) μm。分生孢子无色，长纺锤形或圆筒形，有1～3个隔膜。

菌丝的发育适温为20～25 ℃，最高35 ℃，最低10 ℃。

3. 发病规律

病原菌以菌丝在病叶或病蒂上越冬。翌年4～5月形成子囊壳，子囊孢子在6月中旬成熟，借风力传播，由气孔侵入。在北方地区，一般经过60～100天的潜育期，8～9月开始表现症状，10月上中旬开始大量落叶，1年发生1次。在阴雨连绵的年份或潮湿的气候发病较重。一般情况下角斑病平原发生较多，而圆斑病多发生在山地柿树上。

4. 防治方法

1）农业防治

（1）加强栽培管理，改良土壤、增施基肥、合理施肥时灌水等增强树势，提高抗病力。

（2）清除病原菌。秋后彻底清除落叶、树上枯叶、病蒂，集中深埋、沤肥或烧毁，须大面积清除越冬菌源。

2）化学防治

在6月上旬落花后10～15天，喷施1次1:(3～5):(400～600)多量式波尔多液或多菌灵、代森锰锌可湿性粉剂800～1 000倍液，或43%戊唑醇悬浮剂2 000～3 000倍液，可有效预防该病的发生。如果能够掌握子囊孢子的飞散时期，集中喷1次药即可，但在重病区喷第1次药后半个月再喷1次，则效果更好。

（九）柿疯病

柿树染病后，生长异常，枝条直立徒长，冬季枝梢焦枯，结果少，果实畸形，提前变软落果，重病树不结果，甚至死亡。此病多发生在太行山南部山区。

1. 症状

染柿疯病的柿树发芽晚且生长迟缓，一般比健树晚10天左右。树势衰弱，产量锐减。叶片大，但薄而脆，叶面凹凸不平，叶脉变黑，有时叶面上可见黑色叶脉。病株表皮粗糙，质脆易断，从断处清楚可见黑色纵横条纹。主侧枝背上枝徒长、直立，丛生徒长形成"鸡爪枝"。病果果面凹凸不平，成熟前易变红、变软、早落。病情严重时枯死。

2. 病原

病原为类立克次体细菌Rickettsia，也称为RLB或RLO。病原为一种侵害植物维管束系统且对青霉素敏感的细菌，有资料称难养细菌。

3. 发病规律

柿疯病主要通过嫁接传播。无论是用健树作砧木嫁接病芽或疯枝，还是用病树作砧木，嫁接健芽、健枝均能传病。但用健树作砧木，健芽、健枝作接穗则不感病。研究表明，柿疯病不是由真菌或病毒引起的病变，而是由某种侵害植物维管束系统，且对青霉素敏感的细菌所引起的一种侵染性病害。

4. 防治方法

1）严格检疫

严禁从疫区调入病苗和接穗，繁育苗木一定要从无病区健康树上采取接穗。休眠期实行病、健树分别修剪，汰除病株，以减少毒源。

2）农业防治

合理修剪，恢复树势。冬季修剪时对过多骨干枝进行疏除主侧枝回缩复壮，去除干枯的弱枝、下垂枝，保留健壮结果母枝。对当年萌发的徒长枝，在5月底到6月上旬再进行1次复剪，以促进枝条转化，对无用的一律去除，如有空间，保留20～30 cm进行短截，促进分枝，培养结果枝组。做好春耕施肥、浇水保墒以增强树势，提高抗病性。

3）化学防治

（1）及早杀灭传毒的斑衣蜡蝉和柿血斑叶蝉等柿树害虫，有效防止媒介昆虫传播病菌。

（2）柿疯病对青霉素比较敏感，可以在树干上打孔，灌注青霉素，也可以灌注柿疯五号。青霉素每克80万单位每次加水500 mL。试验证明，在同一地区注射青霉素的柿树发病率要比不注射青霉素的柿树低70%～75%，说明药物注射有相当好的效果。

四、华山松病虫害

华山松 *Pinus armandii* Franch. 是我国松科中著名的常绿乔木品种之一。原产于中国，因集中产于陕西华山一带而得名，是我国土生土长的松科植物，具有很大的利用价值。华山松不仅是风景名树及薪炭林，还能涵养水源、保持水土、防止风沙，对于环境保护来说有着积极的作用。华山松高大挺拔，冠形优美，姿态奇特，为良好的绿化风景树。为点缀庭院、公园、校园的珍品。植于假山旁、流水边更富有诗情画意。针叶苍翠，生长迅速，是优良的庭院绿化树种。华山松在园林中可用作园景树、庭荫树、行道树及林带树，亦可用于丛植、群植，且是高山风景区的优良风景林树种。

华山松是很好的建筑木材和工业原料。松木材质轻软，纹理细致，易于加工，而且耐水、耐腐，有"水浸千年松"的声誉，是名副其实的栋梁之材。可作家具、雕刻、胶合板、枕木、电杆、车船和桥梁用材，粗锯屑可作纸浆原料。树干可割取松脂，松脂经分馏，分离出具挥发性的松节油，余下的即为坚硬透明、呈琥珀色的松香。松香、松节油也是重要的工业原料。树皮含单宁12%～23%，可提炼栲胶。沉积的天然松渣，还可提炼柴油、凡士林、人造石油等。种子颗粒大，含油量42.8%，出油率22.24%，种仁内蛋白质含量为17.83%，常作干果炒食，味美清香。种子也可榨油，松籽榨油，属干性油，是工业上制皂、硬化油、调制漆和润滑油的重要原料。针叶综合利用可蒸馏提炼芳香油（其精油中的龙脑脂含量比马尾松油高，味香）、酿酒、制隔音板、造纸、人造棉毛和制绳。华山松还有良好的药用价值，华山松的花粉在中医上叫松黄，浸酒温服，有治疗伤口出血、头晕脑胀的功效，还可作预防汗疹的爽身粉，燥湿杀虫。华山松松针治疗风湿关节痛、跌打瘀痛、流行性感冒、高血压、神经衰弱。华山松林下还有许多林副产品，如茯苓和松草。华山松对于人类的贡献是极其显著的，随着科学的发展将会越来越大。

华山松主产中国中部至西南部高山。分布于中国山西南部中条山（北至沁源海拔1 200～1 800 m）、河南西南部及嵩山、陕西南部秦岭（东起华山，西至辛家山，海拔1 500～2 000 m）、甘肃南部（洮河及白龙江流域）、四川、湖北西部、贵州中部及西北部、云南及西藏雅鲁藏布江下游海拔1 000～3 300 m 地带。江西庐山、浙江杭州等地有栽培。华山松是阳性树种，但幼苗略喜一定庇荫。喜温和凉爽、湿润气候，自然分布区年平均气温多在15 ℃以下，年降水量600～1 500 mm，年平均相对湿度大于70%。耐寒力强，在其分布区北部，甚至可耐－31 ℃的绝对低温。不耐高温湿热，在高温季节长、气候炎热的地区生长不良。喜排水良好，能适应多种土壤，最适宜深厚、湿润、疏松的中性或微酸性壤土。不耐盐碱土，稍耐干燥瘠薄的土地，能生于石灰岩石缝间。在酸性黄壤土、黄褐壤土或钙质土上，组成单纯林或与针叶树、阔叶树种混生。

华山松是一种高大常绿乔木，高达35 m，胸径1 m；树冠广圆锥形。1年生枝绿色或灰绿色，无毛，微被白粉；冬芽小，圆柱形，栗褐色，微具树脂，芽鳞排列疏松。幼树树皮灰绿色或淡灰色，平滑，老则呈灰色，裂成方形或长方形厚块片固着于树干上，或脱落；枝条平展，形成圆锥形或柱状塔形树冠。针叶5针1束，稀6～7针1束，长8～15 cm，径1～1.5 mm，质柔软，边缘具细锯齿，仅腹面两侧各具4～8条白色气孔线。横切面三角形，单层皮下层细胞,树脂道多为3个中生或背面2个边生、腹面1个中生,叶鞘早落。球果圆锥状长卵形,长10~20 cm,径5~8 cm,果梗长2~5 cm,球果幼时绿色,成熟时淡黄褐色;成熟时种鳞张开,种子脱落。种鳞与苞鳞完全分离,种鳞和苞鳞在幼时可区分开来,苞鳞在成熟过程中退化,最后所见到的为种鳞。种鳞先端不反曲或微反曲;鳞脐不明显。种子黄褐色、暗褐色或黑色,倒卵圆形,长1~1.5 cm,径6~10 mm,无翅或近无翅,两侧及顶端具棱脊。花期4~5月,雄球花黄色,卵状圆柱形,长约1.4 cm,基部围有近10枚卵状匙形的鳞片,多数集生于新枝下部成穗状,排列较疏松。球果次年9~10月成熟。

华山松在生长发育过程中经常遭受病虫害的侵袭危害,常见虫害主要有华山松大小蠹、华山松球蚜、松纵坑切梢小蠹、华山松木蠹象、松叶蜂、松梢螟等,病害主要有华山松疱锈病、华山松腐烂病、松瘤病、叶枯病等。做好监测预报,加强植物检疫检查,采取以预防为主,营林技术措施为基础,生物防治为主导,在阈值原理调控下,科学地采取生物、物理、化学防治等治理技术措施,不断增加华山松森林生态系统的生物多样性,使其结构逐渐趋向合理,最终达到华山松主要病虫害的可持续控制和华山松森林生态系统的持续平衡发展,保障林业生产。

(一)华山松大小蠹

华山松大小蠹 *Dendroctonus armandi* Tsai et Li 为中国特有种,属鞘翅目、小蠹科,分布于陕西、河南、四川、湖北、青海等地,是危害华山松的主要蛀干害虫,主要以幼虫危害华山松的健康立木。华山松大小蠹对华山松具有强烈的选择取食性,主要侵害30年以上健壮植株。是华山松的先锋虫种,为初期性害虫。华山松大小蠹危害极其隐蔽,世代重叠严重,难于发现和防治,一般发现时树木已经濒临死亡或死亡。严重发生时,造成成片华山松林木枯黄死亡。

1. 形态特征

1)成虫

体长4.4~6.5 mm,长椭圆形,黑色或黑褐色,有光泽。触角及跗节红褐色,触角锤状部3节,短椭圆形。额表面粗糙,呈颗粒状,被有长而竖起的绒毛。额面下半部突起显著,突起中心有点状凹陷;额面的刻点粗浅,点形不清晰,点间有凸起颗粒,额毛略短,以额面凸起顶部为中心向四外倒伏。前胸背板黑色,宽大于长,长度与宽度之比为0.7。背板的刻点细小,绒毛柔软,毛梢倒向背中线。鞘翅长度为前胸背板长度的2.4倍,为两翅合宽的1.7倍。沟中刻点圆大、模糊、稠密;沟间部略隆起,上面密布粗糙的小颗粒,各沟间部当中有1列颗瘤;沟间部的绒毛红褐色,翅前部较短密,翅后部较疏长,排列不甚规则。

2)卵

椭圆形,长约1 mm,乳白色。

3)幼虫

体长6 mm,乳白色,头部淡黄色,口器褐色。

4)蛹

体长4~6 mm,乳白色,腹部各节背面均有1横列小刺毛,末端有1对刺状突起。

2. 为害状

幼虫始蛀食韧皮部,随着虫体增长接触边材。受害树株在侵入孔处溢出树脂,将虫孔中排出的木屑和粪便凝聚起来,呈漏斗状,同时树冠渐变枯黄,受害1~3年后,树木枯死。枯死树的主干树皮与树干分离,撕下树皮随处可见华山松大小蠹切削坑和排出的粪便及木屑;

濒死树木在侵入孔处可见中心有孔的漏斗状或不规则形状的凝脂块，颜色淡黄或灰白色，受害木针叶渐变枯黄脱落，树干可见多处凝脂，树皮块状脱落严重。

3. 生物学习性

世代数因海拔高低而不同，在秦岭林区海拔2 150 m以上林分1年1代，海拔1 700～2 150 m林分2年3代，海拔1 700 m以下林分1年2代。主要以幼虫越冬，但也有以蛹和成虫越冬的。越冬幼虫4月下旬开始化蛹，5月下旬出现新成虫，在原树株下进行补充营养，7月下旬扬飞觅偶，另行筑坑产卵。8月下旬第2代成虫开始羽化，扬飞盛期集中在6～8月这3个月，有世代重叠现象。该虫主要危害30年生以上活立木，栖居于树干下半部或中下部，成虫蛀入的坑道口有树脂和木屑形成的红褐色或灰褐色大型漏斗状凝脂，直径10～20 mm，母坑道为单纵坑，一般长30～40 cm，最长达60 cm，最短10 cm以上；坑宽2～3 mm，子道由母道两侧向外伸出，子道一般长度为2～3 cm，最长10 cm以上。每一母道内有雌、雄成虫各1头，开始蛀入时做靴形交配室，并不产卵，至母道蛀成时，即产卵于坑道两侧。产卵量约50粒，一般为20～100粒，卵间距约8 mm。子道由母道两侧向外伸出，开始蛀道不触及边材。随着幼虫体增大，子道亦逐渐加宽加大，此时蛀道触及边材。幼虫排泄物积于子道内。幼虫在化蛹前停止取食，体乳白色，化蛹于子坑道末端的蛹室中。

成虫初羽化时淡黄色，后渐变为浅褐、黑褐至黑色，初羽化成虫在蛹室周围及子坑道处取食韧皮补充营养，严重时，树干周围韧皮部输导组织遭破坏，是造成树势衰弱直至枯死的重要原因。成虫飞出后，主要侵害华山松健康木，有时危害衰弱木。一般以中龄林以上林分易受害。少数成虫在危害健康木时，被凝脂溺死。华山松大小蠹的为害为后续其他小蠹虫、天牛及象甲的侵入为害创造了有利条件。所以，华山松大小蠹是导致华山松大量枯死的先锋虫种，或称优势虫种。成虫在树干上的密度与树干高度有关。树干1/10处以下虫口较少，2/10～3/10处虫口最多。该虫对自身的新鲜排泄物与松树松脂形成的漏斗状凝脂有明显趋性，常造成单株虫口密度过大，导致受害植株迅速死亡。

该虫发生危害程度和扩散范围与林分结构、组成、树龄、郁闭度等因子有关。华山松纯林危害相对较重，混交林危害轻；阳坡较阴坡危害重；郁闭度大的危害较重；地位级高的发生早，危害重，反之发生晚，危害轻；过熟林、成熟林危害重，近熟林次之，中龄林、幼林危害轻。成虫在林内扩散距离为20～30 m，有时借风力可扩散500～1 000 m。成虫扩散蔓延范围的一般分布规律为：华山松占林分组成低的大于林分组成高的，疏密度小的大于疏密度大的，山上部大于中下部，阳坡大于阴坡。

华山松大小蠹天敌种类较多，其中寄生性天敌昆虫有秦岭刻鞭茧蜂、松蠹柄腹茧蜂、大小蠹茧蜂、松蠹长尾金小蜂、松蠹狄金小蜂、奇异长尾金小蜂等，捕食性天敌昆虫有步行虫、郭公虫、隐翅虫、蚂蚁等，其他天敌生物还有食虫鸟、菌类及线虫等。

4. 防治方法

1）农业防治

（1）加强检疫，严禁带虫木材调运，发现害虫及时进行药剂或剥皮处理，以防扩散。

（2）加强林区管理。合理规划造林地，选择良种壮苗，营造混交林，增强林木的抗虫性。加强幼林抚育和成林间伐，冬、春季砍伐并清除虫害木或进行剥皮，集中烧毁，保持林内环境卫生。

（3）严禁伐区内存放带皮原木，一定要边采边运，采、运、储协调。

2）生物防治

注意保护和利用大小蠹茧蜂、松蠹长尾金小蜂等天敌。此外，悬挂性诱芯诱捕器诱杀华山松大小蠹。通过控制林区用药，稳定天敌种群，招引益鸟益虫，结合释放寄生蜂、寄蝇、捕食性昆虫等，创造有利的生态条件，达到长期可持续控制的效果。

3）物理防治

（1）设置饵木，引诱成虫集中入侵危害后再销毁处理。

（2）6～8月成虫扬飞期进行诱捕。华山松大小蠹引诱剂对成虫引诱效果明显，设置诱捕器诱杀成虫，能够实现对华山松大小蠹的生态防治，对环境友好，且成本低，使用简单。

4）化学防治

（1）用打孔注射机在受害松树根基部0.5～1.5 m处打孔3～5个，然后注入10%吡虫啉可湿性粉剂100倍液防治幼虫。

（2）定期向树干中下部喷洒8%氯氰菊酯微囊剂（绿色威雷）400倍液，或20%阿维·杀螟松乳油3 000倍液，或1.8%阿维·高氯乳油4 000倍液等药剂，防治效果明显。

（二）华山松球蚜

华山松球蚜 *Pineus piniarandii* Zhang，属半翅目、球蚜科，是华山松人工林的一种重要害虫，尤其对中龄林、幼林危害最为严重。主要危害华山松嫩梢和当年生针叶，且分泌大量的蜜露，引起煤污病，影响华山松光合作用，削弱树势，严重影响林木生长，甚至导致林木死亡。主要分布于西南、西北、华东、华中等地。危害华山松及其他五针松。

1.形态特征

1）成虫

体褐色，卵圆形或椭圆形，平均体长约1.3 mm，宽约0.8 mm，体表覆盖白色蜡丝。头、胸部较腹部略短；触角3节，第3节最长，第1节最短；喙6节，第2～4节较短，第5、6节较长，第5节膨大；口针可拆分为4根。头两侧各有单眼3个；腹部可见4对气门。有翅成蚜体椭圆形或哑铃形，体长1.2 mm，宽0.6 mm，翅展3.5～4 mm，淡褐色或褐色；头、胸部约占体长之半，腹部1/2处最宽，后半部成三角形；单眼3个，触角5节；第1～5腹节各有蜡片3对，第6节有蜡片2对，第7节有蜡片1对，第8节无蜡片。

2）卵

椭圆形，初产时黄色，后变红褐色，长约0.35 mm，宽0.18～0.29 mm，被覆白色蜡粉。

3）若虫

椭圆形，幼龄肉红色，后变红褐色。

2.为害状

华山松球蚜常引起华山松枝叶变色，叶卷曲皱缩或形成虫瘿，影响树木生长。同时因蚜虫大量分泌蜜露，污染叶面，不但影响正常的光合作用，还会诱发煤污病的发生。

3.生物学习性

1年3代，世代重叠，多数以老熟若虫和成虫在1年生针叶中下部或基部内越冬，少数以卵在2年生针叶上越冬。翌年2月下旬越冬若蚜开始活动。未发现有性世代，成蚜营孤雌生殖，将卵产于腹部末端之下，分泌白色絮状粉丝覆盖在卵堆之上，卵的一端具有丝状物，彼此相连。卵在针叶上成堆直立排列。每雌产卵高达136粒，最低15粒，平均约54粒。卵孵化历期16~19天,孵化后扩散到枝叶上。若虫共4龄,在针叶或新梢上固定为害,分泌大量白色蜡丝覆盖虫体,从腹末分泌出球形透明黏稠液滴(蜜露)。初孵若蚜活跃,而大多数若蚜蜕皮后静止不动。4月下旬,第1代成蚜开始产卵,是一年中种群数量最多的时期。在天气突变或气温急剧下降的阴雨天,则产生有翅蚜迁飞扩散。第2代成蚜在6月下旬产卵,第3代成蚜在9月上旬产卵。10月上旬在天气突然变冷的情况下,第2次出现有翅蚜,迁飞扩散。有翅蚜的产生是对不适宜的环境条件的一种生态适应性。具有较强的季节性和地域性。10月下旬气温下降后,成、若蚜从针叶、枝梢上部向下部转移,在针叶、枝梢基部、针叶内和树皮缝中覆以白色蜡质过冬。如气温回升,则又继续活动产卵和分泌白色絮状物。

华山松球蚜具有较高的繁殖力和大发生频率,在种群遭受干扰后恢复能力强,虫口能迅速从低密度上升到高密度。抗低温,口针插入寄主皮下,在0 ℃以下也不易冻死,一旦气温回升,即可活动危害,分泌大量白色絮状物,影响光合作用,难以控制。后期形成煤污病。相对湿度在75%以上时,华山松球蚜数量明显减少。

4.防治方法

1)农业防治

(1)造林设计时,应合理搭配树种,实行针阔混交、乔灌混交,避免营造纯林;优化林分及树种结构,合理密植。

(2)幼林期,加强抚育管理,清除下部轮生枝和带虫重病株,并集中销毁,防止扩散蔓延。

2)生物防治

华山松球蚜天敌种类多达20余种,对成虫的控制作用明显。以七星瓢虫、异色瓢虫和小花蝽种群数量最多,是球蚜的重要天敌。因此,5~7月天敌发生盛期应减少或避免使用农药,保护天敌。同时饲养释放或引进天敌亦是控制球蚜的有效方法。

3)物理防治

条件允许时,在人工林可悬挂黄色胶板,进行诱杀。

4)化学防治

蚜虫繁殖快,世代多,为防止产生抗药性,应注意选用复配药剂或交互用药。3月下旬至5月上旬球蚜积累期,可用1.2%烟参碱乳油1 000倍液、50%啶虫咪水分散粒剂3 000倍液、10%吡虫啉可湿性粉剂1 000倍液、40%啶虫·毒死蜱乳油1 500~2 000倍液,或50%啶虫咪水分散粒剂3 000倍液与5.7%甲维盐乳油2 000倍液混合液喷洒枝叶,进行防治,7~10天1次,连用2~3次,可兼防鳞翅目害虫。

(三)松纵坑切梢小蠹

松纵坑切梢小蠹 *Tomicus piniperda* Linnaeus,属鞘翅目、小蠹科,是一种严重危害松属树种的世界性蛀干害虫,危害极为严重。分布于中国、日本、朝鲜、蒙古、俄罗斯及一些西欧国家。国内分布于辽宁、吉林、河南、山东、陕西、江苏、浙江、湖南、四川、云南等省,主要危害华山松、高山松、油松、马尾松、云南松、赤松、樟子松、黑松及其他松属树种。以成虫和幼虫蛀食嫩梢髓部组织、枝干或伐倒木韧皮组织,切断树内水分和养分供应,造成针叶枯黄凋落,被害枝梢易风折,导致树势衰弱,甚至树木枯死,对松林的安全已构成严重威胁。

1. 形态特征

1）成虫

体长 3.4 ~ 5.0 mm，椭圆形，栗褐色，有光泽，密生灰黄色细毛。头部、前胸背板黑色，触角和跗节黄褐色，鞘翅黑褐色，有强光泽。眼长椭圆形。触角锤状部 3 节，椭圆形。额部略隆起，有中隆线，起自口上片止于额心。前胸背板近梯形，上具清晰刻点和棕色细绒毛，长度与背板基部宽度之比为 0.8。鞘翅长度为前胸背板长度的 2.6 倍，为两翅合宽的 1.8 倍。刻点沟凹陷，沟内刻点圆大，点心无毛；沟间部宽阔，翅基部沟间部生有横向瘤堤，以后渐平，沟间部刻点甚小，有如针尖锥刺的痕迹，各沟间部横排 1 ~ 2 枚，翅中部以后沟间部出现小颗瘤，排成一纵列；沟间部的刻点中心生短毛，微小清晰，贴伏于翅面上；沟间部的小颗瘤后面各伴生一刚毛，挺直竖立，持续地排至翅端。鞘翅端部红褐色，基部具锯齿状。鞘翅斜面第 2 沟间部凹陷且平滑，只有细小刻点，没有颗瘤和竖毛。

2）卵

淡白色，椭圆形。

3）幼虫

体长 5 ~ 6 mm，头黄褐色，体乳白色，粗而多皱纹，体弯曲。

4）蛹

体长 4 ~ 5 mm，白色，腹面末端有 1 对针状突起，向两侧伸出。

2. 为害状

松纵坑切梢小蠹在原木和枝梢上的为害状比较明显，一般可见由蛀孔溢出松脂，初呈粉红色、柔软的漏斗状凝脂管，后变为白色或黄白色，且针叶萎黄，枝梢脆硬，髓心被蛀空而折断。

3. 生物学习性

1 年 1 代，以成虫在树干基部树皮底下或被害梢内越冬。次年 3 月中下旬，一部分成虫侵入伐根、倒木、衰弱木皮下蛀坑室交配产卵。一部分飞向嫩梢，蛀入梢部为害。越冬成虫离开越冬场所后，一部分飞向树冠侵入嫩梢进行补充营养，然后寻找倒伏木、濒死木、衰弱木、伐根等处蛀入。雌虫先侵入，筑交配室，雄虫进入交配。卵密集地产于母坑道两侧。另一部分不补充营养，直接飞向倒伏木、衰弱木进行繁殖。一般每雌产卵 40 ~ 70 粒，多者至 140 粒。产卵期限长达 80 余天。成虫在繁殖期分两次产卵。第 1 次产卵繁殖的成虫经 110 ~ 120 天补充营养达到性成熟，因此出现的越冬代成虫春季不补充营养，于第 2 年春开始交尾产卵；第 2 次产卵繁殖的成虫当年只经 70 ~ 90 天的补充营养期，第 2 年春仍蛀梢补充营养 20 ~ 40 天，然后蛀干、交尾、产卵。越冬成虫于 4 月中旬飞出后在倒伏木等适宜繁殖处筑坑道产卵，第 1 次产卵后飞出坑道蛀入梢头，恢复营养 20 天左右，5 月中下旬再飞回倒伏木进行第 2 次产卵。繁殖坑道筑于树皮与边材之间，母坑道单纵坑，长 5 ~ 6 cm ，最长可达 15 cm 以上；子坑道 10 ~ 15 条。该虫卵、幼虫、蛹均在坑道内度过，新成虫羽化后蛀入树梢，蛀食松枝，蛀孔直径约 3 mm ，自下向上逐渐深入髓部，蛀食一定距离后退出旧孔，另蛀新孔。该虫还可携带一种蓝污真菌——云南半帚孢 *Leptographium yunnanense*，逐渐将木质部染成蓝色，加重对寄主树木的危害。

该虫整个生活史的绝大部分时间在枝干内部，隐蔽性极强。该虫有效侵入孔数量与大气平均相对湿度呈负相关，与月平均气温呈正相关，在气候干旱的情况下，月平均气温高，该虫有效侵入孔增加，虫口数量大，危害严重。一般阳坡较阴坡发生早；立地条件差较立地条件好的发生早；衰弱木较健康木发生早、受害重；林地卫生状况差的较卫生状况好的发生早、受害重。

该虫成虫有一定的飞翔能力，可做短距离的自然传播；人为调运带虫原木、伐桩及带皮松木则可以造成远距离传播。

4. 防治方法

1）农业防治

（1）适地适树，选择良种壮苗，营造多树种针阔混交林，加强抚育，增强树木抗性，提高林分的生物多样性和对虫害的自控能力。

（2）加强林分管理。及时清理采伐虫害木、衰弱木、风倒木、火烧木等，并及时调运，保持林地卫生。

2）生物防治

松纵坑切梢小蠹的天敌较多，包括真菌、线虫、螨类、寄生蜂、捕食性天敌昆虫及鸟类等，但是天敌防治周期较长，见效缓慢，受环境影响较大。其中，在郁闭度 0.6 以上的林分中应用粉拟青霉菌 *Paecilomyces farinosus* 粉剂或莱氏野村菌 *Nomuraea rileyi* 粉剂防治，每年 1 ~ 2 次，每次用药量 15 kg/hm^2，有较长的持效期，有利于保护天敌和环境，实现可持续控灾。

3）物理防治

（1）林地设置饵木，1 ~ 2 根/800 m^2，于 4 月下旬越冬成虫开始扬飞前放在林中空地，诱集成虫产卵后剥皮或烧毁或熏蒸处理。

（2）设置松纵坑切梢小蠹引诱剂诱捕器对其进行监测、诱杀，以降低种群数量。

4）化学防治

在成虫扬飞暴露期，用 8% 氯氰菊酯微囊剂（绿色威雷）400 倍液，或 50% 氟氯菊酯乳油 1 000 倍液，或 35% 氧乐氰菊酯乳油 1 000 倍液，或 20% 菊马乳油 500 倍液，或 20% 速灭杀丁乳油 1 000 倍液喷洒活立木枝干，可杀死成虫。

（四）华山松木蠹象

华山松木蠹象 *Pissodes punctatus* Langor et Zhang，属鞘翅目、象甲科，分布于西南、西北、华北等地。寄主有华山松、云南松、马尾松、杉木等。华山松木蠹象主要以成虫和幼虫危害华山松健康植株。当华山松木蠹象侵入华山松木质部组织时，会严重破坏木质部树脂道的泌脂细胞，阻塞树脂道和管胞细胞，华山松无法正常进行树脂分泌和水分输送，使树体代谢功能严重受损。而且华山松木蠹象在华山松木质部组织中还会发生纵向、横向延伸，侵害范围不断扩大，造成的材积损失率达到 25% 以上，经济损失严重，是华山松林内的一种极具毁灭性的蛀干害虫。

1. 形态特征

1）成虫

体长 3.8 ~ 7.5 mm、宽 1.6 ~ 3.2 mm，椭圆形，黑褐色。体背鳞片灰白色，背面疏、腹面密，前胸背板前缘有棕褐色弧形带纹 1 条，中胸背板小盾片白色，鞘翅基部稍宽于前胸，两侧平行，端部钝圆，两鞘翅上有隆起的行纹和深凹的黑色粗刻点，距翅端约 2/5 处有灰黄色椭圆形横斑 1 个。头半球形,光滑,眼扁圆形,黑褐色,喙长 1.5 ~2 mm,圆滑,黑褐色,稍弯曲,端部陀螺形;足腿节无齿,胫节外缘端部有钩状刺,内缘有一直刺,跗节端部有趾钩。

2)卵

长 1.0 ~1.2 mm、宽 0.7 ~0.9 mm。椭圆形,白或淡黄色,半透明,具光泽。

3)幼虫

老熟幼虫体长 6.0 ~10.6 mm、宽 2.0 ~2.9 mm。体白色或淡黄色,肥胖多皱纹,无足,稍弯曲,头浅褐色。

4)蛹

白色至淡黄色,长 4.1 ~6.9 mm、宽 1.5 ~2.9 mm。

2. 为害状

被蛀食的树干,从蛀食孔内流出松脂,形成凝脂块,后枝干干枯死亡。一般林缘的林木比林中的林木受害严重。

3. 生物学习性

1 年 1 代,世代重叠,多数以老熟幼虫少数以成虫越冬。越冬老熟幼虫翌年 3 月上旬至 5 月下旬化蛹,4 月上旬至 6 月下旬羽化,5 月上旬为成虫羽化高峰期,6 月上旬开始产卵,6 月下旬幼虫开始孵化,10 月以 4 龄老熟幼虫在蛀道蛹室内开始越冬。次春,即将羽化的成虫先在蛹室内咬直径 1.14 ~3.26 mm 的羽化孔,1 ~2 天后才爬出。2 ~4 天后开始钻蛀华山松皮层取食韧皮部,使皮层形成外小内大(外直径约 0.5 mm)的蛀食孔。成虫羽化后约 10 天进行交尾,交尾后约 20 天开始产卵,卵多产于树干节疤(分枝)周围和离地面 1 m 左右的成虫蛀食孔或新咬的产卵孔内。产卵量每雌平均 15 粒。成虫寿命长,不进食亦可成活约 45 天。1 株树木上常有数十头至上百头成虫集中为害,取食树皮光滑、生长势较弱的植株,遭蛀食为害的植株从树干蛀孔内流出松脂,叶黄枝枯,进而整株枯死,林缘木受害较重。卵期一般 12 ~21 天。刚孵化的幼虫在皮层内蛀食韧皮部,造成不规则的弯曲坑道。随着虫体长大,取食量增加,所蛀坑道直径也逐渐加大。当幼虫老熟后,用口器在木质部表面咬成长椭圆形的蛹室先越冬,之后化蛹。蛹室长 4.80 ~11.68 mm、宽 1.65 ~4.14 mm、深 1.02 ~3.92 mm。蛹期一般 23 ~25 天,化蛹率 59.5%,羽化率 84.9%。

越冬成虫存活率达 43.9%,翌年 3 月初上树继续取食活动,3 月中旬至 6 月上旬再次产卵,产卵后的越冬成虫在 15 ~30 天内死亡。4 月中旬为产卵高峰期且幼虫开始孵化。9 月下旬至 11 月上旬化蛹。蛹期一般 23 ~28 天,化蛹率为 45.7%,羽化率为 92.2%。10 月下旬羽化为成虫栖于枯枝落叶层和树干基部皮层裂缝内越冬。

从卵到 3 龄幼虫阶段是华山松木蠹象生活世代的薄弱环节,致死因子较多;4 龄幼虫以前致死关键因子是自然死亡,4 龄幼虫至成虫阶段致死关键因子是天敌生物寄生。

4. 防治方法

1)农业防治

加强抚育管理,改善林地卫生,增强树木生长势。及时伐除和销毁严重受害木,减少虫源。

2)生物防治

(1)5 ~7 月成虫活动期,林中投放白僵菌粉炮进行防治。

(2)管氏肿腿蜂 *Scleroderma guani* Xiao et Wu、松蠹狄金小蜂 *Dinotiscus armandi* Yang、平背罗葩金小蜂 *Rhopalicus quadrates* Ratzeburg 和三盾茧蜂 *Triaspis* sp. 等寄生蜂可在一定程度上控制华山松木蠹象的危害。室内防治试验中，管氏肿腿蜂对华山松木蠹象寄生率最高达 71.43%，最低为 51.61%。林间防治试验中，管氏肿腿蜂对华山松木蠹象寄生率最高达 41.67%，最低为 22.22%。利用管氏肿腿蜂防治华山松木蠹象效果良好。

(3)利用苏氏克虫菌 1 号防治华山松木蠹象效果可达 98.3%。此外，粉拟青霉对华山松木蠹象也有较好的抑制作用。

(4)有研究表明，华山松木蠹象性信息素对华山松木蠹象成虫诱杀效果明显，性信息素释放高峰时段为 19:00~20:00。

(5)保护鸟类天敌，采取人工招引啄木鸟等，以保护和促进其天敌资源，抑制虫害的发生。

3)物理防治

利用昆虫趋光性进行灯光诱杀和色板诱杀，具有较好的防治效果。华山松木蠹象的趋光反应与单色光光强相关，光强较低时呈正相关，光强较高时呈负相关。3 种最敏感单色光下，华山松木蠹象趋向反应达到峰值时的相对光强的大小顺序为：绿色光 > 紫色光 > 紫外光。综合考虑经济、简便易操作的原则，林间诱集华山松木蠹象最优方案为：采用紫色板(415 nm)，距地面 1.5 m 高度，南向全天候设置诱虫色板。在利用趋光性来防治华山松木蠹象时，有针对地选用相应的光源和色板，可以最大限度地保护寄生蜂免受伤害。在人工大量释放过管氏肿腿蜂的林间，可选用波长 415 nm 紫光作为诱集光源和色板；三盾茧蜂为优势寄生蜂的林间，则选用波长 340 nm 紫外光诱集较好。

4)化学防治

(1)利用华山松木蠹象虫口密度相对较大的特点，在成虫羽化期间利用 10% 高效氯氰菊酯乳油 3 000 倍液、20% 速灭杀丁乳油 1 000 倍液、2.5% 溴氰菊酯乳油 1 000 倍液均匀喷雾，进行高效杀虫；或用川保Ⅲ号粉剂全株喷施，喷粉时应做到均匀、周到、覆盖完全。10~15 天 1 次，连续 2~3 次。

(2)成虫期还可用特异性杀虫剂 25% 灭幼脲悬浮剂 2 000 倍液或 42% 甲维·抑食肼水分散粒剂 3 000 倍液进行喷雾防治，可以降低产卵量，控制害虫种群数量。

(五)华山松疱锈病

华山松疱锈病又称五针松疱锈病，是松属一种危险性病害，尤其以五针松受害最为普遍和严重，被列入林业检疫性有害生物名单。从幼龄幼苗到成熟林分均可感病，但以 20 年生以下的中幼林感病最重。华山松疱锈病是一种长期循环性的病害，华山松人工林感病后，轻病林分发病率一般为 5% 左右，重病林分常达 35% 以上，严重发病的林分可高达 90% 以上。感病华山松松针变成灰绿色或无光泽，枝梢生长量减少，树高逐年递减，数年后干枯死亡。主要分布于中国、美国、加拿大、日本、朝鲜。国内分布于陕西、山西、河南、甘肃、四川、湖北、云南、贵州、西藏、江西、浙江等地。

1. 症状

主要危害枝干皮部。一年有两次症状表现，分别出现在春季和秋季。在春季，松树枝干肿大并有裂缝，从中向外长出黄白至橘黄色锈孢子器，散出黄色锈孢子；老病皮无锈孢子器，仅留下粗糙黑色的病皮和流出树脂，以后树皮龟裂、下陷。在秋季，枝干上出现初为白色、后为橘黄色的蜜滴状物（性孢子与黏液混合物）。蜜滴消失后皮下可见血迹斑，针叶上产生黄色至红褐色斑点。

在转主寄主茶藨子、马先蒿的叶片上，夏季至秋季叶背产生具有油脂光泽的黄色丘形夏孢子堆，最后在夏孢子堆或新叶组织处出现毛刺状黄褐色至红褐色冬孢子堆（柱），成熟后萌发产生担子，每个担子产生 4 个无色的担孢子。

2. 病原

茶藨生柱锈菌 *Cronartium ribicola* J. C. Fischer ex Rabenhorst，属担子菌门、冬孢菌纲、锈菌目、柱锈属真菌，为长循环型转主寄生菌，产生性孢子、锈孢子、夏孢子、冬孢子和担孢子 5 种孢子类型。其中性孢子、锈孢子阶段生于华山松枝干皮层，而夏孢子、冬孢子和担孢子均生于转主寄主（茶藨子、马先蒿）的叶上。性孢子器扁平，埋生于皮层中；性孢子鸭梨形、无色。锈孢子器橘黄色、疱囊状或舌片状；锈孢子单胞、黄色。夏孢子堆橘红色、疹状，裂后呈粉堆；夏孢子球形至椭圆形，表面有细刺，鲜黄色。冬孢子堆赤褐色柱状，密生于叶背，外观呈褐色毛发状、卷曲；冬孢子梭形、单胞、褐色，多层排列。担孢子球形，有一喙状突起。

3. 发病规律

7 月下旬至 9 月，冬孢子成熟后不经过休眠即萌发产生担子和担孢子。担孢子主要借风力传播，接触到松针后即萌发产生芽管，大多数芽管自针叶气孔、少数从韧皮部直接侵入松针。侵入后 15 天左右即在针叶上出现很小的褪色斑点，在叶肉中产生初生菌丝并越冬。翌年春天随气温升高，初生菌丝继续生长蔓延，从针叶逐步扩展到细枝、侧枝直至主干皮层，因树龄不同该过程一般需要 3 ~7 年，甚至更长。

病菌侵入 2 ~3 年后，可在枝干上出现病斑，产生裂缝，并在秋季 8 月下旬至 9 月渗出蜜滴，为性孢子和蜜滴的混合物。次年春季 3 ~5 月在病部产生具疱膜的黄色锈孢子器，内含大量锈孢子，以后每年都可产生锈孢子器。锈孢子借风力传播到茶藨子、马先蒿的叶片上，萌发后产生芽管，由气孔侵入叶片，经过 15 天左右的潜伏期，5 ~7 月即可产生夏孢子堆，夏孢子堆中长出冬孢子柱，冬孢子柱成熟后萌发产生担子和担孢子，担孢子借风力或雨水传播到松针上再进行侵染。

该菌具有复杂的生活史和高度发展的寄生性。该病多发生于树干薄皮处，刚定植的幼苗、幼树及在杂草丛中生长的幼树易感病，转主寄主多的林地及冷凉多湿的气候条件易感病。病原以担孢子和锈孢子靠风吹雨溅的方式自然传播；远距离传播主要靠感病松苗、幼树、小径材及新鲜带皮原木的调运。当华山松林分成长郁闭后，转主寄主植物可被抑制减少。

此外，在华山松有害生物生态系统中，华山松疱锈病与华山松球蚜往往是同时发生、复合危害的，二者之间有着复杂的互作关系，在防治时应结合实际情况综合控制。当华山松球蚜与华山松疱锈病危害达到复合治理的相关标准时，可以针对两者病虫害进行高效的复合治理，提升华山松病虫害的治理效率，降低治理成本。

4. 防治方法

1）农业防治

（1）加强检疫，从疫区调出松苗时，要进行严格检疫，发现病苗要及时销毁。

(2)调运黑果茶藨子等转主寄主时,发现叶背带有油脂光泽的黄色丘疹状夏孢子堆或暗褐色冬孢子柱时,立即销毁。

(3)秋季,对感病的幼林修除树干下部 2 ~ 3 轮侧枝,可有效降低疱锈病的发病率。修枝是促进林木生长和防治病害行之有效的措施。修枝时间以冬季或早春华山松生长停滞期进行为宜。不留茬口,以最大限度地减少病菌向松树干部扩展的概率。

(4)抚育间伐,清除重病株。时间宜在锈孢子器始现期疱囊被膜未开裂之前进行,可避免锈孢子大量扩散,提高防控效果。

(5)营造隔离林,阻断病原物的传播蔓延。

2)生物防治

有研究发现,木霉菌的 3 个菌株 *Trichoderma* spp. 以华山松疱锈病的锈孢子为营养基质,是锈孢子的重寄生菌,对防治华山松疱锈病具有重要的应用价值。另外,通过施用重寄生菌 *Pestalotiopsis* sp. 和 *Trichoderma viride* 进行华山松疱锈病野外防治试验,结果表明,2 株重寄生菌均能定殖在锈孢子堆上,防效分别为 100% 和 99.21%,对华山松疱锈病起到了控制发展、抑制其蔓延流行的良好作用。

3)物理防治

在春季尚未发现锈孢子器出现时,利用泥敷、生物膜保湿等形式可有效预防华山松疱锈病。

4)化学防治

(1)产地检疫中发现的染疫苗木应就地拔除销毁。发病立木病级 2 级以下的,修除病枝或刮除病部皮层后涂刷柴油或柴油加三唑酮混合液(含三唑酮有效成分 1.5% ~2.5%);发病 3 级以上植株应予伐除。

(2)4 ~7 月,对发生疫情的种苗繁育基地及林分周围 500 m 以内的转主植物实施人工清除,或施用 50% 莠去净可湿性粉剂 500 倍液灭除。

(3)当年采伐的小径材及带皮原木可用溴甲烷熏蒸处理(剂量 200 mg/m^3)或在林区搁置 1 年后调运。

(4)对 5 ~ 13 年生感病幼树,在春季锈孢子未飞散前,可用 270 ℃ 分馏出的松焦油、煤焦油或 20% 三唑酮可湿性粉剂 150 ~ 300 倍液、15% 粉锈清可湿性粉剂 150 ~ 300 倍液、50% 托布津可湿性粉剂 500 倍液与柴油溶液混合液,多次涂刷病部,可减少锈孢子器的出现,减少传染源。

五、美国山核桃病虫害

美国山核桃,学名长山核桃 *Carya illinoinensis*(Wangenh.)K. Koch,又称薄壳山核桃、碧根果,系胡桃科山核桃属的一个种。原产于美国和墨西哥北部,是世界上重要的油料干果树种之一。美国山核桃树干端直,树体高大,树形秀美,根系发达,生命周期长达数百年,结果期果实和枝叶相映成辉,因而也是园林绿化、庭院美化和行道树的优良树种。

美国山核桃系大乔木,高可达 50 m,胸径可达 2 m,树皮粗糙,深纵裂;芽黄褐色,被柔毛,芽鳞镊合状排列。小枝被柔毛,后来变无毛,灰褐色,具稀疏皮孔。奇数羽状复叶长25 ~

35 cm，叶柄及叶轴初被柔毛，后来几乎无毛，具9～17枚小叶；小叶具极短的小叶柄，卵状披针形至长椭圆状披针形，有时呈长椭圆形，通常稍呈镰状弯曲，长7～18 cm、宽2.5～4 cm，基部歪斜阔楔一形或近圆形，顶端渐尖，边缘具单锯齿或重锯齿，初被腺体及柔毛，后来毛脱落而常在脉上有疏毛。雄性葇荑花序3条1束，几乎无总梗，长8～14 cm，自去年生小枝顶端或当年生小枝基部的叶痕腋内生出。雄蕊的花药有毛。雌性穗状花序直立，花序轴密被柔毛，具3～10雌花。雌花子房长卵形，总苞的裂片有毛。果实矩圆状或长椭圆形，长3～5 cm，直径2.2 cm左右，有4条纵棱，外果皮4瓣裂，革质，内果皮平滑，灰褐色，有暗褐色斑点，顶端有黑色条纹；基部不完全2室。5月开花，9～11月果成熟。

喜温暖湿润气候，年平均温度15.2 ℃为宜，能耐最高温度为41.7 ℃，较耐寒，－15 ℃也不受冻害。但花期遇低温会影响开花授粉和花的发育。薄壳山核桃需要较多水分，一年中不同物侯期对水分要求不同。一般在开花前春梢生长期要求适量雨水，4月下旬至5月中旬开花期，忌连续阴雨，6～9月为果实和裸芽发育时期，要求雨量充足而均匀。对光照不太苛求。幼年期要求阴凉环境，因此山核桃育苗须人工遮阴。成年树在向阳干瘠的阳坡生长不良。土壤以疏松而富含腐殖质的石灰岩风化而成的砾质壤土为宜，以石灰岩上发育的油黑土、黄泥土及沙岩、板岩、页岩上发育的黄泥土为最好。红壤、沙土不适宜山核桃生长。核桃是被子植物。

食用、药用价值：①核桃仁含有较多的蛋白质及人体营养必需的不饱和脂肪酸，这些成分皆为大脑组织细胞代谢的重要物质，能滋养脑细胞，增强脑功能；核桃仁有防止动脉硬化，降低胆固醇的作用；此外，核桃还可用于治疗非胰岛素依赖型糖尿病。②核桃对癌症患者还有镇痛，提升白细胞及保护肝脏等作用；核桃仁含有的大量维生素E，经常食用有润肌肤、乌须发的作用，可以令皮肤滋润光滑，富于弹性；当感到疲劳时，嚼些核桃仁，有缓解疲劳和压力的作用。③据美国洛马林达大学埃拉哈达特博士和得克萨斯学院科研人员吉西长巴龙等研究发现，长期食用美国山核桃有明显的防衰老、健肠胃，预防前列腺癌、肝炎、妇女白带增多，防治心脏病、心血管疾病，改善性功能等作用。

油用价值：①山核桃是益智食品，我国传统中医认为山核桃油有补脑健脑和润肤乌发的功效，怀孕的妇女，每天适当地服用核桃油，对孕期胎儿大脑的生长发育极有好处。服用核桃油，不但能补脑、健脑，而且还能促进小孩的头发变黑。②中老年人经常服用山核桃油，能消除或减轻失眠、多梦、健忘、心悸、眩晕等神经衰弱症状，还具有补气养血、强壮筋骨等保健作用。③防癌抗癌。核桃油中含丰富的ω-3脂肪酸，能与ω-6脂肪酸争夺癌肿在代谢作用中所需要的酶，使癌细胞的细胞膜变得易于破坏，从而抑制肿瘤细胞生长，降低肿瘤发病率，并可增强放疗及化疗的功效。近几年有些癌症患者，经常食用核桃，或核桃仁成分的副食品，明显有控制癌扩散的积极功能。④抗氧化、抗衰老、清除体内过多自由基的功效，核桃油＞麻油＞亚麻油＞橄榄油＞花生油。实验表明，适量核桃油可以显著降低小鼠脑、肝组织中丙二醛（MDA）的含量，明显提高肝、脑组织中的总抗氧化能力（T～AOC）、超氧化物歧化酶（SOD）和过氧化氢酶（CAT）的活性，从而增强机体抗氧化、抗衰老、清除体内过多自由基。

经济价值：①山核桃为世界著名的高档干果、油料树种和材果兼用优良树种。坚果壳薄易剥，核仁肥厚，富含脂肪，味香甜，为干果食用及榨油的原料。②核桃作为干果早已为人们所喜爱，但由于其果壳坚硬，不易剥落，其主要利用途径是将其作为油料和食品原料。薄壳山核桃由于果壳易于剥落，如同剥花生一样，其消费量将大大超过通常的核桃。③山核桃树干通直，材质坚实，纹理细致，富有弹性，不易翘裂，为制作家具的优良材料。

近年来，河南省内已大面积推广美国山核桃的种植，目前危害美国山核桃的主要病虫害有山核桃枝枯病、美国白蛾、桃蛀螟、丽绿刺蛾、星天牛等。

（一）丽绿刺蛾

丽绿刺蛾 *Parasa lepida*（Cramer），属于鳞翅目、刺蛾科、绿刺蛾属。中国境内各省（区、市）均有分布。寄主包括核桃、梨树、柿树、枣树、桑树、苹果、芒果、茶树、油茶、油桐、泡桐、刺槐、杨树、法桐、柳树、樱桃等多种树木。

1. 形态特征

1）成虫

体长 10～17 mm，翅展 35～40 mm，头顶、胸背绿色。胸背中央具 1 条褐色纵纹向后延伸至腹背，腹部背面黄褐色。雄蛾双栉齿状，雌蛾触角基部丝状。雄、雌蛾触角上部均为短单相齿状，前翅绿色，肩角处有 1 块深褐色尖刀形基斑，外缘具深棕色宽带；后翅浅黄色，外缘带褐色。前足基部生一绿色圆斑。

2）卵

椭圆形，扁平光滑，浅黄绿色。

3）幼虫

末龄幼虫体长 25 mm，粉绿色。身被刚毛，空心，与毒腺相通，内含毒液。背面稍白，背中央具紫色或暗绿色带 3 条，亚背区、亚侧区上各具一列带短刺的瘤，前面和后面的瘤红色。

4）蛹

椭圆形，棕色。

5）茧

茧棕色，较扁平，椭圆或纺锤形。

2. 为害状

幼虫食害叶片，低龄幼虫取食表皮或叶肉，致叶片呈半透明枯黄色斑块。高龄幼虫食叶呈较平直缺刻，严重的把叶片吃至只剩叶脉，甚至叶脉全无。

3. 生物学习性

1 年发生 2 代，以老熟幼虫在枝干上结茧越冬。翌年 5 月上旬化蛹，5 月中旬至 6 月上旬成虫羽化并产卵。第 1 代幼虫为害期为 6 月中旬至 7 月下旬，第 2 代幼虫为害期为 8 月中旬至 9 月下旬。成虫有趋光性，雌蛾喜欢晚上把卵产在叶背上，十多粒或数十粒排列成鱼鳞状卵块，上覆一层浅黄色胶状物。每只雌蛾产卵期 2～3 天，产卵量 100～200 粒。低龄幼虫群集性强，3～4 龄开始分散，共 8～9 龄。老熟幼虫在茶树中下部枝干上结茧化蛹。

4. 防治方法

1）农业防治

结合营林措施，清除枝干上、杂草中的越冬虫体，破坏地下的蛹茧，以减少下代的虫源。

2）物理防治

（1）利用成虫有趋光性的习性，在 6～8 月羽化期时，利用全光谱纳米诱捕灯、频振式杀虫灯及 400 W 黑光灯，进行灯光诱杀。

(2)在低龄幼虫群集危害时,人工摘除有幼虫的叶片,然后集中销毁。

3)生物防治

(1)保护利用天敌资源进行防治,如引放寄生蜂、爪哇刺蛾寄蝇等。

(2)幼虫危害期,喷洒25%甲维·灭幼脲悬浮剂1 000~1 500倍液或1%苦参碱水分散剂1 000倍液等仿生制剂、植物源农药进行防治。

4)化学防治

低龄幼虫发生期,喷洒50%辛硫磷乳油1 000倍液,或45%丙溴·辛硫磷乳油800~1 000倍液,或5%吡虫啉乳油1 000~1 500倍液,或50%马拉硫磷乳油、25%亚胺硫磷乳油、50%杀螟松乳油等800~1 000倍液。以上用药,每间隔7~10天一次,连用2~3次,轮换用药,提高防治效果。

(二)桃蛀螟

桃蛀螟 *Conogethes punctiferalis* (Guenée),别称桃斑螟,俗称桃蛀心虫、桃蛀野螟、蛀心虫、食心虫、桃实虫等。为鳞翅目、螟蛾科、蛀野螟属的一种昆虫。国内广泛分布于南北各地,尤以长江流域及其以南地区危害较为严重。寄主植物有50多种,以幼虫蛀食桃树、核桃、板栗、李树、梨树、无花果、石榴、葡萄、山楂、银杏、柿树等果树的果实及松树、柏树、杉树等林木的种子;还危害玉米、高粱、向日葵、棉花、大豆等农作物的果穗。

1. 形态特征

1)成虫

体长9~14 mm,翅展22~25 mm,全体黄至橙黄色,体、翅表面具许多黑斑点似豹纹:胸背有7个;腹背第1节和3~6节各有3个横列,第7节有时只有1个,第2、8节无黑点,前翅25~28个,后翅15~16个,雄虫第9节末端黑色,雌虫不明显。

2)卵

椭圆形,长0.6 mm、宽0.4 mm,表面粗糙,有网状线纹,布细微圆点,初产是乳白色,渐变为橘黄、红褐色。

3)幼虫

体长22~27 mm,体色变化较大,有淡褐、浅灰、浅灰兰、暗红等色,腹面多为淡绿色。头暗褐,前胸盾片褐色,臀板灰褐,各体节毛片明显,灰褐至黑褐色,背面的毛片较大,第1~8腹节气门以上各具6个,成2横列,前4后2。气门椭圆形,围气门片黑褐色突起。腹足趾钩不规则的3序环。

4)蛹

长13~15 mm,初淡黄绿后变褐色,臀棘细长,末端有曲刺6根。茧长椭圆形,灰白色。

2. 为害状

初孵幼虫蛀入美国山核桃外果皮内,外表留有蛀孔,果实受害后,多从蛀孔流出黄褐色透明胶汁,常与该幼虫排出的黑褐色粪便混在一起,黏附于果面。

3. 生物学习性

桃蛀螟在中国每年发生代数存在较大差异。在河南区域内1年发生4代。该虫主要以老熟幼虫在树翘皮裂缝、枝杈、树洞、干僵果内、储果场、土块下、石缝、园艺地布及覆盖物、板栗壳、玉米和高粱秸秆、杂草堆等处结茧化蛹越冬。翌年越冬幼虫于4月初化蛹,4月下旬进入化蛹盛期,4月底到5月下旬羽化;6月中旬至6月下旬第1代幼虫化蛹;第1代成虫于6月下旬开始出现,7月上旬进入羽化盛期,第2代卵盛期跟着出现,7月中旬为第2代幼虫危害盛期,第2代成虫羽化盛期在8月上中旬;第3代卵于7月底8月初孵化,8月中下旬进入第3代幼虫危害盛期,8月底第3代成虫出现,9月上中旬进入盛期;9月中旬至10月上旬进入第4代幼虫发生危害期,10月中下旬气温下降则以第4代幼虫越冬。

羽化期,成虫白天常静息在叶背、枝叶稠密处或石榴、桃等果实上,夜间飞出完成交配、产卵、取食等活动,成虫通过取食花蜜、露水及成熟果实汁液补充营养。5月中旬田间可见虫卵,盛期在5月下旬至6月上旬,一直到9月下旬,均可见虫卵,世代重叠严重。成虫产卵多集中在20~22时,多单产于石榴萼筒、板栗壳及其他果树果实的果与果,果与枝、叶相接触处。卵期3~4天,初孵化幼虫在萼筒内、梗或果面处吐丝蛀食果皮,2龄后蛀入果内取食,蛀孔处常见排出细丝缀合的褐色颗粒状粪便。随蛀食时间的延长,果内可见虫粪,并伴有腐烂、霉变特征。幼虫5龄,经15~20天老熟。

桃蛀螟危害美国山核桃是在8月中旬第3代桃蛀螟成虫出现时,才飞到山核桃树的果实上产卵,9月中旬为桃蛀螟幼虫孵化的高峰期,幼虫危害期一直持续到10月下旬美国山核桃的果实成熟采摘结束。同一果序上,桃蛀螟幼虫有任意转果危害的习性,1头幼虫一生要蛀毁3~8粒果实。

4. 防治方法

1)营林措施

(1)消除越冬幼虫,在每年4月中旬,越冬幼虫化蛹前,清除寄主植物及农作物的残体,并刮除受害果树翘皮,集中烧毁,以减少虫源。

(2)结合疏果,捡拾落果、摘除虫果,集中销毁,消除果内幼虫。

(3)合理剪枝、疏果,避免枝叶郁闭,可减少卵量。

2)物理防治

(1)利用成虫的趋光性,在种植区内设置诱虫灯进行诱杀成虫。

(2)利用林下养殖,在种植区养鸡、鸭、鹅等家禽,可啄食脱果幼虫,起到一定的防治作用。

3)生物防治

(1)保护和利用赤眼蜂、黄眶离缘姬蜂等天敌,控制桃蛀螟虫口密度。

(2)幼虫发生期,喷洒25%甲维·灭幼脲悬浮剂1 000~1 500倍液或1%苦参碱水分散剂1 000倍液等仿生制剂、植物源农药进行防治。

4)化学防治

(1)掌握第1、2代成虫产卵高峰期喷药,选用50%杀螟松乳剂1 000倍液,或35%赛丹乳油2 000~2 500倍液,或2.5%溴菊酯乳油2 500倍液喷雾。

(2)在幼虫开始蛀果危害期,选用20%氯虫苯甲酰胺悬浮剂5 000倍液、40%乐斯本乳油1 500倍液、2%阿维菌素乳油4 000倍液、甲氰菊酯2 000倍液、2.5%百树菊酯乳油2 500倍液等化学药剂,防治效果好。

(三)星天牛

星天牛 *Anoplophora chinensis* Forster,俗称老水牛、花牯牛、花角虫、水牛娘、水牛仔、柳天牛、钻木虫、铁炮虫、白星天牛。属于鞘翅目、天牛科、星天牛属。是日本、中国及韩国特有的一种天牛。在我国南北各省均有分布,主要寄主植物有杨树、柳树、榆树、核桃、海棠、合欢、桃树、梨树、樱桃、法桐、刺槐、枇杷、桑树、樱花等40多种树木。星天牛是我国林业重要蛀干害虫,其寄主范围广、食性杂、破坏性大、防治难度高。

1. 形态特征

1)成虫

体漆黑色具光泽。雌成虫体长32~45 mm、宽10~14 mm,触角超出身体1~2节;雄成虫体长25~28 mm、宽6~12 mm,触角超出身体1倍。触角第1~2节黑色,第3~11节有淡蓝色毛环。前胸背板中瘤明显,两侧具尖锐粗大的侧刺突。小盾片及足的跗节披淡青色细毛。鞘翅基部有密集的黑色小颗粒,每鞘翅散生有白斑18~20个,大小不一,排成5~6横行。

2)卵

长椭圆形,长5~6 mm、宽2.0~2.5 mm,初产时乳白色,以后渐变为浅黄白色。

3)幼虫

老熟幼虫体长38~60 mm,乳白色至淡黄色,长圆筒形,略扁。头部褐色,长方形,中部前方较宽,后方溢入;额缝不明显,上颚较狭长,单眼1对,棕褐色;触角小,3节,第2节横宽,第3节近方形。前胸略扁,背板骨化区呈"凸"字形,凸字形纹上方有两个飞鸟形纹。气孔9对,深褐色。

4)蛹

纺锤形,长25~35 mm,初化之蛹淡黄色,羽化前各部分逐渐变为黄褐色至黑色。

2. 为害状

幼虫蛀食树木的基干,在木质部乃至根部为害,直接影响树木的生长发育,严重时使树木整株生长衰退乃至死亡。成虫咬食嫩枝皮层,形成枯梢,也食叶成缺刻状。

3. 生物学习性

河南省内2年发生1代,以幼虫在木质部坑道内越冬。越冬幼虫于次年3月间开始活动,4月幼虫老熟,蛀蛹室和直通表皮的圆形羽化孔,在蛹室化蛹,5月下旬化蛹结束,蛹期20~30天。5月上旬成虫开始羽化,5月末至6月初为成虫出孔高峰。从5月下旬至7月下旬都有成虫活动。卵期9~15天,6月中旬孵化,7月中下旬为孵化高峰,9月末绝大部分幼虫转而沿原坑道向下移动,至蛀入孔再蛀新坑道向下部蛀害并越冬。

成虫羽化后先在蛹室停留4~8天,待身体变硬后才从圆形羽化孔外出,啃食寄主幼嫩枝梢树皮作补充营养,10~15天后全天都可交尾配,以晴天无风的上午8时至下午5时飞翔、取食、交配频繁,中午炎热时停息枝端。雌、雄虫可多次交尾,交尾后3~4天,于6月上旬,雌成虫在树干下部或主侧枝下部产卵,7月上旬为产卵高峰,以树干基部向上10 cm以内为多,占76%;10 cm~1 m内为18%,并与树干胸径粗度有关,以胸径6~15 cm为多,而7~9 cm占50%。产卵前先在树皮上咬深约2 mm、长约8 mm的"T"形或"人"形刻槽,再将产卵管插入刻槽一边的树皮夹缝中产卵,一般每一刻槽产1粒,产卵后分泌胶状物质封口,每一雌虫一生可产卵23~32粒,最多可达71粒。成虫寿命一般40~50天,从5月下旬开始至7月下旬均有成虫活动。飞行距离可达40~50 m。幼虫孵化后在树皮下蛀食1个月左右,形成不规则的扁平坑道,随后向木质部深入2~3 cm后转而向上蛀坑并向外蛀穿一个排粪孔，排出黄色虫粪和蛀屑。

4. 防治方法

1）营林措施

加强栽培管理，使核桃树生长旺盛。保持树干光滑，减少成虫产卵，对受害严重的衰老树，及早砍伐处理，减少虫源。

2）物理防治

（1）在成虫大量出孔时，利用中午栖息特性，捕杀成虫。

（2）在成虫羽化期，利用诱虫灯诱杀。

（3）在成虫产卵盛期刮除虫卵，可大大减少虫口密度。

（4）树干涂白，5 月上旬，用白涂剂（石灰：硫黄：水 =16：2：40）和少量皮胶混合后涂于树干上，可防止星天牛产卵。

（5）幼虫蛀入木质部后，可用钢丝钩杀幼虫。

3）生物防治

（1）保护利用天敌的自然控制能力或释放花绒寄甲、川硬皮肿腿蜂等，也可利用白僵菌防治星天牛，配合黏膏能提高其对星天牛的致死能力。

（2）在成虫羽化期，在林间挂诱捕器诱杀星天牛成虫。

4）化学防治

（1）防治星天牛幼虫，用 80% 敌敌畏乳剂，或 40% 乐果乳剂的 5 ~ 10 倍液，用脱脂棉吸收后，塞进蛀孔内。施药前要掏光虫粪，施药后洞口用石灰、泥浆封闭洞口。

（2）幼虫蛀入木质部前，在主干受害部位用刀划若干条纵伤口，涂抹 50% 敌敌畏柴油溶液（1：9），药量以略有药液下淌为宜。

（3）成虫羽化前，用 2.5% 溴氰菊酯微胶囊悬浮剂喷树干；成虫活动期，用 1.8% 阿维菌素乳油 5 000 倍液喷树干防治成虫，喷液量以树干流药液为止。

（4）成虫孔口注入辛硫磷 200 ~ 300 倍液，以毒死在洞内的天牛幼虫。

（四）美国白蛾

美国白蛾 *Hyphantria cunea*（Drury），又名美国灯蛾、秋幕毛虫、秋幕蛾，属鳞翅目、灯蛾科、白蛾属。美国白蛾原产北美洲，1979 年传入中国。目前，国内分布于吉林、辽宁、北京、河北、天津、河南、山东、安徽、湖北、内蒙古、江苏等 11 个省（区、市）。在河南省的郑州、开封、新乡、濮阳、许昌、商丘、安阳、鹤壁、信阳、周口、驻马店、南阳等市均有发生。美国白蛾食性杂，繁殖量大，适应性强，传播途径广，是举世瞩目的世界性检疫害虫，危害林木、果树、园林植物、农作物等 370 多种植物，主要危害树种多为阔叶树种，针叶树种也有部分危害，喜食桑树、悬玲木、核桃、樱花、白蜡、紫叶李、柳树、水杉、构树、小叶女贞、海棠、桃树、榆树、黄连木等。

1. 形态特征

1）成虫

体白色，雌虫体长 9.5 ~ 17.5 mm，雄虫体长小于雌虫，为 8 ~ 13.5 mm。复眼黑褐色，口器短而纤细；胸部背面密布白色，多数个体腹部白色，无斑点，少数个体腹部黄色，上有黑点。雄成虫触角黑色，栉齿状；翅展 23 ~ 34 mm，前翅散生黑褐色小斑点。雌成虫触角褐色，锯齿状;翅展33~44 mm,前翅纯白色,后翅通常为纯白色。

2)卵

圆球形,直径约0.5 mm,初产卵浅黄绿色或浅绿色,后变灰绿色,孵化前变灰褐色,有较强的光泽。卵单层排列成块,覆盖白色鳞毛。

3)幼虫

幼虫有两型:黑头型和红头型,我国为黑头型。1龄幼虫:头宽约0.3 mm,体长1.6~2.7 mm,具光泽,体色黄绿色;2龄幼虫:头宽0.5~0.6 mm,体长2.7~4.1 mm,体色黄绿色;3龄幼虫:头宽0.7~0.9 mm,体长3.9~8.5 mm,头部黑色,有光泽,体色淡绿色,背部有2行毛瘤,瘤上生有白色长毛;4龄以上为老熟幼虫:体长25~35 mm,头黑,具光泽,体黄绿色至灰黑色,背线、气门上线、气门下线浅黄色,背部毛瘤黑色,体侧毛瘤多为橙黄色,毛瘤上着生白色长毛丛,腹足外侧黑色,气门白色,椭圆形,具黑边。

4)蛹

长纺锤形,体长8~15 mm,暗红褐色。雄蛹瘦小,雌蛹较肥大,蛹外有幼虫体毛织成的网状物。腹部各节除节间外,布满凹陷刻点,臀刺8~17根,每根钩刺的末端呈喇叭口状,中凹陷。

2. 为害状

美国白蛾初孵幼虫有吐丝结网、群居危害的习性,幼虫在3龄后破网幕对整株树木危害,每株树上多达百只及上千只幼虫危害,常食光树木叶片,严重影响树木生长,造成树势衰弱,果树早期落果,甚至造成树木死亡。

3. 生物学习性

河南省一般一年发生3代,以蛹越冬。每年的4月中旬越冬成虫开始羽化,4月下旬至5月初羽化达到高峰期,卵期3~7天;5月初至6月中旬为第1代幼虫发生期,6月中旬至下旬老熟幼虫化蛹,6月下旬至7月上旬为第1代成虫羽化期;第2代卵期3~15天,7月上旬至下旬进入第2代幼虫期,7月下旬至8月上旬为第2代蛹期,8月上旬至中旬为第2代成虫羽化期;第3代卵期3~11天,8月中旬至9月下旬进入第3代幼虫发生期,9月下旬以后进入蛹期,老熟幼虫下树化蛹,以蛹在枯枝落叶、树皮、树洞或隐蔽场所越冬,直到次年4月中旬。美国白蛾第1代发生相对整齐,以后各代重叠严重。

美国白蛾成虫有趋光性和趋味性,对腥臭味比较敏感。因此,一般在树木稀疏、光照条件好的道路、绿化带、院落及有灯光或腥臭味的村庄、养猪(鸡)场、学校、农贸市场等区域的树木危害较重。雄虫比雌虫羽化早2~3天,成虫交尾多在傍晚和黎明,一般在交尾结束1~2小时后产卵,卵产于叶背面,1只雌蛾产卵为500~2 000粒,产卵后的雌蛾静伏于卵块上直到死亡。幼虫有吐丝结网的习性,第1代幼虫网幕较低,主要在树冠中下部,第2、3代幼虫网幕逐渐上移,多在树冠中上部。3龄前幼虫在网幕内取食叶肉,仅留叶脉,呈白膜状而枯黄。3龄以后破网取食,5龄以后进入暴食期,食叶呈缺刻和孔洞,严重时将整株树叶吃光,然后转移危害。

4. 防治方法

1)检疫措施

美国白蛾属世界性检疫害虫,已被列入我国首批外来入侵物种和农林业重要检疫性有害生物。因此,在调入核桃等苗木时,及时做好虫情检查,如发现有美国白蛾虫情,好第一时间进行防治。

2)物理防治

(1)剪除网幕。在幼虫3龄前人工剪除网幕,并集中销毁,此方法既环保,效果又好。

(2)灯光诱杀。利用成虫趋光性,在发生区域内悬挂诱虫灯诱杀成虫。

(3)围草诱蛹。老熟幼虫化蛹前,在树干离地面1~1.5 m处,用麦秆、稻草或草帘上松下紧围绑起来,诱集幼虫化蛹。化蛹期间每隔1周换一次草把,解下的草把要集中烧毁。

(4)人工挖蛹。化蛹期间,组织人力在枯枝落叶、树皮内或树根周围的表层土中挖蛹,然后集中销毁。

3)生物防治

(1)性诱剂诱捕。在成虫发生期,利用美国白蛾性诱捕器,诱杀雄成虫,阻断害虫交尾,降低繁殖率,达到防治目的。

(2)施放周氏啮小蜂防治。在美国白蛾老熟幼虫期和化蛹初期,选择天气晴朗、微风天气放蜂,以上午10时至下午16时为宜,片林在每亩放3~5个蜂茧,林带每隔8株林木放1个蜂茧,将茧悬挂在离地面1.5 m处的枝干上。

(3)喷洒生物制剂。喷洒25%甲维(阿维)·灭幼脲悬浮剂1 000~1 500倍液,或1%苦参碱水分散剂1 000~1 500倍液,或20%除虫脲悬浮剂2 000~3 000倍液等仿生制剂、植物源农药。4龄前幼虫防治效果最好。

4)化学防治

幼虫发生期,喷洒20%氯虫苯甲酰胺悬浮剂5 000倍液,或2.5%溴氰菊酯可湿性粉剂3 000倍液,或4.5%高效氯氰菊酯乳油1 500~2 000倍液等进行防治。

(五)山核桃枝枯病

1.症状

该病危害山核桃树的幼嫩枝条(1~2年生枝条),病菌先侵害幼嫩的短枝条,从顶端开始,逐渐蔓延直至主干。被危害的枝条开始呈暗灰褐色,后变为浅红褐色或深灰色,大枝病部下陷,病死枝干的木栓层散生很多黑色小粒点。受害枝上叶片逐渐变黄脱落,枝皮失绿变成灰褐色,逐渐干燥开裂,病斑围绕枝条一周,枝干枯死,严重时整株死亡。

2.病原

有性世代为*Melanconis juglandis*(Ell - et Ev.) Groves,称核桃黑盘壳菌,属子囊菌门真菌。无性世代为*Melanconium Julandinum*,称核桃圆黑盘孢,属无性型真菌。

该菌在PDA培养基平板上长势较快,形成圆形或者近似圆形的菌落。菌落的气生菌丝发达,菌丝有隔,边缘初期颜色由白色转变成灰黑色,3周后变成黑色。该菌在PDA培养基中培养25天左右开始产生分生孢子器,经过紫外线照射10 min左右再培养3天,产孢子较快。分生孢子器近似圆形或者不规则的形状。分生孢子近似椭圆形,单孢子,壁薄,颜色透明,无隔,大小相当,为(15.2~17.2)μm×(4.6~6.4)μm。

3.发病规律

以分生孢子盘或菌丝体在枝条、树干的病部越冬。翌春条件适宜时产生的分生孢子借风雨、昆虫从伤口或嫩稍进行初次侵染,发病后又产生孢子进行再次侵染。5~6月发病,7~8月为发病盛期,至9月后停止发病。空气湿度大、多雨、春旱、遭冻害年份时发病较重。该菌属弱性寄生菌,生长衰弱核桃树枝条易发病。

4. 防治方法

1）营林措施

加强核桃园日常管理，增施肥力，增强树势，提高苗木的抗病力。同时对苗木和幼树要注意防止冬季冻害和春季干旱。

2）物理防治

（1）落叶前及时清除核桃园内感病的病枝及枯死枝，并集中烧毁，防止病菌蔓延。

（2）冬季或早春萌芽前，对树干用生石灰水进行涂白（配方：生石灰 5 kg + 食盐 2 kg + 植物油 100 g + 水 20 kg）。

3）化学防治

每年5月，用70%甲基托布津800～1 000倍液、70%代森锰锌可湿性粉剂800～1 000倍液、25%多菌灵300倍液，每10～15天1次，连喷3次，以上药剂应交替使用，对分生孢子有显著的抑制作用。

六、无花果病虫害

无花果 *Ficus carica* L.，多年生落叶小乔木或灌木，又名蜜果、奶浆果、文仙果、品仙果等，为桑科榕属无花果亚属植物，是世界上最早被驯化的果树之一。因其花托膨大而形成隐头花序，小花隐生于囊状花托内，花托膨大形成假果，整个生长过程看不到花，故而得名。

无花果果实营养丰富，既可鲜食也可制干。人们最初驯化无花果的目的主要是用来作为食物。其果实无核，汁多（含水量约占85%）味美，营养丰富。无花果果实富含维生素、矿物质、碳水化合物（包括单糖、多糖、淀粉、纤维素和果胶等）、蛋白质、氨基酸、脂肪酸（主要为不饱和脂肪酸）、黄酮类化合物及助消化的多种酶类，如淀粉糖化酶、脂肪酶、水解酶 、超氧化物歧化酶、酯酶、蛋白酶等。成熟无花果果实可溶性固形物含量高达24%，大部分在15%～22%。无花果单糖以葡萄糖和果糖为主，蔗糖含量相对较少；多糖以阿拉伯糖和半乳糖为主。无花果果实中富含微量元素，如Sr、Mn、Fe、Cu、Zn、Cr、Ni、Se等，其中以Fe和Zn含量最高，同时含丰富的Me和Ca等，含量依次为Fe > Mn > Zn > Cu > Ge > Mo > Se。据测算，每100 g无花果中含维生素C是柑橘的2倍、桃的8倍、葡萄的20倍、梨的27倍，高居各类水果之首，最近研究者还发现无花果中微量元素Se含量极高。在我国的新疆地区称无花果为“安居尔”，意思为“树上结的糖包子”。

目前，无花果在我国的栽培范围极为广泛，最北可达北纬39°。据报道，无花果栽培全国除东北、西藏和青海省外，其他省份皆有种植，但大多为零星分布。目前，我国的无花果产地分布：北方主要集中在山东沿海的青岛、烟台、威海、新疆（阿图什、库车、疏附、喀什市、和田等地）、陕西等地；南方则主要集中在江苏（南通、盐城、丹阳、南京）和福建（福州），此外上海市郊也有一定面积分布。据统计，截至2016年，全国无花果种植面积已达5 000 hm^2，产量达到4.18万t。山东无花果面积最大，约0.23万 hm^2，其中威海有2 000 hm^2，青岛、烟台、济南较多。新疆无花果面积全国第二，约0.10万～0.13万 hm^2，其中阿图什市667 hm^2左右，喀什地区和和田地区各200～267 hm^2。

据统计，中国目前有无花果品种1 000多个，但真正具有推广价值的不超过100个，目前我国主栽的仅有40个左右。总体上无花果可分为野生无花果类 caprifig 和栽培无花果类

edible fig，其中栽培型又分为 3 个园艺类型："普通型 Common"（第 1 批果或有或无，第 2 批果可不经过受精而成熟）、"斯密尔那型 Smyrna"（通常没有第 1 批果，第 2 批果只有受精后才能成熟）和"中间型 SanPedro"（第 1 批果可以不经过受精而成熟，但是第 2 批果受精后才能成熟）。目前，世界上所报道的无花果栽培种中，75% 是"普通型"，18% 为"斯密尔那型"，其余 7% 是"中间型"或者"原生型"。

同其他果树相比，无花果的病虫害种类较少，但随着栽培面积的不断扩大，病虫害造成危害的报道日益增多，有些病虫害还相当严重，对无花果树体和果实产量影响较大，如某些桑天牛危害严重的果园，有虫株率高达 90% 以上。据统计，无花果的病虫害种类在不同地区表现出一定差异性。福建、江苏、上海等南方地区发生普遍且危害严重的有炭疽病、叶斑（角斑）病、桑天牛、金龟子、根线虫等；北方地区主要有炭疽病、锈病、枝枯病、灰斑病、褐斑病、根腐病、花叶病、桑天牛、白星花金龟子、黑绒金龟子、黄刺蛾、叶螨等，但其中危害较为普遍的主要有炭疽病、锈病、枝枯病、桑天牛、白星花金龟子等。为了正确区分和掌握无花果主要病虫害类型、发生规律，实现对病虫害综合高效防治目标，我们对北方地区无花果主要病虫发生规律和综合防治方法进行了汇总，以期为无花果生产提供一些帮助。

（一）桑天牛

桑天牛 *Apriona germari*（Hope），又名粒肩天牛，桑褐天牛，属鞘翅目、天牛科、沟胫天牛亚科。是无花果枝干的主要害虫之一，主要以幼虫蛀食无花果枝干，造成树体衰弱甚至死亡。该虫在南北方无花果园均有发生。

1. 形态特征

1）成虫

体长 34 ~ 48 mm、宽 12 ~ 17 mm，全身土黄褐色，密生黄褐色绒毛；复眼黑色，较大；触角鞭状，共 11 节，顺次变细，柄节和梗节黑色，其余各节呈灰白色，端部黑色；前胸背板上有随起横纹，两侧各有一尖刺；鞘翅基半部密生颗粒状小黑点；足黑色，密生灰白短毛；雌虫腹末 2 节下弯。卵长椭圆形，长 5 ~ 7 mm，白色或淡黄色稍弯曲。

2）幼虫

体乳白色，长 40 ~ 60 mm，头小、隐入前胸内，上颚黑褐色。前胸特大，近方形，背面密披黄褐色刚毛和赤褐色颗粒。

3）蛹

纺锤形，长约 50 mm，淡黄色。

2. 为害状

该虫成虫及幼虫均危害无花果树，成虫主要取食嫩枝树皮，其取食时会将取食处树皮吃完，形成不规则条状或块状裸露木质部的枝条，造成枝条干枯或折断；桑天牛成虫产卵于枝干上，产卵处被咬成"U"形伤口，幼虫则由产卵处蛀入枝干的皮下和木质部内，向下蛀食，隔一定距离在同方位向外蛀排粪孔，往外排粪，直至羽化后方从羽化孔内钻出，严重时可蛀蚀至树木根部，严重影响无花果树吸取营养，造成树体长势不良，树体早衰，减产及抗性变差，冬季极易造成冻害，严重时造成来年春季整枝甚至整株死亡。

3. 生物学习性

桑天牛在我国主要分布在山东、河北、山西、河南、安徽等 25 个省（区、市）。桑天牛发生代次因地而异，广东、台湾、海南 1 年发生 1 代，在河南、陕西（关中以南）等北方地区 2 年发生1代，在辽宁、河北2～3年1代。因各地气候（特别是温度变化）不同，桑天牛成虫始发期和幼虫开始活动期也各不相同。在河南地区，越冬代幼虫一般于3月中下旬开始活动，11月底停止活动，成虫始发于5月下旬，6月中下旬为羽化盛期，成虫在危害无花果时主要啃食无花果当年生新梢嫩皮，被害处呈不规则条状伤疤，可造成新梢凋萎枯死。成虫经过一段时间补充营养后交配产卵，产卵期在6月下旬至8月中旬，时间多在傍晚和早晨，卵主要产在直径2 cm以上新梢基部或两年生枝上，产卵前先将皮层咬成"U"字形伤口，刻槽深达木质部，每个刻槽内产卵1粒。据观察，河南焦作市最快17天后卵开始孵化，20天为孵化盛期，初孵幼虫就近蛀食，先向上蛀食枝条10 mm左右，然后调头蛀入木质部，向下逐渐深入髓部，将枝干蛀空，并在同方位隔一定距离向外蛀排粪孔，幼虫蛀道长1.8～3.6 m，共产生排粪孔13～15个，以幼虫或未来得及孵化的卵在枝干内越冬，次年春季树体萌动后活动蛀食，第3年老熟幼虫于5～6月沿蛀道上移，先咬羽化孔雏形，向外达树皮边缘，后幼虫返回蛀道内，选择适当位置以木屑堵塞孔道两端于内化蛹，蛹期15～25天。羽化后于蛹室内停留一段时间后，咬破羽化孔钻出。

4. 防治方法

1）农业防治

新建果园在购买苗木时要注意选择无桑天牛幼虫危害的苗木，果园要尽可能建在周围无虫源的地带；加强果园管理，一经发现该虫为害，要及时剪除产卵枝条或刺死虫卵。

2）物理方法

（1）捕捉成虫。成虫羽化期天气晴朗时注意观察园内新梢，尤其是新梢折断或枯萎现象发生时，据观察在无外界惊扰的情况下，桑天牛成虫可连续在一个部位停留取食很长时间，利用其假死性极易捕捉，如果捕捉及时，可有效降低该虫危害。

（2）人工杀卵。发现园内枝条上有新鲜刻槽时，用尖刀将刻槽内的卵挑出刺破。

（3）人工杀死幼虫。在该虫危害较轻时，可采用粗铁丝从新鲜虫粪处插入，反复在洞道内扎刺，以杀死幼虫。

3）化学防治

生产中化学防治该虫的方法有很多，最为适用且效果较好的有插毒签法和虫孔注药法。

（1）插毒签法。在最新的两个排粪孔内插入磷化铝或磷化锌毒签，毒签要插至插不动为止，然后折断外面剩余部分，用泥将所有排粪孔堵死，一周后检查一次，若仍有新鲜粪便排出，应及时补施，防治效果极好。

（2）虫孔注药法。先将有新鲜虫粪排出的枝干最下方的排粪孔用泥封住，然后从倒数第二个排粪孔处用注射器将10%吡虫啉可湿性粉剂100倍液3～5 mL灌注，然后将其余排粪孔全部用泥封堵，一周后检查，对仍有新鲜粪便排出的及时补施。

（二）白星金龟子

白星金龟子*Potosia brevitarsis*，又称白星花金龟、白纹铜花金龟等，俗称铜壳螂，属鞘翅目、花金龟科。在我国多个省份均有分布，因幼虫以腐食性为主，所以在干旱区危害较少，成虫除危害无花果外，还危害桃、李、杏等果实类和榆树等用材林树种。

1. 形态特征

1）成虫

体长18～24 mm，整体呈椭圆形，略扁平，全体黑铜色或青铜色，体壁厚硬；触角深褐色

10节;鳃片3节。复眼;前胸背板有刻点,其两侧有数对白斑;小盾片呈长三角形;前胸背板和鞘翅上散布不规则云纹白斑;腹部末端外露,臀板两侧各有3个小白斑;足粗壮,前足胫节外缘3齿,各足跗节顶端有2个弯曲爪。

2)卵

圆形或椭圆形,长1.7~2 mm,乳白色。

3)幼虫

老熟幼虫体长24~39 mm,头部褐色,胸足3对,肛腹片上具2纵列"U"字形刺毛,体常弯曲成"C"形。

4)蛹

体长20~23 mm,初为黄白色,后渐变为黄褐色。

2.为害状

该虫危害无花果,主要以成虫群集在成熟的无花果上将果实吃成坑状或洞状,使得果实很快腐烂变质,在成熟期容易裂果和鸟害危害严重的果园更易招致该虫危害。

3.生物学习性

白星金龟子在北方地区1年发生1代,以中龄或成熟幼虫越冬。成虫羽化期因地区不同、年份不同有一定的差异,但多集中在5月上旬(新疆地区)至6月上旬(北京地区),9月下旬终见,多数地区在7月中旬至8月上旬为该虫为害盛期,成虫羽化后大多先在榆树、桃、杏等树木上危害,无花果进入成熟期后,转移群集危害无花果果实(被鸟啄食和易裂品种的果实上为多)。成虫有明显的昼出夜伏习性,早上7、8时开始钻出土面,10~16时较为活跃,晚上又钻入土中。迁飞能力很强,飞翔时发出较大"嗡嗡"声响。成虫寿命92~180天。此外,白星金龟子还具有假死性、趋化性(糖醋味)、趋腐性和群聚性,但没有趋光性。幼虫共3龄,幼虫期125~180天。蛹期20~40天,老熟幼虫吐黏液将土粒黏结成土茧,直至成虫在土茧中羽化爬出,一般每年4月下旬至7月上旬为越冬幼虫化蛹盛期。幼虫一般不危害成活植株地下部分,喜在未腐熟好的粪肥中越冬。与白星金龟子危害不同,绒金龟子幼虫取食无花果树根,成虫主要取食无花果嫩枝、新叶,喜群集暴食。

4.防治方法

1)农业防治

(1)选择抗性强且不易裂果的优良品种。

(2)结合秋季果园深翻灭虫。深秋或初春结合翻耕土地,杀死幼虫。

(3)加强树体管理,增施腐熟有机肥,适时采收,防止裂果和鸟害。

(4)利用成虫假死性,在早晨9时前或下午4时后振动树体进行人工捕杀。

(5)利用趋化性诱杀。在树上悬挂装有熟烂无花果、烂西瓜加少许敌百虫、吡虫啉、啶虫脒等杀虫剂效果会更好,还可以将事先配好的糖醋液(白糖:醋:酒:水=3:4:1:2或红糖:醋:酒:水=3:4:1:2)加入不超过体积的1/3~1/2的罐头瓶等容器内,瓶里放入2~3头白星花金龟成虫,效果更好,定期清理和更换糖醋液。

(6)及时捡拾园内地上落果。

2)化学防治

在成虫出土期,每亩均匀撒施辛硫磷毒土(50%辛硫磷乳油200~250 g加土25~30 kg拌匀),或5%辛硫磷颗粒剂250 g,或80%敌百虫可溶粉剂85~100 g,或2%甲基异柳磷粉剂 2 ~ 3 kg 加土 25 ~ 30 kg，或喷施 25% 辛硫磷微胶囊水悬剂 500 ~ 600 g 兑水 150 kg，喷洒果园地面后结合果园松土浅锄，杀死土壤中的幼虫。成虫发生盛期，无风情况下，将榆（柳）树带叶枝条用 80% 敌百虫 200 倍液浸泡后按每 10 ~ 15 m 间距插立于园间诱杀成虫。李涛用植物性杀虫剂 0. 36% 苦参碱 1 500 倍液对白星花金龟成虫进行防治试验取得了较好的效果。

（三）无花果锈病

无花果锈病在我国无花果产区均有发生。它主要危害无花果叶片，也可危害幼果及嫩枝。

1. 症状

叶片感病，先从靠近地面的叶片开始发病，然后逐渐向上部扩散。受害叶片常在叶背出现许多针头状的小黄点，病斑逐渐扩大，成为红褐色的多角形斑点，称为孢子堆（与此同时，叶片正面出现黄色斑点，后逐渐扩大连片，形成橙黄色病斑），随着孢子堆破裂并散放出黄色粉状物，即为夏孢子。在发病严重的年份或果园，叶背布满黄粉，此时病叶多会卷缩、焦枯或脱落。嫩枝受害时，病部橙黄色点状隆起，严重时相互重叠呈片状。幼果染病时，表面多发生圆形病斑，初为黄色，后变褐色，严重影响果品质量。

2. 病原

导致无花果锈病的病原菌属担子菌门真菌，包括层锈菌属 *Phakopsora fici-erectae Ito et Chant* 和不完全锈菌属 *Ur saedowada Ito*。冬孢子单胞，无柄，不整齐地排列成数层；夏孢子单胞，单生在柄上，球形或者椭圆形，黄褐色或者近无色，表面有小刺。

3. 发病规律

病菌均以菌丝体和夏孢子堆在病枝、病叶上越冬。主要靠风传播。叶片在 5 月上旬发病，发病后 7 ~ 14 天，病菌以夏孢子在有病落叶上越冬，第二年 6 ~ 7 月间开始侵染危害叶片，8 ~ 9 月为发病盛期，严重时常伴有大量落叶。

4. 防治方法

1）农业防治

加强树体管理，及时疏剪过密枝，改善果园和树体的通透性；做好果园排水。

2）化学防治

发病前、发病初期喷洒 1:（2 ~ 3）: 300 倍波尔多液，防止夏孢子发芽侵入叶片，20 天后再喷一次，喷药时要叶片正反面喷洒均匀，波尔多液要随用随配，效果明显；8 ~ 9 月是防治该病的关键时期，特别是往年发病较重的果园，一定要注意做好预防工作，可采用每隔 10 ~ 15 天喷布 1 次保护性杀菌剂，药品可单独选用 80% 代森锰锌可湿性粉剂 800 倍液连喷 2 ~ 3 次，或与 80% 代森锌可湿性粉剂 800 倍液交替施用，以保护叶片不受锈病菌侵染。发生危害的果园可喷施 430 g/L 的戊唑醇悬浮剂 3 000 倍液，或 50% 粉锈宁悬浮剂 800 ~ 1 000 倍液，或 25% 戊唑醇乳油（可湿性粉剂）800 ~ 1 000 倍液，交替使用，效果较好。

（四）无花果炭疽病

无花果炭疽病是无花果生长期和采后储藏期的重要病害，是无花果种植栽培中最常见的病害之一。

1. 症状

该病主要危害果实，亦可侵染枝条和叶片。果实染病时，发病初期，果面出现淡褐色圆形病斑并迅速扩大,果肉软腐,病斑成圆锥状深入果肉。病斑下陷,表面呈现颜色深浅交错的轮纹状;当病斑扩大到直径 1 ~ 2 cm 时 ,病斑中心会产生突起的小粒点,初为褐色,后变为黑色,呈同心轮纹状排列,天气潮湿时在其表面长出粉红色黏质物,即病菌的分生孢子团,随着病斑的逐渐向外发展,病斑不断扩大,果实软化腐烂脱落,有时干缩成僵果悬挂树上。叶片、叶柄发病时,产生直径 2 ~ 6 mm 近圆形不规则形褐色病斑,边缘色略深,叶柄变暗褐色,严重时会造成部分枝叶枯死;新梢感染炭疽病时,初期出现黑褐色斑点,后期病斑逐渐扩大,危害严重时可致使新梢卷曲,并出现落叶的现象。

此病一般在果实近熟时发生,一般在 7 ~ 8 月高温高湿条件时发病最多,在生长季节不断传染,一直为害到深秋。随着树龄增加,果园郁闭,该病有加重趋势。

2. 病原

造成无花果炭疽病的病原为无花果炭疽菌 *Colletotrichum carica Stev. et* Hall. ,属无性孢子类,炭疽菌属真菌。范昆、张雪丹等通过对无花果炭疽病菌的形态学特性和培养特性方面进行研究后认为,山东威海地区侵染无花果的炭疽病菌为胶孢炭疽菌 *Colletotrichum gloeosporioides* Penz. ,该菌为一种丝状真菌,其分生孢子圆柱形,有的略为弯曲,两端钝圆,单胞。

3. 发病规律

该病菌以菌丝体或分生孢子盘在病残叶上越冬,成为来年病害的主要初侵染源。分生孢子借风雨传播到叶片上,温湿度条件适宜时产生芽管、附着胞及侵入丝,从叶片表皮细胞间隙或气孔侵入,范昆、张雪丹等研究发现,无花果炭疽病菌菌丝体生长、产孢的最适温度都为 25 ~ 30 ℃。弱酸性条件有利于炭疽菌菌丝体的生长和产孢,菌丝最适生长的 pH 值为 5 ~ 6,酸性条件适宜产孢,pH 值为 3 ~ 4 时产孢量最大。因此,该病在栽培管理方式粗放、高温高湿环境下发病较重。

4. 防治方法

1) 物理防治

(1) 加强树体管理,增施腐熟有机肥,适当追施氮肥和磷钾肥,增强树势,提高树体自身抗性。

(2) 生长季及时摘除病叶、病果、剪除病枝。

(3) 结合冬剪剪除树上残留病叶、病果、病枝,并彻底清园,集中深埋或烧毁。

2) 化学防治

(1) 休眠期全园(包含树体和地面)均匀喷洒 3 ~ 5°Be 石硫合剂,可有效降低多种越冬病菌和害虫。

(2) 在发病前一个月左右喷一次 200 倍波尔多液后,一般在 5 月中下旬、6 月上旬、6 月下旬和 7 月上旬再各喷一次 200 倍波尔多液,可起到很好的预防效果。

(3) 前些年份发病较重的果园,可从幼果期即开始喷药,药品可选用 10% 苯醚甲环唑水分散粒剂 1 000 倍液,或 70% 甲基硫菌灵 800 ~ 1 000 倍液,或 50% 退菌特可湿性粉剂 600 ~ 800 倍液,或 3°Be 的石硫合剂 + 200 倍五氯酚钠药液交替喷施,每 15 天喷一次,共喷 3 ~ 4 次,在 6 ~ 7 月及初秋可喷施 200 倍波尔多液,能起到较好的预防作用。

赵杰、支月娥等室内研究发现,咪鲜胺锰盐、氟啶胺和吡唑醚菌酯等的毒力高于苯醚甲环唑,相关田间试验尚未见报道。

（五）无花果枝枯病

无花果枝枯病是危害无花果主干和枝条的主要病害之一，在我国南北方主产区均有发生。

1. 症状

该病主要发生在主干和主枝上，初侵染时症状不明显，发病初期病菌首先侵染顶部嫩梢，后沿枝条向下扩散至主枝和主干，感病部位初期略凹陷，多着生有米粒大小胶点，随病菌增多，侵染部位逐渐呈现紫红色椭圆形凹陷病斑，胶量分泌增多并逐渐变色，由最初黄白色逐渐变为褐色，后变为棕色或黑色。侵染部位表皮组织逐渐表现为浸润、腐烂、变黄褐色并有酒糟味，危害严重时可深达木质部，后期该部位逐渐变干呈明显凹陷，凹陷处密生黑色小粒点，当果园空气潮湿时，有橘红色丝状孢子角涌出。

2. 病原

该病由多种真菌引起，目前对该病的报道共有 3 种：一种是主要分布于太原等地的（色二孢属）*Diplodia sp.*，其主要特征为分生孢子器呈球形、孔口外露、器壁厚、炭质、黑褐色或黑色，散生或者聚生，分生孢子梗短小、平滑、无色；第二种是主要分布于南京、杭州等地的 *Macophmina sp.*；第三种为（茎点霉属）*Phoma sp.*，主要分布在南京等地，该属主要特征为分生孢子器壁膜质（革质、角质或炭质），黑色有孔口，分生孢子梗极短，分生孢子单生于梗的末端。

3. 发病规律

该病病菌主要以菌丝体、分生孢子器在枝干上越冬，通过风雨和昆虫进行传播，主要经过伤口侵入，也可通过皮孔等部位侵入。该病在南方地区发病较早，北方地区要晚于南方地区。据报道，在安徽砀山、福建莆田地区 4 月即开始发生，4～5 月为盛期，6 月以后较弱，8～9 月病害再一次扩散。山东济宁地区 5 月中旬开始发生，6 月发病较弱，7～8 月病害再次加重。树木长势旺盛时对该病有较强的抑制作用。病害发生严重时，会导致枝条生长不良，甚至枯死。果园积水、土壤黏重均会加重该病发生。王海荣、李国田、曲健禄等研究认为，冻害是诱发该病的主要因素。

4. 防治方法

1）农业防治

（1）选用抗病性较强的品种。

（2）加强果园管理。做好果园排水，防止积水；增施农家肥，改良土壤；增强树势，提高树体抗病力。

（3）合理修剪，改善果园通透条件，及时剪除病枝，减少侵染源，冬季刮治病斑，并彻底销毁。

2）化学方法

萌芽前树上树下均匀喷施 3°～5°Be 石硫合剂一次，以保护树干；发病盛期可间隔 10 天喷施 1∶3∶300 的波尔多液进行防治。

七、栓皮栎、麻栎病虫害

栓皮栎 *Quercus variabilis* Bl.，又名粗皮栎、橡子树、花栎、白麻栎，属壳斗科、栎属植物，落叶乔木;树皮纵裂,黑褐色,木栓层发达,小枝无毛;芽圆锥形,叶片长椭圆状披针形至长椭圆形,顶端渐尖,叶柄无毛;坚果宽卵形,顶端圆,果脐突起。北方地区通常生于海拔1 500 m以下的阳坡;喜光树种,根系发达,抗风、抗旱、耐瘠薄,在酸性、中性及钙质土壤均能生长;分布于辽宁、河北、山西、陕西、甘肃、山东、江苏、安徽、浙江、江西、福建、台湾、河南、湖北、湖南、广东、广西、四川、贵州、云南等20个省区。栓皮栎既是我国特有的贵重经济树种,又是重要的用材料和薪炭林树种,在保土蓄水中也发挥着重要作用;作为粮油树种,种子可作为粮食或葡萄糖原料,壳斗可提取单宁和黑色染料;种壳可制作活性炭。

麻栎 *Quercus acutissima* Carruth.,又名栎树、橡碗树、橡子树,属壳斗科、栎属植物,落叶乔木。树皮暗灰色,粗糙,纵裂,小枝黄褐色;冬芽被柔毛;叶片卵状披针形,叶缘有刺芒状尖锯齿;坚果卵形矩圆柱形,一半以上包于壳斗中。喜光,深根性,耐干旱、瘠薄,亦耐寒、耐旱;北方常生于海拔1 200 m以下阳坡。国内分布于辽宁、河北、山西、山东、河南、江苏、安徽、浙江、江西、福建、湖北、湖南、广东、广西、四川、贵州、海南、云南等省区;朝鲜、日本、越南、印度也有分布。麻栎是我国著名的硬阔叶用材树种,同时有很强的防蚀和护坡保水保土作用;壳斗和树皮可浸提栲胶;种子可作饲料或酿酒。

主要病虫害有缩叶病、毛锈病、栎大蚜、大臭蝽、栎黄枯叶蛾、舞毒蛾、栓皮栎尺蛾、栓皮栎薄尺蛾、栎黄枯叶蛾、黄二星舟蛾、栎粉舟蛾、栎黄掌舟蛾、舞毒蛾、栎褐舟蛾、花布灯蛾、栎旋木柄天牛、云斑白条天牛等。

(一)舞毒蛾

舞毒蛾 *Lymantria dispar* (Linnaeus),又名松针黄毒蛾、秋千毛虫、柿毛虫,属鳞翅目、毒蛾科。分布于黑龙江、吉林、辽宁、河北、内蒙古、甘肃、新疆、青海、宁夏、山西、山东、河南、江苏、四川、台湾等省区;朝鲜、日本、俄罗斯、欧洲、美洲也有分布。幼虫杂食性,北方地区危害壳斗科、蔷薇科、桦木科、杨柳科、胡桃科、松科、柏科植物等上百种林木。

1. 形态特征

1)成虫

雌雄异型。雄蛾体长16~21 mm,翅展37~55 mm;头部黄棕色,复眼黑色,触角干棕黄色,栉齿褐色;前翅浅黄色,正面布棕褐色鳞片,中室中央有1个黑褐色点。雌蛾体长22~30 mm,翅展45~80 mm,前翅黄白色微带棕色,具棕黑色斑纹,中室横脉有1个“<”形黑褐色斑纹;雌蛾腹部肥大,末端着生黄褐色毛丛。

2)卵

扁圆形,初产卵杏黄色,后变为紫褐色,呈块状,上被黄褐色毛。

3)幼虫

初孵幼虫体长3 mm,老熟幼虫体长50~90 mm,5~7龄,体色变化较大,有黄褐色、褐色、黑褐色,具毒毛,背线与亚背线黄褐色;头部有2块黑斑纹;腹部第1~5节背瘤蓝紫色,第5~11节紫红色;足黄褐色。

4)蛹

体长21~34 cm,纺锤形,黑褐色,雌蛹个体大于雄蛹,臀棘末具勾形突起,体色红褐或黑褐色,腹节背面被锈黄色毛丛。

2. 为害状

以幼虫取食树木嫩芽及叶片,虫口密度大、危害严重时可将整片林木叶片全部食光,严重影响林木生长和生态景观。

3. 生物学习性

该虫每年发生1代,以卵(越冬前卵内已发育形成幼虫)越冬,次年3月下旬幼虫开始孵化,初孵幼虫有在原卵块上群集习性,气温转暖后上树取食嫩芽。2龄以后白天在枯枝落叶或树皮缝隙中潜伏,晚上出来取食危害。4~5月为幼虫危害盛期,5月下旬开始出现老熟幼虫,老熟幼虫在枝、叶间和树干裂缝以及树下的石块下、树洞内吐少量丝固定虫体化蛹。6月上中旬为化蛹盛期,蛹期12~20天。6月下旬开始羽化为成虫,7月下旬成虫羽化结束。羽化后的雄成虫活跃,善飞翔,白天在林中飞舞,故称"舞毒蛾"。成虫有趋光性,羽化当天交尾产卵,雌成虫将卵产于蛹壳附近的主枝、树干缝隙、树洞中和石块或屋檐下,所产卵呈块状,卵粒数100~600粒,上覆一层黄色绒毛越夏越冬。卵期长达9个月。舞毒蛾多发生在郁闭度低(0.2~0.3)而缺乏下木植被的林分内。在林层复杂、郁闭度高的林分内很少大发生。

4. 防治方法

1)人工防治

冬春季节在树干裂缝以及树下的石块下、树洞内人工刮除卵块采集蛹,6月在树干裂缝以及树下的石块下、树洞内采集杀蛹。

2)生物防治

舞毒蛾的天敌鸟类有喜鹊、山雀、杜鹃等,昆虫类有寄生蜂、寄生蝇、步甲,致病微生物有核型多角体、质型多角体病毒,可利用多种天敌进行无公害防治。

3)物理防治

(1)利用成虫趋光性,设置杀虫灯诱杀成虫。

(2)利用性诱剂诱捕雄蛾和干扰交尾。

4)化学防治

(1)春季卵孵化前离地2 m处涂毒环。

(2)幼虫期喷洒BT乳剂1 000倍液,或25%灭幼脲Ⅲ号1 000倍液,或20%甲维灭幼脲200~4 000倍液,或25%灭幼·甲维盐1 500~2 000倍液。

(二)花布灯蛾

花布灯蛾 *Camptoloma interiorata* Walker,又名花布丽灯蛾,属鳞翅目、灯蛾科。分布于黑龙江、辽宁、河北、陕西、山东、安徽、河南、江苏、浙江、福建、云南等省区;日本也有分布。主要危害枹栗、槠树、麻栎、板栗、槲栎、乌桕、东北楠、柳等树木。

1. 形态特征

1)成虫

体长10 mm,翅展30~38 mm。头部黄色,触角基部黄色,上部黑色;前翅黄色,有光泽,自前缘向下有黑色斜纹5条,沿外缘上半部有1条黑色线条,外缘下半部及臀角有4条向内放射的红色斑纹,臀角沿外缘处有3个小黑点;后翅金黄色。雌蛾腹部末端3节密被红色绒毛。

2)卵

淡黄色扁圆形,呈块状排列,卵块表面覆盖浅红色绒毛。

3）幼虫

老熟幼虫体长30～35 mm，头部黑色，腹部淡黄色，有茶褐色纵条纹13条，各节着生白色长毛数根。

4）蛹

茧暗黄色；蛹茶褐色，长10～12 mm，纺锤形，腹末具一圈齿状突起。

2. 为害状

幼虫群集危害，蛀食芽孢和叶片，可致寄主植物不能开花抽叶；或致芽孢干枯，果实颗粒无收。

3. 生物学习性

每年发生1代，以3龄幼虫越冬。次年3月开始活动，4月越冬幼虫出苞取食芽孢和叶片，5月初老熟幼虫开始下树在树基落叶层或石块下结茧化蛹，6月上中旬为成虫羽化期，羽化次日产卵于叶背面，卵粒呈块状排列，每块有卵200余粒，7月上旬幼虫孵化，初孵幼虫群集于卵块周围吐丝结虫苞，幼虫白天潜伏在虫苞内，夜晚出来危害，10月中旬以3龄幼虫群集于叶芽、枝杈、树干虫苞内越冬，气温低于10 ℃时下树群集于树干基部或枯枝落叶中的虫苞内潜伏越冬。

4. 防治方法

1）人工防治

冬春季节组织人力刮除树干及枝丫处越冬幼虫虫苞，集中销毁。

2）化学防治

幼虫期叶面喷洒25%灭幼脲Ⅲ号2 000倍液，或3%苯氧威2 500～4 000倍液，或25%灭幼·甲维盐悬浮剂1 500～2 000倍液。

（三）栎粉舟蛾

栎粉舟蛾 *Fentonia ocypete* Bremer，又名旋风舟蛾、细翅天社蛾、罗锅虫、屁斗虫、气虫，属鳞翅目、舟蛾科。分布于北京、黑龙江、吉林、辽宁、甘肃、山西、陕西、河北、河南、江苏、浙江、福建、江西、湖北、湖南、四川、重庆、广西、贵州和云南等省（区、市）；国外分布在日本、朝鲜、俄罗斯、印度和新加坡等国。主要危害日本栗、柞栎、栓皮栎、槲栎、麻栎、枹栗、蒙古栎等树种。

1. 形态特征

1）成虫

雄成虫体长17～20 mm，翅展44～48 mm，雌成虫体长19.5～22.55 mm，翅展46～52 mm。头、胸部褐色和灰白色混杂，腹背灰褐色。前翅暗灰褐色或稍带暗红褐色，内横线以内的亚中褶上有1条红褐色纵纹，外横线外衬灰白色边，横脉纹为1个浅褐色圆点，中央褐色。后翅灰褐色或灰白色。

2）卵

乳黄色，孵化前变为黄褐色，直径0.6 mm，扁圆形。

3）幼虫

初龄幼虫胸部鲜绿色，腹部暗黄色；老熟幼虫头部肉色，每边颅侧区各有6条细斜线；胸部绿色，背线紫色，背中央有一个“工”字形黑纹，纹两侧衬黄边；腹部背面白色，腹部第4节背面有1个较大黄色斑点，第6、7腹节背面中央各有5个小黄色斑点，第8腹节中央和两侧各有 2 个小黄色斑点。

4）蛹

棕褐色，长 20 ~ 23 mm，背面中胸与后胸相接处有 14 个凹陷排成一排，腹部末端具短臀刺。

2. 为害状

以幼虫取食寄主叶片，发生严重时，常将树叶吃光，枝条干枯，树势衰弱，导致大幅减产甚至绝收，严重影响果实产量及养殖收成。

3. 生物学习性

河南 1 年发生 1 代，以蛹在树下杂草、枯枝落叶层下 3 ~ 5 cm 表土层化蛹越冬。在河南次年 7 月初开始羽化，7 月上旬开始产卵，7 月中旬卵孵化，7 月末至 8 月初为孵化盛期，8 月为危害盛期，9 月中下旬老熟幼虫开始下树化蛹越冬。成虫夜间羽化，随即交尾、产卵；雄成虫寿命约 4 天，雌成虫寿命约 7 天；成虫有趋光性，白天潜伏于树干或叶背面。卵产于叶背面叶脉两侧，分散，卵期 5 ~ 8 天。幼虫共 5 龄，1 龄幼虫在叶背面取食叶肉，使叶片呈筛网状，1 ~ 3 龄幼虫取食量小，为害状不明显，幼虫具有保护色，不易发现，4 龄后进入暴食期，虫口密度大时，可在 3 ~ 5 天内将树叶全部吃光，严重影响寄主植物生长。

4. 防治方法

1）人工防治

利用幼虫遇振动后而坠地的特点，幼虫期组织人力振动树干，收集捕杀。

2）生物防治

注意保护利用天敌资源，如鸟类、步甲、螳螂等捕食性天敌，舟蛾赤眼蜂、黑卵蜂等寄生性天敌。

3）物理防治

于 7 ~ 8 月成虫发生期，用 400 W 黑光灯或频阵式杀虫灯诱杀成虫。

4）化学防治

（1）施放烟剂。一般选择在傍晚日落后或早晨日出前一段时间，风力在 1 级以下，林分郁闭度 0.7 以上的片林中，燃放林丹烟剂（或敌马烟剂）防治，每亩用药 1 kg。

（2）在幼虫期喷洒 25% 灭幼脲Ⅲ号 1 000 倍液，或苏云金杆菌（Bt）1 000 倍液，3% 苯氧威 2 500 ~ 4 000 倍液，或 25% 灭幼 · 甲维盐悬浮剂 1 500 ~ 2 000 倍液进行防治。

（四）栎褐舟蛾

栎褐舟蛾 *Phalerodonta bombycina*（Oberthur），又名栎褐天社蛾、栎天社蛾、红头虫、栎蚕舟蛾、麻栎天社蛾，属鳞翅目、舟蛾科。分布于黑龙江、吉林、辽宁、山东、河南、安徽、江苏、浙江、福建、江西、陕西、四川等省，日本、朝鲜、俄罗斯也有分布。危害麻栎、栓皮栎、小叶栎、白栎、槲栎、蒙古栎。

1. 形态特征

1）成虫

体长 15 ~ 18 mm，雄虫翅展 37 ~ 44 mm，雌虫 44 ~ 50 mm。头和胸部苍灰褐色，胸足附节具白色环；腹部背面灰黄褐色，雌成虫臀毛簇黑褐色；前翅淡黄褐色，具暗褐色点，有丝质光泽，3 条横线暗褐色；前后翅脉端缘毛暗褐色，其余淡灰褐色，前后翅背面较腹面色深；后翅无横线。

2）卵

灰白色，圆形；卵块上覆黑褐色绒毛。

3）幼虫

老熟幼虫体长50～53 mm；头桔红色；头部和第1胸节有稀疏毛，其余体节光滑无毛；体黄绿色，体节所有线条和斑纹紫褐色，背线粗，亚背线、气门上线呈波浪形，亚背线较宽，每体节有2个黄绿色斑点，气门黑褐色，足橘黄色。

4）蛹

红褐色，长15～22 mm，茧黑褐色。

2. 为害状

以幼虫取食栎叶，大发生时可在短期内把大面积栎林吃光，严重影响栎树树势生长和栎实产量。

3. 生物学习性

长江中下游地区及河南每年发生1代。翌年4月孵化出幼虫开始危害，初孵幼虫群集性强，1～2龄取食叶肉，3龄以后日夜取食，4龄幼虫分散活动，食量大增，数量多时常压弯枝条，叶片吃光后转株危害，短期内把大面积寄主树木叶片食光，幼虫略受惊动，即口吐黑液，昂首翘尾。幼虫期40～50天。5月下旬至6月上旬老熟幼虫开始下树入土结茧化蛹，10月下旬开始羽化为成虫，成虫有趋光性，羽化后随即交尾产卵，卵多产于树冠中下部小枝条上并在此越冬。

4. 防治方法

1）人工防治

利用初龄幼虫群集枝条危害习性，在1～3龄幼虫期人工捕杀幼虫。

2）生物防治

栎褐舟蛾天敌鸟类有灰喜鹊、画眉鸟等，要注意保护和招引益鸟，开展以鸟治虫。

3）物理防治

利用成虫趋光性，于成虫羽化期设置黑光灯诱杀成虫。

4）化学防治

幼虫期叶面喷洒2.5%溴氰菊酯5 000～8 000倍液，或苏云金杆菌1 000倍液，或25%灭幼·甲维盐悬浮剂1 500～2 000倍液，或3%苯氧威2 500～4 000倍液，杀虫效果明显。

（五）栎掌舟蛾

栎掌舟蛾 *Phalera assimilis*（Bremer et Grey），又名栎黄掌舟蛾、栎黄斑天社蛾、榆天社蛾、麻栎毛虫、彩节天社蛾、肖黄掌舟蛾，属鳞翅目、舟蛾科。主要危害麻栎、栓皮栎、柞栎、白栎、锥栗等栎属植物，以及板栗、榆和白杨。分布于北京、黑龙江、辽宁、河北、山东、山西、陕西、甘肃、江苏、浙江、福建、河南、湖北、湖南、江西、广西、四川、云南和台湾等省（区、市）；国外分布在朝鲜、日本、俄罗斯和德国等国。河南省主要分布在安阳市林州市，平顶山市鲁山县、舞钢市、汝州市，许昌市禹州市、襄城县，洛阳市栾川县、嵩县、汝阳县、新安县，郑州市登封市、新密市、巩义市、荥阳市，新乡市辉县市、卫辉市，南阳市西峡县、南召县、内乡县、淅川县，驻马店市确山县、泌阳县。

1. 形态特征

1）成虫

雄虫体长22～23 mm，翅展44～55 mm；雌虫体长20～25 mm，翅展48～75 mm。体黄褐色，有银白色鳞毛，有光泽。头顶灰白色稍带黄色，胸部背面前半部分褐黄色，后半部灰白色；腹部背面黄褐色。前翅灰褐色，具银色光泽，前缘顶角处有1个浅黄色斑块，中室内有1个清晰的黄白色肾形小环纹。后翅暗褐色，具一条模糊的灰白色外带；脉端缘毛棕色，其余缘毛黄白色。

2）卵

半圆形，乳白色或淡黄色，数百粒单层排列呈块状。

3）幼虫

头黑色，幼龄时身体暗红色，老熟幼虫黑色。亚背线、气门上线、气门下线、腹线橙红色，共8条呈纵向排列，每节具1条橙黄色缺环线。体被较密的灰白至黄褐色长毛。

4）蛹

长22～25 mm，深褐色，腹部末端具6根呈放射状排列臀棘。

2. 为害状

以幼虫取食寄主植物叶片，大发生时常将叶吃光，影响树木生长和生态景观。

3. 生物学习性

河南每年发生1代，以蛹在树下土中越冬。次年5月开始羽化，羽化次日即行交尾产卵；6月开始孵化出幼虫，7～8月为幼虫危害盛期，8月底至9月初老熟幼虫开始下树入土化蛹越冬，以树下6～10 cm深土层中居多。羽化后白天潜伏在树冠内的叶片上，夜间活动，趋光性较强；卵多产于叶背面，常数百粒呈单层块状排列，卵期15天左右；初孵幼虫群集危害，常成串头向一个方向排列取食，有吐丝下垂习性；幼虫大些后分散危害，食量大增，昼夜取食。

4. 防治方法

参考栎褐舟蛾防治措施。

（六）黄二星舟蛾

黄二星舟蛾 *Euhampsonia cristata* Bute，又名槲天社蛾、大光头，属鳞翅目、舟蛾科。分布于北京、黑龙江、吉林、辽宁、河北、山西、内蒙古、甘肃、安徽、山东、河南、湖北、湖南、江西、江苏、浙江、陕西、四川、云南、海南等省（区、市）；国外分布在日本、朝鲜、俄罗斯、缅甸。寄主为栎类、板栗、柞等林木。

1. 形态特征

1）成虫

体长23～31 mm，黄褐色；雄成虫翅展65～75 mm，雌成虫翅展72～88 mm。头和颈板灰白色，雌成虫线形触角，雄成虫双栉齿状触角；胸部背面灰黄色，有冠形毛簇；腹部背面黄褐色。前翅黄褐色，有2条深褐色横纹。横脉纹由2个大小相同的黄白色小圆点组成；后翅黄褐色，前缘色较淡。

2）卵

半球形，黄褐色或灰褐色。

3)幼虫

老熟幼虫体长60～70 mm,体绿色有光泽,肥大,表面光滑。头部褐色,头顶突起呈球形;气门褐色,第1～7腹节每节气门上侧有1条浅黄色斜线,每一斜线跨越2个体节。

4)蛹

黑褐色,体长30～40 mm。

2.为害状

以幼虫取食叶片,将叶食成缺刻或孔洞,严重时食光整株叶片,严重影响寄主树势和产量,为柞蚕生产上的一大害虫。

3.生物学习性

东北地区每年发生1代,河南每年发生1～2代,以蛹越冬。在河南翌年6月上旬成虫羽化,卵散产于寄主叶面,6月中旬幼虫孵化,7月中下旬幼虫老熟入土化蛹。一部分蛹在土中直接越冬,另一部分蛹于8月初羽化,并于8月中旬出现第2代幼虫,第2代幼虫10月底入土化蛹越冬。成虫有趋光性。幼虫分散取食叶片,大发生时,短期内可吃光树叶。

4.防治方法

1)人工防治

幼虫期组织人力,利用幼虫遇振动后坠地的习性,振动树干,收集捕杀;蛹期,于地面直接捡拾,收集捕杀。

2)生物防治

蛹期于林区内释放白僵菌粉炮,进行生物防治。注意保护天敌,大星步甲成虫和幼虫均捕食黄二星舟蛾幼虫。

3)物理防治

7～8月成虫发生期,用黑光灯诱杀成虫。

4)化学防治

(1)叶面喷洒。幼虫期采用叶面喷洒26%阿维灭幼脲3号2 000倍液,或苏云金杆菌(BT)2 000倍液进行防治。

(2)施放烟剂、粉剂,对郁闭度0.6以上的林分,于无风的早晨或傍晚采用敌马烟剂防治,每亩用药1 kg。

(七)黄绿枯叶蛾

黄绿枯叶蛾 *Trabala vishnou gigantina* Yang,又名大黄枯叶蛾、栎黄枯叶蛾、栎毛虫,属鳞翅目、枯叶蛾科、黄枯叶蛾属。食性杂,寄主植物有锐齿栎、栓皮栎、槲栎、辽东栎、核桃、海棠、胡颓子、沙棘、榛子、旱柳、月季、槭、山杨、水桐、榆、苹果、蔷薇、山荆子、蓖麻等。分布于北京、山西、内蒙古、陕西、河南、甘肃。

1.形态特征

1)成虫

雌蛾体长25～38 mm,翅展70～95 mm;头部黄褐色,触角短双栉齿状;胸部背面黄色;翅黄绿色微带褐色,外缘线波状,黄色,缘毛黑褐色;前翅内横线黑褐色,外横线绿色,波状;内外横线之间黄色;中室处有1个黑褐色小斑,第二中脉以下直到后缘和自基线到亚外缘间又有一个黑褐色大斑,亚外缘线外有1条断续的波状横纹;后翅内横线与外横线均为黑褐色。雄蛾体长22～27 mm,翅展54～62 mm;头部绿色,触角双栉齿状,长于雄蛾触角;外缘线与缘毛均为黄白色;前翅内外横线均为黄绿色;中室有1个黑褐色小点。

2)卵

圆形,末端稍钝,灰白色,卵壳饰有由浅刻点构成的网状花纹,上有灰白色和黄褐色长毛。

3)幼虫

老熟幼虫体长66~71 mm,幼虫密生灰白色体毛。头部土黄色;前胸背板中央有黑褐色斑纹,前缘两侧各有1个黑色突起,其上则各分布黑色长毛1束,常伸到头的前方;其他体节在亚背线、气门上线、气门下线及基线处各生有1个黑褐色疣状突起,其上均生有刚毛1簇。在腹部第3~9节背面的前缘上,各有1条中间断裂的黑褐色横带纹,其两侧各有一斜行的黑纹,背观如"八"字形。

4)蛹

赤褐色或黑褐色,纺锤形,末端圆钝;茧灰黄色,表面附稀疏黑色短毛;雌蛹肥大,雄蛹瘦小。

2.为害状

以幼虫取食寄主植物叶片,造成孔洞或缺刻,严重时吃光叶片。

3.生物学习性

河南每年1代,以卵在树干和小枝上越冬。越冬卵翌年4月下旬开始孵化,5月下旬孵化结束,8月上中旬出现老熟幼虫,老熟幼虫于树干侧枝、灌木、杂草及岩石上吐丝结茧化蛹,蛹期9~20天;8月中旬成虫开始羽化,9月上旬为羽化盛期;羽化当天晚间或次日产卵于树干或枝条上,随即越冬。成虫具趋光性;雌成虫一般只产一块卵,卵夜晚孵化,初产卵暗灰色,孵化前卵呈浅灰白色;初孵幼虫群集于卵壳周围,取食卵壳;1~3龄幼虫群集危害,食量大,有受惊吓后吐丝下垂习性;4龄后分散危害,食量猛增,受惊后迅速抬头左右摆动。

4.防治方法

1)农业防治

(1)加强经营管理,提高树势;营造针阔混交林,合理密植,保持一定郁闭度。

(2)人工摘卵、捕杀幼虫、采茧等。

2)人工物理防治

利用成虫趋光性,悬挂黑光灯诱杀成虫。

3)生物防治

对蛹期的寄生蝇、寄生蜂,幼虫期的鸟类、蜻、核型多角体病毒等加以保护和利用。

4)化学防治

幼虫期向叶面喷洒25%灭幼脲Ⅲ号1 000倍液,或2.5%溴氰菊酯乳油5 000~8 000倍液,或Bt 1 000倍液,或核型多角体病毒水溶液。

(八)栓皮栎波尺蠖

栓皮栎波尺蠖 *Larerannis filipjevi* Wehrli,属鳞翅目、尺蛾科。分布于陕西、河南,日本也有分布。寄主较杂,主要危害栓皮栎、槲栎、山楂等林木。

1.形态特征

1)成虫

灰褐色,雄蛾体长7~10 mm,翅展20~30 mm,前翅有3条褐色波状纹,后翅波状纹不明显，仅在后缘留有残迹；触角双栉齿状；复眼圆形，黑色；前后翅外缘线有黑褐色小斑点7～8枚。雌蛾体较粗，黑褐色，翅退化为狭长小翅，前翅约为后翅的1/2，前翅亚基线、外缘线、后翅中横线处各有1条黑色波状纹；前、后翅外缘、后缘均具整齐缘毛；足有灰白色和黑褐色相间毛环。

2）卵

浅绿或红绿色，孵化前变为黑紫色。近圆柱形，表面有纵裂刻纹。

3）幼虫

老熟幼虫黑褐色，体长23～28 mm，腹部第2至第3节两侧有2个黑色凸突起。体背有4条黄褐色线。

4）蛹

棕黑色、棕红色。纺锤形，长6.8～10.3 mm、宽2.4～3.9 mm。

2.为害状

以幼虫取食寄主林木叶片，大发生时能将叶片吃光或仅留叶脉，状如火烧，造成树势衰弱，导致寄主植物减产或绝收，并严重影响生态景观。

3.生物学习性

河南省每年发生1代，以蛹在土内越冬越夏。1月下旬蛹开始羽化为成虫，成虫出现后随即交尾产卵于树干的粗皮裂缝内，3月下旬卵开始孵化出幼虫，4月下旬至5月上中旬老熟幼虫落地寻找疏松土壤化蛹越夏越冬。蛹期约9个月，卵期30～35天，幼虫危害期长达40天。1～2龄幼虫取食叶片呈不规则缺刻状，4月上中旬达危害高峰期，虫口密度高时，能将叶片吃光。幼虫有受惊吐丝下垂习性，稍停后可沿丝爬回，或借助风力转株危害。

4.防治方法

1）人工防治

利用幼虫受惊吐丝下垂习性，幼虫期组织人力，人工震动树干，用扫帚捕杀。

2）生物防治

注意保护利用天敌资源，如捕食性天敌、鸟类，步甲、螳螂及黑卵蜂、舟蛾赤眼蜂等。

3）物理防治

于7～8月成虫期，利用成虫趋光性，用400 W黑光灯或200 W水银灯诱杀成虫。

4）化学防治

（1）施放烟剂，对郁闭度0.6以上的林分，于早晨或傍晚释放林丹烟剂或敌马烟剂防治幼虫，每亩用药1 kg。

（2）叶面喷药，幼虫期喷洒仿生制剂病毒等，如25%灭幼脲Ⅲ号1 000倍液，或苏云金杆菌（Bt）1 000～2 000倍液。

（九）栓皮栎薄尺蠖

栓皮栎薄尺蠖 *Inurois fletcheri* Inoue，属鳞翅目、尺蛾科。分布于陕西、河南，日本也有分布。寄主植物有栓皮栎、麻栎、板栗、榉、梨、梅、桃、杏等林木。

1.形态特征

1）成虫

雄蛾翅展20～25 mm，翅薄，体瘦小，触角栉齿状，复眼圆形黑色；前翅灰黄色，外横线与内横线处有暗褐色斑点组成的波状纹1条，后翅灰白色；前后翅中室各有1个褐色斑点小痣,前翅外线及内线均隐约可见。雌虫无翅,触角丝状,腹部末端有一束灰色毛束。

2)卵

圆筒形,灰白或灰色,表面光滑并具光泽。

3)幼虫

老熟幼虫体长约 19 mm,体乳白色或肉红色,头壳淡绿色。

4)蛹

黄绿色,尾端有 2 个小刺。茧土黄色。

2. 为害状

以幼虫蚕食寄主植物叶片,大发生时常将树叶吃光,严重影响寄主植物生长,降低果实、种子产量和质量。

3. 生物学习性

河南每年发生 1 代,以蛹在树干周围表土层内越夏越冬。1 月中旬蛹开始羽化为成虫,2 月上旬达成虫羽化盛期,卵多产于树冠枝条上,3 月下旬孵化出幼虫,4 月下旬老熟幼虫坠地入土结茧化蛹越冬。蛹期达 9 个月;雌蛾交尾后 1 ~ 4 天开始产卵,卵块呈长条形,排列整齐而紧密,上被尾毛;幼虫白天静伏于叶背,夜间开始取食。

4. 防治方法

参考栎粉舟蛾防治措施。

(十)旋木柄天牛

旋木柄天牛 *Aphrodisium sauteri* Matsushita,又名栎旋木柄天牛、台湾柄天牛、台湾红角青天牛,属鞘翅目、天牛科。分布于河南、陕西、湖南、台湾。主要危害栓皮栎、麻栎、青冈栎、僵子栎等壳斗科栎属植物。

1. 形态特征

1)成虫

体长 21 ~ 34 mm、宽 5 ~ 8 mm,金绿色具光泽;触角蓝色鞭状,前胸背板具不规则瘤状突起及弯曲横皱;鞘翅长条形,具 3 条略凸的暗色纵脊,翅面密被刻点;前足和中足腿节端部显著膨大,棕红色。

2)卵

长椭圆形,乳白色。

3)幼虫

老熟幼虫体长 37 ~ 48 mm,橘黄色。头部褐色,细长扁圆形;前胸背板长方形,黄白色光滑,前端有一个“凹”字形褐色斑纹。

4)蛹

乳白色,腹部各节背面有褐色短刺。

2. 为害状

危害寄主枝干或幼树主干,幼虫在边材凿成 1 条或多条螺旋形坑道,环绕枝干或主干,使树木遇风即折乃至树木死亡。

3. 生物学习性

河南 2 年发生 1 代,以幼虫在枝干虫道内越冬。次年 4 月上旬越冬幼虫做羽化道和蛹室,5 月上旬至 6 月下旬为化蛹期,6 月下旬至 7 月下旬羽化为成虫羽化期,之后交尾产卵于树木枝干、皮缝或节疤间,7月上中旬幼虫孵化;孵化幼虫开始蛀食危害,至下年11月下旬幼虫老熟,在虫道内第二次越冬。蛹期约16天。成虫飞翔能力强,无趋光性,不进行补充营养,羽化后1~2天开始交尾,雌成虫第1次交尾后1~2天开始产卵;卵期13~28天。初孵幼虫在皮层和木质部间取食,约经6天即蛀入木质部危害,向上侵害12 cm左右即向下蛀食,在沿树干纵向蛀食时,横向凿孔向外排粪和蛀屑,翌年8~9月间幼虫在纵虫道下端凿出最后一个排粪孔,便开始沿水平方向在边材部分环状取食,虫道排列成螺旋状;幼虫危害期近2年。

4. 防治方法

1)农业防治

(1)加强经营管理,提高树势,合理密植,保持一定郁闭度。

(2)适地适树,营造混交林,避免形成大面积人工纯林。

(3)及时清理虫害木。

2)生物防治

保护啄木鸟等天敌,旋木柄天牛的主要天敌有啄木鸟、花绒寄甲、管氏肿腿蜂、白僵菌等。幼虫期林间释放花绒寄甲、管氏肿腿蜂等寄生性天敌,成虫期施用球孢白僵菌进行防治。

3)化学防治

(1)成虫羽化期,施用5%吡虫啉微胶囊干悬剂1 000~1 500倍液,或8%高氯氰菊酯微囊悬浮剂100~150倍液喷雾。

(2)幼虫期,树干基部打孔,注40%氧化乐果乳油4倍液药剂。

(3)用毒签插入排粪孔内防治。

(十一)云斑白条天牛

云斑白条天牛 *Batocera horsfieldi* Hope,又名云斑天牛,属鞘翅目、天牛科。分布于北京、河北、陕西、山东、河南、安徽、江苏、浙江、福建、湖北、湖南、江西、四川、贵州、云南、广西、广东、台湾等省(区、市),国外分布于越南、印度、日本等地。寄主有麻栎、栓皮栎、板栗、杨、柳、枫杨、泡桐、悬铃木、榆、桑、女贞、乌桕、核桃、油桐、苹果、梨、枇杷、油橄榄、木麻黄、桉树等。

1. 形态特征

1)成虫

体长31~64 mm、宽9~20 mm。体黑褐色,密被灰白色至灰褐色绒毛。雄虫触角超过体长1/3,雌虫触角略长于虫体,触角每节下沿都有许多细齿,从第3节起,雄虫触角每节的内端角特别膨大或突出。前胸背板中央有一对肾形白色毛斑,小盾片被白毛。鞘翅上具不规则的绒毛组成的云片状斑纹,斑纹呈白色或浅黄色,一般列成2~3纵行。鞘翅基部1/4处有瘤状颗粒,肩刺大而尖端微指向后上方。翅端略向内倾斜,内端角短刺状。体侧由复眼后方至腹部末节各有1条由白色绒毛组成的纵带。

2)卵

黄白色,长椭圆形。

3)幼虫

黄白色,粗大肥壮,多皱褶,体长70~80 mm;前胸背板淡棕色,略呈方形,上有褐色颗粒，前方近中线处有两个黄白色小点，小点上各有一根刚毛。

4）蛹

淡黄白色，头部和胸部背面有稀疏的棕色刚毛，腹末锥状，尖端斜向后上方。

2. 为害状

成虫啃食寄主植物新枝嫩皮，幼虫蛀食寄主树韧皮部和木质部，轻可影响树木生长，重时导致寄主树木枯萎死亡。

3. 生物学习性

每2年发生1代。以幼虫和成虫在树干内越冬。翌年4月中旬开始出现越冬成虫，5月成虫大量出现，后交尾产卵；初孵幼虫蛀食树木韧皮部，受害处变黑胀裂，排出树液和虫粪，约1个月蛀入木质部危害；第1年以幼虫越冬，次年继续危害。8月中旬化蛹，9月中下旬羽化为成虫并在蛹室内越冬。雌虫多产卵在直径10～20 cm的主干上，刻槽圆形，中央有一小孔。

4. 防治方法

1）人工防治

（1）5～6月成虫活动盛期，巡视捕捉成虫。

（2）6～7月间发现树干基部有产卵裂口和流出泡沫状胶质时，人工砸击树皮下的卵粒和初孵幼虫，并涂以石硫合剂或波尔多液等消毒防腐。

（3）幼虫尚在根茎部皮层下蛀食，或蛀入木质部不深时，及时进行钩杀。

2）化学防治

（1）毒杀成虫和防止成虫产卵。在成虫活动盛期，用40%乐果乳油，掺适量水和黄泥，搅成稀糊状，涂刷在树干基部或距地在30～60 cm以下的树干上，可毒杀产卵的成虫和初孵幼虫。

（2）毒杀幼虫。树干基部地面上发现有成堆虫粪时，将蛀道内虫粪掏出，塞入或注入磷化铝片剂、沾有40%乐果乳油5～10倍液的布条或废纸、毒签等毒杀幼虫。

八、茅栗、锥栗病虫害

茅栗 *Castanea seguinii* Dode，又名茅栗子，属壳斗科、栗属，小乔木或灌木，树皮暗灰色，纵裂；幼枝暗褐色，密被短绒毛；叶片倒卵状椭圆形或兼有长圆形，长6～14 cm、宽4～6 cm，顶部渐尖，基部圆形，叶背有黄或灰白色鳞腺，幼嫩时沿叶背脉两侧有疏单毛，叶缘疏生尖刺锯齿；总苞近球形，直径3～4 cm；壳斗宽略过于高，坚果近球形，暗褐色。生长在海拔400～2 000 m的向阳山坡和山谷，与阔叶常绿树或落叶树混生。分布于陕西、山西、河南、湖北、四川、江西、安徽、浙江、贵州、云南等地。果实较小，味较甜，可食用；根或叶可入药，用于治疗失眠、消化不良、肺结核、肺炎、丹毒、疮毒等症。

锥栗 *Castanea henryi*（Skam）Rehd. et Wils. 属壳斗科栗属植物，落叶乔木，高达30 m，胸径达1 m。叶卵状披针形，互生，长8～17 cm、宽2～5 cm，顶端渐尖，基近圆形，叶缘锯齿具芒尖；壳斗球形，坚果卵圆形，单生于壳斗；花期5～7月，果期9～10月。锥栗喜光，耐旱，生长较快。广泛分布于秦岭南坡以南、五岭以北各地；生于海拔100～1 800 m的丘陵与山地，常见于落叶、常绿混交林中。锥栗是中国重要木本粮食植物之一，也是名特优经济林干果，果实可制成栗粉或罐头，富含多种人体需要的氨基酸和微量元素；锥栗营养丰富，补肾益气，有治疗腰脚不遂、内寒腹泻、活血化瘀等作用；叶、壳斗用于治疗湿热、泄泻；种子用于治疗肾虚、痿弱、消瘦。

茅栗和锥栗主要病虫害有栗干枯病、栗瘿蜂、剪枝栗实象、栗实象、桃蛀螟、栗皮夜蛾、栗链蚧、淡娇异蝽、栗雪片象等。

（一）栗皮夜蛾

栗皮夜蛾 *Characoma ruficirra* Hampson，又名栗洽夜蛾、暗影饰皮夜蛾，属鳞翅目、夜蛾科。寄主植物有板栗、橡树等。分布于山东、河北、河南、江西等省，国外分布于日本、锡金、印度等国。

1. 形态特征

1）成虫

体长 8～10 mm，翅展 21 mm 左右，头胸部灰色掺杂褐色；触角丝状，复眼黑色；前胸背、侧面及胸背面鳞片隆起。前翅灰褐色，内横线为平行的黑色双线，中横线暗黑色波浪形，稍近内横线；外缘线黑褐色，细锯齿形；外缘线与中横线间灰白色；外横线后缘上方外侧有一明显的灰黑色斑点。后翅淡灰色。

2）卵

半球形，散生，初产时乳白色，后变橘黄色，孵化时变灰白色；顶端圆形突起，周围有放射状隆起线。

3）幼虫

老熟幼虫褐色或绿褐色，体长 12～14 mm。前胸背板褐色。中、后胸背面有 6 个横向排成直线的毛片，中央 2 个毛片呈矩形。腹部第 1～7 节背面有 4 个排列成梯形的毛片。臀板深褐色。

4）蛹

体形较粗短，背面深褐色，长 10 mm 左右，体节间多带白粉。

5）茧

丝茧白色，外附黄褐色绒毛。

2. 为害状

幼虫先危害新梢和栗芽，然后啃食蓬刺，被害部位发黄变干，最后蛀入栗实危害。

3. 生物学习性

每年发生 3 代。以老熟幼虫在树皮缝隙和落地栗蓬刺束间结茧，在茧中化蛹越冬，或者以幼虫在栗蓬总苞内越冬。第 1 代幼虫出现于 6 月上旬；第 2 代幼虫出现于 7 月初，危害盛期为 7 月下旬至 8 月上旬；第 3 代幼虫出现于 9 月上旬，这代幼虫继续危害，老熟后寻找合适场所结茧化蛹越冬。成虫白天潜藏阴凉处，夜间活动产卵，一般羽化后 3 天进行交尾产卵。第 1 代幼虫多在栗蓬上咬断蓬刺，后蛀孔入果，一般转移危害 2～3 个栗幼果，幼虫脱出后，幼果干枯脱落；2 代幼虫先啃食蓬刺，以后幼虫渐向蓬皮发展，使蓬刺发黄变干，经 7～10 天以后，开始蛀入蓬内危害栗实，直达莲心，蛀食一空；幼虫老熟后转移相邻栗蓬柄间，咬断部分蓬刺做成蛹道，在其中做白色丝茧化蛹。

4. 防治方法

1) 营林措施

(1) 清除枯枝落叶、刮树皮，消灭越冬蛹。

(2) 及时收取落地虫苞或彻底剪掉受害栗苞，集中烧毁，减少虫源。

2) 化学防治

第1、2代卵孵盛期，应用0.3%苦参碱水剂800～1 500倍液，或20%氰戊菊酯EC 2 000倍液喷雾防治。

(二) 栗瘿蜂

栗瘿蜂 *Dryocosmus kuriphilus* Yasumatus，又名栗瘤蜂，属膜翅目、瘿蜂总科。分布于辽宁、陕西、甘肃、河北、山东、河南、安徽、江苏、浙江、湖北、湖南、江西、福建、广东、云南等省，日本、朝鲜也有分布。主要危害茅栗、锥栗、板栗。

1. 形态特征

1) 成虫

体长2～3 mm，浅褐色至黑褐色，具金属光泽。头短而宽，触角丝状14节，黄褐色，柄节、梗节色浅，鞭节色重。前胸背板有4条纵线。前后翅面有细毛，透明。足黄褐色。产卵管褐色。

2) 卵

乳白色，椭圆形，一端稍膨大，另一端有细柄。

3) 幼虫

乳白色，头部褐色，近老熟时体黄白色，较尾部粗，光滑无足，老熟幼虫体可见12节。

4) 蛹

乳白色，近羽化时，黑褐色。

2. 为害状

以幼虫危害芽和叶片，由寄主芽侵入，在枝上、叶柄上、叶脉上形成各种各样的瘤状虫瘿。栗树受害严重时，树上瘿瘤广布，导致树势衰弱，不能抽生新梢，叶片畸形，小枝枯死，不仅影响当年产量，也影响翌年产量和质量，严重时整株枯死。

3. 生物学习性

每年1代，以初龄幼虫在被害芽内越冬。次年4月上旬芽萌动时开始取食危害，4月下旬被害芽形成坚硬的木质化虫瘿，不能长出枝条。5月中旬至6月下旬为蛹期；5月下旬至6月下旬为成虫羽化期；6月中旬至9月下旬产卵于当年生枝条上部的新芽内；8月幼虫开始孵化，孵出后进行短期取食，形成虫瘿，于9月中旬开始初龄幼虫在瘿内越冬进入越冬状态。越冬幼虫4月上旬栗芽萌动时开始取食危害，被害芽不能长出枝条而逐渐膨大形成坚硬的木质化虫瘿；幼虫在虫瘿内做虫室，继续取食危害，老熟幼虫在虫室内化蛹；蛹羽化为成虫后，在虫瘿内咬1个羽化孔钻出，营孤雌生殖，随即产卵在栗芽上；幼虫孵化后即在芽内危害。风能影响成虫的传播，多随羽化期的风向而顺风扩散。成虫飞翔力弱，无趋光性，不需补充营养。

4. 防治方法

1) 农业防治

(1) 剪除虫枝，剪除虫瘿周围的无效枝，尤其是树冠中部的无效枝，能消灭其中的幼虫。

(2)剪除虫瘿，在新虫瘿形成期，及时剪除虫瘿，消灭其中的幼虫，剪虫瘿的时间越早越好。

2)生物防治

利用和保护寄生蜂是防治栗瘿蜂的最好办法，在寄生蜂成虫发生期间，不要喷洒任何化学农药，栗瘿蜂的寄生蜂种类达12种以上，仅长尾小蜂寄生率就达40%以上。

3)化学防治

(1)在4月幼虫开始活动时，用40%乐果乳油2~5倍液，或10%吡虫啉乳油涂树干。

(2)用其原药每株注射树木基部10~20 mL，利用药剂的内吸作用，杀死栗瘿蜂幼虫。

(3)在6月栗瘿蜂成虫发生期也是化学防治关键期，可喷洒1%苦参碱乳油或3%苯氧威乳油或2.5%溴氰菊酯乳油1 000~2 000倍液喷雾，杀死栗瘿蜂成虫。

(三)栗雪片象

板栗雪片象 *Niohades castanea* Chao，属鞘翅目、象甲科。分布于甘肃、陕西、河南、江西等地。寄主植物为茅栗、锥栗、板栗、油栗。

1.形态特征

1)成虫

栗褐色，密被黄色绒毛，体长9~11 mm、宽4.5 mm左右。头半球；喙短而粗，黑色，表面具黑色刻点；复眼黑色；触角膝状，基部黑色，端部膨大呈赤褐色。前胸背板椭圆形，黑色，中央有短细的纵隆线；鞘翅基部呈栗褐色，近端部呈黄褐色；鞘翅背面各有10条纵沟，由黑色凹陷圆点组成；纵沟间散生深褐色凸起颗粒，鞘翅合缝处向外第3至第5纵沟间的凸起颗粒在背面各形成2条明显的纵隆线。

2)卵

橙黄色，散产，椭圆形。

3)幼虫

老熟幼虫体肥胖，有皱纹，稍弯曲，体长15 mm左右。头部蜕裂线两侧形成明显的“八”字形纹。

4)蛹

蛹期18~27天，5月中旬为末期。

2.为害状

幼虫危害栗实，造成栗苞脱落；成虫取食花序、栗苞、嫩枝及皮层、叶柄等，致使花序、栗苞不能正常生长发育。造成树势衰弱，严重影响栗实产量和质量。受害严重时，栗园坚果被害率高达90%。

3.生物学习性

河南每年发生1代，以老熟幼虫在被害栗实内潜伏越冬。次年4月上旬开始化蛹，4月中旬达到化蛹盛期；4月下旬至5月上旬开始出现成虫，5月上旬达羽化盛期；6月下旬开始交尾产卵，7月上旬为产卵盛期；7月上旬卵开始孵化，7月中旬为孵化盛期；9月下旬至10月中旬幼虫在被害栗实内潜伏越冬。成虫羽化后潜伏栗实内，至5月中旬，开始钻出取食嫩叶补充营养；成虫飞翔力弱，爬行力、攀缘力强，白天潜伏在叶背面，受惊坠地假死。卵多产于栗实基部栗苞上。幼虫孵化后，沿果柄蛀入栗苞，逐步蛀入栗实基部，取食栗实果肉，形成弯曲虫道，造成栗苞脱落，虫道内充满虫粪，栗实和苞皮被咬成棉絮状，老熟幼虫在被害栗实内越冬。

4. 防治方法

1) 农业防治

老熟幼虫在被害栗实内越冬特点,8～10月,拣拾、烧毁有虫的落地栗苞,集中销毁,减少越冬虫源。

2) 生物防治

注意保护和利用天敌,雪片象天敌有抱缘姬蜂和斑螯等,要加以保护和利用。

3) 化学防治

5～7月成虫羽化盛期和产卵期,树冠喷洒3%苯氧威乳油或1%苦参碱乳油1 500～2 000倍液,或25%阿维·灭幼脲1 000～1 500倍液防治。

(四) 栗实象

栗实象 *Curculio davidi* Fairmaire,又名栗实象甲,属鞘翅目、象甲科。分布于甘肃、陕西、河南、安徽、江苏、浙江、福建、广东等地。危害茅栗和板栗。

1. 形态特征

1) 成虫

雌虫体长6～9 mm,前后呈圆锥形,黑色,被覆黑褐色鳞片。喙圆柱形,褐色,有光泽,略长于体长,前端1/3处向下弯曲;触角从喙1/3处伸出。雄虫体长5～8 mm,触角从喙1/2处伸出。触角膝状,柄节细长;复眼黑色,着生于喙的基部;前胸与头部连接处,前胸背板基部两侧,鞘翅上各有1个由白色鳞片组成的白斑。鞘翅长为宽的1.5倍,其上有10条刻点。鞘翅前缘有一白色横纹,腹部及足均覆有白色鳞片。腿节端部膨大,内缘近下方有一刺突。

2) 卵

椭圆形,表面光滑。初产时白色透明,近孵化时呈乳白色,一端透明。

3) 幼虫

老熟幼虫体长8～12 mm,体弯曲多横皱,疏生短毛,乳白色至淡黄色。头部黄褐色或红褐色,口器黑褐色。

4) 蛹

灰白色,长7～12 mm,喙伸向腹部下方。

2. 为害状

以幼虫取食栗实,老熟幼虫脱果后在果皮上留下圆形脱果孔。严重被害地区种子常在短期内被食一空,并诱发多种病菌,被害栗实易霉烂变质,完全失去发芽能力和食用价值,采收后难以储存运销。

3. 生物学习性

每2年发生1代,以幼虫在土内做土室越冬。第3年6月中下旬在土室内化蛹。最早于7月上旬成虫开始羽化,7月下旬达羽化盛期,成虫羽化后在土室内潜居15～20天再出土,8月中旬达出土盛期;成虫出土后先取食花蜜,后以板栗和茅栗的子叶、嫩枝皮为食,更喜在茅栗上活动取食;交尾后的雌成虫在果蒂附近咬一个产卵孔,产卵其中;幼虫孵化后蛀入种仁取食,排粪便于其中,老熟后脱果入土化蛹。蛹期10～15天。成虫最迟于10月上旬羽化,成虫白天活动,受惊即迅速飞去或假死落地,寿命1个月左右;成虫每处大多产卵1粒,每头雌成虫可产卵10～15粒;卵期8～12天;幼虫取食20余天。

4. 防治方法

1）农业防治

栽培抗虫品种；改善栗园环境条件，清除栗园周围的野板栗、茅栗，以减少野生寄主；栗实成熟后，及时采收，避免幼虫遗留在林内；对已集中入土的幼虫，可于次年6～7月，深翻土地，消灭幼虫。

2）物理防治

及时拾取落地虫果，集中烧毁或深埋，消灭其中的幼虫；还可利用成虫的假死习性，在发生期振树，虫落地后捕杀。

3）化学防治

（1）药剂熏蒸。将新脱粒的栗实放在密闭条件下，1 m^3 栗实用二硫化碳 30 mL，熏蒸处理20小时。

（2）用3%～5%辛硫磷颗粒剂，1 m^2 用50～100 g 混合10倍细土撒施并翻耕，以消灭脱果入土越冬幼虫。幼虫化蛹前均可进行。

（3）成虫上树补充营养和交尾产卵期间，可向树冠喷洒20%杀灭菊酯2 000倍液；树体较大时，亦可按20%杀灭菊酯：柴油为1：20的比例用烟雾剂进行防治。树冠喷洒3%苯氧威乳油或25%阿维·灭幼脲1 000～1 500倍液防治。

（五）剪枝栗实象

剪枝栗实象 *Cyllorhynchites ursulus* Roel，又名剪枝象甲，属鞘翅目、象甲科。分布于河北、吉林、辽宁、江西、河南、四川等地。危害板栗、茅栗、栓皮栎、麻栎、辽东栎、蒙古栎。

1. 形态特征

1）成虫

体长6.5～9 mm，底色黑，具光泽，密布灰黄色或银灰色绒毛，并疏生黑色长毛。头管与鞘翅长度相等，头管背面有明显的中央脊，侧缘有沟。触角11节，基部各节黑色，端部3节黑褐色。前胸呈球面状隆起，上有小而密的刻点。鞘翅每边有10行点刻沟，沟间呈颗粒状突出。雄虫前胸两侧各有一个向前伸的尖刺；雌虫触角着生在头管中央，前胸两侧无尖刺。腹部腹面银灰色。

2）卵

椭圆形。初产卵乳白色，以后渐变淡黄色。

3）幼虫

老熟幼虫黄白色，体长7～11 mm，呈镰刀状弯曲，多横皱褶，口器褐色，足退化，头后半部缩入前胸；各体节有2列较密的细刚毛；肛门片上有3对刚毛呈“品”字形排列。

4）蛹

裸蛹，长6～10 mm，初期呈乳白色，后期变为淡黄色。头管伸向腹部。头管端部4根刚毛横列，腹部末端有1对褐色毛刺。

2. 为害状

危害栎实。成虫产卵时，咬断产卵果枝，致大量幼果早期掉落；幼虫在坚果内取食，危害严重时可造成大量减产。

3. 生物学习性

每年1代，以老熟幼虫在土中筑土室越冬。越冬幼虫在河南5月上旬开始化蛹，蛹期

21～33天，5月下旬至6月上旬成虫开始羽化出土，约一周后开始交尾产卵，6月中下旬幼虫开始孵化，8月上旬老熟幼虫开始脱果而出，入土做土室越冬。成虫有假死性，成虫初出土后，先在矮小的栗冠下部取食嫩栗苞和花序补充营养，随后交尾产卵；产卵前，成虫选取嫩果枝，在距栗苞2～6 cm处，将果枝咬断，仅留一皮层相连，使果枝倒悬于空中，然后爬到栗苞上，刻槽产一卵于其中，最后将相连的果枝皮层咬断，使其落地；每头雌成虫刻剪断果枝数十个；卵在坠落地面的栗苞内孵化，初孵幼虫先在栗苞内危害，以后逐渐蛀入坚果内取食，最后将坚果蛀食一空，果内充满虫粪。

4.防治方法

1)农业防治

在成虫产卵期间，及时拣尽落地栗苞、果枝，集中烧毁或深埋，消灭其中的幼虫，同时深翻栗园，清除杂草，消灭其中卵及幼虫；还可利用成虫的假死习性，在发生期振树，虫落地后捕杀。

2)化学防治

在成虫发生期防治，成虫羽化盛期和产卵期，可用2.5%溴氰菊酯2 000倍液，或20%杀灭菊酯2 000倍液，或3%苯氧威乳油或25%阿维·灭幼脲1 000～1 500倍液树冠喷雾防治。

(六)淡娇异蝽

淡娇异蝽 *Urostylis yangi* Maa，属半翅目、异蝽科。分布于河北、甘肃、山东、河南、安徽、江苏、福建、浙江、江西、湖南、湖北、四川等地，属于中国特有种。危害茅栗、油栗、板栗。

1.形态特征

1)成虫

雄虫体长9～10 mm、宽约4 mm；雌虫体长10～13 mm、宽约5 mm，草绿色。触角5节，触角基部外侧有1个黑色斑点；第一节外侧有1褐色纵纹，第3至第5节端部褐色。喙伸过前足基节，前胸背板及前翅革片外缘米黄色，前胸背板、小盾片刻点无色，前胸背板后侧角有一对呈黑色的小斑点。翅膜质部分透明。足浅褐色，腿节、附节颜色较深。

2)卵

浅绿色，呈长条状，排列成单层双行，上有较厚的乳白色胶质层。

3)若虫

初孵若虫近无色透明；老龄若虫草绿至黄绿色，翅芽发达，前胸背面和腹面以及翅芽背面边缘有1黑色条纹。

2.为害状

若虫刺吸栗树嫩芽、幼叶，造成顶芽及幼叶皱缩、枯萎；受害重的枝梢枯死，树冠呈现焦枯，幼树当年死亡。

3.生物学习性

河南每年发生1代。每年2月下旬至3月上旬越冬卵开始孵化，3月中旬达孵化盛期；初孵若虫和2龄若虫群居卵壳上，不具有危害性；3龄若虫群居在栗树嫩芽及嫩叶上吸取汁液，若虫期34～61天；5月中旬出现成虫，5月下旬至6月上旬达羽化盛期，成虫白天羽化，羽化后静伏栗叶背面，傍晚开始活动，吸食芽及叶背面叶脉边缘和嫩枝皮孔周边，晚上22时以后成虫口针仍刺入栗树组织内静伏不动。成虫期145～213天，9月下旬成虫开始交尾产卵，雌雄成虫一生仅交尾1次。交尾结束后，雄虫短时间内死亡，雌虫当天产卵，并以卵在落叶内、树皮缝、杂草或树干基部越冬。

4. 防治方法

1）农业防治

入冬后至2月下旬之前，彻底清除栗园杂草、落叶，集中烧毁或埋于树冠下，以消灭越冬卵，降低越冬卵基数。

2）化学防治

发生严重的栗园，在若虫发生期，树上可用1%苦参碱水剂1 500～2 000倍液或2.5%溴氰菊酯3 000～5 000倍液进行树冠喷雾防治；在成虫发生期，可用80%敌敌畏乳油1 500倍液、10%高效氯氰菊酯乳油300～4 000倍液、速灭杀丁乳油1 000倍液进行树冠均匀喷雾防治。

（七）栗红蚧

栗红蚧 *Kermes nawae* Kuwana，又名栗降蚧，属半翅目、降蚧科。分布于河北、山东、山西、江苏、浙江、陕西、安徽、河南、湖北、江西、湖南、福建、广东、广西等地。寄主植物有板栗、油栗、茅栗和锥栗。

1. 形态态征

1）成虫

雌虫蚧壳扁圆形，黄褐色，有光泽，边缘有红色蜡质。雄虫体棕褐色，触角丝状。

2）卵

长椭圆形，孵化前为橙红色。

3）若虫

1龄若虫椭圆形，淡红褐色，触角6节，淡黄色。2龄雄若虫黄褐色，卵圆形，触角6节；2龄雌虫纺锤形，红褐色，背面隆起，触角6节。3龄雌若虫褐红色，卵圆形。

4）雄蛹

外被白色扁长圆形茧，茧后端有横羽化裂口；预蛹长椭圆形。

2. 为害状

以若虫和成虫汲取枝条和叶片的汁液，危害严重时影响植株生长发育，降低结实量，严重时绝产甚至枯死。河南信阳市部分危害严重栗园有虫株率达60%，板栗平均减产40%。

3. 生物学习性

河南信阳市每年发生1代，以2龄若虫在枝条芽基或伤疤处越冬。3月中旬开始越冬雄若虫爬行至皮缝、伤口等隐蔽处聚集结茧化蛹，雌若虫在原处固定取食进入3龄。3月下旬成虫开始羽化，雄虫寿命1天左右，交配后死亡。雌虫受精后发育快，背部隆起近球体形，当气温达25 ℃以上开始产卵，每雌产卵在2 000余粒，卵期15～20天。4月下旬至5月上旬孵化盛期。幼虫孵化一周立即固定为害，分泌蜡质，形成蚧壳。5月下旬进入2龄若虫期，并以此越夏和越冬。老树重于幼树，下层枝重于上层枝。若虫死亡率较高。

4. 防治方法

1）农业措施

（1）加强管理，更新栗园衰弱株；结合栗树修枝剪去带虫枝或刮除枝上雌虫。

（2）清理栗园，消灭枯枝落叶和杂草以及表土中越冬虫源。

2）物理防治

冬季剪除带有介壳虫的枝条。

3）生物防治

保护利用天敌，成虫期天敌有红点瓢虫、黑缘红瓢虫、红蚧象等益虫。

4）化学防治

（1）栗树树干两侧已削去粗皮露出韧皮部，涂抹40%氧化乐果乳油原液，然后用塑料薄膜覆盖扎紧，以杀死越冬后出蛰若虫。

（2）在若虫孵化期和初龄若虫期，此时虫体幼小，体表无蜡质层，药液容易接触角虫体，可喷洒3%苯氧威乳油1 000倍液防治。

九、沙枣病虫害

沙枣 *Elaeagnus angustifolia* L. 是胡颓子科胡颓子属的落叶大灌木或小乔木，又叫银柳、银柳胡颓子。广泛分布于寒冷干旱的亚洲、欧洲的温带和部分北美洲地区，在我国主要分布于北纬34°以北的新疆、甘肃、宁夏、内蒙古等地。天然沙枣林在我国集中在新疆塔里木河、玛纳斯河，甘肃疏勒河，内蒙古的额济纳河两岸，内蒙古境内黄河的一些大三角洲也有分布，被誉为沙荒盐碱地的"宝树"，有"飘香沙漠的桂花"之美称。沙枣高达5～10 m，幼枝被银白色星状鳞斑，老枝栗褐色，枝上具小刺。单叶互生，长圆状披针形至狭披针形，幼时散生银白色或褐色鳞片或呈柔毛状，侧脉不甚明显，成熟时通常脱落，具长5～8 mm的叶柄，银白色。一般情况下，花期在5～6月，花朵内部为黄色，外部为银白色，有特殊的芳香气味。果实形状为长椭圆形，果皮黄红色或黄褐色，果肉为浅黄色或白色，粉质；果梗短，粗壮，味道甜中略带涩酸味，果期9月。沙枣喜生于沟渠路边和河流两岸，具有抗风沙、耐盐碱、耐干旱瘠薄、耐高温严寒、易繁殖、适应性强等特点，且其根瘤菌对固氮和改良土壤有重要效果，使其成为改造干旱和沙、荒、盐碱地，退化土地修复和防治荒漠化的一种重要树种，具有很好的生态效益。

在资源开发利用方面，沙枣具有很好的经济价值。沙枣果实含有大量的营养成分可以食用，其含糖量较高，达43%～59%，其中果糖约占20%；维生素C的含量高，含量为379.5 mg/100 g；含有17种氨基酸，包括人体所必需的8种，占总量的23.16%；以及含有丰富的Cu、Fe、Mg、Zn、K、Na、Ca等微量元素。同时，沙枣果实中富含鞣质、生物碱、黄酮、芳香族酚酸类成分、芳香油，可用于副食品加工，可制成沙枣白酒、果酱、果丹皮和果肉糕点等，还能制成沙枣淀粉烷基多糖苷、黄酮等食品添加剂，粉碎后也可以做成营养丰富的饲料。果实中的鞣质和胶质浓缩物能改善消化器官的功能和状态，可用于治疗口腔炎症。沙枣果实尤其是果核富含油，脂肪酸成分主要有硬脂酸、棕榈酸、亚油酸、棕榈油酸、油酸、亚麻酸，非皂化成分有生育酚和胡萝卜素。果皮中主要含有棕榈酸、亚油酸、油酸及β谷甾醇。沙枣种子含油率较高，可达26%。沙枣油脂肪酸中含3.2%的12－乙酰氧基－9－十八碳烯酸，33.3%的9,12－十八碳二烯酸，20.59%的8,11－十八碳二烯酸和42.2%的8－十八碳烯酸，不饱和脂肪酸含量高达45%左右，是榨油的优质原料。此外，沙枣叶含油率为2.4%，沙枣果实可食部分含油率为5.43%。果核处理后，可以制作门帘、果核包，也可以制作镶嵌壁画等许多手工艺品。沙枣花中含几十种芳香油成分，其主要组分为肉桂酸的衍生物，如三萘酚、花白素、脂肪和少量的挥发油，因其花量多而且化学成分丰富，除了是良好的蜜源植物外，还可用作化妆品和皂用香精的调香原料，也可用于食品及饮料的调香。生产沙枣花浸膏、加工成花露酒也是沙枣花的重要用途。此外，沙枣果实、茎叶、树皮和花中均含有黄酮类化合物，有清除自由基等功效。沙枣中含有多种生物碱，尤其富含哈尔曼生物碱。沙枣叶中含有大量有机酸，抗坏血酸、鞣质，叶片提取物对慢性气管炎、腹泻、冠心病等有一定疗效。沙枣叶既可以作为牛、羊的粗饲料，又可以作为畜禽的蛋白饲料添加剂。沙枣除了果实、花和叶片有良好的开发利用价值外，其木材、树胶、树皮和种子也都有很大的利用空间。沙枣全身是"宝"，在盐碱地上种植沙枣既能达到改良生态环境的作用，又能为当地人们带来良好的经济效益。其主要病虫害有白眉天蛾、沙枣木虱、沙枣尺蠖和沙枣褐斑病。

（一）白眉天蛾

沙枣白眉天蛾 *Celerio hippophaes* Esper，又名沙枣天蛾、沙棘白眉天蛾，属鳞翅目、天蛾科，是沙枣及大果沙棘的主要害虫之一，以幼虫为害叶片，严重影响沙枣及沙棘的结果量与冠幅生长。分布于新疆、宁夏、甘肃、内蒙古、陕西等地。寄主有沙枣、沙棘、杨、柳、枣、葡萄等。

1. 形态特征

1）成虫

体长 31 ~ 39 mm，翅展 70 ~ 80 mm，触角粗线状，背面白色。前胸背板密披灰褐色鳞毛，自头部经触角至胸部两侧各有一白色带纹。腹部第一节和第二节两侧各有黑斑一块，前翅前缘茶褐色，前翅自顶角至后缘 1/2 处向外为一明显的深褐色三角形，向内为淡褐色，翅后缘及外缘白色；后翅基部黑色，臀角处有 1 个大白斑。

2）卵

短椭圆形，绿色，直径 1.2 ~ 1.4 mm，孵化时为灰绿色，5 ~ 7 天孵化为幼虫。

3）幼虫

共 5 龄，老熟幼虫体长 60 ~ 70 mm ，体绿色，密布白色小点，腹部第 8 节背面生一角状突起。胸腹两侧各有 1 条白纹，腹面为淡绿色，尾角较细，背面为黑色，上有小刺。刚孵化的幼虫体色为灰白色，取食后体色变为浅绿色，与叶片颜色相一致，成熟幼虫为淡紫红色。

4）蛹

蛹体长 40 mm 左右，淡褐色，头胸部微绿，腹部后端色渐深，末端尖锐。

2. 为害状

典型的食叶害虫，其食叶量非常大，取食一片树叶只需要 3 ~ 5 min，可将被害林木嫩梢、叶片全部吃光，危害导致树木不能正常进行光合作用，在水肥条件补给不足的情况下会整株死亡。

3. 生物学习性

沙枣天蛾 1 年发生 2 代，以蛹在土内越冬。越冬蛹于 5 月中下旬开始羽化为成虫，成虫羽化后需在蛹壳上停留一段时间才能飞翔；5 月下旬至 6 月上旬开始产卵，每只雌虫产卵约 500 粒，多选择在沙棘嫩芽或中下部小叶片背面，卵散产，卵期 3 ~ 4 天，幼虫共有 5 龄，幼虫期 20 ~ 30 天，6 月中上旬孵化为幼虫，幼虫孵化爬出卵壳经过一段时间才取食。幼虫常躲在叶片背面取食，3 龄前幼虫较为灵活，稍有惊动头部即激烈地左右摇摆。3 龄以后食量大增，并有转株危害现象；6 月下旬至 7 月上旬化蛹，7 月中下旬出现第 2 代成虫。8 月中下旬为第2代幼虫期,8月下旬至9月中旬老熟幼虫爬至土埂和疏松土壤内化蛹越冬。成虫有趋光性,飞翔迅速。

4. 防治方法

1)农业防治

冬季深翻林地,消灭越冬虫蛹。

2)生物防治

(1)使用0.125%苏云金杆菌乳剂喷洒100亿/mL孢子的药液喷杀幼虫。

(2)利用益鸟及天敌。

3)物理防治

(1)灯光诱杀成虫。

(2)人工捕杀,幼虫3~4龄时,人工用木棒将其震落捕杀。

4)化学防治

(1)喷洒90%敌百虫1 000倍液或50%杀螟松1 200倍液,毒杀三龄前幼虫。

(2)喷洒1.2%烟碱乳油、0.1%氯氰菊酯药液、50%辛硫磷乳油、20%阿维灭幼脲或40%氧化乐果乳油毒杀4~5龄幼虫。

(二)沙枣尺蠖(春尺蠖)

沙枣尺蠖 *Apocheima cinerarius* Erschoff,又名春尺蠖、杨尺蠖、榆尺蠖、沙枣尺蠖、胡杨尺蠖等,属鳞翅目、尺蛾科,在国外主要分布于俄罗斯和中亚、西亚地区,在国内主要分布于河南、河北、黑龙江、内蒙古、山东、山西、陕西、甘肃、宁夏、四川、青海、新疆、西藏等省(区)。其为杂食性的害虫,其主要寄主有胡杨、杨、柳、桑、沙枣、榆、苹果、梨、核桃、葡萄和槐树等。

1. 形态特征

1)成虫

雄成虫体长10~15 mm,翅展28~37 mm。触角浅黄色,羽毛状。胸部有灰色长毛。触角羽毛状,浅黄色。翅发达。前翅灰褐色,暗色的鳞片均匀疏散分布。缘毛深、浅色相间。后翅淡灰褐色,翅中间1条双弧纹比较明显,臀角外缘的毛为灰黑色。前、后翅的反面灰白色,有光泽。腹部毛色污黄。成虫体色按翅面斑纹和颜色,可分三种类型:一是深色型,前翅灰黑色,中部颜色较深,有黑色鳞片所组成的内横线、中横线和外横线3条曲线,中横线中段较模糊。二是常见型,前翅灰褐色,内横线褐色,中、外横线较模糊。三是浅色型,前翅灰白至浅灰褐色,内、外横线褐色,其余斑纹不明显。

雌成虫翅退化,体长7~19 mm,触角丝状,复眼黑色,体灰褐色,足细长。腹部的背面各个节有数量不同的成排黑刺,刺的尖端为钝圆,第1~4腹节比较清晰,第1、4节的腹节为单行,第2、3节的腹节为双行,前列较长并且刺较细小,后列较短但刺较粗大。臀板上有突起和黑刺列。产卵器有时外伸。寄主不同春尺蠖的体色差异较明显,可由淡黄至灰黑色。

2)卵

椭圆形,长0.8~1.0 mm、宽约0.6 mm。卵壳色泽变化与胚胎发育进程分四个阶段:产卵后11~15天,卵呈现浅灰或灰白色,有珍珠光泽,卵上中部有一较明显的深色斑;13~18天卵呈现橘黄色,有珍珠光泽,中部或基部颜色加深,尖端透明;14~20天后,卵呈现灰紫、浅紫色有珍珠光泽;经20~25天的发育后,卵变为深紫色、蓝紫色,有珍珠光泽。

3）幼虫

幼虫5龄。腹部第2节两侧各有一瘤状突起，腹线是白色，气门线为浅黄色。一般背面有5条纵向的黑色条纹，两侧各有1宽而明显的白色条纹。体色多变，有灰褐色、黑褐色、灰黄绿色、灰黄色、青灰色，甚至灰白色等。一般1~2龄幼虫体色为黑褐色，3~5龄幼虫多为灰黄绿色、青灰色，随龄期的增加，体色和花纹加深。除胸足3对外，仅腹部第6节有腹足1对，末端有臀足1对，趾沟双序中带状。

4）蛹

长12~20 mm，蛹初化时为黄绿色，经过2~3天后，尾部先变为红黄色，随后头部变为红黄色，蛹壳变硬，触碰时尾部可摇摆。后期变成黄褐色或红褐色，触碰时蛹体坚硬不可动。末端一根尾刺及分叉。雌蛹第8、第9节交界处有褶皱的不明显的生殖器孔，且与最后一个气孔在同一体节上，雄蛹只有第9节有明显清晰的生殖器孔。

2. 为害状

一般多在早春树木的发芽展叶时期为害，而且幼虫发育速度快，食量大，常暴发成灾，轻则影响树体的生长发育，发生严重时叶片被吃光，导致枝梢干枯，树势衰弱，引起树木大面积死亡。

3. 生物学习性

春尺蠖在内蒙古化德县1年1代，以蛹在寄主植物根系周围的土壤中越夏越冬，翌年4月上中旬开始羽化为成虫，成虫羽化不久后就交配产卵，4月进入产卵盛期23~29天，5月上旬开始孵化成幼虫。6月上旬幼虫危害最盛，幼虫期为29~34天，6月中旬老熟幼虫开始相继入土化蛹，蛹期长达9个月之久。

4. 防治方法

1）农业防治

早春或晚秋人工翻土破坏春尺蠖越冬场所（蛹室），降低虫口密度。

2）生物防治

（1）用苏云金杆菌（1亿/mL）喷雾或喷粉，这样可保护其林间各种天敌，控制其幼干嫩枝害虫的危害。

（2）运用春尺蠖核型多角体病毒、1.8%阿维菌素乳油或可湿性粉剂防治。

3）物理防治

（1）在树干基部绑上塑料薄膜、塑料胶带及粘虫胶可以防治雌蛾上树产卵，也可以防止成虫上树。

（2）成虫期灯光诱杀。

4）化学防治

（1）喷洒25%灭幼脲Ⅲ号胶悬剂1 000~200倍液，或1.2%苦参碱1 000~2 000倍溶液，或3%高渗苯氧威乳油1 500~2 500倍液。

（2）释放敌马烟剂。

（三）沙枣木虱

沙枣木虱 *Trioza magnisetosa* Log.，属半翅目、木虱科的刺吸害虫。分布于新疆、甘肃、陕西、内蒙古等地，寄主有沙枣、苹果、梨、桃、杏、葡萄、杨、榆等。

1. 形态特征

1）成虫

雌虫体长3.1 mm（带翅体长5 mm），雄虫体长2.5 mm（带翅体长4.5 mm），胸部最宽0.9 mm，静止时翅折叠于背上呈屋脊状。初羽化成虫体色玉绿，老熟成虫全身橙黄色。头部橙黄，杂以淡黄色。触角浆黄色，共10节，基部二节粗短，端部2节黑色，顶部生2毛。复眼赤褐色，突出呈半球形，单眼三枚，鲜橙红色。胸背淡黄色，夹杂赤橙色斑纹。前胸2块，中胸4块，左右对称，有如花脸。前胸“弓”形，前、后缘黑褐色，中间有2条棕色纵带，中胸盾片有5条褐色纵纹。后胸背板与腹部背面淡黄色，杂有褐色斑纹。腹背中线两侧每节有一个淡黄色斑点，但成两排纵行黄白斑纹。腹端两侧有二根刺毛。雌虫腹部末节背面有一椭元形的凹陷，肛门即位于此。产卵管黑色，尖端向上突出如锥，基部生有黄褐色长毛若千根。雄虫腹部末端向上突起，其上有抱握器，阳具位于抱握器中央，载肛突在抱握器下方。翅革质透明，微黄，翅脉褐色，径脉、中脉及肘脉从同一点出发分叉，沿翅的外、后绿脉间有褐色小点3个。足浆黄色，有深褐色斑点，附节及爪赤褐色，后足基节各有一个刺状突起，胫节端部腹面有一对黑刺。

2）卵

长约0.3 mm，长径0.25 mm，短径0.125 mm，上端稍尖，其上附有为卵长3/5的短丝，基部较圆。初产的卵无色半透明，成熟卵微黄色。

3）若虫

老熟若虫体长2.6 mm、体宽2.1 mm，体形如龟甲，扁平似介壳虫。体色随不同令期而变化，由淡黄绿色渐变成玉绿色。若虫喙端部黑色，口针丝线状，长约1 mm，位于前足基节后方中央处。复眼赤色，触角及足淡黄色。全身周缘有绿毛。四翅芽半透明，浆白色，在虫体背面占主要面积。胸部背面有3块黄斑，前胸1块，中胸2块，呈“品”字形。腹部背面沿中线左右及两侧每节有凹陷褐色横斑纹，排成纵列。腹部第6节以后愈合成一块。体上覆盖一层蜡质，若虫共5龄。

2. 为害状

成虫、若虫刺吸幼芽、嫩枝、果实和叶片的汁液，幼芽被害常枯死，被害叶多向背面卷曲，严重者枝梢死亡、削弱树势，造成大量落花、落果，重者整株死亡。

3. 生物学习性

该虫在1年发生2代，以成虫在树皮裂缝、树洞、落叶层下、房屋缝隙等处越冬。成虫期330天左右，卵期7～9天，若虫期14～38天。越冬成虫次年春季（每年5月上旬左右），沙枣树展新叶片时，开始活动，刺吸新叶片、花、嫩芽等养分，雌成虫和雄成虫边危害叶片边交尾产卵，将卵散产在叶背和叶正面，成虫产卵持续时间较长，直到6月上旬结束。随着若虫龄期增加，被害加重最后卷叶发黄脱落，特别是3～4龄，在密度很大时，卷叶内蜡质物增多撒落地面，5龄若虫后期寻找羽化场所，老熟若虫由卷叶爬出迁到叶背及枝条上取食，羽化为成虫。此时成虫开始大量向周围其他树种上迁移危害，8月底或9月初逐步越冬。新羽化和越冬后的成虫都要大量补充营养，刺吸沙枣叶片和嫩枝、花等。成虫有群集性，常数个或10个聚集在1片叶上，多在背面叶脉处取食，成虫一般白天活动，主要靠风力传播，春秋季节遇大风时，有利于扩散，该害虫的成虫飞行较快。

4. 防治方法

1) 农业防治

(1)冬季(11 月至翌年 2 月) 在树干距地区 15 ~20 cm 高处用手锯平茬。

(2)冬季对沙枣林进行 1 次冬灌,可消灭在落叶下、杂草间越冬的成虫,以减少虫源。

(3)清理林下杂草和枯枝落叶。

2) 生物防治

保护和利用天敌,如啮小蜂。

3) 物理防治

(1)在发生地长期使用黄板涂粘胶诱集沙枣木虱(成虫)。

(2)利用沙枣木虱的趋化性,在黄色板上涂上黄油诱捕。

(3)利用黑光灯诱杀沙枣木虱。

4) 化学防治

(1)喷洒 80%磷胺乳剂 1 000 倍液和 10%敌虫菊酯乳剂 3 000 倍液,或 40%氧化乐果乳剂 1 000 倍液。

(2)施放 741 烟剂或敌马烟剂。

(四)沙枣褐斑病

沙枣褐斑病在我国最初在江苏省的胡颓子上危害。之后在内蒙古、宁夏、新疆及辽宁、吉林省的西部沙枣上发生。该病主要在叶的正面产生近圆形或不规则的病斑,初呈浅褐色,渐为深褐色。发病处组织变薄变脆,以后病斑中央褪为灰白色,外围仍保留深褐色的圈,严重发病者引起提前落叶,影响植株生长。

1. 症状

沙枣褐斑病发生于沙枣叶部,主要在叶正面产生近圆形或不规则形病斑,病斑初期浅褐色,逐渐色泽加深变为深褐色,发病处叶组织变脆,以后病斑中央退色,变为灰白色,周围形成一深褐色的圈,最后在灰白色的组织上产生小黑点,即为病菌的分生孢子器。叶正面病斑清楚,在叶斑的反面呈模糊的轮廓,少数也可以见到分生孢子器,病斑的大小为 1 ~5 mm。严重发病时一个叶片上可以产生多达 25 个病斑,有的彼此重叠,严重发病者引起提前落叶,影响植株生长。该病在果实上产生黑褐皱缩下陷的病斑,中部颜色较浅,周围有一黑色带状边缘,病斑上散生小黑点,为病原菌的分生孢子器,轻微感病的果实味甜,严重感病的果实味则变苦。

2. 病原

病原菌为球壳孢目、球壳孢科、壳针孢属、银叶花壳针孢菌 *Septoria argyraea* Sacc. ,该菌分生孢子器黑色散生,有孔口,埋生在病组织中,球形或稍扁;成熟时壳口部分略高出叶表。壳为黑褐色或黑色,膜质,较厚。分生孢子粗绒状,无色透明或略带淡绿色,由 2 ~7 个细胞组成,胞内有油球,直径 70 ~150 μm,分生孢子大小(19 ~29) μm ×(3 ~5) μm ,平均大小 21. 1 μm ×3. 6 μm,梗短不显著,无包,狭长到线形。

3. 发病规律

根据 1982 年在沈阳观察,6 月底田间出现个别病斑,3 ~5 天后就可以发生子实体,在病斑上有大量的分生孢子器,并充满分生孢子。子实体的产生一直持续到秋季落叶,因此病害的扩大蔓延很快。7 月中旬病叶及病株逐渐增加,8 月进入发病高潮期,株发病率可达

100%。8月12日在沈阳郊区新民县调查2年生大沙果枣苗326株,1年生苗2 726株,都发病。病叶自下部向上蔓延,8月下旬至9月下旬大量落叶,使许多植株只剩末梢上几片叶子。全株接近光杆。大量的提前落叶,显然影响植株的正常生长。

4. 防治方法

1)农业防治

重视营林技术、加强抚育管理。苗圃地应避免重茬,幼林适度修剪,除去病枯枝,保持通风透光。合理浇水、施肥,促进林木生长,增强抗病能力。

2)物理防治

在冬季或春季采取清除病叶作牲畜饲料,或集中深埋或烧毁的防治措施,可以减少初次侵染来源。

3)化学防治

(1)春季放叶后10天开始喷药进行保护,可选用1%波尔多液,每隔15天喷洒1次,共喷3~4次。

(2)发病后可选用50%退菌特可湿性粉剂800~1 000倍液,或70%甲基托布津可湿性粉剂800~1 000倍液,或50%多菌灵可湿性粉剂60~80倍液。

十、沙棘病虫害

沙棘 *Hippophae rhamnoides* L. 属于蔷薇目胡颓子科沙棘属,天然沙棘群落具有较大的变异性,植株高度从灌木、亚乔木到高大乔木。根系发达,实生苗主根明显,无性苗水平根发达且有根瘤。枝条有垂枝型和非垂枝型,每10 cm枝条上有1~9个棘刺,可有复刺,顶生或侧生;粗壮嫩枝褐绿色,密被银白色而带褐色鳞片或有时具白色星状柔毛,枝条皮部颜色有浅灰色、肉桂色、银灰色等,粗糙;芽大,金黄色或锈色。单叶通常近对生,与枝条着生相似,纸质,狭披针形或矩圆状披针形,长30~80 mm、宽4~10(~13)mm,两端钝形或基部近圆形,基部最宽,上面绿色,初被白色盾形毛或星状柔毛,下面银白色或淡白色,被鳞片,无星状毛;叶柄极短,几无或长1~1.5 mm。雌雄花异株,雄花无花瓣具2萼片4雄蕊,雌花无花瓣2萼片1柱头;果实圆球形,直径4~6 mm,橙黄色或橘红色;果梗长1~2.5 mm;种子小,阔椭圆形至卵形,有时稍扁,长3~4.2 mm,黑色或紫黑色,具光泽。花期4~5月,果期9~10月。种子为倒卵形,棕色。具有良好的生物学习性,耐干旱瘠薄,抗生性和适应性强,主要分布在我国"三北"和西南的干旱与半干旱地区,包括陕西、甘肃、宁夏、青海、山西、内蒙古、河北、辽宁、云南、贵州、新疆、西藏等省(区),是我国绿化荒山荒坡、营造水土保持的重要树种。

沙棘的根、茎、叶和果实都具有开发利用价值,根瘤菌具有同生固氮作用;茎中的5-羟色胺有抗癌作用;沙棘果实和叶片中含有多种生物活性成分,主要包括不饱和脂肪酸、氨基酸、维生素(B、C和E)、胡萝卜素、多酚、黄酮和微量元素等,其中黄酮有抗氧化作用;果实中的油脂、维生素等有多种保健功能。大量研究表明,果实和叶片提取物具有抗氧化、抗菌、抗辐射、抗病毒、抗应激、抗粥状动脉硬化、抗肿瘤、免疫调节、护肝保肝和治疗急慢性病的作用。临床试验还发现,沙棘具有降低胆固醇,避免肝脏纤维化的作用。沙棘的开发利用主要集中在果实上,沙棘果实由68%~77%的果肉/果皮组织、23%~32%的种子组织组成。沙棘果实富含多种化学成分，营养丰富，沙棘果实中维生素 C 和游离氨基酸的含量丰富。沙棘油是沙棘中最有价值的成分，种子和果肉是积累油脂的主要组织，叶片中也含有少量油脂。通常所说的沙棘油指种子油、果肉油或者两者的混合油，一般种子含油量为7% ~11%（干重）、果肉含油量为1% ~5%或2% ~38%（干重）、叶片含油量为1%。沙棘的种子油和果油含大量的维生素 E、维生素 A、黄酮等，具有明显的生物活性，是重要的医学、化工原料，各种沙棘油均含有丰富的矿质元素成分，如维生素类、三萜、甾醇类化合物、脂类成分、黄酮类成分、酚类及有机酸类、微量元素，沙棘油中还含有杂环化合物、碳氢类化合物，具有抗血小板凝集作用、抗癌、增强免疫系统、治疗炎症、保肝等作用。

在食品中，利用沙棘嫩叶及其他辅料加工制成复方沙棘茶，试验结果表明，复方沙棘茶色香味俱佳，保健效果良好；利用沙棘果实和白刺浓缩汁研制成功了混合保健品饮料；利用沙棘果汁、现有酒基和优质来源地下水等开发出了保健型低度沙棘白酒。沙棘油作为食品调味料日常食用，不但可以起到抗氧化的作用，还具有消炎、促进组织再生和抗溃疡作用。在医药中，沙棘由于其调节多种生理活性作用明显，可以作为原料添加到药品中。用沙棘干制后的浓缩颗粒制成的冲剂，治疗急慢性支气管炎（尤其是老慢支）和长期功能性消化均具有显著疗效。现今，市面上已经出现许多沙棘药剂，对于肺病和支气管炎等病症均能够获得良好的疗效。在化妆品中，沙棘中的胡萝卜素、其他水溶性维生素和高含量的不饱和脂肪酸，对于美白抗衰老、提高抗氧化酶活性作用明显，将它们应用于化妆品制造，成本低，效果好，并且无毒副作用，是优良的化妆品原料。现已研制成功沙棘化妆品，可使皮肤保持细嫩柔润、白皙亮泽，减少皱纹，降低皮肤过敏性，对皮肤无刺激，对脂溢性皮炎、过敏性皮炎、老年斑、黑斑、黄褐斑、鱼鳞癣等治疗功效优良。目前我国沙棘产业以“沙棘种植—沙棘饮料—沙棘医药保健食品—沙棘枝条纤维板”综合开发的产业链条初步形成。但纯沙棘林业面临病虫害侵蚀，其主要病虫害有沙棘木蠹蛾、红缘天牛及沙棘腐烂病。

（一）沙棘木蠹蛾

沙棘木蠹蛾 *Eogystia hippophaecolus*（Hua），属鳞翅目、木蠹蛾科，是沙棘的一种重要的蛀干性害虫。除危害沙棘以外，沙棘木蠹蛾还危害榆树 *Ulmus pumila* L. 以及蔷薇科的2 ~3个种。

1. 形态特征

1）成虫

雄虫体长21 ~36 mm，平均29 mm；翅展49 ~69 mm，平均60 mm；雌虫体长30 ~44 mm，平均35 mm；翅展61 ~87 mm，平均71 mm。翅及全身深灰色，体梭形粗壮。触角丝状，伸至前翅中央，长度约为12 mm。前足胫节内缘有1净角器，中足胫节末端有1对距，而后足除末端有1对距外，在其胫节中部还有1对中距，跗节均为5节。翅面有许多条纹，前翅基部中室至前缘区暗灰显著加深，且区域较大，亚外缘线黑色明显，靠前顶角处向前分出两枝成“丫”状；成虫前翅 R2 和 R3 脉间有1横脉，从而形成1副室，其位置略超过中室的一半，R4 和 R5 脉有1短共柄，小中室略短于副室。M1 着生于中室的前角，M2 和 M3 接近中室后角，2条 A 脉游离。中室闭合。

2）卵

呈卵圆形，长轴平均1.35 mm，短轴平均1.17 mm，宽约1.1 mm；外无覆盖物，卵壳上有纵横脊纹。卵初产时为白色，逐渐变为暗褐色，与沙棘树皮的颜色基本一致。未受精卵初产时为白色，而后逐渐干瘪变为黑色，不能孵化。

3）幼虫

初孵幼虫体色为淡红色，逐渐变成红色，老熟幼虫化蛹前体色褪去，变为黄白色。幼虫头部及胸腹部具原生刚毛，5 对腹足，第 1 ~ 4 腹足趾钩为双序全环状，而第 5 腹足（又称臀足）趾钩则为双序中带状。整个龄期内，幼虫头壳宽度为 0.38 ~ 7.46 mm，体长、体宽分别为 2.02 ~ 69.32 mm 和 0.667 ~ 15.74 mm。

4）蛹

形态呈纺锤形，深褐色，被蛹，蛹长 24 ~ 51 mm。一般分布在沙棘丛基周围 6 ~ 12 cm 深的土内，较为分散，蛹在茧内度过预蛹期。蛹期 27 ~ 51 天，平均 34 天，当温度高、湿度大时，蛹期将缩短 5 天左右。腹部背面具成排刺列，每腹节上有 1 ~ 2 排不等，雌蛹从第 1 节至第 6 节、雄蛹从第 1 节至第 7 节，每节上有 2 行刺列，前行刺列较粗大，而后行刺列则较细小，第 7 腹节背部刺列的数目是快速区分雌雄蛹的重要特征，雌蛹仅具 1 行刺列，而雄蛹则具 2 行刺列。

2. 为害状

幼虫主要危害沙棘主干和根茎，从而使沙棘林由于刮风，主干半腰或连根折断致死，或沙棘整株枯死。

3. 生物学习性

在辽宁建平，该虫 4 年 1 代，老熟幼虫于 5 月上中旬开始入土化蛹，成虫始见于 5 月末，终见于 9 月初，其间经历 2 次羽化高峰，第 1 次在 6 月中旬，第 2 次在 7 月下旬。初孵幼虫 6 月上旬始见，10 月下旬开始越冬。卵多产在干部树皮裂缝、伤口等处，极少数产在枝条上，而产卵高度则由于沙棘长势不同而有所差异。在辽宁 90% 以上的卵集中分布在 1.6 m 以下的主干上。卵的孵化率达 90% 以上。卵期 7 ~ 30 天，平均为 16 天。幼虫常十几头至上百头聚集在一起危害，且具有转移危害的习性，初孵幼虫的危害特点首先在韧皮部或在木质部与韧皮部之间蛀食危害，天气转冷后（9 月中下旬），小幼虫从树干转移到根茎部和根部危害，并一直发育至老熟幼虫。老熟幼虫一般在树基部周围的土壤中化蛹，化蛹深度一般在地下 10 cm 左右。蛹期 26 ~ 37 天，平均 31 天。沙棘木蠹蛾以幼虫在树干部和根部越冬，坡向不影响其越冬虫态和越冬场所。成虫羽化多集中在 16:00 ~ 19:00，交配高峰出现在 21:30 左右。雌雄性比在内蒙古和辽宁分别为 1∶0.85 和 0.912∶1。雌虫昼夜均可产卵，但以夜间居多，一般在交配后的第 2 天 20:30 ~ 22:00。雄虫寿命为 2 ~ 8 天，雌虫寿命为 3 ~ 8 天。

4. 防治方法

1）农业防治

及时清除林中被害沙棘。平茬复壮。

2）生物防治

保护和开发天敌，如毛缺沟姬蜂等。

3）物理防治

5 月中旬至 8 月中旬，在有虫林分内，应用杀虫灯诱杀成虫，每天开灯时间为 20:00 ~ 02:00，每 5 hm^2 设置 1 盏诱虫灯。

4）化学防治

（1）干基喷雾、浇根、排粪孔注药、磷化铝熏蒸。

（2）利用沙棘木蠹蛾性信息素诱捕器诱捕。

（3）沙棘木蠹蛾性信息素诱捕器与灯诱结合捕杀。

（二）红缘天牛

红缘天牛 *Asias halodendri*（Pallas），也叫红缘亚天牛、红缘褐天牛、红条天牛。属鞘翅目、天牛科。寄主较多，主要危害枣树、酸枣、刺槐、苹果、梨、沙棘等，也危害葡萄、枸杞、沙枣等。

1. 形态特征

1）成虫

体长 10～20 mm、宽 3～6 mm，通体黑色，狭长，被有细长、灰白色毛；头短，刻点密且粗糙，被有浓密的深色毛；触角 11 节，丝状、细长，为体长的 1.5～2.0 倍；前胸宽大于长，侧刺突短钝，背面刻点稠密，成网状，小盾片呈等边三角形；鞘翅基部有 1 朱红色椭圆形斑，外缘有 1 条朱红色狭带纹，常在肩部相连接，鞘翅狭长且扁，两侧缘平行，末端钝圆，翅面被黑短毛，红斑上具灰白色长毛；足细长。

2）卵

长 2～3 mm，椭圆形，乳白色。

3）幼虫

老熟幼虫体长 20～22 mm，乳白色，头小，大部缩在前胸内，外露部分褐色至黑褐色，前胸背板前方骨化部分深褐色，分为 4 块，上有"十"字形淡黄带，后方非骨化部分呈"山"字形，腹部 13 节。

4）蛹

长 15～22 mm，乳白色，渐变黄褐色，羽化前黑褐色。

2. 为害状

以幼虫在寄主枝干皮层下及木质部中蛀食，致使树木枝干枯死，甚至全株死亡。

3. 生物学习性

1 年发生 1 代，跨 2 个年度，幼虫共 5 龄，世代发育整齐，每年出现一次成虫。幼虫在虫道内越冬，翌年 3 月上旬恢复取食活动，5 月上旬开始化蛹，5 月中旬为化蛹盛期。5 月下旬开始羽化成虫，6 月上旬为羽化盛期。成虫羽化后即补充营养，交尾多在羽化 17 小时后，雌雄成虫均可进行多次交尾，雌虫在交尾间隔中及交尾后，不断取食，最后一次交配后半小时即开始产卵，产卵期为 6 月上中旬，平均单雌产卵量 27.04 粒，产卵时不咬刻槽，产卵场所为树皮缝隙、分枝处，散产，少数两粒产于一处，极少有 4～5 粒成团状。卵 6 月底开始孵化，7 月中旬为盛期。幼虫孵出后蛀入韧皮部与木质部间取食，后蛀入木质部中，侵入口卵圆形，径长 0.9～1.1 mm，似针孔状，于 10 月下旬开始停止取食越冬。该虫卵历期 30 天，幼虫历期 30 天，蛹历期 20 天，成虫存活期 30 天。

4. 防治方法

1）农业防治

加强栽培管理、树体修剪、化学除草、松土翻耕、科学施肥浇水等措施，提高沙棘园的栽培管理水平，增加沙棘树体的抗虫性。

2)生物防治

保护利用天敌,如释放营氏肿腿蜂或廖氏皂莫跳小蜂。

3)物理防治

(1)结合冬季修剪及时剪除衰弱枝、枯死枝,特别是要注意将修剪的各种树木枝条集中烧毁,减少虫源。

(2)成虫发生期人工捕捉杀灭成虫,幼虫期寻找排粪孔,采用铁丝、细螺丝刀等刺入幼虫危害隧道刺杀幼虫,或采用在虫孔中插毒签的办法进行防治。

4)化学防治

(1)喷洒10%吡虫啉1 500~2 500倍液,或5%来福灵1 500~3 000倍液,或绿色威雷300~400倍液。

(2)树干打孔,注射内吸性杀虫剂杀幼虫。

(三)沙棘腐烂病

沙棘腐烂病是由沙棘壳囊孢菌 *Cytospora hippophaes* Thüm. 引起的,是沙棘树的主要病害之一,该病害主要危害树木的主干、主枝等部位,形成腐烂、溃疡、枝枯、流胶、干腐等症状类型,该病主要发生在7年生以上的大树上,郁闭度较大的沙棘林也易发生。

1. 症状

病斑多发生在主干、主枝、侧枝及枝丫分杈处。该病症状有溃疡型及枝枯型两种,但通常表现为溃疡型。每年5月沙棘主干处病斑呈现暗褐色水渍状,略肿胀,病斑椭圆形,5月以后病斑继续扩大,树皮呈深褐色,病皮组织腐烂,用手压有湿润感。至7月,随气温升高,病斑组织干枯下陷,有时发生龟裂,此时病斑上产生密集的小黑点,树皮可用手撕破,严重时,沙棘树可当年死亡。此病最易发生在10年生以上、树势较为衰弱的老沙棘林,特别是在郁闭度0.9以上、透气性差的林分,被害率常达60%以上。

2. 病原

病原是沙棘壳囊孢 *Cytospora hippophaes* Thüm。病原菌的分生孢子器(大小250 μm × 1 470 μm)埋生在暗色子座内,有明显的黑色乳头状孔口突破寄主表皮外露,多腔,多达14个,不规则形;分生孢子梗有分支,无色,梗基大小(5~7.5)μm×(1.8~3.8)μm,产孢细胞瓶梗式,大小(7.5~12.5)μm×(0.8~1)μm;分生孢子单胞,腊肠形,无色,大小(4~6.5)μm×(1~1.3)μm。

3. 发病规律

野外采集分离纯化的菌丝体接种15天后沙棘水培枝条上开始出现病状,初期发病部位呈褐色水渍状病斑,皮层组织变软,病部逐渐变成黑色斑,渐渐扩大并凹陷,病部树皮完整,剖开树皮韧皮部变为丝状。病斑有明显的褐色边缘,无固定形状。接种20天后在病斑上长出许多半埋生的黑色小点,此即病菌分生孢子器。在空气湿度较大时在分生孢子器孔口上产生卷须状橘黄色分生孢子角。

4. 防治方法

1)农业防治

(1)在造林时,选用当地抗病性强的乡土沙棘品种,提前做好防冻工作。

(2)科学整枝,修剪应逐年进行,做到勤修、轻修、适时修、合理修。剪口要干滑,修下的枝条及时运走和处理。

(3)秋季或冬季及时清除病枝、病叶，集中烧毁，或翻耕土壤，将病叶埋于土壤，以消灭越冬病菌，减少初次侵染来源。

(4)沙棘园注意排水、防冻，增强有机肥，树干涂白，以防腐烂病发生。对于5～6年生以上沙棘应实行平茬，平茬掉的树枝集中烧毁。以后每6年平茬一次。

2)化学防治

防治腐烂病的常用药剂有10%碱水(碳酸钠)、蒽油、蒽油肥皂液(1 kg蒽油+0.6 kg肥皂+6 kg)结合赤霉素(100 mg/L)、1%退菌特、5%托布津、50 mg/L内疗素等。

十一、榛子病虫害

榛子 *Corylous heteropulla* Fisch. 为桦木科、榛属植物，榛仁属于坚果，形似栗子，外壳坚硬，又名山板栗、棰子、尖栗等。全世界已记载的约有16种，中国有10种，其中栽培种2种、野生种8种，广泛分布于我国22个省、自治区、直辖市。榛树用途广泛，果材兼用，经济价值非常高，榛仁有"坚果之王"的称呼，与扁桃、胡桃、腰果并称"四大坚果"。

榛子为多年生落叶灌木或小乔木，树高一般1.5～3 m。根系在土壤中能产生根状茎，交错伸展，萌发新植丛，侧根发达，须根细长而密，根系主要分布在地表下5～40 cm。小枝红褐色或灰白色，被腺毛。芽卵形，芽鳞的边缘有须毛，叶长4～13 cm，形状多变异，叶基部心形或圆形，具三角形尖头，边缘有不规则锯齿，表面无毛，叶背面沿脉有短茸毛，侧脉3～7对，叶柄长1～2 cm。花单性，雌雄同株，雄花腋生，密被灰色粗茸毛，花序为圆柱状，多2～7个排成总状，葇荑花序，苞片多个呈覆瓦状排列，每苞片内有2叉状的雄蕊4～8枚，花药黄色，风媒传播，雌花包藏于一总苞内，着生于雄花序附近，柱头初为鲜红色或粉红色，向外展形，授粉后柱头枯萎变为黑色。

榛子喜光，抗逆性强，耐寒耐旱，年平均气温在7.5～16 ℃，绝对低温在－33 ℃以上，年降水量在500 mm以上的地区，均可种植。榛子对土壤的适应性较强，砂土、壤土、黏土及轻盐碱地均可生长，对地势要求也不高，海拔750 m以下地势较舒缓的梯田、坡地和平地均适宜榛子的生长与结实。

榛子具有较高的经济价值，主要为榛子种仁和榛子壳。榛仁口感香美，余味绵绵，是美味的坚果及食品加工原料，含碳水化合物16.5%、蛋白质16.2%～18.0%、脂肪50.6%～63.8%、灰分3.5%，榛油中还溶解有维生素C、维生素E和维生素B以及钙、磷、钾、铁等矿物元素。榛仁广泛应用于食品工业，以榛仁为原料可以制成多种多样的糖果、糕点、巧克力、榛子露、榛子粉、榛子酱等。据研究报道，榛仁脂肪里含有50%的亚油酸，能稀释胆固醇，减少心肌梗塞的发病率，预防心脏病的作用。榛仁本身就是一味中药，有调中、开胃、明目的功效。综上，榛仁作为集营养、保健、食疗于一体的天然功能性食物资源，具有较高的应用前景。此外，榛子壳中含有大量的棕色素，作为一种天然色素，是饮料、发酵工业大量使用的棕色系色素之一，同时榛子壳生物质热解后可转化产生有机燃料、吸附剂等，粉碎后的榛子壳也是很好的有机肥原料。

榛子根系发达，多水平状分布，不仅是良好的水土保持树种，而且榛子药食同源的价值逐渐被人们认可与开发应用，近年来人工榛子种植面积迅速扩大，在取得经济效益的同时榛树病虫害问题也日益引起人们的重视。榛子常见的虫害有榛实象甲、榛卷叶象甲、疣纹蝙蝠蛾、榛黄达瘿蚊等，常见的病害有榛白粉病、煤污病等。

（一）榛实象甲

榛实象甲 *Curculio dieckmanni* Faust，属于鞘翅目、象甲科，在榛子产区均有分布，主要危害榛树果实。幼虫在榛果内为害，成虫有补充营养的特性，此时会取食榛叶、果苞和嫩芽，该虫害严重影响榛果的质量和产量。

1. 形态特征

1）成虫

体黑色，被灰黄色鳞毛。体长 6 ~ 8 mm，头部半球形，头前部延伸成头管。雄虫与雌虫的明显区别：雄虫头管较短，触角着生于头管中部的两侧；雌虫头管较长，触角着生于近头管基部 1/3 处。口器细长向下弯曲，触角膝状。

2）卵

表面光滑，椭圆形，略透明，长 0.8 ~ 1.2 mm。初期为乳白色，近孵化时颜色略黄。

3）幼虫

老熟幼虫体长 10 ~ 11 mm，上颚黑褐色，头部黄褐色，胴部乳白色，疏生黄色绒毛。

4）蛹

长 7.5 ~ 8.5 mm，离蛹，椭圆形，黄褐色，体背密生黄色细毛。头顶具黄褐色乳突 1 对，口器较长，稍弯曲贴于腹部，其端部与后足等长，触角并列于口器基部两侧。

2. 为害状

成虫、幼虫均可为害，取食植株幼嫩部分，如嫩芽、嫩叶、嫩枝，使嫩芽残缺不全，嫩叶呈针孔状，嫩枝折断枯萎，严重影响新梢生长。幼虫蛀入榛果内后，将果仁部分或全部吃掉，并将粪便排在果内，形成虫果。成虫有补充营养的特性，以细长头管刺入幼果，蛀食幼果内幼胚，造成幼胚停止发育，在果内形成棕褐色的干缩状物，导致果实早期脱落。

3. 生物学习性

榛实象甲在辽宁大多数 2 年发生 1 代，少数 3 年 1 代，2 年 1 代的历经 3 个年度，生活史长而复杂，往往世代重叠交替发生。该虫常以老熟幼虫入土做土室及成虫在土中越冬，在辽宁 5 月上旬越冬成虫出土，开始在枯枝落叶层下活动，5 月中旬成虫开始上树取食嫩叶，5 月下旬至 6 月上旬成虫进入活动盛期，6 月中下旬在榛子幼果发育期，成虫开始交尾并产卵于幼果内，7 月上中旬为产卵盛期，7 月中下旬为孵化盛期，幼虫在果内取食近 1 个月，并发育成乳白色的老熟幼虫，8 月中下旬至 9 月上旬当榛果逐渐成熟时，老熟幼虫随虫果坠到地面，幼虫脱果后爬行一段距离，寻找腐殖质层相对较厚、土壤湿度相对良好的地方，钻入土中 20 ~ 30 cm 处，做一土室准备越冬，8 月下旬至 9 月上旬为入土盛期，入土的幼虫在土中度过 1 整年时间，下一年 7 月中旬开始化蛹，7 月下旬进入化蛹盛期，蛹期为半个月左右，约在 7 月下旬开始出现新成虫，8 月中旬为成虫羽化盛期，新羽化的成虫在当年不出土为害，直接转入越冬状态。

榛实象甲成虫喜光，喜在通风良好的地方活动，故阳坡危害比阴坡严重，成虫多数喜伏在榛叶正面不动，在早晚、阴雨或大风等天气会静伏在榛叶背面或地表的杂草丛中。成虫受惊扰时可迅速展翅飞去或坠地假死，对糖醋液没有趋性。

4. 防治方法

1）农业防治

榛实象甲为害情况阳坡比阴坡重，山下比山上重，纯林比混交林重，林龄越高受害越重，而且在林缘、林中空地危害较严重，可以通过树种合理配置、适当密植、及时补植林中空地、改善榛子地的通风透光条件等营林措施，提高林分抗病虫能力。对于虫口密度较大的林分，可以采取平茬的方法降低虫口密度。榛园的种植中选择栽植抗病能力强、抗旱、抗寒、耐贫瘠的优良树种非常重要。

2）生物防治

可以采用广谱生物杀虫剂绿僵菌毒杀成虫和幼虫。在成虫期、幼虫下地入土期间，喷施绿僵菌制剂 3 ~ 4 次，每次间隔 10 天左右。该虫目前发现的天敌较少，成虫期有鸟类捕食少量成虫。

3）物理防治

在全面集中采收果实时，人工摘（捡）除虫果，集中消灭老熟幼虫。具体方法为：在幼虫未脱离果实前采摘果实，集中堆放在光滑地面或者木板上，待幼虫脱果后集中杀灭；对于危害特别严重、已无经济价值的果实，可以提前采果后集中销毁；还可以利用成虫的假死习性，进行人工捕捉，再集中烧毁；抓住成虫上树期的有利时机，在树干下端缠绕防虫胶带，阻止成虫上树为害，并将虫子收集灭杀。

4）化学防治

（1）在成虫活动盛期，即每年的 5 月上旬至 6 月上旬喷洒菊酯类（如高氯菊酯 800 ~ 1 000 倍液），连喷 3 ~ 4 次，间隔时间为 10 天。也可用苦参碱插管烟剂，采用多点低烟法。选无风天的傍晚在林内均匀燃放熏杀成虫，亩用量 1.5 kg。

（2）8 月上旬到下旬于幼虫脱孔期，可用 50% 辛硫磷乳油 500 倍液进行地面喷雾，幼虫死亡率可达 90% 以上。

生产中，榛实象甲发生面广，生活史长而复杂，而且世代重叠交替发生，因此单纯化学防治效果不理想，必须采取综合防控措施。

（二）榛卷叶象甲

榛卷叶象甲 *Apoderus coryli* Linnaeus ，属鞘翅目、卷叶象甲科，为榛树主要食叶害虫，以幼虫和成虫危害榛树叶片。主要分布于北京、山西、山东、吉林、黑龙江、内蒙古、陕西、河北、江苏、四川、辽宁等地。

1. 形态特征

1）成虫

体黑色，具金属光泽，体长 8.8 ~ 11.2 mm。鞘翅红褐色，每个鞘翅上具明显而有规则排列的刻点沟 12 列，其中第 7、8、11 列的刻点沟未达至鞘翅的前端，后翅淡褐色，半透明。头部全黑或前部黑色，后部红褐色。触角较长，有 12 节，念珠状，端部膨大。头长圆形，头管长大于宽，向基部略收缩，向端部则扩宽。足的腿节中部膨大，胫节端部着生黑褐色棘 1 个，前、中、后足跗节末端具几丁质褐色爪 2 个。

2）卵

椭圆形，长 1.5 mm、宽 1.0 mm，初产时杏黄色，孵化时转变为棕褐色，透过卵壳可以看到卵的边缘原生质。

3）幼虫

黄色，头部褐色，颚发达，长 10.0 ~ 13.0 mm，胴部 13 节，节间突起明显呈峰状。

4）蛹

离蛹，橘黄色。复眼红褐色，蛹的头部缩存于胸部腹面，前胸背部各节着生横列褐色刚毛，腹部背面各节均着生一列褐色刚毛。

2. 为害状

以幼虫和成虫危害榛树叶片。幼虫在卷褶的叶苞内危害，成虫取食叶片后呈孔洞，受害严重的叶片孔洞连成片后呈网状，有的直接咬断叶柄。叶片的减少导致光合作用衰弱，不仅影响植株当年的坐果率与果实饱满度，而且影响花芽的分化，导致来年的减产。

3. 生物学习性

榛卷叶象甲在辽宁 1 年发生 2 代，以成虫在枯枝落叶层下、石块下、土缝内越冬。第 2 年 5 月中旬越冬成虫出蛰取食，补充营养后交尾产卵。雌成虫产卵于卷褶的叶苞内，一般 1 片叶子内产卵 1 ~ 2 粒，幼虫孵化后即在叶苞内取食。5 月下旬第 1 代幼虫开始为害，1 头幼虫一生仅危害一片叶子，历期 10 ~ 16 天，6 月中旬老熟幼虫开始在叶苞内化蛹，蛹期 4 ~ 6 天。6 月下旬第 1 代成虫开始羽化，7 月上旬羽化后的成虫经补充营养后交配产卵，第 2 代成虫于 8 月上旬开始羽化，经补充营养后 9 月上旬开始越冬。

成虫喜光，多白天活动取食，晴天活动最为频繁，夜间伏于枝丛或叶片背面。成虫不具趋光性，具较强的假死性，善飞翔，大多数喜在植株的中上部活动、取食、产卵。

4. 防治方法

1）农业防治

加强营林抚育管理，通过合理施肥、灌溉和调控林间苗木密度等，改善林内生态环境，增强植株生长势，提高抗病虫能力，从而减轻危害程度。

2）生物防治

在卵期、幼虫期、成虫期，其天敌为一些寄生蜂与寄生蝇，有待进一步研究和开发应用。

3）物理防治

一般在 5 月中旬至 7 月上旬，摘卵、刮卵、采摘叶片上的卵块，刮除枝条或树干上的卵块，集中烧毁，人工摘除树上叶苞，集中消灭卵、幼虫和蛹。虫口密度大时可以利用成虫的假死性，人工震落捕杀。

4）化学防治

在成虫羽化与活动盛期，叶片喷施 1.8% 阿维菌素乳油2 000 倍液，或 10% 吡虫啉乳油 2 000 倍液，或 2.5% 高效氯氰菊酯乳油 2 000 倍液等，7 ~ 10 天一次，交替用药，连续 3 ~ 4 次。

（三）疣纹蝙蝠蛾

疣纹蝙蝠蛾 *Phassus excreseens* Butler，属鳞翅目、蝙蝠蛾科，为榛树主要蛀干害虫。

1. 形态特征

1）成虫

茶褐色，较大型蛾类，翅展 66 ~ 70 mm。触角短粗，后翅狭小，腹部长大。前翅前缘有 7 枚近环状的斑纹，中央有一个深色稍带绿色的三角形斑纹，斑纹的外缘有并列模糊不清的括弧形斑纹组成一条宽带，直达翅缘。

2）卵

椭圆形，0.6～0.7 mm，初为乳白色，后转变为黑色，微具光泽。

3）幼虫

头部黑褐色，胴部白色，圆筒形，各节背面生有黄褐色硬化的毛斑，老熟幼虫体长 50 mm 左右。

4）蛹

被蛹，圆筒形，黄褐色。头顶深褐色，中央隆起，形成一条纵背，两侧生有数根刚毛。

2. 为害状

以幼虫在枝干髓心部钻蛀坑道，常爬到坑道口咬食边材，使坑口形成穴状或环状凹坑。受害榛树树势衰弱，严重影响榛果产量与质量，且坑道口面积较大难以愈合，易遭风折。

3. 生物学习性

在辽宁 1 年 1 代或 2 年 1 代，以卵在地面和以幼虫在树干髓心部越冬，翌春 5 月中旬开始孵化。初龄幼虫以腐殖质为食，自 6 月上旬 2、3 龄后转移至榛树的茎干中钻蛀危害。幼虫蛀食植株时，吐丝结网，隐蔽躯体。8 月上旬开始化蛹，8 月下旬羽化为成虫。成虫出现后当晚即交尾产卵，以卵越冬。次年卵孵化期较长，部分孵化较晚或发育较迟缓的以幼虫越冬，第 2 年 7 月上旬化蛹。羽化前蛹体蠕动到坑口，8 月中旬开始羽化，2 年完成 1 代，羽化后蛹壳的前半部露出坑外。成虫白天隐藏不动，黄昏时飞翔，由于活动时间与飞翔姿态似蝙蝠而得名。

4. 防治方法

1）农业防治

秋末冬初彻底清除落叶和杂草，消灭越冬虫卵，有利于害虫的防除。在榛园种植中，要尽量选择抗病虫品种。

2）物理防治

6 月上中旬缠防虫胶带，避免幼虫上树危害。

3）化学防治

（1）喷雾法。在幼虫转移前（5 月中旬至 6 月上旬），往地面和树干喷 3% 高效氯氰菊酯乳油或 2% 噻虫啉微囊悬浮剂 800～1 000 倍液，阻止大多数幼虫上树和消灭地面幼虫，一般每隔 7 天左右喷一次，连续喷 2～3 次。

（2）塞棉球法。6～7 月，发现树干有马粪包状木屑包，用 50% 敌敌畏乳油 200 倍液，将棉球浸入药液后堵孔，毒杀幼虫。

（3）黄泥塞孔法。8～9 月，在成虫羽化前，用 40% 氧化乐果与黏土（1∶10）做成药泥堵孔杀虫，防止成虫羽化飞出。

（四）榛黄达瘿蚊

榛黄达瘿蚊 *Dasinura corylifalva* sp. nov，属双翅目、瘿蚊科，是近年来新发现的危害榛树的重要害虫。此虫分布于辽宁、吉林、黑龙江、河北、山东等地。

1. 形态特征

1）成虫

浅黄褐色，体长 1.4～2.2 mm，翅长 1.1～1.5 mm、宽 0.48～0.75 mm，体型微小且十分纤弱。前翅膜质、透明，脉序简单，仅 3 条纵脉，翅缘着生褐色细毛，排列整齐，翅表面布有浅褐色柔毛，显微镜下观察有金属光泽，后翅退化呈船桨状。足的跗节密被鳞和疏毛，其他各节具稀疏的毛。

2）卵

橘红色，长椭圆形。长径0.05 mm左右，长径是短径的5倍左右。

3）幼虫

纺初孵幼虫白色，蛆形，透明，长0.5 mm左右。危害期幼虫白色，2 mm左右，老熟幼虫乳白色、3～4 mm，臀节末端背部有4个与体同色的瘤状刺突。

3）蛹

近纺锤形，化蛹初期黄色，后期变为橘黄色，长2.5～3.0mm。

2. 为害状

以幼虫危害幼果、嫩叶、新梢。被害幼果的果苞皱缩、脱落，被害嫩叶受到刺激后叶片背部出现隆起的虫瘿。一旦发生，造成榛子产量大幅度下降，经济损失严重。

3. 生物学习性

榛黄达瘿蚊在辽宁地区1年发生1代，以老熟幼虫结茧在枯枝落叶层下的表土中越冬。第二年榛芽萌动时开始化蛹，蛹期一般为13～15天。铁岭地区一般4月下旬出现成虫，5月中旬成虫进入羽化盛期，在6月中旬成虫羽化终止。5月中旬卵开始孵化，幼虫危害盛期在5月下旬至6月上旬，6月中旬幼虫开始自虫瘿内脱落、结茧，夏眠后越冬。

成虫羽化后开始交尾，通过产卵器直接刺入植株幼嫩组织产卵，一般将卵产在果苞的表面、雌花柱头的缝隙间、嫩叶背部的表面和叶脉基部。卵一般经5～7天孵化出幼虫，孵化后即开始取食为害寄主。初孵幼虫为害时分泌消化液刺激榛子嫩叶皮下组织增生形成虫瘿，每个叶片上一般有5～12个虫瘿，多时可达20～30个虫瘿，虫瘿有的单个分布，有的相互连接成片。从成虫产卵至出现虫瘿的时间很短，一般仅需6～10天，而后虫瘿迅速开始膨大，呈半球形，1头幼虫的危害历期一般为25～30天。幼虫在虫瘿内做纵状长椭圆形虫室，幼虫一般不活泼，活动很少，在虫室内为害，致使局部组织增生变形，不能正常吸收养分而导致榛果果苞皱缩、脱落，被害嫩叶组织由嫩绿色变为黄绿色，影响水分、养分的输导，严重削弱树势。

4. 防治方法

1）农业防治

加强榛园水肥管理，增加植株的生长势，对发生虫害严重的林区，在5月中旬至6月中旬的幼虫期，可以人工摘除虫瘿，集中进行消灭或深埋处理。

2）生物防治

应加强保护和利用天敌昆虫如蜘蛛、草蛉、瓢虫等，以控制瘿蚊的种群数量。在天敌数量较大时，尽量使用对天敌无害的生物源农药，如可使用1.2%苦·烟乳油1 000倍液喷洒或者飞防。

3）物理防治

在4月下旬至5月中旬榛黄达瘿蚊成虫期，在榛林悬挂黄板，利用粘虫板对榛黄达瘿蚊进行诱捕，注意及时更换和处理黄板。

4）化学防治

根据榛黄达瘿蚊的生活习性与发生规律，防治时间节点是在其成虫产卵以前，防治的重点位置是林下，由于成虫个体较小，往往肉眼不易发现，抓住最佳防治时期是关键，可以采用黄板测试法。黄板测试法：将黄板悬挂在榛林的典型地域，每天清点成虫数量并将黄板清理干净，当黄板上成虫数量达到10头以上时，开始进行化学防治。主要方法有以下两种：①烟熏防治。在郁闭度好的榛园燃烧烟剂，4月下旬至5月中旬林中悬挂敌敌畏烟剂熏杀成虫。②喷雾防治。在4月下旬至5月中旬榛黄达瘿蚊成虫期，可选用1.2%苦·烟乳油1 000倍液喷洒或25%灭幼脲3号悬浮剂1 000倍液树体喷雾防治。在5月中旬至6月中旬幼虫危害盛期使用10%吡虫啉可湿性粉剂800～1 000倍液、50%辛硫磷乳油1 000倍液喷雾防治。

（五）榛白粉病

榛白粉病在榛子种植区多有发生，是榛树上发生较普遍、危害较严重的病害之一。

1.症状

榛白粉病主要危害叶片，也可侵染嫩梢、幼芽、果苞等幼嫩组织。

叶片受害，在发病初期，叶正面和叶背面均出现明显的黄斑，逐渐扩大成边缘不明显的大型斑点，表面覆盖白色粉状物。随后白粉状物逐渐变成灰白色或灰褐色，叶斑背面褪绿，叶片扭曲干枯，早期落叶。

嫩芽受害，严重则不能展叶，嫩梢受害时着生白粉，皮层粗糙开裂，枝条木质化推迟，生长衰弱，易受冻害。

果苞受害，其上着生白粉，然后变黄致使落果或瘪仁。

8月在各受害部位白粉层上散生小颗粒，为闭囊壳，初期为黄褐色，后期为黑褐色。

2.病原

榛白粉病 *Microsphaera coryli* Homma 为白粉菌目叉丝壳属榛叉丝壳菌。

3.发病规律

以子囊壳在病叶上或以菌丝体在病枝上越冬。辽宁地区6月上中旬开始发病，7月上中旬为发病盛期，在被害叶片表面的灰白色菌丝体上形成分生孢子梗，产生分生孢子，借气流传播。发病后期在菌丝体上形成球形的子囊壳。8月末榛子进入成熟期，榛白粉病也进入衰退期。一般情况下，榛林密度大，通风透光差，有利于病害发生；寄主生长衰弱有利于病害发生；6～7月降雨量大有利于病害的发生，气候干旱则不利于病害的发生。

4.防治方法

1）农业防治

秋冬季节要及时消除病枝和病叶，杜绝病害的传播；如果发现中心病株，要全部砍掉深埋或烧毁；疏伐或间伐过密的株丛，加强通风透光，合理施肥浇水，增加树势抵御病害侵袭。

2）化学防治

（1）在萌芽后展叶前，喷洒0.3～0.5°Be石硫合剂。

（2）5月上旬发病之前，喷施20%三唑酮乳油800倍液，对白粉病有预防与治疗作用。

（3）6月下旬至7月上旬，为白粉病的发病盛期，发病严重时喷洒20%三唑酮乳油800倍液，叶面、叶背、嫩梢均匀喷洒，间隔10天连续喷药2次。

（六）煤污病

煤污病又称为烟煤病、煤病、煤烟病，发病后植物表面形成煤烟层状物，多伴随虫害发生。

1. 症状

发生于叶、枝梢与果实表面，最初一层暗褐色小斑霉，逐渐扩大形成绒毛状的黑色、暗褐色、灰色霉层，后期霉层上长出黑色的分生孢子器及子囊壳或刚毛状的长型分生孢子器。煤污病主要危害榛树叶片，影响植株光合作用、呼吸作用及蒸腾作用，对榛果产量与品质造成影响。

2. 病原

引起煤污病的病原多种，依据病原引起的病害的外部形态，凡是有黑色菌丝体及孢子、表生于植物体的真菌种类都属于煤污病的病原菌，统称为煤污病。

3. 发病规律

这一类真菌种类多，分布广泛，在植物活体、枯枝落叶以及任何适宜的地方都可能存在，病源很难消除，只要条件适宜，就有可能传播发生甚至流行。

煤污病病原菌种类很多，其发生与温度与湿度关系密切，主要受虫害的发生、气候因素、栽植密度和人为活动的影响。

4. 防治方法

1）农业防治

秋冬季节要及时消除病枝和病叶，杜绝病害的传播。通过合理施肥、灌溉和调控苗木密度等，改善林内生态环境；合理修剪，分枝科学配制，保证通风透光，提高植株生长势，从而减少病害的发生。

2）物理防治

用水冲洗，可以直接收到效果。在病株较少的情况下，溶解少量洗衣粉或者肥皂液，用水冲洗发病枝条与叶片。

3）化学防治

（1）治虫防病。煤污病的发生与刺吸式口器昆虫、天敌、蚂蚁关系密切。防治刺吸式口器昆虫，也可以通过防治蚂蚁提高天敌的数量起到防治刺吸式口器害虫的目的，最终达到防治煤污病的目的。

（2）春季萌芽前喷施 3 ~ 5°Be 的石硫合剂，消灭休眠期植株枝干上的病原菌。

（3）生长季使用 50% 甲基托布津可湿性粉剂 500 倍液喷雾，7 ~ 10 天喷一次，严重时连续 3 次。

十二、红松病虫害

红松 *Pinus koraiensis* Sieb. et Zucc.，又名海松、果松、韩松、红果松、朝鲜松，为裸子植物，松科松属常绿乔木。分布于我国东北长白山区、吉林山区及小兴安岭爱辉以南海拔 150 ~ 1 800 m、气候温寒、湿润的灰棕土壤地带。红松喜光，喜温寒多雨、相对湿度较高的气候与深厚肥沃、排水良好的酸性土壤，是我国东北地区的优良用材、建筑、国防、药用、食用干果和油料树种，为世界优良用材。

红松属于常绿乔木，树高可达 30 m，胸径 1 m，树皮灰褐色或灰色，纵裂成不规则的长方鳞状块片，裂片脱落后露出红褐色的内皮，皮沟不深，近平滑，鳞状开裂，裂缝呈红褐色。心边材区分明显，边材浅驼色带黄白，常见青皮；心材黄褐色微带肉红，故有红松之称。大树树干上部常分杈、枝近平展，树冠圆锥形。冬芽淡红褐色，圆柱状卵形，先端尖，微被树脂，芽鳞排列较疏松。针叶5针一束，长6～12 cm，粗硬，直，深绿色，边缘具细锯齿，叶鞘早落。雄球花椭圆状圆柱形，红黄色，长7～10 mm，多数密集于新枝下部成穗状；雌球花绿褐色，圆柱状卵圆形，直立，单生或数个集生于新枝近顶端，具粗长的梗。球果圆锥状卵圆形、圆锥状长卵圆形或卵状矩圆形，长9～14 cm，成熟后种鳞不张开，或稍微张开而露出种子，种子不脱落。种子大，着生于种鳞腹面下部的凹槽中，暗紫褐色或褐色，倒卵状三角形，微扁，长1.2～1.6 cm，花期6月，球果第二年9～10月成熟。

红松木质轻软，木理通顺，光泽美丽又富于油脂，有香气，耐腐朽能力强，因而是制作家具、建筑、桥梁、枕木和造船的优良用树种。伐根可以提炼出松节油、松香、松焦油等十几种工业用油。枝干除用材使用外，还可粉碎加工成各种人造板，也可以提炼出工业用油。针叶可以提炼出松针油，是机械润滑油和高级化妆品的原料，松针粉碎成粉末后，是畜禽的好饲料。花粉也可以入药，有润心肺、益气除风、止血的功效。红松籽是红松成熟种子去皮后得到的种仁，即通常食用的松子，它含有丰富的油脂、蛋白质，其中含不饱和脂肪酸高达93.2%，包括亚麻酸、亚油酸、二十碳五烯酸、花生四烯酸及一种独特的脂肪酸——皮诺敛酸，对于便秘、风湿性关节炎的治疗有一定疗效，同时具有降低血脂、抑制食欲的功效。据《本草纲目》记载，松子味甘，性温，无毒。主治：骨头节风湿，头眩，祛风湿，润五脏，充饥，逐风痹寒气，补体虚，滋润皮肤，久服轻身不老，另有润肺功能，治燥结咳嗽。松香和松树皮也是重要的工业原料。此外，红松作为东北地区重要的绿化和造林树种，在吸碳吐氧、涵养水源、调节气候、防风固沙、保护物种多样性等方面具有重大的生态价值。

红松是我国东北和西部地区珍贵的优良乡土树种，是重要的用材林、经济林、生态林、防护林、涵养林，由于天然红松林面积的减少和红松优良的经济价值，目前红松人工林快速发展，尤其是以红松大径材培育和红松子生产为主要目标的红松果材兼用林的种植面积越来越大，做好红松的病虫害防治工作尤为重要。常见的虫害主要有红松球蚜、松梢斑螟等，常见的病害主要有红松疱锈病、红松烂皮病等。

（一）红松球蚜

红松球蚜 *Pineus cembrae pinkoreanus* Zhang et Fang，属半翅目、球蚜科，主要分布于东北和内蒙古。主要危害天然更新和12～25年红松人工林针叶和嫩梢，少数在苗圃内危害红松苗。

1. 形态特征

1）无翅孤雌球蚜

体长1.3 mm、宽0.6 mm，卵圆形，红褐色，被长蜡丝，呈绒球状。

2）有翅性母

体长1.3 mm、宽0.6 mm，椭圆形，红褐色，头、胸背面黑色，腹面只有中胸腹板为黑色。

3）卵

初产时淡黄色，后变为肉红色，近孵化时，透过卵壳可见黑色复眼。

4）若虫

初孵若虫体长0.4 mm，米黄色，足和触角灰绿色，复眼黑色。老熟幼虫肉红色，体外覆有较多白色蜡丝。

2. 为害状

若蚜以刺吸式口器吸取红松新梢和嫩针的汁液,造成大量新梢萎缩,针叶枯黄,严重影响针叶萌发和新梢生长。若蚜在为害时,分泌一种带黏性的白色丝状物将自身和卵粒包围,外表看似白色绒球,高粱米粒大小,若蚜活动或卵孵化致使白色绒球破裂,但仍黏挂在针梢上,远看似针梢上挂了白霜。

3. 生物学习性

红松球蚜有两个寄主红松和云杉。1 年发生 4 代,以 2 龄无翅孤雌若蚜在红松针叶束基部内侧白色蜡毛团内越冬。4 月中旬越冬若蚜开始脱皮,逐渐长大,从针叶束基部内侧移到外侧;5 月上旬,越冬代若蚜成熟并开始产卵,5 月下旬大量产卵,大部分早孵的幼蚜已进入正在生长的嫩梢芽缝内,吸食嫩梢汁液,造成严重危害。若蚜生长到 2 龄便开始分化,一部分分化为带翅的若蚜迁飞到云杉上发育为性母,危害并刺激云杉嫩梢基部,使云杉嫩梢基部形成膨大的球果状虫瘿;一部分无翅若蚜仍在红松上继续侨居,也称为侨蚜。6 月下旬,卵开始孵化,初孵若蚜集中在新针叶束内危害。7 月下旬至 8 月上旬,第二代侨蚜成熟,分泌白色蜡毛并产卵在其中,在针叶束内出现第三代侨蚜,8 月上旬至 8 月中下旬,第三代侨蚜成熟并开始产卵。8 月下旬第四代侨蚜若蚜大量孵化,向针叶束基部转移。9 月上旬孵化结束,9 月中旬所有若蚜开始进入越冬态。

红松球蚜喜光照,红松球蚜的危害一般阳坡重于阴坡,疏林重于密林,幼龄林重于中龄林,纯林重于混交林,温度高、雨水少的年份危害严重。

4. 防治方法

1)农业防治

在营林造林时,要营造红松与其他针叶或阔叶树种混交林,对球蚜的迁飞和繁殖有一定的阻隔作用,但严禁红松与云杉混交,避免球蚜危害的发生与加重;对已成形的红松林如密度和郁闭度不够的,应尽快补植速生树种,减少林内光照,降低红松球蚜的危害度。在苗圃地育苗时,避免云杉与红松同苗圃育苗。

2)生物防治

对于轻度发生红松球蚜的林分,可以采取生物措施控制。可采用释放天敌防治红松球蚜,常用的天敌有野食蚜蝇、巨斑边食蚜蝇、异色瓢虫 19 斑变种等。

3)物理防治

(1)人工剪除虫瘿。6 月中旬,在云杉虫瘿形成后,瘿蚜迁飞前,用枝剪剪除云杉上的虫瘿并集中销毁,可减少红松球蚜的发生。

(2)黄板诱杀。在有翅成蚜迁飞期在林间悬挂黄板诱杀迁飞蚜虫,在诱杀期间,对贴挂的黄板要进行定期的观察、清理和更换,以保证诱杀效果。

4)化学防治

对该虫的化学防治应本着“杀灭第 1 代,控制第 2 代,监测 3、4 代”的原则。红松球蚜防治适宜时间为侨蚜第 1 代或第 2 代卵孵化盛期,采用 40% 氧化乐果乳油 1 000 倍、10% 吡虫啉可湿性粉剂 1 500 ~ 2 000 倍液交替使用进行防治。

(二)松梢斑螟

松梢斑螟 *Dioryctria splendidella* Herrich-Schaeffer,属鳞翅目、螟蛾科,钻蛀性害虫。主要分布在黑龙江、陕西、江苏、浙江、福建、广东、云南等地。寄主为五针松、云杉、湿地松、红松等。

1. 形态特征

1)成虫

体长 10.0 ~ 14.0 mm、展 22.0 ~ 30.0 mm。体灰褐色,成虫寿命 3 ~ 5 天。触角丝状;前翅呈暗灰色,中室端有一肾形大白点,白点与外缘之间有一条明显的白色波状横纹,白点与翅基部之间有两条白色波状横纹,在翅外缘有一条黑色直横带。成虫后翅灰褐色,无斑纹。

2)卵

椭圆形,长约 0.9 mm,初为黄白色,有光泽,近孵化时变为樱红色,卵期一般 6 ~ 8 天。

3)幼虫

头部及前胸背板红褐色,中胸、后胸及腹部浅褐色,体表被有许多褐色毛片,腹部各节有对称的 4 对毛片,幼虫属于多足型,胸足 3 对,腹足 4 对,臀足 1 对。

4)蛹

被蛹,长椭圆形,长约 15 mm、宽约 3 mm。初为黄褐色,羽化前变为黑褐色。腹末端生由有 3 对钩状臀棘,其中中央一对较长。

2. 为害状

松梢螟幼虫蛀食球果及幼树枝干,不但影响种子产量,严重者可造成幼树死亡。主要表现为:以幼虫钻蛀寄主主梢,引起主梢枯死,侧梢丛生,树冠呈扫帚状,影响树木的生长与结实。

3. 生物学习性

东北 1 年 1 ~ 2 代,以老熟幼虫在被害枯梢及球果及当年生的顶梢中越冬。出现期分别为越冬代 4 月下旬至 6 月上旬,第 1 代 6 月下旬至 8 月上旬,第 2 代 8 月下旬至 10 月中旬,10 月幼虫开始越冬。各代幼虫期较长,生活史不整齐,有世代重叠现象。成虫具有趋光性,可用黑光灯诱杀。

4. 防治方法

1)农业防治

加强幼林抚育,促使幼林提早郁闭,可减轻为害;修剪时留茬一定要短,切口要平,尽量减少枝干伤口,防止成虫在伤口产卵。

2)生物防治

培育、保护、利用其天敌赤眼蜂,如果松梢螟发生面积较大,可通过释放一定数量的赤眼蜂来调控松梢螟的种群数量。

3)物理防治

利用黑光灯以及高压汞灯诱杀成虫。

4)化学防治

在越冬成虫出现期或第 1 代幼虫孵化期,可喷洒 50% 杀螟松乳油 1 000 倍液、20% 氯虫本甲酰胺悬浮剂 3 000 倍液、25% 灭幼脲 1 号 1 000 倍液、50% 辛硫磷乳油 1 500 倍液。

(三)红松疱锈病

红松疱锈病是红松上的一种毁灭性病害,目前研究认为该病原菌为担子菌纲松茶柱锈菌集合种 *Cronartium ribicola*,该病主要发生在辽宁省的本溪、抚顺、丹东等地,黑龙江省的牡丹江、带岭、伊春等地,吉林省的敦化、安图、蛟河、浑江等地,而且大有扩展蔓延之势。该病最早于1958年发现于辽宁省本溪市草河口试验林场的人工红松林，发病后蔓延迅速，严重影响红松林的正常生长和木材质量。

1. 症状

主要危害树干及下部枝条，受害树木发病初期病状不明显，随着病害的发展在病部稍有隆起，呈海绵状，并产生裂纹，于9月中旬至11月上旬，在病部产生性孢子器，流有蜜滴，呈淡黄色，干后留有斑痕。翌年4月下旬至6月中旬于病部产生杏黄色、后期呈灰白色或白色的泡状物，为病菌的锈孢子器时期的锈孢子囊，成熟破裂后散发出黄粉状的锈孢子。发病部的树皮呈块状开裂，木质部积脂外流，时久变成灰黑色。该病主要危害20年生以下的红松枝干部，一般10年生左右的红松越小受害越重。幼树得病后，生长停滞，枝条生长迟缓，侧枝与主干间角度变小，树冠呈球形或扫帚形，在感染之后的2～3年内枯死。

2. 病原

目前研究认为，红松疱锈病的病原菌为担子菌纲、锈菌目、层生锈菌科、柱锈菌属、松茶柱锈菌集合种 *Cronartium ribicola*，其中包括两个特殊变型：松茶藨柱锈菌马先蒿特殊变型 *C. ribicola*f. sp. Pedicularis ，松茶藨柱锈菌茶藨子特殊变型 *C. ribicola* f. sp. Ribes 。

3. 发病规律

一般在秋季，着生于马先蒿属和茶藨属植物上的冬孢子萌所形成的担孢子，担孢子借风力传播，由气孔侵入松针，个别由嫩枝处侵入，再扩展到枝干部，树皮感染形成癌肿。成熟后，于9月中旬至11月上旬，在病部产生性孢子器，锈孢子囊成熟时，囊膜破裂，释放出大量锈孢子。锈孢子借风传播至马先蒿属和茶藨属植物叶片。在叶背形成橙黄色夏孢子堆，夏孢子堆在整个夏季连续产生数次。从7～9月，在病斑上便逐渐发育成棕色的冬孢子堆，直立于叶片背面，形如柱状物，称为冬孢子柱。冬孢子在原位萌发分生为4个担孢子，由担孢子再次侵染红松，从而完成整个病害侵染生活史循环。林内湿度较高，有利于病害的发生。

4. 防治方法

1）农业防治

（1）红松在成林之后，应马上对幼苗开始抚育，对树枝马上开始修剪让林内可以通风、透光。

（2）清除转主寄主马先蒿属和茶藨属植物，切断转主寄生的病菌来源，是预防本病的重要途径。

（3）对已发病的红松林，应及时清除带病的红松病株，如果病树比例超过40%时，应果断采用间伐更新的措施，重新营造红松林。

2）化学防治

在秋季病株形成性孢子器，流出黄色蜜滴之际，及时涂以含酚油和焦化蜡的药剂，可以抑制翌年春锈孢子器的形成，此方法尤其对15年生以上发病较轻的红松，有很好的治疗效果。

（四）红松烂皮病

红松烂皮病是一种枝干部传染性病害，该病在林区发生普遍而且危害严重，多侵染幼树，造成毁灭性的结果。

1. 症状

本病发生在幼树的枝干上，初发病时与无病枝相比无明显差异，发病部以上有松针时，松针变黄绿逐渐至灰绿色、褐色或红褐色，受病枝干由于失水而逐渐收缩起皱。病部发生在侧枝基部时，侧枝向下弯曲；小枝基部发病时，病皮干缩、下陷、细溢、流脂。发病皮部逐渐生裂纹，在其中生出黄褐色盘状物，即病菌子囊盘，子囊盘一至数个成簇。子囊盘发病初期颜色较浅，后期颜色变深呈茶褐色至黑褐色。当病斑绕树干一周时，由于韧皮部坏死导致一侧枝条死亡，之后一层或几层轮枝死亡，最后导致整株死亡。在此期间针叶脱落殆尽，新梢干枯，变成黑色。

2. 病原

红松烂皮病的病原菌为松生薄盘菌 *Cenangium acicolum*(Fuck.) Rehm，属于子囊菌门、盘菌纲，它是一种弱寄生菌，从林木枝干皮部伤口处侵入。

3. 发病规律

病菌以菌丝在病树皮内越冬，为翌年的侵染来源，病菌 1 年侵染 1 次。在 3 ~ 4 月于病皮内生出未成熟的子囊盘，5 ~ 6 月子囊盘破皮而出，释放子囊孢子，7 ~ 8 月是孢子释放盛期，直至 9 月末，子囊孢子释放结束，孢子借助风力传播扩散。该寄生菌为弱寄生菌，以菌丝形态在皮内越冬，每年侵染一次。本病发生与林龄、纯林与混交林、郁闭度、坡向、坡位及林冠部位等因子有关，幼树发病重，纯林比混交林发病重，郁闭度越高发病越重，阴坡比阳坡发病重，林冠中层轮枝密度大的比上、下层林冠发病重。林地旱、涝、冻、虫等现象多发，或养分不足影响长势的情况下，都会造成此病害的高发。

4. 防治方法

红松烂皮病是弱寄生菌，林内湿度过大，通风透光差，立木生长势衰弱是发病的主要诱因。因此，该病的防治应以营林措施为主，综合防控。

1) 农业防治

做好修枝和抚育间伐，是防控该病的根本措施。在树液停止流动，松脂凝固后，一般在 11 月至翌年 3 月左右，进行修枝，除去病死枝，濒死枝和部分活枝，做好间伐，改善林内通风透光条件，减少病源，减轻和控制病害的发生与蔓延。对土壤过于贫瘠的林地适当施肥，以促进幼林长势良好，提高树木自身的抗病能力。

2) 化学防治

在 5 月初用 2 ~ 3°Be 石硫合剂和 50% 蒽油乳膏 1∶5比例配成乳剂进行喷干和涂刷患处治疗。

十三、巴旦木病虫害

巴旦木 *Amygdalus communis* L.，又称扁桃，属蔷薇科扁桃属。落叶乔木，高可达 10 m，是新疆特色经济林树种，栽培品种较多，巴旦木含有丰富的植物油、蛋白质和多种微量元素，具有丰富的营养价值和药用价值，医学认为可治疗高血压、神经衰弱、皮肤过敏、气管炎等疾病。既可直接食用又可加工利用，容易储藏。当前主要栽培品种有小软壳、双仁软壳、扁嘴褐、早熟薄壳、双仁薄壳、白薄壳等。

巴旦木耐贫瘠、耐旱、耐寒，适应性极强，适应多种土壤生长，抗寒性通常在 -25 ~ -28 ℃，由于巴旦木花期早，极易遭受晚霜危害，建园地宜选择在开阔的平地、谷地和避风向阳的南山坡。新疆一般利用毛桃种子播种繁殖做砧木，1 年生实生苗木通过嫁接培育品种苗，1 ~ 2年后进行大田定植培育，株行距以 3 m×4 m 或 4 m×5 m 为宜，密植园可栽植 83 ~ 111

株/亩,通常 3 ~4 年开始开花结果,8 ~10 年进入丰产期,每亩产量 150 ~250 kg,50 年后树木开始衰老,产量下降。

在新疆,巴旦木萌动、发芽在 3 月,开花在 3 ~4 月,属于先花后叶树种,花芽在前 1 年秋季形成,雌雄同株同花,品种不同果实大小、成熟期不同,通常 8 ~9 月,落叶在 10 月。巴旦木喜光、顶端优势较强,整形修剪在春秋和生长季进行,通常采用自由纺锤形和自然开心形;水肥管理和控制是巴旦木生长与丰产以及提高果树抗逆性的重要因素。新疆巴旦木栽培主要在喀什地区,其他地域极少栽培。

由于在我国阿月浑子栽培时间较短,栽培技术和管理方法落后,病虫害种类划分不明确,病虫害防治方法不当,病害发生严重。病害主要有缩叶病、白粉病,虫害有大球蚧、糖槭蚧、桑白蚧、李始叶螨、桃蚜、皱小蠹、梨小食心虫等。

(一)大球蚧

枣大球蚧 *Eulecanium gigantean* Shinji,又名瘤坚大球蚧、大球蚧、梨大球蚧、枣球蜡蚧、红枣大球蚧,属半翅目、蚧科。新疆、辽宁、北京、天津、河北、内蒙古、河南、山西、陕西、甘肃、宁夏、青海、四川、江苏、安徽等省(区)均有分布。主危害栎类、榛、槭、马鞍树、杨、胡杨柳红枣、酸枣、柿、核桃、扁桃(巴旦木)、桃、香、梨、苹果、海棠、山楂、李、欧洲李、红叶李、玫瑰、月季、蔷薇、榆、柠条、刺槐、毛刺槐、国槐、紫穗槐、锦鸡儿、皂荚、合欢、铃铛刺、法国梧桐、小叶白蜡、沙枣、文冠果、葡萄、花椒、石榴、玉兰、桑、无花果等种。

1. 形态特征

1)成虫

雌成虫产卵前后体色变化很大,产卵前的年轻雌成虫体鼓起近半球形,前半部高突,后半部略狭而斜。体黑褐色至紫褐色,或有些发绿红色,其色泽常随寄主而变。体长平均 9. 85 mm,宽平均 8. 52 mm,高平均 7. 23 mm,为球蚧属个体最大者。体背面有暗红色或红褐色花斑组成的 4 个纵列,各斑块间不连续。靠近背中央的 2 列花斑较小,呈明显的 3 ~4 对,外侧 2 纵列斑块常由 6 块组成。体被灰白色绒毛状薄蜡粉,蜡粉覆盖虫体不严,因此,光滑的体壁和花纹闪光常清晰可见。此时体背有个别凹点外,基本光滑无皱褶。虫体干尸固着枝条很紧,可连续 1 年甚至 2 ~3 年不脱落,用手捏干尸,可感觉到体壁薄,易将顶部捏碎。

雄成虫头部黑褐色,前胸,腹部,触角、足均黄色,中、后胸红棕色,腹末有 2 条白色长蜡丝。体长 3. 0 ~3. 5 mm。触角 10 节,各节具毛。单眼 5 对。前翅膜质乳白色,后翅退化为小平衡棒,交配器细长。

2)卵

长圆形,初为白色,渐变粉红色。卵在体下常被白色细蜡丝搅裹成块,不易散开。

3)若虫

1 龄若虫长椭圆形,肉红色,体节明显。触角 6 节,足 3 对发达;臀末有 2 根长尾丝;体背具白色透明蜡质;成平滑的薄蜡壳,透过蜡壳可见体色淡黄,眼淡红色。2 龄若虫前期长椭圆形,体长 1. 0 ~1. 3 mm、宽 0. 5 ~0. 7 mm,黄褐至栗褐色。越冬后体被一层灰白色半透明呈龟裂状蜡层,蜡层外附少量白色蜡丝,体缘的缘丝被蜡层覆盖呈白色。雄性 2 龄若虫体背具一层污白色毛玻璃状蜡壳。

4)雄蛹

预蛹近梭形,体长 1. 5 mm、宽 0. 5 mm,黄褐色。具有触角、足、翅芽的雏形。蛹体长 1. 7

mm、宽 0.6 mm，触角、足均可见，翅芽半透明，交配器长锥状。

2. 为害状

雌成虫和若虫在枝干上刺吸汁液，寄主树木受害轻者影响树木发芽抽梢，树势衰弱，重者形成干枝枯梢甚至整株枯死，并可排泄蜜露诱致煤污病发生，影响光合作用，使果品产量严重下降。

3. 生物学习性

此虫在我国 1 年 1 代，以 2 龄若虫在寄主林木 1～3 年生枝条上越冬。翌年 3 月下旬至 4 月上旬越冬若虫开始吸取枝条汁液危害，出蛰期雌、雄若虫分化明显，虫脱去蜡壳后虫体迅速发育膨大，食量大增，形成春夏之交的取食高峰期。雌虫取食过程中体背面常被有从肛门排出的蜜露珠。雄虫进入蛹期。4 月下旬出现成虫，雄虫起飞寻找雌虫交尾，雌虫不能孤雌生殖。5 月中旬至 6 月上旬雌虫抱卵，6 月上中旬为卵期，6 月中旬若虫开始孵化。初孵若虫很活泼，先在母介壳下爬行，通过臀裂翘起处爬出，在寄主枝条、叶片上爬行 1 天后固定下来危害。此蚧对不良的气候条件适应能力很强，在叶片上寄生的 2 龄若虫，在 9 月底至 10 月初开始寄主落叶前可自动转移到枝条上固定下来，继续危害，并在此处越冬。

4. 防治方法

1）人工防治

结合树木修剪整形，剪除枯死枝条，集中烧毁；夏季虫体膨大期至卵孵化前，人工刷抹虫体。

2）生物防治

保护和利用天敌，如黑缘红瓢虫和红点唇瓢虫及寄生蜂对大球蚧有较强的控制作用。

3）化学防治

（1）冬季清园：冬季果树落叶后，喷洒 3～5°Be 的石硫合剂进行清园。

（2）早春树体萌动后至发芽前，喷洒 20% 融杀蚧螨可湿性粉剂 100 倍液，或 40% 速扑杀乳油 1 000～1 500 倍液。

（3）初孵若虫期防治。结合预测预报，6 月初在卵孵化盛期开始喷洒 1.2% 烟碱 · 苦参碱乳油 1 000 倍液，或 10% 吡虫啉乳油 1 500～2 000 倍液。

（二）糖槭蚧

糖槭蚧 *Parthenolecanium orientalis* Borchs，属半翅目、蚧科。寄主为核果类的杏、巴旦木、桃、李、酸梅、核桃等，以及浆果类的苹果、梨、葡萄，寄主较广泛。糖槭蚧危害枝、梢、叶及果实，刺吸果树营养，造成果树营养失衡，树势衰弱，危害期为果实生长期，常导致减产。

1. 形态特征

1）成虫

通常微呈椭圆形，体背黄色或褐色，中脊线明显，头触角、足退化；腹部柔软，背部形成坚硬的介壳，介壳表面具一系列横纹。

2）卵

卵位于雌成虫腹部下，呈椭圆形，以白色为主。

3）若虫

初孵若虫呈长形或椭圆形，白色，头、触角和足明显；背部中脊线明显。

2. 为害状

糖槭蚧以若虫刺吸嫩枝、幼秆和叶片养分，造成枝叶枯黄和早落、树势衰退，危害过程中还分泌酱褐色油状露点，易引起烟煤病的发生并污染枝叶和果实，常导致减产，果实品质下降。

3. 生物学习性

1年发生1代，以2龄若虫在嫩枝条上越冬，3月下旬开始活动，背部稍隆起，吸取汁液。同时，排出大量蜜露，污染枝叶。虫体膨大呈盔甲状，裙边明显，介壳逐渐变硬，颜色呈棕褐色。4月下旬开始产卵，产卵期26天。5月下旬若虫出壳迁移到枝、叶上固着。固着时间4个多月，9月底，虫体背部隆起。此蚧对果树的危害以若虫和雌成虫吸食幼干、嫩枝、叶片、果实和汁液，时间分别在4月和6~9月，10月中旬从叶片上往枝上迁移越冬。

4. 防治方法

1）农业防治

在果树休眠期和生长期，结合冬季修剪和春季疏花疏果修剪带虫枝、受害较重的枝条，并集中烧毁；冬季树干刷白；加强果园肥水管理，增强树势，提高果树的抗虫能力。

2）生物防治

保护和利用天敌昆虫如红点唇瓢虫 *Chilocorus kuwanae*、隐斑瓢虫 *Harmonia obscurosignata*、普通草蛉 *Chysopa carnea* 等，合理用药，提高蚧虫自然死亡率。

3）化学防治

3月和10月可喷施石硫合剂防治越冬卵；6月中旬、9月中旬若虫活动期喷施1.2%苦·烟乳油1 000倍液，或20%吡虫啉可湿性粉剂2 000倍液，若虫固定后使用40%速扑杀乳油1 500倍液，或40毒死蜱乳油1 500~2 000倍液喷施。

（三）桑白蚧

桑白蚧 *Pseudaulacaspis pentagona* Targ，别名桑白盾蚧、桑盾蚧、桑介壳虫，属半翅目、盾蚧科。分布于华南、华北、东北等地。桑白蚧为多食性种类，在南疆主要危害桑、无花果、核桃、杏、苹果、梨、李、桃、樱桃、梅、葡萄及巴旦木等果树。

1. 形态特征

1）介壳

雌介壳圆形或卵圆形，直径2.0~2.5 mm，乳白色或灰白色，中央略隆起似笠帽形，表面有螺旋纹。若虫蜕皮壳点2个，在介壳边缘但不突出。第一壳点淡黄色，有的突出介壳边缘；第二壳点红褐色或橘黄色；雌成虫淡黄或橘红色，宽卵圆形，扁平，臀板红褐色。臀叶3对，中臀叶大，近三角形，基部桥联，第二臀叶双分，内分叶长齿状，外分叶短小。第三对臀叶亦双分，较短。雄介壳长1.0 mm左右，白色，长筒形，两侧平行，质地为丝蜡质或绒蜡质。体背面有3条纵沟，前端有一橘红色蜕皮壳，略显中脊；雄虫体长0.7 mm，橙色至橘红色。眼黑色。足3对，细长多毛。腹部长。

2）卵

卵为椭圆形，长径0.3 mm。初呈淡粉红色，渐变淡黄褐色，孵化前为杏黄色。

3）若虫

初孵若虫淡黄褐色，扁卵圆形，雄虫与雌成虫相似。

2. 为害状

该虫以若虫和雌虫刺吸3~4年生果树的主干、嫩枝、叶片的汁液。多聚集在树木侧枝北面的背阴处。受害重的枝条和树冠中央的主枝不受方向限制。偶有危害果实和叶片的，严重时被害枝条上的介壳密集重叠，使枝条凹凸不平，发育不良，枝、梢变枯萎，大量落叶，削弱了树势，甚至整枝或整株死亡。被害的果实表面凹陷、变色，降低果品产量和质量。该虫一旦发生，如果不采取有效的防治措施，3～5 年内可将果园毁坏。

3. 生物学习性

桑白蚧 1 年发生 2 代，以第 2 代受精的雌成虫在枝条上越冬。翌年春季，当寄主树木萌动之后开始活动取食，虫体迅速膨大，越冬代雌成虫在 4 月下旬产卵，产卵量较高。5 月上旬为产卵盛期，卵期 9～15 天；5 月中旬卵孵化为第 1 代若虫，若虫孵化后在母壳下停留数小时后逐渐爬出母壳外分散活动 1 天左右，然后固定在 2～5 年生的枝条上危害，以分杈处的阴面较多，5～7 天后若虫分泌绵毛状白色蜡粉覆盖虫体。若虫经 2 次脱皮后形成介壳。第 1 代若虫期 30～40 天，7 月上中旬成虫开始产卵，卵期 10 天左右，单雌产卵量 150 余粒。雌虫在新感染的植株上数量较大；感染已久的植株上雄虫数量逐渐增加。危害严重时，雌雄介壳遍布枝条，雌虫密集重叠 3～4 层，连成一片；雄虫群聚排列整齐、集中，数目比雌虫多。8 月初为第 2 代卵孵化期，9 月中旬雄虫交尾后死亡。受精的雌成虫在介壳下越冬。

4. 防治方法

1）加强检疫

严格加强苗木、接穗、果品检疫，严禁从疫区调入苗木和接穗，疫区要做好防治工作，避免该虫进一步传播蔓延。

2）农业防治

保持果园适当的营养与水分条件，增强树势，提高树木抗虫能力；结合整形修剪，剪除果园内的病残枝及茂密枝，并集中烧毁；改善果园的通风透光条件从而降低虫口基数。

3）生物防治

保护和利用桑白蚧蚜小蜂 *Aphytis proclia*、红点唇瓢虫 *Chilocorus kuwana*、隐斑瓢虫 *Harmonia obscurosignata*、日本方头甲 *Cybocephalus niponicus* 和普猎蝽 *Onceocephalus plumicornis* 等天敌昆虫，对桑白蚧有一定的控制作用，要合理使用农药，提高其自然寄生率，当天敌寄生率达到 30% 左右时要注意慎用化学防治方法。

4）化学防治

在冬季先用硬毛刷或细铜丝刷刮除老树皮上或枝干上的越冬虫体，然后在树体发芽前喷洒 5°Be 石硫合剂或用黏土柴油乳剂（配方：柴油 1 份 + 细黏土 1 份 + 水 2 份）涂抹树干，黏杀越冬代的雌成虫。在各代初孵化若虫分散转移，尚未分泌蜡粉形成介壳以前，喷洒 0. 3°Be 石硫合剂或喷洒 40% 满蚧净乳油 2 000～3 000 倍液、25% 吡虫啉可湿性粉剂1 500 倍液、48% 乐斯苯乳油 1 500 倍液等药剂防治若虫和成虫。分 2 次进行喷雾防治，每次间隔 10～15 天。

（四）桃蚜

桃蚜 *Myzus persicae*（Sulzer），别名腻虫、烟蚜、桃赤蚜，属半翅目、蚜科。桃蚜是广食性害虫，寄主植物约有 74 科、285 种。桃蚜营转主寄生生活周期，其中冬寄主（原生寄主）植物主要有梨、桃、李、梅、樱桃等蔷薇科果树等；夏寄主（次生寄主）作物主要有白菜、甘蓝、萝卜、芥菜、芸苔、芜菁、甜椒、辣椒、菠菜等多种作物。桃蚜还是植物病原病毒的传播者。

1. 形态特征

1）无翅孤雌胎生蚜

体长1.8～2.6 mm、宽约1.1 mm，体色为绿色、黄绿色、杏黄色和红褐色，一般高温时色淡，低温时色深。复眼暗红，触角黑色呈丝状，6节，第3节色较浅，第5～6节各有感觉孔1个。额瘤显著，向内倾斜。腹背中部有一近方形的暗褐色斑纹，在其两侧有小黑斑1列。腹管较长，圆柱形，但中后部稍膨大，端部黑色，在末端处明显缢缩，有瓦状纹。尾片黑色圆锥形，中部缢缩，明显短于腹管，着生有6～7根弯曲毛。

2）有翅孤雌胎生蚜

体长1.6～2.1 mm，翅展约6.6 mm，头、胸部黑色，腹部绿色、黄绿色、褐色至红褐色，复眼红褐色，触角第3节有9～17个次生感觉孔，第5节端部和第6节基部各有1个。额瘤、腹背斑纹、腹管及尾片等均与无翅孤雌胎生蚜相同。

3）卵

长椭圆形，长径约0.7 mm，初产时淡绿色，后变漆黑，略有光泽。

4）若虫

与无翅孤雌胎生蚜相似，仅体较小，呈淡红色。翅基蚜胸部发达，具翅芽。

2. 为害状

以成虫或若虫群集在寄主叶背、嫩茎及芽上刺吸及汁液，被害叶向叶背面做不规则卷缩。大量发生时，密集于嫩梢、叶片上吸食汁液，致使嫩梢叶片全部扭曲成团，梢上冒油，阻碍了新梢生长，影响果实产量及花芽形成，大大削弱树势。同时排泄蜜露，常诱致污煤病发生，还可传播病毒。

3. 生物学习性

桃蚜属典型迁移型。以卵在寄主枝条侧芽处越冬。发生世代因地区而异，在新疆北疆发生10～20代，南疆发生25～35代。夏季发育起点温度为4.3 ℃，有效积温为137 d·℃。在库尔勒于3月底孵化、在叶芽和花基部吸食，后在叶片背面取食，在蔷薇科果树上孵化的干母，只有在桃树上才能成活，而在其他果树上干母发育迟缓，最后陆续死亡。桃蚜在扁桃树上繁殖数代后，其中一部分发育成有翅蚜，便迁到第二寄主蔬菜等上危害、繁殖，直至秋末迁回越冬寄主，产生性母及性蚜，行两性繁殖，产卵越冬。桃蚜在春季随着气温增高而加速繁殖，夏季高温多雨季节，虫口密度下降，秋季又出现第二个发生小高峰。在气温适宜时，7天完成1代。天敌有大草蛉、龟纹瓢虫、十一星瓢虫、蚜茧蜂、蚜小蜂、食蚜蝇和食虫虻等。

4. 防治方法

1）农业防治

冬季结合刮老树皮，进行人工刮卵，消灭越冬卵。早春在果树上用清水冲洗树皮裂缝和叶芽、花芽上的蚜虫，降低虫口密度。

2）生物防治

为了保护天敌，在蚜虫初发期用40%毒死蜱乳油10～20倍液涂干，方法是首先将粗皮（主干或主枝）刮至露白，然后用毛刷将药涂于其上（长度5～10 cm），并用塑料膜包扎好，1周后再涂1次，防效很好。或用10号铅丝在树的主干或侧枝上，斜向下刺孔至木质部，孔数视树体大小而定，并注入上述药液3～5 mL，1周后再注1次，防效明显，桃蚜的天敌有瓢虫、食蚜蝇、草蛉、烟蚜茧蜂、菜蚜茧蜂、蜘蛛、寄生菌等。

3)物理防治

秋季桃蚜迁飞时,用塑料黄板涂黏胶诱集。

4)化学防治

果树休眠期结合防治蚧虫、红蜘蛛等害虫,喷洒含油量5%的柴油乳剂,杀越冬卵有较好效果。或在早春发芽前喷5%柴油乳剂或黏土柴油乳剂杀卵。桃蚜萌动时,结合清园在全园喷洒一遍石硫合剂,杀菌杀卵,可大幅度降低虫口基数,为后面的防治打好基础。药剂防治是目前防治蚜虫最有效的措施。实践证明,只要控制住蚜虫,就能有效地预防病毒病。因此,要尽量把有翅蚜消灭在迁飞之前,或消灭在果园无翅蚜的点片阶段。喷药时要侧重叶片背面,喷洒10%氯氰菊酯乳油1 500~2 000倍液,或25%吡蚜酮可湿性粉剂3 000倍液,或50%抗蚜威可湿性粉剂1 000倍液,或5%啶虫脒乳油2 000倍液,或10%吡虫啉可湿性粉剂1 000~1 500倍液,或0.2%苦参碱水剂1 000倍液,或40%毒死蜱乳油1 000倍液。

(五)李始叶螨

李始叶螨 *Eotetranychus pruni* Oudemans,属蛛形纲、真螨目、叶螨科。主要发生在我国西北地区,特别是甘肃、新疆发生较重。寄主树种有苹果、海棠、梨、酸梅、杏、桃、核桃、葡萄、红枣、沙枣、杨柳等。

1.形态特征

1)成螨

雌螨体长0.27 mm、宽0.15 mm,长椭圆形,体黄绿色,沿体侧有细小黑斑。须肢端感器柱形,长为宽的2倍;背感器枝状,长为端感器的2/3。口针鞘前端圆形,中央无凹陷。气门沟末端稍微弯曲,呈短钩形。第一对足的跗节双毛近基侧有5根触毛和1根感毛。胫节具9根触毛和1根感毛。第2对足的附节双毛近基侧有3根触毛和1根感毛,另有1根触毛在双毛近旁;胫节具8根触毛。第3对和第4对足的附节各有10根触毛和1根感毛;胫节各有8根和7根触毛。

雄螨体长0.2 mm、宽0.12 mm。须肢端感器长柱形,其长约为宽的4倍;背感器长约为端感器的1/2。第1对足的跗节双毛近基侧具4根触毛和3根感毛;胫节具9根触毛和2根感毛。第2对足的附节双毛近基侧具3根触毛和1根感毛,另有1根触毛在双毛近旁;胫节具8根触毛。第3、4对足的跗节和胫节的毛数同雌螨。

2)幼螨

体近圆形,长径0.17 mm。足3对,各节均短粗。

3)若螨

体为椭圆形,体色淡黄绿色。体背两侧有褐色斑纹3块,前期若螨体长0.22 mm。

4)卵

圆形,直径约0.11 mm。顶端有1根细长的柄,柄长与卵长相等。初产时晶莹透明,后逐渐变为淡黄至橙黄色,临近孵化时透过卵壳可见2个红色眼点。

2.为害状

李始叶螨刺吸寄主植物花芽、嫩梢和叶片汁液,吸取营养,造成花芽不能开绽,嫩梢萎蔫,叶片失绿成黄绿色,被害叶片一般不脱落,导致寄主植物生长衰退,影响果实的产量和质量。

3. 生物学习性

李始叶螨在新疆南疆地区1年发生11～12代，在北疆地区1年发生9代，均以受精后的雌成螨在树干和主侧枝树皮裂缝、伤疤、翘皮下以及树干基部土缝中和枯枝落叶下越冬。翌年3月中下旬苹果芽膨大期开始出蛰危害花芽和叶芽。4月上旬苹果花芽绽放、叶芽展叶期是李始叶螨越冬雌螨危害盛期。第1代卵出现在4月上中旬，界限明显。以后各代出现世代重叠现象。7月中旬至8月中旬种群数量大增，是全年危害高峰期。8月中旬之后种群数量下降。最后1代受精雌螨于10月中下旬陆续进入越冬场所，开始越冬。李始叶满繁殖方式，既行两性生殖，又行孤雌生殖。雌螨一生交尾1～3次。雌螨产卵量平均60粒左右，雌蜻卵前期2.5天左右，产卵期25天左右，成螨寿命28天左右。卵历期4～9天，幼螨历期2～4天，若螨历期3～9天。雌螨有在叶背结网的习性，并在叶背和网下产卵。李始叶螨适宜温度为24.5～25 ℃，最适相对湿度50%。

4. 防治方法

1）人工防治

冬季刮除寄主老翘皮，清除园地枯枝落叶，集中烧毁。早春树干涂白。晚秋深翻树干基部周围土壤，以防治越冬雌成螨。

2）生物防治

慎施农药，保护和利用深点食螨瓢虫 *Stethorus punctillumn*、异色瓢虫 *Harmonia axyridis*、大草蛉 *Chrysopa septempunctata*、双刺胸猎蝽 *Pygolampis bidentata*e 等天敌昆虫的自然控制作用。

3）化学防治

化学防治的最佳时间应在叶螨增殖高峰出现之前，全年喷药3～4次即可控制李始叶螨危害。第一次喷药时间在3月中下旬至4月上旬，即果树花芽膨大至花芽绽放、叶芽展叶越冬雌螨出蛰盛期。第二次在5月上旬第1代卵孵化盛期。第三次选在第2代卵孵化盛期。第四次喷药在6月下旬防治第3、4代李始叶螨。可选用以下药液：45%晶体石硫合剂300倍液，或5%噻螨酮乳油1 000～2 000倍液，或15%扫螨净乳油2 000倍液，或10%天王星乳油4 000～5 000倍液，或20%螨卵酯可湿性粉剂800～1 000倍液。

（六）梨小食心虫

梨小食心虫 *Grapholitha molesta*（Busck），俗称梨小，又名东方果蛀蛾，别名桃折心虫，俗称蛀虫黑膏药，属鳞翅目、卷蛾科。国内分布遍及南北各果区，是果树食心虫中最常见的1种，以幼虫主要蛀食梨、桃、苹果的果实和桃树的新梢。一般在桃、梨等果树混栽的果园危害严重，严重影响果实的品质和产量。桃梢被害后萎蔫枯干，影响桃树生长。此外，还危害李、梅、杏、樱桃、苹果、海棠、沙果、山楂、枇杷等果实和李、桃、樱桃的嫩梢及枇杷幼苗的主干。

1. 形态特征

1）成虫

体长5～7 mm，翅展13～14 mm。雌虫体形略大于雄虫。前翅黑褐色，前缘有7～10组白色短线纹，翅外缘中部有一灰白色小斑点，近外缘处有10个黑色小点。

2）卵

直径0.8 mm左右，呈扁椭圆形，中间向上隆起，边缘扁平，初产卵乳白色，后渐变淡红色，最后中间为黑色边缘白色。

3)幼虫

老龄幼虫体长10～13 mm,体背面淡红色。头浅褐色,前胸背板黄白色,透明,不显,前胸K毛群3根刚毛,腹足趾钩数30～40个,这些与桃蛀果蛾前胸K毛群只2根刚毛,趾钩数10～20个有明显区别。有臀栉,具4～7个刺。

4)预蛹

白色纺锤形,外围被白色吐丝以及附着物覆盖,老熟幼虫藏于茧内静止不动。

5)蛹

体长6～7 mm,纺锤形,黄褐色,腹部第3～7节背面前后缘各有一行小刺,第8～10节各具稍大的刺1排,腹部末端有8根钩刺。外被有灰白色丝茧,扁平椭圆形,长约10 mm。

2.为害状

初孵幼虫通过咀嚼形成孔洞进入植物组织,在植物组织内进行取食形成蛀道。入果孔常不可见,在幼虫出果孔常有虫粪出现且伴有流胶,多数折梢内仅有1头幼虫,受害果实很快脱落。梨小食心虫可取食寄主植物的不同部位。在季节早期,幼虫由嫩梢的叶腋处钻入嫩枝,向下取食嫩枝的木质部,造成树梢萎蔫、流胶化及虫粪的出现,称之为“折梢”。危害严重时影响果树光合作用。然而在季节后期,随着果实的成熟和嫩梢的逐渐变硬。幼虫可直接取食果实,形成虫果,严重影响果实品质和产量。

3.生物学习性

在新疆1年发生3～4代,以老熟幼虫主要在树干翘皮裂缝中结茧越冬,在树基部接近土面处以及果实仓库及果品包装器材中也有幼虫过冬。越冬幼虫最早于4月上中旬化蛹,越冬代成虫一般出现在4月中旬至6月中旬。这代成虫主要产卵在桃树新梢上,第2代幼虫大部分发生在5月。第2代卵主要发生于6月至7月上旬,大部分产在桃树上,少部分产在梨树上,幼虫继续危害新梢、桃果及早熟品种的梨,但数量不多。第3代卵盛发期于7月至8月上旬,这时产在梨树上的卵数多于桃树。第4代卵盛发期在8月中下旬,主要是产在梨树上。综上所述,在1年发生3～4代的地区,春季世代主要危害桃等新梢;夏季世代一部分危害新梢,另一部分危害果实;秋季世代主要危害梨果;第4代是一个局部的世代,主要危害采收后的果实,往往不能在当年完成发育。梨小食心虫成虫白天多静伏在叶、枝和杂草等处,黄昏后活动,对糖、醋液和果汁及黑光灯有强烈趋化性,趋化性在羽化始期较为明显。成虫产卵前期1～3天,夜间产卵,散产。成虫寿命一般3～6天,第1代卵期7～10天,以后各代为4～6天。幼虫期15天左右,蛹期7～10天,但越冬蛹期在10天以上。

4.防治方法

1)农业防治

建立新果园时,尽可能避免桃、杏、梨、樱桃、李、苹果混栽。已经混栽的果园内,应在梨小食心虫的主要寄主植物上,加强防治工作。消灭越冬幼虫。早春发芽前,有幼虫越冬的果树,如桃、梨、苹果树等,进行刮除老树皮,刮下的树皮集中烧毁。在越冬幼虫脱果前在主枝主干上,利用束草或麻袋片诱杀脱果越冬的幼虫。剪除被害树梢,剪下的虫梢集中处理。摘除虫果和捡拾落果,集中深埋,以消灭被害桃果中的幼虫。

2)性诱剂诱杀和性迷向技术使用

梨小食心虫性外激素诱杀雄蛾,一般每亩设置2～4个,连续使用2个月。也可用黑光灯或糖醋液诱杀成虫。可结合测报工作同时进行。有条件的果园可采用梨小食心虫性迷向剂进行防治,梨小食心虫性信息素迷向散发器悬挂于树冠上部1/3、距地面高度不低于1.7 m的果树西面和南面时,迷向防治效果较好。

3)诱杀和阻隔利用

梨小食心虫对不同波长光波的趋性不同,在果园中悬挂黑光灯或频振式杀虫灯诱杀其成虫;果实套袋不仅能够改善果实的外观品质,还能阻止梨小食心虫对果实的危害,降低果品农药残留,是防治梨小食心虫的较好方法。

4)药剂防治

蛾高峰期以及产卵盛期是喷药的最佳时机。防治时可选用35%氯虫苯甲酰胺水分散粒剂5 000~6 000倍液、25%灭幼脲3号悬浮剂1 000~1 500倍液、20%杀铃脲悬浮剂8 000倍液、20%虫酰肼悬浮剂1 000~1 500倍液、4.5%高效氯氰菊酯乳油2 000~3 000倍液、480 g/L毒死蜱乳油2 000倍液等药剂,对梨小食心虫有较好的防治效果。

(七)缩叶病

缩叶病 *Taphrina deformans* Tul.,由外子囊纲病菌引起,缩叶病主要危害叶片,严重时也可以危害花、幼果和新梢,病叶最后干枯脱落,影响产量和品质。在新疆喀什、阿克苏和和田等地均有发现。

1.症状

主要危害叶片,严重时也可危害嫩梢、幼果和花。初春嫩叶自芽鳞抽出时即可被害。病叶呈波浪状卷曲,呈红色。随着叶片生长,卷曲、皱缩程度加剧,叶片增厚变脆,呈红褐色。春末夏初时叶面生出白粉,后病叶变褐,干枯脱落。新梢受害后肿胀、节间缩短,呈丛生状,绿色或黄色,严重时整枝枯死。幼果被害呈畸形、果面龟裂,后脱落。

2.病原

病原菌属子囊菌门,外囊菌属 *Taphrina deformans* Tul.。病菌有性时期形成子囊及子囊孢子,多数子囊栅状排列成子实层,形成灰白色粉状物。子囊圆筒形,顶端扁平,底部稍窄,无色,大小(25~40)μm×(8~12)μm。内生8个或不足8个子囊孢子,椭圆形或圆形,单胞,无色。大小(6~9)μm×(5~7)μm。芽孢子卵圆形,(2.5~6)μm×4.5 μm。病菌芽殖最适温度为20 ℃,最低在10 ℃以下,最高为26~30 ℃。侵染最适温度为10~16 ℃,芽孢子能抗干燥,厚膜芽孢子耐寒力更强,在果园内可存活1年以上。

3.发病规律

病菌以子囊孢子或芽孢子在桃芽鳞片外表或芽鳞间隙中越冬。到翌年春天,当扁桃芽展开时,孢子萌发侵害嫩叶或新梢。子囊孢子能直接产生侵染丝侵入寄主,芽孢子还有接合作用,接合后再产生侵染丝侵入寄主。病菌侵入后能刺激叶片中细胞大量分裂,同时细胞壁加厚,造成病叶膨大和皱缩。以后在病叶角质层及上表皮细胞间形成产囊细胞,发育成子囊,再产生子囊孢子及芽孢子。子囊孢子及芽孢子,不作再次侵染,就在芽鳞外表或芽鳞间隙中越夏越冬。缩叶病一年只有一次侵染。春季扁桃萌芽期气温低,缩叶病常严重发生。一般气温在10~16 ℃时,最易发病,而温度在21 ℃以上时,发病较少。湿度高的地区,有利于病害的发生,早春低温多雨的年份或地区,缩叶病发生严重;如早春温暖干燥,则发病轻。

4.防治方法

1)农业防治

初见病叶而尚未出现银灰色粉状物前,及时摘除病叶,集中销毁,以减少第2年的菌源;

发病重、落叶多的桃园，要增施肥料，加强栽培管理以促使树势恢复，增强抗性。

2）化学防治

喷药时间应掌握在桃树花芽露红而未展开前喷1次1～1.5°Be石硫合剂或1%波尔多液，控制初侵染的发生。在发病很严重的桃园，由于果园内菌量极多，一次喷药往往不能全歼病菌，可在当年桃树落叶后（11～12月）喷2%～3%硫酸铜1次，以杀灭黏附在冬芽上的大量芽孢子。到第2年早春再喷5°Be石硫合剂1次，使防治效果更加稳定。

（八）白粉病

白粉病是巴旦木生产上苗期最为重要的病害之一，严重影响着巴旦木苗木的生长和质量。新疆喀什、疏勒、叶城、泽普、莎车等地均有发生。

1.症状

叶背着生白色圆形的蛛网丝状粉霉斑，叶表受侵染处形成绿色，兼有变红色，使叶生长皱缩不平。

2.病原

子囊菌门的*Sphaerotheca pannosa*（Wallr.）Le'V。无性阶段为粉孢属*Oidium* spp.。

3.发病规律

病菌于10月以后形成黑色闭囊壳，以此越冬，翌春放出子囊孢子进行初侵染，形成分生孢子后进一步扩散蔓延。分生孢子萌发温度为4～35 ℃，适温为21～27 ℃，在直射阳光下经3～4小时，或在散射光下经24小时，即丧失萌发力，但抗霜能力较强，遇晚霜仍可萌发。

4.防治方法

1）农业防治

加强果园管理，清扫落叶，集中烧毁。

2）化学防治

防治关键期为发病初期，可选用10%世高水分散粒剂1 500倍液，或15%特谱唑可湿性粉剂3 000倍液，或15%粉锈宁可湿性粉剂1 000～1 500倍液，或70%甲基托布津可湿性粉剂1 000倍液，或50%三唑酮悬浮剂1 000～1 500倍液，或45%晶体石硫合剂300倍液，或40%三唑酮·多菌灵可湿性粉剂1 000倍液，每隔10～15天施药1次，连喷2～3次。

十四、开心果病虫害

阿月浑子*Pistacia vera* L. 为漆树科、黄连木属的落叶小乔木，是一种优良的木本油料、干果与药用多用途的经济树种，坚果商品名为开心果。阿月浑子具有丰富的营养价值和药用价值，果仁中富含脂肪、蛋白质、糖、维生素C、无机盐等，果仁味鲜美，具有香味，不仅鲜食、炒食，还广泛用于制糖、糕点、巧克力、烤面包等食品工业及作高级食用油；果仁对心脏病、肝炎、胃炎和高血压等病均有疗效；木材柔韧坚硬，花纹美丽，是上好的雕刻材料，可制作精美家具和细木工艺制品。

阿月浑子是世界四大坚果树种之一。其干果不但富含脂肪，而且含有多种营养成分。其种仁含脂肪54.6%～60.0%、蛋白质18%～25%、糖9%～13%、纤维素2.6%～4.6%、无机盐类2.5%～3.3%、水7.0%～7.1%。阿月浑子果仁是高营养的食品，每100 g果仁含维生素A 20 μg、叶酸59 μg、铁3 μg、磷440 mg、钾970 mg、钠270 mg、钙120 mg，同时还含有烟酸、泛酸、矿物质等。阿月浑子含有丰富的油脂,有润肠通便的作用,有助于机体排毒。

阿月浑子的原产地为地中海至西亚的中东地区,伊朗、土耳其、阿富汗、希腊及叙利亚为主要出口国;美国自1970年后发展迅速,目前其阿月浑子产量仅次于伊朗,居世界第二。阿月浑子是新疆特色经济林树种,在我国主要分布于新疆喀什地区,和田和阿克苏有少量栽培,主要栽培品种有3种类型,包括早熟阿月浑子、短果阿月浑子和长果阿月浑子。

阿月浑子原产地属于地中海气候,夏季高温少雨,冬季干燥。阿月浑子喜光,耐干旱性极强,可在年降水量80 mm的干旱条件下生长,能耐-32.8 ℃低温和43.8 ℃高温,对土壤要求不严,但不耐盐碱。通常3~8年开花结实,10~20年进入丰产期,每亩产量250 kg左右,80年后下降。阿月浑子虽然抗旱能力强,但为了保证产量和质量,在开花期新梢生长期、果实膨大期和成熟期缺水干旱的情况下,需结合阿月浑子不同生育期对水分的要求进行适宜灌水,在多雨的情况下还应注意排水,应适当加强水肥管理,以减轻叶褐斑病、根茎腐烂病的发生与危害。入冬前结合秋耕进行灌水,为增强树体越冬性和次年生长结果打下基础。

由于在我国阿月浑子栽培时间较短,栽培技术和管理方法落后,病虫害种类划分不明确,病虫害防治方法不当,病害发生严重。病害主要有褐斑病、根茎腐烂病,虫害有褐盔蜡蚧等。

(一)褐盔蜡蚧

褐盔蜡蚧 *Parthenolecanium corni* Bouche,属半翅目、蜡蚧科。分布在日本、俄罗斯、欧洲西部、北非、伊朗、朝鲜、美国、加拿大。国内分布于东北、内蒙古、华北及陕西、青海、新疆等地。寄主有桃、杏、李、欧洲樱桃、葡萄、梨、苹果、沙果、核桃等果树及数十种林木。

1. 形态特征

1)成虫

雌体长6~6.3 mm、宽4.5~5.3 mm,黄褐色,椭圆形或圆形,背面略突起。椭圆形个体从前向后斜,圆形者急斜;死体暗褐色,背面有光亮皱脊,中部有纵隆脊,其两侧有成列大凹点,外侧又有多数凹点,并越向边缘越小,构成放射状隆线,腹部末端有臀裂缝。雄体长1.2~1.5 mm,翅展3~3.5 mm,红褐色,翅黄色呈网状透明,腹末具2根长蜡丝。

2)卵

长卵圆形,长径0.20~0.25 mm,短径0.10~0.15 mm,初产卵为白色半透明,后变淡黄色,孵化前粉红色,微覆白蜡粉。

3)若虫

1龄扁椭圆形,长0.3 mm,淡黄色,体背中央具1条灰白纵线,腹末生1对白长尾毛,为体长的1/3~1/2。眼黑色,触角、足发达。2龄扁椭圆形,长2 mm,外有极薄蜡壳,越冬期体缘的锥形刺毛增至108条,触角和足均存在。3龄雌若虫体长1.2~4.5 mm,逐渐形成柔软光面灰黄的介壳,沿体纵轴隆起较高,黄褐色,侧缘淡灰黑色,最后体缘出现皱褶与雌成虫相似。

4)茧

半透明长椭圆形,前半部突起。仅雄虫有蛹和茧,雄蛹体长1.2~1.7 mm、宽0.8~1 mm,暗红色,腹末具明显的"叉"字形交尾器。

2. 为害状

以若虫和成虫危害果树及林木的枝叶与果实。危害期间经常排泄出无色黏液,不但阻碍叶的生理作用,还招致蝇类吸食和霉菌寄生,严重发生时,枝梢干枯,甚至引起全株死亡。

3. 生物学习性

在新疆地区1年发生1~2代,以2~3龄若虫在枝干裂缝、老皮下及叶痕处越冬。来年3月中下旬当日均温达9.1 ℃时开始活动,越冬若虫开始移动至1~2年生枝上寻找适宜场所固定危害。

4月上旬虫体开始膨大,4月末雌虫体背膨大并硬化。4月中旬开始产卵,4月下旬为盛期,5月上旬为末期,单雌平均产卵1 260粒,卵期20余天,5月始见若虫,5月下旬至6月上旬为卵孵化盛期。初孵若虫经2~3天后由雌介壳臀裂处爬至枝叶或果实上危害,6月下旬由叶、果迁至嫩枝上固定危害一直到越冬。在阿月浑子上寄生时,1年只发生1代,叶上的若虫一直危害到10月间,爬到越冬场所越冬。在葡萄上寄生时,1年可发生2代,叶片上若虫于6月中旬先后蜕皮并迁回枝条,7月上旬羽化为成虫,7月下旬至8月上旬产卵;第2代若虫8月孵化,8月中旬为孵化盛期,10月间迁回枝干裂缝处越冬。

雌虫行孤雌和两性生殖,不论交配与否均能产卵繁殖。不同季节与不同的寄主部位常影响个体发育时间的长短与卵量的多少。温度与湿度影响卵发育进程。月均温18 ℃时,卵需经30余天才孵化,如30.5 ℃只需20余天。平均气温为19.5~23.4 ℃、相对湿度为41%~50%时孵化率最高;超过25.4 ℃、相对湿度低于38%,卵孵化率降低89.3%。初龄若虫经8天左右进入2龄,2龄若虫期约60余天,3龄若虫经短期活动后大多在嫩枝上固定,但少数固定在叶、果上的若虫常随叶落和摘果而亡。天敌昆虫有黑缘红瓢虫、红点唇瓢虫和寄生蜂等。

4. 防治方法

1)农业防治

通过适度修剪,剪除干枯枝与过密枝、不适宜的有虫枝条,以减少病虫枝数量,同时结合刮、刷等人工防治,可将该虫消灭95%以上,这是一种简易有效的群众性除虫灭虫方法,这项工作从11月到翌年3月均可进行;在滴水成冰的严冬,喷水于树枝上,连喷2~3次,使枝条结满较厚冰块,再用木棍敲打树枝将冰凌振落,越冬雌成虫可随同冰凌一起振落。此法节约开支、简便易行,有一定效果。

2)生物防治

使用选择性安全药剂或隐蔽施药方法,如施生物农药以苏云金杆菌、青虫菌等药剂防治为主。尽量少用或不同广谱性化学杀虫剂,应尽量错开寄生蜂羽化高峰期,注意保护和引放天敌。

3)化学防治

(1)春季若虫向枝梢迁移前,在主干分杈处涂药环(废机油+毒死蜱)可阻止若虫上树。

(2)在卵孵化后的5天左右为树上用药的关键期,并要求在2~3天内用完一遍,大发生年份,应在卵孵盛期和末期各喷施1次。每年春季当植物花芽膨大时,寄生蜂还未出现,若虫分泌蜡质介壳之前,向植物上喷洒药剂效果较好。为提高药效,药液里最好混入0.1%~0.2%的洗衣粉。可选用药剂有:25%噻嗪同乳油2 000倍液、10%高效氯氰菊酯乳油1 000~2 000倍液、2.5%联苯菊酯乳油2 000倍液、40%毒死蜱乳油1 000~1 500倍液、40%地亚农(二嗪农)乳油1 000倍液,如同含油量0.3%~0.5%柴油乳剂或94%机油乳剂50倍液混用有很好的杀死作用。另外,冬季结合人工防治可喷布3~5°Be石硫合剂并加入

0.3%的洗衣粉，以增加其展着力与湿润作用；或喷布3%～10%的柴油乳。

（二）根茎腐烂病

1962年首先报道于伊朗克尔曼省，至1983年，伊朗有10%～12%的阿月浑子果树死于根茎腐烂病，主要在中亚和地中海地区发生。

1. 症状

阿月浑子根茎腐烂病的主要症状表现为根部表皮腐烂变色，根茎部表皮变色腐烂，流出胶液。造成地上部树势衰弱，叶片减少，冠层变薄和早期落叶等。常见的症状类型有根朽型和根腐型。

根朽型：根和根颈部腐朽，皮层剥落，维管束变褐色，遇潮湿在病部长出白色或粉红色霉层。病株春季展叶时间晚于健株，枝条萎蔫，叶片变小，花蕾和果实瘦小，出现落蕾、落叶，严重时全株死亡。也有落叶后又萌发出新叶，经多次反复最后枯死。

根腐型：根茎和枝干的皮层变黑褐色腐烂，维管束变为褐色。病株叶片先从叶尖变黄，逐渐枯焦，向上反卷。根茎和枝干皮层腐烂环绕1周时，病部以上叶片全部脱落，树木枯死。在7～8月高温季节，病株会突然萎蔫枯死，枯死后枯叶仍挂在树上。

2. 病原

根茎腐烂病由疫霉属 *Phytophthora* spp. 真菌引起，在伊朗分离得到能引起阿月浑子根腐病的疫霉有柑橘疫霉、隐地疫霉、掘氏疫霉等。又有报道显示，有些地区主要病原菌为尖镰孢 *Fusarium oxysporum* Swingle、腐皮镰孢 *F. solani* Sacc.。

3. 发病规律

病原菌在病株活体上越冬，翌年重复发病，病原菌也随病株越冬和传播。病原菌的游动孢子和孢子囊借风雨灌水传播，当土壤潮湿时，大量游动孢子会从孢子囊中释放出来，侵染阿月浑子根部组织表面，湿度高时孢子更易产生和侵染。

病原菌从伤口或穿过皮层组织侵染，引起寄主植物发病。不同的侵染方式，发病的潜育期有明显不同。在20 ℃条件下，从伤口侵染发病潜育期3天，没有伤口直接从皮层侵染潜育期19天。

田间积水是发病的重要原因。接种病原菌积水培养实验表明，积水1、3、5、7、9天死亡率分别为4%、4.9%、16.3%、21.1%、23.7%，田间观察也是积水比不积水的栽培方式发病率显著偏高。通气性差的僵土比通气性好的沙壤土发病率高9%～22.5%。苗木根系不完整，根部伤口多，以及中耕、松土、除草作业粗放，损伤寄主植物也会引起根腐病发生。

害虫危害也会导致根腐病发生。尤其是蛀干害虫、刺吸式口器害虫、地下害虫等危害后留下的伤口，易引发根腐病。

4. 防治方法

1）农业防治

（1）土壤暴晒。土壤暴晒是一种简便易行的土壤消毒技术，处理方法是在潮湿的土壤上覆盖透明密封的聚乙烯薄膜，利用日光照射，提高膜内土壤的温度，进行土壤消毒，一般持续4～6周，能有效杀灭病原菌和虫卵。此技术简便易行，防病效果较好。

（2）修垄定植。修高垄定植，要逐步加宽定植垄，4年生树加宽至60 cm，8年生树加宽至100 cm，10年生树加宽至150 cm。

（3）灌水适量。每次灌水不能淹及垄背和根颈部，及时对树冠下除草松土，保证树干周围土壤疏松干燥,保持根颈部透风透光。

(4)加强栽培管理。及时清除病虫木及枯枝叶,必要时对病株土壤进行土壤消毒,减少侵染源。增施有机肥,改良土壤。改善耕作条件,培土垄作,减少田间积水。改大水漫灌为细水浇灌,有条件的使用滴灌。中耕、除草、松土等作业不要损伤寄主植物。苗圃起苗不要伤根,保证根系完整。通过上述各项栽培措施,增强树势,提高树体自身抵抗病虫害的能力。

2)化学防治

(1)涂干或滴施预防。每年4月、6月、8月对根颈部进行波尔多液刷干处理。滴灌栽培可随灌水每株按0.5~1 g滴入58%甲霜灵锰锌可湿性粉剂。

(2)喷药防治。及时用45%代森铵可湿性粉剂500倍液灌根,每株用10~15 kg药水。病株周围未出现症状的植株一同实施药物灌根。药物灌根也可选用福尔马林100倍液,或0.5%硫酸亚铁溶液。药物灌根后浇水1次,既能防止药害,又能提高杀菌效果。挖出病株后土地上的病穴要进行药物处理,病穴土壤浇灌五氯酚钠250~300倍液,或70%甲基托布津可湿性粉剂1 000倍液,也可用石灰粉消毒杀菌。

(3)虫害防控。对蚜虫、螨及介壳虫选用生物农药或无公害农药,适时防治,并注意保护天敌。

(三)褐斑病

阿月浑子原产伊朗,喜高温干燥的环境,在引种地甘肃、河北、北京等地,夏季高温多雨,加重了链格孢属真菌的入侵,危害阿月浑子的枝条、果实、叶片等部位,导致叶片出现大量叶斑甚至大面积枯死。

1.症状

主要危害阿月浑子叶片、枝条,被害部位出现褐色病斑,严重的会导致树体的死亡,造成巨大的经济损失。苗木、幼树和大树均有发病,尤其是幼嫩的枝条、叶片和嫩芽最易被侵染。

2.病原

病原菌为链格孢 *Alternaria alternaria*,可从阿月浑子各个组织,包括枝条、叶片、芽、花和果实中分离出链格孢属真菌,且带菌率都较高。菌落直径42~50 mm,菌落圆形,基内菌丝和气生菌丝均发达,起初为白色,随着孢子的产生,菌落逐渐变成暗青褐色。培养7天,形成4~8个孢子的分生孢子链,主链上常有1~3个分枝。分生孢子梗直或弯曲,单生或簇生,分隔,淡褐色。分生孢子近椭圆形,近卵形或倒梨形,黄褐色,具横隔3~8个,纵、斜隔膜0~4个,分隔处缢缩不明显。短喙柱状或锥状,淡褐色,多为单细胞。

3.发病规律

病原物在受害叶片、枝条、芽中越冬,翌年春天气温回暖后产生分生孢子,随气流、风雨传播,从气孔侵入进行初侵染。阿月浑子褐斑病有两个发病高峰,5月中下旬开始发病。6月病害加重,第一场透雨过后,出现第一个发病高峰,导致春秋梢和叶片大量发病。叶片枯黄卷曲,造成早期落叶,甚至全株叶片枯死。同时侵染果实,导致果实霉烂。初秋出现第二个发病高峰,多发于秋季徒长枝,梢头干枯,呈深褐色,叶芽出现流胶症状,发病严重时,如不及时处理,叶片将残留于树上,于次年春天成为侵染源。剪开流胶部位的树皮,会发现暗色病斑,严重时髓心亦受到感染。采集发病叶片,通过镜检发现,雨后5天左右叶片表面开始出现大量孢子,成为再侵染源。

病害的发生、流行与气候,特别是气温和降水密切相关。早春病害尚未发生时,从上年受害叶片、枝条处菌可分离出链格孢,在越冬的枝条、芽和落叶中,存在大量的阿月浑子褐斑病病原菌,各组织的带菌率都在80%以上。阿月浑子褐斑病有2个发病高峰,分别发生在春夏之交和初秋,这2个时期的气候较为温和,日均温在20~25 ℃。该病原菌最适生长和产孢温度相吻合。当夏季气温高于30 ℃时,病害减轻。

多雨季节病害易发生。病原菌孢子萌发对湿度要求比较高,病原菌的孢子在相对湿度95%以上或者有水滴存在的情况下,会在12小时内大量萌发。一旦湿度等条件适宜,出现发病高峰,病害将无法控制,直到全株叶片完全枯死,长出新叶为止。

4.防治方法

1)农业防治

及时彻底清除病残体及其病组织,集中烧毁,减少初侵染源。清除病叶,喷洒高锰酸钾1 000倍液消毒。加强栽培管理,结合树冠整形,剪除弱病枝,调整枝叶疏密度,避免合理灌水,避免浇水过量,增强树势。

2)生物防治

选用哈茨木霉菌300倍液,直接喷施于病部叶面。

3)化学防治

在早春萌芽前,使用内吸式杀菌剂,进行一次全园消毒。生长季节发病初期整株树体喷药保护,可选用10%苯醚甲环唑水分散粒剂1 000倍液,或20%硅唑·咪鲜胺水乳剂1 000倍液,或38%恶霜嘧铜菌酯水剂800~1 000倍液,或4%氟硅唑乳油1 000倍液,或70%甲基托布津可湿性粉剂500倍液,或80%代森锰锌可湿性粉剂500~800倍液,或75%百菌清可湿性粉剂1 000倍液,或25%嘧菌酯悬浮剂(阿米西达)1 000~1 500倍液,或50%多菌灵可湿性粉剂500~600倍液均匀喷雾施药,并轮换使用甲基托布津和代森锰锌,防止产生抗药性。

十五、省沽油(珍珠花)病虫害

省沽油 *Saphy eabumalda*,又名珍珠花或珍珠花菜,属于省沽油科、省沽油属,多年生落叶灌木或小乔木,是我国特有的木本油料,可用于乔灌木和优良的园林绿化树种。该树全身是宝,其花、叶、果、枝根都有较高食用营养和药用价值,是目前市场少有的绿色食品。省沽油树皮紫红色,小枝皮褐色,叶椭圆形或卵圆形,圆锥花序直立,因其顶生白色小花似珍珠而俗称珍珠花,主要集中分布在南北气候兼有的高山地区,具耐寒、喜湿润、适应短日照等特性。

河南省主要分布在桐柏山、大别山、伏牛山区海拔100~300 m天然阔叶林下。省沽油多分布于北半球温带。亚热带和热带地区,我国主要分布于东北、黄河流域和长江流域等地,生于路旁、山地或丛林中。省沽油种子油中含有近20种脂肪酸,其中亚麻酸和亚油酸含量较高,分别为9.08%和53.83%,种子油具有很高的营养价值和保健价值。省沽油的花及嫩叶富含19种益于人体健康的氨基酸和丰富的维生素,具有很高的营养价值和保健作用,晒干或沸水杀青制成的珍珠花菜味道鲜美,凉拌或炒食均可,是难得的无污染绿色食品。

我国对省沽油的开发利用历史非常悠久，地处省沽油中心分布区的桐柏山区、大别山区和秦巴山区的人们很早就认识到了省沽油的价值，人们早春采集它的花和嫩梢，用于制作营养丰富、味道鲜美的森林蔬菜，并赋予其一个好听的名称"珍珠花菜"，省沽油的种子可榨油，是制作上等油漆、美容化妆品的重要材料。尤其重要的是它的病虫害较少，很少利用农药、化肥，是一种难得的无污染天然绿色食品。据说古代还是专供皇家食用的贡菜。现在桐柏山区、大别山区、秦巴山区等地已开始规模化生产珍珠花菜，产品远销亚洲各国及国内各省（区、市），价格不菲，市场前景广阔，给农民带来了实惠和财富。

长期以来省沽油的油脂价值却没有被人们所认识。省沽油一年生苗高可达 75 cm 以上，一般种植后 2 年就开始结实，第 3 年就进入盛果期，结实期更是长达 100 年以上。省沽油萌芽和矮化性能好，便于修剪、密植和管理，每亩可合理密植 250 株左右；省沽油容易繁殖，嫩枝扦插育苗的最高生根率达 96%，种子播种出苗率、幼苗移栽成活率及田间保存率可分别达到 50%、90% 和 85.9% 以上，完全可以满足规模化生产的需要；省沽油结实能力强，种子产量高，在集约栽培条件下，一般优树营造的林分种子产量每公顷能达 2 300 kg，亩产种子 150 kg 左右，亩产油脂可达 45 kg；省沽油种子平均出油率为 30%，种仁出油率为 60%，属于高含油量种子，其油脂中富含维生素、氨基酸、矿物质等，不饱和脂肪酸占 80% 以上，具有极高的食用、医疗及保健价值，可用来开发高级优质保健食用油，是一种新型的优质食用油源。近些年经保鲜、加工的珍珠花野菜供不应求，珍珠花价格一直攀升，作为食用油和化妆品新资源，具有广阔的开发利用前景。目前通过对省沽油的育苗及栽培技术的研究，并获得了成功，为充分开发利用这野生资源、精准扶贫、调整林业产业结构等提供了有力的技术支撑。省沽油的病虫害较少，主要害虫有潜叶细蛾、地老虎、蛴螬，病害有根腐病、猝倒病等。

（一）潜叶细蛾

潜叶细蛾 *Acrocercops transecta* Meyrick，又称南烛尖细蛾，属鳞翅目、细蛾科，主要分布于江西、河南、陕西、湖北、河北、浙江、安徽、湖南、海南、四川、贵州、云南、台湾等省，以及日本、韩国和俄罗斯远东等国家和地区。

1. 形态特征

1）成虫

翅展 7 ~ 10 mm，前翅浅赭褐色，有金属光泽；后翅及缘毛褐色；胸部浅赭黄色；腹部背面黑褐色，腹面浅赭黄色；足浅赭黄色。

2）幼虫

老熟幼虫通体红色，但其颜色会随着季节变化而变浅，长 1.7 ~ 2.3 mm。

3）蛹长

1.9 ~ 2.1 mm、宽 0.30 ~ 0.42 mm，通体浅黄色至浅黄褐色不等，复眼红色。

2. 为害状

省沽油叶片上常有潜叶细蛾为害，叶片被取食部分仅留下很薄的灰白色透明的上下表皮，严重削弱了叶片的光合作用，从而影响树势。潜叶细蛾成虫交配产卵于省沽油叶片正面，幼虫潜入省沽油叶表皮下，初始潜道乳白色，潜痕呈细线状蜿蜒弯曲且向末端渐粗，随着幼虫长大其沿着潜道旋转取食，潜道扩大呈不规则的斑块状。

3. 生物学习性

潜叶细蛾幼虫潜入珍珠花叶片正面嫩叶内取食叶肉，雌虫常有集中产卵潜叶习性，有时一个枝条常有数十只潜叶细蛾幼虫同时潜叶，一片嫩叶上也常有数只幼虫同时潜叶。潜叶细蛾于江西南部一年发生3代，且存在世代重叠现象，每年发生的时间因地区而异。江西赣州峰山，潜叶细蛾第1代发生于4月上中旬，成虫交配产卵于珍珠花叶片正面，幼虫潜入珍珠花叶表皮下，初始潜道乳白色，潜痕呈细线状蜿蜒弯曲且向末端渐粗，随着幼虫长大其沿着潜道旋转取食，潜道扩大呈不规则的斑块状。5月初老熟幼虫一般爬出潜道于其他正常叶片上结茧化蛹(亦有少部分于潜道内化蛹)。第2代发生于6月初，6月下旬老熟幼虫开始结茧化蛹，蛹期6~8天羽化为成虫。第3代发生于8月中旬，9月初老熟幼虫开始结茧化蛹，蛹期8~9天羽化为成虫。

4. 防治方法

1) 农业防治

潜叶细蛾以幼虫在叶片上危害或叶片上结茧越冬习性，为此要彻底地消除虫害，必须在秋后落叶时清除叶片烧毁。

2) 生物防治

慎用农药，保护天敌，第3代被寄生蜂寄生的比例最高，寄生率达到90%左右，而第1代被寄生的比率只有10%~20%。

3) 化学防治

在其成虫出现的5月、7月，幼虫出现的5月下旬、9月中下旬，及时喷洒杀虫农药如1 000倍的乐果、2 000倍的氧化乐果或除虫菊酯类药剂。要多观看虫情的变化习性，在成虫羽期、幼虫初龄期的防治的有利时机，最少要喷洒3~4次药剂，防止虫害的扩散。

(二) 小地老虎

小地老虎 *Agrotis ypsilon*(Rotte mberg)，别名土蚕、地蚕、黑土蚕、黑地蚕。又名土蚕，切根虫，属鳞翅目、夜蛾科。全国各地都有发生，以雨量充沛、气候湿润的长江中下游和东南沿海及北方的低洼内涝或灌区发生比较严重，幼虫对农、林木幼苗危害很大，轻则造成缺苗断垄，重则毁种重播。

1. 形态特征

1) 成虫

体长16~23 mm，翅展42~54 mm。触角雌蛾丝状，双栉齿状，栉齿仅达触角之半，端半部则为丝状。前翅黑褐色，亚基线、内横线、外横线及亚缘线均为双条曲线；在肾形斑外侧有一个明显的尖端向外的楔形黑斑，在亚缘线上有2个尖端向内的黑褐色楔形斑，3斑尖端相对，是其最显著的特征。后呈淡灰白色，外缘及翅脉黑色。

2) 卵

馒头形，直径0.61 mm，高0.5 mm左右，表面有纵横相交的隆线，初产时乳白色，后渐变为黄色，孵化前顶部呈现黑点。

3) 幼虫

老熟幼虫体长37~47 mm，头宽3.0~3.5 mm。黄褐色至黑褐色，体表粗糙，密布大小颗粒。头部后唇基等边三角形，颅中沟很短，额区直达颅顶，顶呈单峰。腹部1~8节，背面各有4个毛片，后2个比前2个大1倍以上。腹末臀板黄褐色，有两条深褐色纵纹。

4) 蛹

体长18~24 mm，红褐色或暗红褐色。腹部第4~7节基部有2刻点，背面的大而色深，腹末具臀棘1对。

2. 为害状

小地老虎低龄幼虫在省沽油的地上部危害，取食子叶、嫩叶，造成孔洞或缺刻；中老龄幼虫白天躲在浅土穴中，晚上出洞取食省沽油近土面的嫩茎，使植株枯死，造成缺苗断垄，甚至毁苗重植，直接影响生产。

3. 生物学习性

全国各地发生世代各异，发生代数由北向南逐渐增加，东北1～2代、广西南宁5～6代。该虫无滞育现象，在我国广东、广西、云南全年繁殖为害，无越冬现象；在长江流域以老熟幼虫和蛹在土壤中越冬，成虫在杂草丛、草堆、石块下等场所越冬；在我国北纬33°以北不能越冬。成虫是一种远距离迁飞性害虫，迁飞能力强，一次迁飞距离可达1 000 km以上；昼伏夜出，白天潜伏于土缝中、杂草丛中、屋檐下或者其他隐蔽处，夜间出来活动，进行取食、交尾和产卵，以晚间19～22时活动最盛；具有趋光性和趋化性。幼虫多数为6龄，少数为7～8龄；有假死性，受精后缩成环形。1～2龄幼虫对光不敏感，昼夜活动取食；4～6龄表现出明显的负趋光性，晚上出来活动取食。

4. 防治方法

1)农业防治

及时清除林地及其周围杂草，可有效地减少成虫产卵寄主和幼虫食料，还可减少部分卵和低龄幼虫。

2)生物防治

要注意保护地老虎的自然天敌鸦雀、蜘蛛、赤眼蜂等，尽量创造有利于天敌生存的有利条件，有时还要采取人工大量饲养繁殖和释放害虫天敌，以增加天敌的数量，抑制地老虎的发生和为害。

3)物理防治

发现省沽油嫩叶上有缺刻和孔洞时应及时捕杀，清晨检查发现新鲜断苗可在断苗附近扒开表土捕杀；在成虫盛发始期，可用黑光灯诱杀成虫。

4)化学防治

用糖6份、醋3份、白酒1份、水10份配成糖醋液，加入25%敌百虫粉剂1份，诱杀成虫。

(三)蛴螬

蛴螬是鞘翅目、金龟总科幼虫的总称，俗称鸡乪虫等。成虫通称为金龟或金龟子。成虫和幼虫均能危害寄主植物，幼虫喜食刚播种的种子、根、块茎以及幼苗，是世界性的地下害虫，危害较重。

1. 形态特征

体肥大，体型弯曲呈C形，多为白色，少数为黄白色。头部褐色，上颚显著，腹部肿胀。体壁较柔软多皱，体表疏生细毛。头大而圆，多为黄褐色，生有左右对称的刚毛，刚毛数量的多少常为分种的特征。蛴螬具胸足3对，一般后足较长。腹部10节，第10节称为臀节，臀节上生有刺毛，其数目的多少和排列方式也是分种的重要特征。

2. 为害状

蛴螬对省沽油的危害主要是春、秋两季最重。蛴螬咬食幼苗嫩茎，茎根被钻成孔眼，当植株枯黄而死时,它又转移到别的植株继续危害。此外,因蛴螬造成的伤口还可诱发病害。其中植食性蛴螬食性广泛,危害多种农作物、经济作物和花卉苗木,喜食刚播种的种子、根、块茎以及幼苗,是世界性的地下害虫,危害很大。

3. 生物学习性

蛴螬一到两年1代,幼虫和成虫在土中越冬,成虫即金龟子,白天藏在土中,晚上8~9时进行取食等活动。蛴螬有假死和负趋光性,并对未腐熟的粪肥有趋性。幼虫蛴螬始终在地下活动,与土壤温湿度关系密切。当10 cm土温达5 ℃时开始上升土表,13~18 ℃时活动最盛,23 ℃以上则往深土中移动,至秋季土温下降到其活动适宜范围时,再移向土壤上层。

4. 防治方法

1)农业防治

发生严重的地区,秋冬翻地可把越冬幼虫翻到地表使其风干、冻死或被天敌捕食,机械杀伤,防效明显;同时,应防止使用未腐熟的有机肥料,以防止招引成虫来产卵。

2)生物防治

(1)利用地老虎的自然天敌茶色食虫虻、金龟子黑土蜂等,尽量创造有利于天敌生存的有利条件,有时还要采取人工大量饲养繁殖和释放害虫天敌,以增加天敌的数量,抑制蛴螬的发生和为害。

(2)利用白僵菌。在播种和中耕两个时期,亩用100亿孢子/g可湿性粉剂250~300 g与30 kg细土混拌成菌土,撒施。注意:白僵菌需要有适宜的温湿度(24~28 ℃,相对湿度90%左右,土壤含水量5%以上)才能使害虫致病。害虫感染白僵菌死亡的速度缓慢,经4~6天后才死亡。

3)物理防治

有条件地区,可设置黑光灯诱杀成虫,减少蛴螬的发生数量。

4)化学防治

(1)在蛴螬卵孵化盛期和幼虫发生期用18%阿维菌素乳油3 000~5 000倍液+高氯1 000倍液喷雾,药后7~10天防效达90%以上。

(2)毒饵防治。取90%晶体敌百虫1 kg,先用少量热水化开后再加水10 kg,均匀地喷洒在100 kg炒香的饼粉或麦麸上,拌匀后于傍晚顺垄撒在省沽油根部,每亩5 kg左右,可以诱杀多种害虫。

(四)根腐病

1. 症状

根腐病是一种真菌引起的病,该病会造成根部腐烂,吸收水分和养分的功能逐渐减弱,最后整株叶片发黄、枯萎。

2. 病原

根腐病病原为真菌。

3. 发病规律

病菌在土壤中或病残体上越冬,成为翌年主要初侵染源,病菌从根茎部或根部伤口侵入,通过雨水或灌溉水进行传播和蔓延。地势低洼、排水不良、田间积水、连作及棚内滴水漏水、植株根部受伤的田块发病严重。年度间春季多雨、梅雨期间多雨的年份发病严重。

4. 防治方法

1）农业防治

精耕细整土地，悉心培育壮苗，在移植时尽量不伤根，精心整理，保证不积水沤根，施足基肥；定植后要根据气温变化，适时适量浇水，防止地上水分蒸发、苗体水分蒸腾，隔绝病毒感染；分别在花蕾期、幼果期、果实膨大期喷施磷肥，增强植株营养匹配功能，使果蒂增粗，促进植株健康生长，增强抗病能力。

2）化学防治

（1）种子消毒。播种前，种子可用种子重量0.3%的退菌特或种子重量0.1%的粉锈宁拌种，或用80%的402抗菌剂乳油2 000倍液浸种5小时。

（2）苗床土壤消毒，可使用甲霜恶霉灵、多菌灵等进行土壤消毒，且可兼治猝倒病、立枯病。可使用铜制剂或甲霜恶霉灵进行防治。

（3）发病时可用甲霜恶霉灵或铜制剂进行灌根。

（五）猝倒病

1. 症状

不同种类的真菌引起不同的症状，腐霉属和疫霉属侵染幼苗的茎基部呈水渍状变软，使之迅速萎蔫，最后茎基部呈线状缢缩。有时子叶尚未表现症状即已倒伏，故名猝倒；由丝核菌引起的苗病一般称为立枯病，受害幼苗茎基部产生褐色病斑，逐渐使幼茎萎缩直至幼苗枯死，一般不立即倒伏。受侵染子叶也可产生褐色不规则形的病斑。

2. 病原

猝倒病病原有腐霉属（*Pythium* spp.）、疫霉属（*Phytophthora* spp.）、丝核属（*Rhizoctonia* spp.）等真菌。

3. 发病规律

病菌以菌丝体或菌核在土壤中腐生或在病残组织内存活，作为初次侵染源。病菌主要通过灌水或土壤耕作传播。

4. 防治方法

1）农业防治

防治主要靠良好的土壤耕作，避免土壤过湿，加强苗期管理增强幼苗抗逆性；同时避免使用旧床土育苗，注意田间清洁。

2）化学防治

可使用甲霜恶霉灵、多菌灵等进行土壤消毒，且可兼治猝倒病、立枯病；可使用铜制剂或甲霜恶霉灵进行防治；发病时可用甲霜恶霉灵或铜制剂进行灌根。

下篇　木本油料树种主要病虫害

一、核桃病虫害

核桃(*Juglans regia* L.),落叶乔木,又名胡桃、羌桃,属核桃科、核桃属植物,与扁桃、榛子、腰果并称为世界著名的"四大干果"。全球的核桃属植物约23种,我国有13种,占其中的56.5%。核桃是我国主要的经济树种之一。

核桃是经济价值较高的一种经济树种。原产在欧洲和亚洲交界的一些地区。在山地、丘陵的核桃,有的形成天然的纯林,有的散生,有的和水青冈、鹅耳枥、栗槭等乔木混生。核桃喜光、耐寒,抗旱、抗病能力强,适应多种土壤生长,喜肥沃湿润的沙质壤土,喜水、肥,喜阳,同时对水肥要求不严,落叶后至发芽前不宜剪枝,易产生伤流。适宜大部分土地生长。喜石灰性土壤,常见于山区河谷两旁土层深厚的地方。

核桃树一般高达3~5 m,树皮灰白色,浅纵裂,枝条髓部片状,幼枝先端具细柔毛(2年生枝常无毛)。也有高达20~25 m,树干较别的种类矮,树冠广阔。树皮幼时灰绿色,老时则灰白色而纵向浅裂。小枝无毛,具有光泽,被盾状着生的腺体,灰绿色,后来带褐色。

核桃是我国人民的传统食品,也是世界各国人民喜爱的食品。多年来,鉴于人类生存环境的恶化,人们对健康与健脑食品的需求递增,核桃一直是世界贸易的紧俏货,供不应求。据联合国粮农组织预测,核桃目前的全球消费需求量约为140万t,而当前生产量仅为85万t,缺口近1/3。预测未来30年核桃需求量将以年均10%的速度增长。

近几年我国核桃的产量稳定在25万t,人均占有量平均不到0.2 kg,而市场销售量仅占总产量的50%左右,即实际人均消费量不足0.1 kg,是美国人均消费量的1/10左右。产品严重的供不应求,导致一些地区和一些人群常年吃不上核桃;而同时很多人因对核桃的营养和保健作用认识不足,即使当地不缺也不会主动去消费。另外,随着核桃深加工业的兴起,需要大量的核桃作为原料。由此可见,核桃生产有着广阔的市场前景,尤其是优质核桃生产前景看好。而核桃新品种有着极大的增产潜力。据悉,我国某处核桃生产经营管理局的81亩香玲核桃丰收园,平均亩产量可达200 kg,其中有8.1亩高产园平均亩产量竟高达300 kg,产值万元左右。所以,在我国进行核桃的品种化、规范化和集约化栽培具有广阔的发展前景。

核桃在我国栽培历史悠久、分布广。根据国内各地气候、土壤及地形的差异,从自然区域上可划分为三个大的主产区,即黄河中下游产区,云南、贵州、四川产区,新疆塔里木盆地产区。另外,在东北、华北和中南等地区也有核桃分布。黄河中下游产区包括秦岭、巴山、伏牛山和燕山山区,该区核桃面积大,产量最高。云南、贵州、四川的核桃产量高、质量好,其中云南泡核桃以产量高、果大、皮薄、出仁率高、含油量多等特点驰名全国。新疆塔里木盆地主要产开花结实早的隔年泡核桃。

在我国危害核桃的病虫种类多,仅危害核桃的害虫就有120余种,严重地影响核桃生产。由于各核桃产区生态条件不同,因而病虫区区系各异。黄河中下游产区,发生普遍而危害严重的虫害有核桃举肢蛾(核桃黑)、桃蛀螟、核桃小吉丁虫、芳香木蠹蛾、云斑天牛、核桃横沟象、核桃长足象、天牛、核桃瘤蛾、木橑尺蠖、草履介壳虫等;病害有核桃细菌性黑斑病、核桃炭疽病、核桃褐斑病、核桃烂皮病、白粉病、溃疡病、枝枯病等。在云南、贵州、四川产区的主要虫害有金龟甲、核桃扁叶甲、刺蛾、水青蛾、核桃举肢蛾、核桃长足象、核桃横沟象、核桃介壳虫等;病害有核桃根腐病、核桃炭疽病、核桃枝枯病等。新疆核桃产区气候干旱,除沙枣尺蠖危害较为严重外,其他病虫较少。

(一)核桃举肢蛾

核桃举肢蛾 *Atrijuglans hetauhei* Yang,属鳞翅目、举肢蛾科,是华北、西北、西南、中南等核桃产区重要害虫,特别是河北的太行山及燕山山脉核桃产区,山西的晋东南、晋中和晋北,陕西的商洛,四川的绵阳、万县、阿坝等核桃产区发生普遍,危害核桃及核桃楸。幼虫钻入核桃果内蛀食,受害果逐渐变黑而凹陷皱缩,常称为"黑核桃""核桃黑"等。

1. 形态特征

1)成虫

体长 5 ~ 8 mm,翅展 12 ~ 14 mm,黑褐色,有光泽。复眼红色;触角丝状,淡褐色;下唇须发达,银白色,向上弯曲,超过头顶。翅狭长,缘毛很长;前翅端部 1/3 处有 1 半月形白斑,基部 1/3 处还有 1 椭圆形小白斑(有时不显)。腹部背面有黑白相间的鳞毛,腹面银白色。足白色,后足很长,胫节和跗节具有环状黑色毛刺,静止时胫、跗节向侧后方上举,并不时摆动,所以叫"举肢蛾"。

2)卵

椭圆形,长 0.3 ~ 0.4 mm,初产时乳白色,渐变黄白色、黄色或淡红色,近孵化时呈红褐色。

3)幼虫

初孵时体长 1.5 mm,乳白色,头部黄褐色。成熟幼虫体长 7.7 ~ 9 mm,头部暗褐色,胴部淡黄白色,背面稍带粉红色,被有稀疏白刚毛。

4)蛹

体长 4 ~ 7 mm,纺锤形,黄褐色。茧为椭圆形,长 8 ~ 10 mm,褐色,常黏附草屑及细土粒。

2. 为害状

核桃举肢蛾主要以幼虫取食危害核桃的果皮和种仁,致使被害果皱缩变黑,受害果大多会提早脱落,严重影响核桃的产量。受害果危害程度与害虫的发生代数有关,在不同地区的年发生世代数不同。在年发生 1 代的地区,幼虫主要在 7 月为害,此时该地区核桃果皮已逐渐硬化,子叶已开始逐渐变为乳白色,这时幼虫开始大量蛀食核桃果皮,致使果皮发黑并开始皱缩形成向内的黑色凹陷,种仁因核桃举肢蛾的危害此时会皱缩形成"核桃黑"。在 1 年发生 2 代的地区,第 1 代幼虫危害关键期集中在 6 月初,此时果皮较软,幼虫主要蛀食核桃的内果皮,并进入子叶,若不转果危害,到后期严重时被害核桃果将脱落,此时的被害果无任何食用价值。而第 2 代幼虫危害的关键期主要在 8 月,此时核桃已趋近成熟,核壳变硬,幼虫多数只能蛀食青皮,致被害处变黑,核仁瘪缩不饱满,但落果情况很少。

3. 生物学习性

核桃举肢蛾一年发生1～2代，不同地区发生代数不同；河北和山西主要是1代发生区，在山东、河南、陕西及西南核桃产区1年发生2代。在各个地区均以老熟幼虫在土壤表层1～2 cm处及落叶、树下杂草及树干裂缝内结茧越冬。在1代发生区，越冬的老熟幼虫于翌年5月中下旬开始在茧内化蛹。5月底到6月上旬羽化，6月中旬为成虫产卵期。幼虫为害主要集中在6月下旬至8月中旬，幼虫期40天左右。越冬幼虫主要在6月下旬开始危害，7月为为害盛期，7月下旬至8月上旬，以老熟幼虫状态随着果实脱果，以老熟幼虫在土壤表层及落叶、杂草及树干裂缝中结茧越冬。在2代发生区，每年5月初越冬幼虫逐渐开始出土化蛹，5月中下旬为出土化蛹盛期。5月下旬到6月初为成虫发生期，5月底到6月初为成虫产卵期。6月初为卵孵化盛期，此时第1代初孵幼虫开始蛀果危害。6月下旬第一代老熟幼虫开始脱果，脱果盛期在6月底，脱果幼虫结茧化蛹，化蛹盛期在6月底到7月初，蛹期1周左右，7月下旬蛹羽化为成虫，交配产卵，孵化出第2代幼虫。第2代幼虫7月下旬蛀入果内，7月底至9月初为第2代幼虫危害时期，8月中旬至9月间，幼虫先后老熟脱果入土结茧越冬。

核桃举肢蛾成虫喜生活于阴坡地带，略具趋光性。成虫羽化时间大多集中在下午，羽化后多在树冠下部叶背阴凉处活动，静止时后足向侧上方伸举，上举的后足能跳跃，前、中足可以行走。出土羽化不久的成虫常在距地面较近的树叶背面或树下杂草中潜伏，白天多静伏于叶背或草丛中，下午5～6时开始活动，日落前1～2小时最活跃，互相追逐，在树冠外围飞翔寻偶，黄昏时停于叶背交配产卵，其他时候通常静止不动，产卵盛期多集中在下午6～7时。卵多产在果萼洼、果梗洼、果面凹陷处、叶主脉及叶柄基部等部位，其中果萼洼处产卵最多，单雌产卵量达40粒左右。

核桃举肢蛾每年发生期及世代，因海拔和气候不同，有所差异。据调查，核桃举肢蛾在陕西商洛丹凤县在海拔1 000 m以上山区1年发生1代，海拔600 m以下的川道地区1年发生1～2代，部分个体可发育至第3代。一般深山山沟虫害重于低洼阴坡，更重于平原地带，川边河谷受害最轻，老林受害重于幼林，荒山纯林重于农林间种地。羽化期降雨多的年份为害重，干旱年份为害轻。

4. 防治方法

1）农业防治

在种植核桃树时，注意尽量选择向阳处。加强果区树木管理，及时清理落果，将其集中处理，深埋土中或烧毁，以达到消灭越冬虫源的目的。每年10月，清除树下枯枝落叶并集中烧毁，翻耕树盘杀死越冬幼虫。深翻树盘的同时要将土壤中的核桃举肢蛾的越冬虫茧收集起来并消灭。在每年5月初幼虫出土前，树盘内覆土深2 cm左右，或树盘下覆盖地膜，用以阻止幼虫破茧出土，减少越冬代幼虫基数。

2）生物防治

释放天敌防治核桃举肢蛾，可有效控制举肢蛾危害。松毛虫赤眼蜂是核桃举肢蛾的有效天敌。赤眼蜂应在6月释放，释放量为30万头/亩。可在5月下旬到6月初的成虫羽化期和6月上旬幼虫蛀果前期喷100亿～200亿孢子/g的杀螟杆菌二号可湿性粉剂、2亿～4亿孢子/mL的苏云金杆芽孢菌及100亿～200亿孢子/g杀螟杆菌可湿性粉剂防治幼虫为害。在成虫羽化后、幼虫蛀果前可喷洒白僵菌来防治，浓度为2亿～4亿孢子/mL。

3）物理防治

核桃举肢蛾成虫趋光性较弱，利用黑光灯诱集效果不理想；根据举肢蛾越冬幼虫及蛹规律可结合物理机械方法，把核桃树盘周围土壤打碎，破坏蛹室及幼虫的生活场所，使其不能羽化成虫，从而逐步达到控制和消灭举肢蛾危害。

4）化学防治

（1）成虫羽化盛期树冠喷雾防治。使用 1 500 倍的 25% 灭幼脲 3 号悬浮剂和 1.8% 阿维菌素 3 000 ~4 000 倍液喷药防治，20% 速灭杀丁乳油 2 000 倍液，或吡虫啉 2 000 ~3 000 倍液，或 2.5% 高效氯氟氰菊酯、氯氰菊酯、溴氰菊酯 2 000 ~3 000 倍液；在 5 月中旬（蛹盛期）或 6 月下旬（幼虫脱果期）进行地面药剂处理，具有较好效果；使用 25% 甲萘威可湿性粉剂稀释 200 ~800 倍液。

（2）地面防治。在越冬幼虫出土盛期，用 50% 辛硫磷乳油 1 000 倍液兑 1∶100 的白僵菌，对树冠下土壤喷雾，或将 50% 辛硫磷颗粒剂与细沙土混合均匀撒入树冠下土壤后浅耕表层土壤，使土壤与药剂充分混合，杀灭幼虫，可有效减少幼虫蛀果量。

（二）桃蛀螟

桃蛀螟 *Dichocrocis punctifeialis* Guenee，又名桃囊螟、桃蛀虫、桃实心虫、核桃钻心虫等，属鳞翅目、螟蛾科。分布于陕西、河北、河南、辽宁、甘肃、四川、云南、广东、广西、浙江、福建、台湾等地，长江流域及以南地区为害严重。除危害核桃外，也能危害李、杏、桃、梨、柑梧、苹果、柿、板栗、芒果、油茶、向日葵、玉米等多种农作物和果树，是一种杂食性害虫。以幼虫蛀食核桃果实，引起早期落果，使果实不能食用。桃蛀螟危害极其严重，在有些寄主上甚至是毁灭性的。20 世纪 20 年代印度报道了桃蛀螟是蓖麻的著名毁灭性害虫。桃蛀螟幼虫特别喜欢从蓖麻的叶腋处蛀入茎，危害花蕾和嫩茎，蛀入成熟的荚果，蛀食种子。据近两年核桃虫害危害严重程度调查，河南地区桃蛀螟危害程度将逐渐超过核桃举肢蛾危害，替代核桃举肢蛾成为核桃主要蛀果害虫。

1. 形态特征

1）成虫

体长 10 ~15 mm，翅展 20 ~26 mm，全体黄至橙黄色，体背、前翅、后翅散生大小不一的黑色斑点，似豹纹。雄蛾腹部末端有黑色毛丛，雌蛾腹部末端圆锥形。

2）卵

椭圆形，长 0.6 ~0.7 mm、宽 0.5 mm，初产时白色，以后渐变为樱桃红色。

3）幼虫

老熟幼虫体长约 25 mm，头及前胸背面为红褐色，其余全身为淡红色，各节有褐色大瘤点共 12 个，足褐色。

4）蛹

长 12 ~14 mm，红褐色，腹部末端有卷曲臀刺 6 根。

2. 为害状

越冬代成虫将卵散产在核桃果上，待桃蛀螟初孵幼虫作短距离爬行后，即入果危害，从蛀孔排山黑褐包粪便。核桃果受害后，还会从蛀孔分泌黄褐色透明胶汁，与排出的粪便混杂在一起，附贴在果面上，十分明显，严重时，幼虫可将果仁吃光，仅留种壳，果内也充满虫粪，成“虫粪果”，幼虫期 15 ~20 天。

3. 生物学习性

桃蛀螟在中国每年发生代数存在较大差异。如华北地区2~3代,华东地区3~4代,西北地区3~5代,华中地区5代,华南地区5~6代。华北地区,越冬代幼虫一般在3月下旬开始蛹,4月中下旬开始羽化,5月下旬至6月上旬进入羽化盛期。每日多集中在7~10时羽化,以8~9时数量最多且最为集中。成虫白天常静息在叶背、枝叶和果实上,夜间飞出完成交配、产卵、取食等活动,成虫通过取食花蜜、露水及成熟果实汁液补充营养。5月中旬田间可见虫卵,盛期在5月下旬至6月上旬,一直到9月下旬,均可见虫卵,世代重叠严重。随蛀食时间的延长,果内可见虫粪,并伴有腐烂、霉变特征。幼虫5龄,经15~20天老熟。

4. 防治方法

1)农业防治

利用处理越冬寄主、改革耕作制度、种植抗螟品种、种植诱集田等措施控制桃蛀螟的危害。在第2年老熟幼虫化蛹羽化前,处理虫果等越冬寄主,压低来年虫源。根据桃蛀螟的发生规律,使作物的高危生育期与桃蛀螟的发生高峰期错开。核桃园周围避免大面积种植玉米、向日葵等作物,避免加重和交叉危害,但可利用桃蛀螟成虫对向日葵花盘产卵有很强的选择性,可在核桃园周围种植小面积向日葵诱集成虫产卵,集中消灭,可以减轻作物和果树的被害率。另外,氮、磷和钾肥的用量也与虫口数有关,合理施肥可以控制虫口数量;整枝修剪、摘除虫果、疏果套袋等对桃蛀螟也有一定控制效果。

2)生物防治

生产上利用一些商品化的生物制剂,如病原线虫、苏云金杆菌和白僵菌来防治桃蛀螟。用100亿孢子/g的白僵菌50~200倍防治桃蛀螟,对14年生马尾松喷药60天后,防治区有虫株率由防治前的平均24.86%降至0.85%,主梢受害率由防治前的平均14.62%降至0.47%,侧梢受害率由防治前的平均10.23%降至0.38%,说明白僵菌对桃蛀螟有很好的控制作用。

3)物理防治

根据桃蛀螟成虫趋光性强,可从其成虫刚开始羽化时(未产卵前),晚上在果园内或周围用黑光灯或糖醋液诱集成虫,集中杀灭,还可用频振式杀虫灯进行诱杀,达到防治的目的。总之,在合理利用农业方法的基础上,适时进行化学防治和生物防治,可以有效控制桃蛀螟的危害。

4)化学防治

在5~6月桃蛀螟幼虫初孵期喷施化学农药。方法同举肢蛾。

(三)核桃小吉丁虫

核桃小吉丁虫 *Agrilus* sp.,又名核桃黑小吉丁虫,属鞘翅目、吉丁虫科。在陕西、山东、河南、山西、甘肃、四川等地均有分布,是我国近年发现只危害核桃的重要害虫。核桃小吉丁虫以幼虫蛀入枝干皮层,成螺旋形串圈为害(故称"串皮虫")。

1. 形态特征

1)成虫

虫体长5~7 mm,雄虫4~5 mm,体黑色,具金属光泽,头中部纵凹陷,触角锯齿状,复眼黑色。前胸背板中部稍隆起,头、前胸背板及鞘翅上密布小刻点。

2）卵

长约1.1 mm，扁椭圆形，出产白色，1天后变为黑色，外被一层褐色分泌物。

3）幼虫

老熟幼虫体长12～20 mm，乳白色，体扁平，头棕褐色，缩于前胸内。前胸膨大，淡黄色，中部有“人”字形纵纹。尾部1对褐色尾刺。

4）蛹

体长4～7 mm，裸蛹，初产乳白色，羽化时为黑色。

2. 为害状

核桃小吉丁虫主要以幼虫取食2～4年生枝条皮下组织危害，幼虫钻入核桃枝条皮层成螺旋形串圈危害，阻碍树液流通，造成新梢大量“回梢”枯枝，致使枝干枯死，树冠逐年缩小。

3. 生物学习性

该虫在北方地区一般1年发生1代，以幼虫在被害枝干中越冬。于翌年4月中旬开始化蛹，盛期4月下旬至5月上旬。蛹期16～39天，5月上旬开始羽化成虫。6月上旬为羽化盛期。6月上旬至7月下旬为成虫产卵期。6月中旬至7月底为幼虫孵化期。6月下旬至7月初为孵化盛期，7月下旬至8月下旬为幼虫危害盛期，10月起，幼虫即在被害枝干中越冬。成虫羽化后在蛹室内停留15天左右，然后咬破皮层外出。经过10～15天补充营养，方能交尾产卵。卵散产在叶痕及其边缘处。也有把卵产在光的树干皮上，但当年生的嫩枝不产卵。成虫喜光，故树冠外围卵多；生长弱，枝叶少。透光好的树受害重。成虫寿命约35天，卵期约10天。幼虫孵化后逐渐深入皮层和木质部间危害，蛀道多由下绕枝条螺旋形向上，破坏疏导组织，7月下旬至8月下旬，被害枝条出现黄叶和落叶现象。这样的枝条次年又为黄须球小蠹提供良好的条件，从而加速了枝条干枯。幼虫多在2～3年生枝条上危害，当年生枝条仅有少数。越冬幼虫有55%未进入木质部而全部死亡；进入木质部的45%又只有20%安全过冬。

4. 防治方法

1）农业防治

加强核桃树科学管理。通过深翻改土，增施有机肥，适时追肥，合理间作及整形修剪，防治病虫害等综合措施，增强树势，提高抗虫害能力。

2）生物防治

核桃小吉丁虫有2种寄生蜂，自然寄生率为16%～56%。释放寄生蜂可有效降低越冬虫口数，减少或减轻虫害。

3）物理防治

彻底剪除虫枝，消灭虫源。结合采收核桃，把受害枝条彻底剪除，或在发芽后成虫羽化前剪除，集中烧毁，以消灭虫源。诱饵诱杀虫卵。成虫羽化产卵期，及时设置诱饵，诱集成虫产卵，再及时烧掉。

4）化学防治

6月上旬成虫盛发期，用48%乐斯本乳油2 500倍液或2.5%溴氰菊酯乳油1 500～2 000倍液喷雾，连续2次，效果良好。7月上旬幼虫孵化盛期，用70%吡虫啉可湿性粉剂或1.8%阿维菌素乳油3 000倍液喷雾，每隔10天喷1次，连续喷3次，效果良好。幼虫初侵入期涂抹药剂防治。7～8月检查发现枝条上有月牙状通气孔，幼虫在浅层为害时，用80%敌敌畏乳油10倍液，或80%敌敌畏乳油用煤油稀释20倍液涂抹熏蒸灭杀。采前30天禁用农药。

（四）云斑天牛

云斑天牛 *Batocera horsfieldi* Hope，属鞘翅目 Coleoptera、天牛科 Cerambycidae、白天牛属 Batocera 的蛀干害虫。其幼虫在树皮及木质部蛀隧道，从蛀孔排出粪便和木屑，受害树木易枯死，是核桃的毁灭性害虫，其寄主植物主要有核桃 *Juglans sigillata*、麻栎 *Quercus acutissima*、板栗 *Castanea mollissi ma* 和泡桐 *Paulownia fortuneii*。

1. 形态特征

1）幼虫

体长55～110 mm、宽1.7～2.1 mm。乳白色至淡黄色，体大型，肥粗，多皱褶，圆筒形。头部除上颚、中线和额的一部分外，其余均呈浅棕色。前胸背板有一近方形褐斑，前线后方密生短刚毛，排成一横条，其后方较光滑，后区骨化板的前端有一横条深黄褐色波形斑，侧沟前端外侧有1个长近倒三角形深黄褐色斑，骨化板的后区密布棕褐色颗粒，两侧区的颗粒大而稀，呈圆形的凿点状，中区和后区的颗粒向后渐次细小，近后缘处最细密。从后胸至第7腹节背腹面各有一近“口”字形骨化区，即腹部2列、背部4列念珠状瘤突，每列约20个左右。

2）成虫

体长43～63 mm、宽12～19 mm。体黑至黑褐色，密被灰白或浅褐色绒毛。头部中央具一纵沟，复眼下叶与颊长之比在2.3～2.6。前胸背板中央有一对近肾形白色或橘黄色毛斑，两侧中央各有一粗大尖刺突，其尖端略向后弯。中胸小盾片被白毛。鞘翅被灰色毛，鞘翅上有排成2纵行10个大斑纹，部分大斑纹附近有小斑纹，斑纹的形状和颜色各异，色斑呈白色或黄白色。翅基有颗粒状光亮瘤突，基部瘤突区域小于鞘翅的1/4，肩部具端刺，刺大而尖端微指向后上方。翅端略向内斜切，内端角短刺状。体腹面两侧，从眼后到尾部各有一白色直条纹。触角从第3节起，每节下沿都有许多细齿；雄虫触角超出体长3～4节，雌虫触角较体长略长。

3）卵

长6～12 mm、宽2.5～4 mm，长卵圆形，稍弯，一端略细。初产时乳白色，后渐变成黄白色。

4）蛹

长40～70 mm，淡黄白色。头部及胸部背面生有稀疏的棕色刚毛，腹部第1至第6节背面中央两侧密生棕色刚毛。腹末端锥状，尖端斜向后上方。

2. 为害状

蛀食核桃树木质部，造成树势衰弱，果品质量下降，严重时树干被蛀空引起整株死亡；成虫啃食新树嫩皮，致使枝条枯死，是核桃树毁灭性害虫。

3. 生物学习性

该虫在北方多为2～3年完成1代，以幼虫或成虫在被害树干内越冬。5月下旬出现成虫，成虫有假死性，成虫羽化后于6月中下旬交尾产卵，卵多产于20～30年生的结果树干2 m以下范围内。产卵时雌虫在树皮上咬一指头大小的圆形刻槽，将卵产在刻槽中，每槽内产1粒，1头雌虫产30～50粒。卵期10～15天，幼虫孵出后，就在卵槽中取食皮层，从蛀食孔中排出粪屑和褐色树液，逐渐食入皮下危害木质部。此时虫道充满虫粪，并有大量新木屑排出。第1年幼虫在木质部危害至10月中旬开始越冬，翌年核桃发芽后继续危害，8月老熟幼虫在虫道顶端做一蛹室化蛹，9月羽化为成虫，停留在蛹室中越冬，第3年核桃发枝时，成虫从羽化孔爬出上树危害。

4. 防治方法

1）农业防治

科学的种植是防治云斑天牛的关键。注意适时种植，确定合理的栽植密度，合理安排授粉品种，挂果前要合理定干，及时除芽，合理施肥、整形修枝。每年要清园，并用石硫合剂刷干。尽量不营造核桃纯林，在核桃林中适当种植蔷薇、冬青及光皮桦等树种，以引诱云斑天牛取食，降低核桃树上的虫口密度，再集中处理非核桃树种。

2）生物防治

4月底，用0.3%的印楝素原药乳油50 mL，用容量为15 000 mL的机动喷雾器喷雾防治，喷雾最佳时间为17时以后。混合非碱性叶面肥效果更佳。目前比较成熟的以虫治虫技术，是应用云斑天牛的寄生性天敌昆虫花绒寄甲进行防治。选择在云斑天牛3龄以下的幼虫期和蛹期释放花绒寄甲，一天中最佳的释放时间是17～20时，阴雨天不适宜释放。

白僵菌能长期、有效地控制云斑天牛虫口密度，同时不伤害花绒寄甲、阎甲和四斑露尾甲等天敌昆虫。林内喷撒白僵菌，一般使用机动喷粉机进行。每年4月下旬，每亩用量为400亿孢子/g可湿性粉剂的球孢白僵菌100 g。白僵菌对蜜蜂和蚕有毒性，使用时应当注意隔离。蛀入孔喷洒白僵菌可在每年的8月下旬进行。云斑天牛成虫产卵高峰过后，将便携式喷粉器喷嘴插入产卵孔喷施；查找排粪孔，用起子撬开树皮，找到蛀入孔，将便携式喷粉器喷嘴插入蛀入孔进行喷施。每孔喷施一次，每次用药1 mL。

3）物理防治

4月下旬，核桃林内开始出现云斑天牛成虫，可在每天15～22时核桃林内的树干上或核桃林内的蔷薇、冬青及光皮桦等寄主植物上人工抓取捕杀。在整个成虫期，即从4月下旬至8月下旬，都可以进行人工捕杀。5月上中旬，在云斑天牛还未在核桃树上刻槽产卵为害之前，用遮光率为80%的遮阳网包裹核桃树干。刨开核桃树干基部以下的泥土层5 cm左右，将遮阳网从刨开的树干最基部往上缠绕，用橡皮筋、铁钩等物固定好基部的泥土回填压住遮阳网，最后在遮阳网上刷一层机油，此方法防效较好。5月中下旬，检查包裹树干的遮阳网，如果发现仍有云斑天牛破坏遮阳网将卵产于核桃树上，应用木锤轻砸刻槽处，见有树液流出为止，不宜太用力。在幼虫未进入树干木质部之前，采取木锤锤卵，也可起到防治效果。此法从6月中旬至8月中旬均可实施。6月中下旬，检查核桃树树干，如果发现树干上有大量的木丝木屑排出蛀孔，可采取竹签签杀幼虫。先将蛀孔内木丝木屑等清理干净，用尖锐的竹签插入蛀孔，再用处理成细粒的卫生球塞入蛀道内，然后用湿泥封住蛀道。每10天泥封一次，一直可开展到8月底。

4）化学防治

云斑天牛卵期用2.5%溴氰菊酯喷树干，幼虫孵化盛期可以采取药物堵孔、毒签熏蒸、注射药物、喷洒绿色威雷等方法防治。值得注意的是，云斑天牛主要以幼虫在树干内部蛀食为害，用化学方法防治效果不佳，建议尽量少用或不使用化学方法防治。

（五）木橑尺蠖

木橑尺蠖 *Culcula panterinria* Bremer et Grey，又名木橑步曲，俗称小大头虫、吊死鬼等，属鳞翅目、尺蛾科。在台湾、四川、河北、河南、山西、山东等地均有分布。木橑尺蠖是一种暴食性和杂食性昆虫，危害植物达 150 余种，主要危害木橑和核桃。

1. 形态特征

1）成虫

体长 18～22 mm，翅展 72 mm。腹背近乳白色，腹部末端呈棕黄色。翅底白色，翅面有灰色和橙色斑点，在翅基部有一个近圆形的黄棕色斑纹；前后翅的中央有一个明显的浅灰色斑点，在外缘线有一条断续的波状黄棕色斑纹。

2）卵

初产卵绿色，孵化前变为白色。椭圆形，长 0.7 mm。

3）幼虫

老熟幼虫体约长 70 mm，体色似树皮，体上布满灰白色颗粒小点。头部密布白色、琥珀、褐色泡沫状突起。前胸盾前缘两侧各有 1 个突起，气门两侧各生 1 个白点，胴部第 2～10 节前缘亚背处各有 1 个灰白色圆斑。胸足 3 对，腹足 1 对，着生在腹部第 6 节上。臀足 1 对。趾钩双序，每一腹足有趾钩 40 多个。

4）蛹

蛹长 30～32 mm，初绿色后变黑褐色，表面光滑，头顶两侧具明显齿状突起，臀棘和肛门两侧各有 3 块峰突起。老熟幼虫最早化蛹在 8 月中旬，盛期在 9 月，末期在 10 月下旬，蛹期 230～250 天。

2. 为害状

以幼虫危害叶片，具有暴食性，可以在几天内把一棵树的叶片全部吃光，只留叶脉，失去光合作用，致使萌发二次芽，造成树势衰弱，严重影响核桃花芽形成和产量。大发生的年份，暴食期几天之内就能将树木及农作物咬食一光。

3. 生物学习性

木橑尺蠖在河北、河南、山西每年发生 1 代。以蛹在石堰根、梯田石缝内，树干周围土内 3 cm 深处越冬，也有在杂草、碎石堆下越冬的。次年 5 月上旬（日平均气温 25 ℃左右）羽化为成虫，7 月中下旬为盛期，8 月底为末期。成虫趋光性强。羽化后即行交配，1～2 天后产卵。卵成块状产在寄生植物的皮缝内或石块上。雌虫产卵量 1 000～1 500 粒，多者达 3 000 粒以上。卵期 9～10 天。7 月上旬孵化出幼虫，幼虫爬行很快，并能吐丝下垂借风力转移为害。喜食木橑、核桃叶片，先食叶尖叶肉，然后将全叶食尽。2 龄以后，尾攀缘能力强，在静止时直立在小枝上，或者以尾足和胸足分别攀缘在分杈处的两个小枝上，很伤枝条，不易被发现。幼虫期 40 天左右，8 月中旬老熟幼虫坠地上，少数幼虫顺树干下爬或吐丝下垂着地化蛹。大发生年份，往往有几十或几百头幼虫聚在一起化蛹成“蛹巢”，蛹期 230～250 天。越冬蛹与土壤湿度关系密切，以土壤含水量 10% 最为适宜，低于 10% 则不利于生存。所以，在冬季少雪，春季干旱的年份，蛹的死亡率阳坡比阴坡高；植被稀少的地方比灌木丛中、乱石堆下死亡率高；蛹的自然死亡率高。5 月降雨较多，成虫羽化率高，幼虫发生量大。

4. 防治方法

1)农业防治

冬季深翻树盘,破坏土壤生态环境,可以降低越冬虫口数量,有很好的防治效果。秋季要集中清除落叶、杂草,在山坡地修鱼鳞坑可积蓄土壤水分;低洼地、地下水位高的要注意排水,以减轻根病危害。应选择土壤疏松、有效土层在1.50 m以上、地块面积大于成龄树冠1倍以上、含钙的微碱性土壤最好,土壤含盐量不超过0.25%,不论山地、平原都可以建园。不能在土层瘠薄、红胶泥土、黄泥巴土、白干土上建园。核桃园建防风林,不宜栽植刺槐、加杨类树种,以减轻对球坚蚧的交互传播危害。落叶后要集中清扫落叶,摘除病果、病叶、病枝、刮除枝干病疤、虫卵虫茧,清除杂草,减少越冬数量。核桃树最适宜的修剪期应在立夏至小满之间。因为这时枝条满枝,树木生长旺盛,修剪后好愈合不裂缝,树体营养消耗少,去枝后伤口长到年底能完全愈合。果实采收后剪除虫枝、枯死枝。在现实生活中,林粮间作不但可以增加产量,而且还能很好地改良土壤,达到预防害虫的目的。

2)生物防治

从5月中旬成虫羽化开始,一直到羽化结束,历时大约2个月。采用性诱剂(诱芯)制成诱捕器悬挂在树枝上诱捕雄成虫,既可作为测报手段,又可直接捕杀雄成虫,减少交配机会。利用核型多角体病毒、寄生蜂、寄生真菌及鸟类等天敌对木橑尺蠖进行控制。

3)物理防治

成虫趋光性强,在发生密度较大的地方,羽化盛期可用堆火和黑光灯诱杀。蛹密度大的地区,在结冻前和早春解冻后可组织人工刨抓,也可结合深翻土地进行消灭,以减少越冬基数。成虫早晨不爱活动,可以进行人工捕杀。

4)化学防治

在幼虫4龄前(体长18 mm),即从成虫羽化盛期(7月中下旬)起,后推25~30天(虫口密度大时,应适当提早),用25 g/L联苯菊酯乳油1 000~1 500倍液,或2.5%高效氯氟氰菊酯1 000~1 500倍液,或40%毒死蜱2 000~2 500倍液,或1.8%阿维菌素4 000~5 000倍液,或10%的吡虫啉2 000~3 000倍液喷雾防治,效果较好。

(六)刺蛾

刺蛾类害虫包括黄刺蛾 *Cnidocampa flavescens* Walker、褐刺蛾 *Setora postornata* Hampson、绿刺蛾 *Parasa consocia* Walker、扁刺蛾 *Thosea sinensis* Walker 属鳞翅目、刺蛾科。俗称痒辣子、活辣子、毛八角、刺毛虫等。在全国各地均有分布。除危害核桃外,还危害板栗、枫杨、乌桕、油桐、苹果、梨等多种果树及林木。核桃树以黄刺蛾、褐刺蛾、绿刺蛾和扁刺蛾发生危害较普遍。

1. 形态特征

1)黄刺蛾

(1)成虫。体长13~17 mm。前翅黄褐色。端部褐色,有两条深褐色斜纹,翅上有一对黄褐色圆斑,后翅浅褐色。

(2)卵。椭圆形,扁平黄色。

(3)幼虫。体长19~25 mm,体粗肥、背面有紫褐色大斑块,前后宽,中间狭窄,呈哑铃型。

(4)茧。长12 mm,椭圆形,质地坚硬,黑褐色,有灰白色条纹。

2）褐刺蛾

（1）成虫。体长 17 ~ 19 mm。前翅棕褐色，有两条深褐色弧形线，两线间色淡，臀角附近有近三角形棕色斑。

（2）卵。扁椭圆形，黄色。

（3）幼虫。体长 23 ~ 35 mm。背面及侧面天蓝色，背上有两条淡红色皱纹，各体节有瘤状突起 4 个，并着生有红棕色刺毛。

（4）茧。长 14 ~ 16.5 mm，广椭圆形，灰白色，表面有褐色点纹。

3）绿刺蛾

（1）成虫。体长 12 ~ 17 mm。前翅粉绿色，翅基深褐色，近外缘有深褐色阔带。

（2）卵。长椭圆形，淡绿色。

（3）幼虫。体长 24 ~ 27 mm。淡绿色，各体节着生有绿色刺毛的刺突，后背线突起上的刺毛红色，腹部第 8 ~ 9 节各着生一对黑色毛丛。

（4）茧。长 14.5 ~ 16.5 mm，椭圆形，栗棕色。

4）扁刺蛾

（1）成虫。体长 14 ~ 17 mm。前翅赫灰色，有一条褐色斜线，线内色淡。

（2）卵。扁椭圆形，灰褐色。

（3）幼虫。体长 21 ~ 26 mm，腹背扁平，翠绿色，背面有白色线条贯穿头尾，各体节两侧横向着生刺突 4 个，中间有两个红色斑点。

（4）茧。长 11.5 ~ 14 mm，长椭圆形，黑褐色。

2. 为害状

初龄幼虫取食叶片的下表皮和叶肉，仅留表皮层，叶面出现透明斑。3 龄以后幼虫食量增大，把叶片吃成很多孔洞，缺刻，影响树势和翌年结果，是核桃叶部重要害虫。幼虫体上有毒毛，触及人体，会刺激皮肤发痒发病。发生严重时应进行防治。

3. 生物学习性

黄刺蛾在陕西、辽宁每年发生 1 代。江苏、安徽、四川每年发生 2 代。以老熟幼虫在枝条分杈处结茧越冬。翌年 6 月上旬化蛹，6 月中下旬为第 1 代成虫发生期。成虫有趋光性。卵散产或数粒产在一起，多产在叶背面的叶尖部位。6 月上旬至 7 月上旬为第 1 代幼虫发生期，8 月上中旬为第 2 代幼虫发生期。初龄幼虫群栖为害，舔食叶肉，幼虫稍长大，就从叶尖向下吃，仅剩叶柄和主脉。褐刺蛾又名桑褐刺蛾、红绿刺蛾。生活史和习性基本上和黄刺蛾相同。老熟幼虫下树在浅土层中或草丛、石砾缝中结茧越冬。越冬幼虫 5 月上旬化蛹，5 月下旬羽化出成虫，交尾产卵。第 1 代幼虫在 6 月中旬至 7 月下旬发生，第 2 代幼虫于 8 月下旬至 9 月下旬发生。绿刺蛾与扁刺蛾发生经过大致与褐刺蛾相似。

4. 防治方法

1）农业防治

9 ~ 10 月或冬季，结合对核桃树的修复、修剪等管理，可根据不同刺蛾的结茧地点，分别用敲、挖、翻等方法，铲除虫茧，集中深埋在 30 cm 以下的上层中压实，以免其羽化成虫出土为害。可以有效地降低翌年的虫口密度。

2）生物防治

应注意保护寄生刺蛾茧的寄生蜂。河北有的地区将采下来的茧放在饲养笼内，饲养笼孔要比刺蛾成虫胸部小，防止刺蛾成虫飞出，而寄生蜂则可钻出笼外继续繁殖。在防治上起到积极作用。

3）物理防治

在成虫盛发期，利用成虫较强的趋光性，每天晚上7～9时，可设置黑光灯诱杀成虫。

4）化学防治

刺蛾幼虫发生严重时，可分别用10%吡虫啉可湿性粉剂3 000～4 000倍液，或1.8%阿维菌素4 000～5 000倍液，或40%毒死蜱乳剂1 500倍液喷杀幼虫。

（七）铜绿丽金龟

铜绿丽金龟 *Anomala corpulenta* Motschulsky，别名铜绿丽金龟子、铜绿异丽金龟、铜绿金龟子、青金龟子、淡绿金龟子、蛴螬等，属鞘翅目、丽金龟科。东北、华北、华中、华东、西北等地均有发生。寄主有苹果、山楂、海棠、梨、杏、桃、李、梅、柿、核桃、板栗、草莓等，是北方农林区的重要地下害虫之一。

1. 形态特征

1）成虫

体长15～22 mm、宽8.0～10.5 mm，铜绿色，有光泽，长卵圆形。前胸背板发达，密生刻点，小盾片色较深，有光泽，两侧边缘淡黄色。鞘翅色浅，上有不明显的3～4条隆起线。胸部腹板及足黄褐色，上着生有细毛。腹部黄褐色，密生细绒毛。复眼深红色，触角9节。鳃浅黄褐色，叶状。六足长度相近，胫节内侧有尖锐锯齿。足腿节和胫节黄色，其余均为深褐色，前足胫节外缘具2个钝齿，前足、中足大爪分叉，后足大爪不分叉。

2）卵

乳白色，初产时椭圆形或长椭圆形，长1.6～2.0 mm、宽1.3～1.5 mm。卵孵化前几乎成圆形，淡黄色。

3）幼虫

体乳白色，头部黄褐色。初孵幼虫2.5 mm左右。老熟幼虫体长30～40 mm，头宽5 mm左右，蜷曲呈“C”字形。臀节肛腹板两排刺毛交错，每列10～20根。肛门孔为横裂状。

4）蛹

长18～20 mm、宽9～10 mm，长椭圆形，裸蛹。初为浅白色，渐变为淡褐色，羽化前为黄褐色。

2. 为害状

幼虫是杂食性地下害虫，危害核桃及其他植物的根系。成虫取食核桃叶片、嫩枝、嫩芽和花柄等。将叶片吃成缺刻，或全叶吃光，只剩主脉，影响树势和产量。

3. 生物学习性

铜绿丽金龟1年1代，以3龄幼虫土中越冬。翌年春季，越冬幼虫开始活动、取食危害。华北地区一般4月中下旬开始活动，5月上旬开始化蛹，5月中旬成虫出现，6～8月为危害盛期。适宜活动温度23～25 ℃，相对湿度70%～80%。成虫多在黄昏时活动，取食或交尾，晚上20～23时为活动高峰，至凌晨3～4时潜伏土中，出现“白天不见虫，危害极严重”的现象。成虫喜欢栖息于疏松潮湿的土壤中，有趋光性、假死性和群集性。6月中下旬成虫交尾产卵。雌成虫每次产卵20～30粒，散产于果树树下土中6～15 cm处。10天左右孵化，初孵幼虫危害果树及其他林木、杂草等根茎。10月上中旬幼虫钻入深土中越冬。

4. 防治方法

1) 农业防治

选择抗虫品种,加强栽培管理,增强树势,提高植株抗性。结合冬、春季深耕翻土,捕杀幼虫、蛹和成虫,降低害虫基数。农家肥、土杂肥等一定要充分腐熟方可施用。清园除去杂草、杂物、落叶等,降低铜绿丽金龟幼虫、蛹等越冬数量。在果园四周、路边、田埂种植铜绿丽金龟喜食而又能使其中毒的蓖麻,让其食叶中毒死亡。

2) 生物防治

利用100亿/g孢子含量乳状芽孢杆菌,每亩用菌粉150 g均匀撒入土中,可使铜绿丽金龟幼虫(蛴螬)感病致死,达到理想防治效果。利用昆虫病原线虫,通过撒施、泼浇、喷雾等方法处理,可起到一定的防治效果。

3) 物理防治

(1)人工捕捉。一般6~7月傍晚雨后为铜绿丽金龟羽化期,常集中飞出,觅偶、交配、取食等。此时可人工捕捉,捡拾喂鸡或做其他处理。

(2)灯光诱杀。利用铜绿丽金龟成虫趋光性,于夜间悬挂黑光灯、紫光灯、频振式杀虫灯等诱杀成虫,集中处理。近年来发现,该项技术在金龟子果园防治中效果较好,但实际操作过程中应注意统防统治,连片果园的单片果园单独采用此项技术有加重危害的风险。

(3)糖醋酒液诱杀。利用铜绿丽金龟的趋化性,在果园每隔50 m悬挂糖醋酒液罐诱杀,糖醋酒比例为糖:醋:酒:水 =5:1:1:100。糖醋酒液可兼诱多种害虫,但诱集力有局限性,仅可用于监测,不可单独用于防治。

4) 化学防治

铜绿丽金龟卵、幼虫、蛹和成虫四种虫态有全部或部分存在于果树下土壤中的时间,因此通过灌根、地表喷雾等处理效果明显。目前,防治该虫的农药主要是毒死蜱、辛硫磷、吡虫啉、氯虫苯甲酰胺、噻虫嗪、溴氰虫酰胺等,其中前3种药剂为常规处理药剂,价格相对较低且易于购买,但部分地区可能因长时间大量使用出现抗性严重、效果较差的现象。因此,在选择药剂时要根据当地实际防治效果结合用药历史适当选择调整。

在铜绿丽金龟卵和初孵幼虫期,利用40%毒死蜱乳油1 500~2 000倍液,或40%辛硫磷乳油1 000~2 000倍液,或300 g/L氯虫·噻虫嗪1 500~3 000悬浮倍液进行灌根处理,可有效控制卵的孵化并毒杀初孵幼虫。

洞孔注药处理。在幼虫盛发期前3~5天,用锥形木棒在树干周围15~20 cm处土壤,向内倾斜打深15 cm呈三角分布洞孔,同时在树干基部打1个深10 cm的洞孔,随后注入拌有40%氯虫·噻虫嗪水分散粒剂的适量细砂,密封孔口并灌水,可有效毒杀幼虫。喷雾处理。在铜绿丽金龟成虫发生期,采用40%毒死蜱乳油1 000~2 000倍液,或35%氯虫苯甲酰胺水分散粒剂1 000~2 000倍液,或300 g/L氯虫·噻虫1 500~2 500倍嗪悬浮液,可有效控制其危害,达到良好的防治效果。

(八)草履蚧

草履蚧 *Drosicha corpulenta* Kuwana,又名日本履绵蚧,属半翅目、绵蚧科。在陕西、辽宁、河北、山东、山西、江西、江苏、福建、安徽等地均有分布。主要危害核桃、板栗、苹果、梨、柑梅、泡桐、无花果等。

1. 形态特征

1) 成虫

雌蛾体长 5 ~ 8 mm,翅展 13 mm;雄蛾体长 4 ~ 7 mm,翅展 12 mm。头部褐色,下唇须内侧白色,外侧淡褐色;触角丝状,淡褐色,胸背黑褐色,前翅端部 1/3 处有 1 个半月形白斑(有时不显),缘毛黑褐色,有金光,腹背黑褐色,2 ~ 6 节密生横列的金黄色小刺,体腹面银白色,足白色有褐斑,后足胫节中部和端部有黑色毛束,跗节 1 ~ 3 节也被黑毛。

2) 卵

圆形,长 0.3 ~ 0.4 mm,初产时乳白色,渐变为黄白色,黄色或浅红色,孵化前是红褐色。

3) 若虫

初孵幼虫全长 1.5 mm,乳白色,头部黄褐色。老熟幼虫 7.5 ~ 9.0 mm,淡黄色,各节均有白色刚毛,头部暗褐色,腹足趾钩为单序环状,臀足趾钩为单序横带。

4) 雄蛹

纺锤形,长 4 ~ 7 mm,黄褐色。茧椭圆形,褐色,长 8 ~ 10 mm,常黏附草末及细土粒。

2. 为害状

草履介壳虫吸食树液,致使树势衰弱,甚至枝条枯死,影响产量。被害枝干上有 1 层黑霉,受害越重,黑霉越多。

3. 生物学习性

草履介壳虫在辽宁、北京等地每年发生 1 代,以卵在卵囊内于树根附近的土里越冬(也有少数以 1 龄若虫越冬的)。在河南,越冬卵于翌年 2 月上旬至 3 月上旬(核桃芽开始萌动)孵化。初孵若虫在卵囊内停留 7 ~ 10 天后,出土爬上核桃树枝条上为害,2 月下旬为盛期。冬季气温偏高的年份,头年 12 月即有若虫孵出,1 月下旬开始出上。初龄若虫行动迟缓,喜在树洞或树杈等处隐蔽群居。若虫 3 月下旬至 4 月上旬第 1 次蜕皮后,虫体开始分泌蜡质物,雌虫经 3 次蜕皮于 5 月上旬变为成虫。雄若虫在 4 月中下旬经第 2 次蜕皮后不再取食。在树皮缝、土缝、杂草等处分泌蜡丝缠绕虫体化蛹。蛹期 10 天左右,4 月下旬至 5 月上旬羽化成虫,与雌虫交配后死亡。5 月下旬(辽宁在 7 ~ 8 月)雌虫下树,在树干周围石块下、土缝等处,分泌白色绵状卵囊,产卵于囊内。产卵量 40 ~ 60 粒,最多可产 120 粒。土壤湿度对雌虫产卵量有影响,一般在 5 cm 深土壤内含水 18% ~ 20% 时,雌虫产卵量较大,平均产卵 77 粒;表土极度干燥,受精卵会全部死亡。

4. 防治方法

1) 农业防治

采果后,及时进行修剪,将受害重的枝条剪除烧毁,控制枝条密度,以便树冠通风透气,创造有利于核桃树生长而不利于介壳虫繁衍的环境条件。

2) 生物防治

红绿瓢虫、大红瓢虫等,对抑制草履介的发生有一定作用,应注意保护。

3) 物理防治

早春苦虫出土上树为害期(2 月上旬至 3 月上旬),在树干基部涂胶环(涂胶时最好将树皮刮平环宽 30 cm 的带),以粘治上树若虫。

4) 化学防治

在若虫上树的 3 月中下旬,可分别选择 40% 毒死蜱 1 000 倍液,或 40% 马拉 · 毒死牌

1 000～1 500倍液，或2.5%高效氯氟氰菊酯1 000～1 500倍液，或70%虫琳水分散粒剂8 000～10 000倍液，或10%吡虫淋3 000～5 000倍液，或10%氯氰菊酯乳剂6 000～8 000倍液，或0.3度石硫合剂喷雾等，防治成若虫，7～10天后再喷一次，连续2～3次，均有很好的防治效果。

（九）芳香木蠹蛾

芳香木蠹蛾 *Cossus cossus* Linnaeus，又名木蠹蛾、红虫子、杨木蠹蛾，属鳞翅目、木囊蛾科。在我国东北、华北、西北、西南等地都有分布。除危害核桃外，还危害苹果、梨、桃、杨、榆等树。以幼虫群集危害核桃树干及根部皮层，使干基呈环状剥皮，木质部外露腐朽，严重破坏树干基部及根系的输导组织，致树势逐年减弱，产量下降，甚至整枝枯死。

1. 形态特征

1）成虫

体灰褐色，粗壮，雌体长28～41 mm，雄体长22～35 mm，触角栉齿状，翅基和胸背褐色，后胸有1条黑横带，前翅布满龟裂状黑色横纹。雌虫体较雄虫粗壮，腹部末端有突出的产卵器，雄虫生殖器沟形突为长三角形。

2）卵

近圆形，初产时白色，近孵化变为暗褐色，表面满布纵隆脊，脊间具刻纹。

3）幼虫

扁圆形，体粗壮，初孵幼虫粉红色，老龄幼虫体长60～90 mm，头黑色，胴体背面紫红色，略带光泽，腹面桃红色，有胸足和腹足，腹足有趾钩，体表刚毛稀疏粗壮。

4）蛹

体向腹面略弯曲，红棕色至黑棕色，腹部背面有2行刺列，其后各节仅有前刺列。

5）茧

长32～55 mm，肾形，由老熟幼虫吐丝黏缀土粒构成，内壁光滑。

2. 为害状

5月中旬，成虫羽化产卵后经过16～18天幼虫孵化，随即蛀入树皮啃食韧皮部和形成层，由下向上蛀食，蛀孔有虫粪排出。受害部分流水变湿，在树皮裂缝处排出细而均匀松碎的白色或褐色木屑。幼虫长大后蛀入木质部危害，木质部表面蛀成槽状蛀坑，与皮层分离，极易脱落，树干基部蛀成粗大而不规则的隧道。

3. 生物学习性

2年完成1代，第1年以幼虫在枝干和土壤中越冬，第2年幼虫离开树干在土中越冬。第3年春越冬幼虫在土中重新做茧化蛹，幼虫化蛹前体色由紫红色变为粉红色至乳白色而后羽化。成虫羽化期在4月下旬至6月中旬，5月上中旬为羽化盛期。天气晴暖成虫羽化较多，阴冷天气少。成虫羽化后寻找杂草、灌木、枝干皮层等场所潜伏不动，成虫个体较大，飞翔能力差，多在地面爬行。成虫昼伏夜出，具有趋光性，多在傍晚19时左右开始飞翔，以20～22时活动最烈，寿命7～10天。成虫羽化1～3天即交尾产卵，多产于树干下部1.2 m以下，也有在树干中部枝杈处产卵，天气冷时产在树皮缝隙、伤口、旧蛀孔及根颈处，随气温升高产卵部位上移。卵成堆，每堆有卵50～60粒，卵期12～20天。幼虫孵化后常数头在一起危害，向纵上方钻蛀形成不规则的宽阔坑道。当年幼虫于9月下旬开始，在坑道末端越冬，老熟幼虫9月下旬由排粪孔爬出坠落地面，钻入30～60 cm深土中做薄茧越冬，多在树木基部周围 1 m 范围内。

4. 防治方法

1) 农业防治

10 月下旬伐除被害枯死树木,刨除被害根,消灭蛀道内幼虫。

2) 生物防治

以白僵菌涂在幼虫排粪孔或用喷注器对树干蛀孔喷洒白僵菌液。

3) 物理防治

成虫飞翔力差,羽化后多在地面爬行,4 月下旬捕捉,天气晴朗羽化多,17 时以后成虫爬至树干交尾集中产卵,为捕杀成虫的有利时机。4 ~ 6 月成虫羽化期,利用成虫趋光性在林间悬挂黑光灯诱杀成虫。利用越冬幼虫聚集越冬的习性,在老熟幼虫入土前后,9 月下旬至第 2 年 4 月上旬捕捉幼虫,用小铁铲在树干周围、墙角翻土捉虫挖蛹。

4) 化学防治

(1) 干基部打孔注药。4 月中旬树液流动,距地面 25 ~ 30 cm 处钻直径 1 cm 小孔 2 ~ 3 个,孔深达木质部,注入吡虫啉或 40% 氧化乐果 2 倍液,注药量按照 1 mL/ cm 胸径,外面涂抹带毒黄泥毒杀幼虫。

(2) 6 ~ 7 月对尚未蛀入枝干初孵化幼虫,喷施 20% 高效氯氰菊酯乳油 1 500 倍液,或 40% 氧化乐果乳油 1 000 倍液。已蛀入枝干内的幼虫在孔内注药毒杀,20% 氟氰菊酯乳油 100 倍液或 80% 敌敌畏 50 倍液,也可用磷化铝片剂或用棉球蘸敌敌畏原液填入树干和根部虫孔内,外敷药泥熏杀。

(3) 毒泥防治下树越冬幼虫。依据初龄幼虫和老龄幼虫下树越冬的特点,沿树干向下爬行,月上旬开始在其越冬前将制好的毒泥抹在虫孔处或距干基 20 ~ 50 cm 处,环绕树干涂抹 1 周,杀死下树越冬的幼虫。

(十)核桃长足象

核桃长足象 *Alcidodes julans* Chao,又名核桃果象甲、核桃甲象虫、核桃象鼻虫,属鞘翅目、象甲科。属于中度危险性林业有害生物,是危害核桃果实的重要钻蛀性害虫。近年来,核桃长足象迅速蔓延,造成大量核桃死亡。核桃长足象分布于我国黄河中下游及云、贵、川、渝等核桃主产区。甘肃的清水县等地区,河南的平顶山等地区,浙江的杭州等地区均有核桃长足象发生。部分地区的核桃长足象已成为核桃的第一害虫,有虫株率多达 90% 以上,平均落果率在 75% 以上,甚至绝收。

1. 形态特征

1) 成虫

体长 9 ~ 12 mm(不计喙管)、宽 3.7 ~ 4.8 mm,雌虫略大,体呈墨黑色,略带光泽,体表被暗棕色或淡棕色短毛(鳞片),2 ~ 3 叉或不分叉,集中在前翅后部;喙粗长,平均长 3.4 ~ 5 mm,密布刻点,长于前胸,端部略粗而弯;触角位于喙 1/2 处前(雄虫则位于前端 1/3 处),呈膝状,11 节,柄节长,索节第 1 节比第 2 节长 1.5 倍,第 2 节略长于第 3 节,第 2 ~ 7 节为念珠状,端部 4 节为锤头,被覆白色鳞片。复眼一对,黑色,近圆形,着生于头两侧,头和前胸相连处呈圆形;前胸宽大于长,近圆锥形,密布较大的小瘤突,近方形小盾片,具中纵沟;肩角突出近方形;鞘翅基部宽于前胸,端部钝圆,各有刻点沟 10 ~ 11 条,胫节外缘顶端 1 钩状齿,内缘有 2 根直刺。

2）卵

圆形或椭圆形，长 1.2 ~ 1.4 mm、宽 0.8 ~ 1.0 mm，半透明，初产为乳白色，孵化前呈黄褐色或褐色。

3）幼虫

幼虫体长 9 ~ 14 mm，蠕虫式，呈"C"状弯曲，体肥胖，白色或淡黄色、老熟幼虫呈黄褐色或褐色，头棕褐色，有明显的 8 对体侧气门。

4）蛹

离蛹，长 8 ~ 14 mm、宽 5 mm 左右，头及身体为乳白色，逐渐变为黄色。

2. 为害状

核桃长足象甲寄主专一，只危害核桃，品种包括清香核桃、山地核桃等品种。被危害的核桃 1 个果有多个食害孔，导致初期果皮干枯变黑、果仁发育不良，严重影响核桃品质和产量。新羽化成虫当年不产卵，蛀食果皮、混合芽，影响树势及来年开花结果。成虫喜爬行，不善飞翔，飞行距离 7 ~ 25 m，有假死性。成虫在田间，树体呈聚集分布，阳面多于阴面，树冠上部多于下部，果实多于芽、枝叶。核桃长足象白天多在阳面取食，且晴天取食量大于阴雨天，严重时每果有取食孔 40 ~ 50 个，果实的阳面蛀食孔比阴面多 2 ~ 5 倍，并流出褐色汁液，以致种仁发育不良。长足象产卵前在果实阳面咬成 2.4 mm × 2.5 mm 的孔，在孔内产卵后再用果屑封闭孔口，产卵量与取食量呈正相关关系。卵经过 4 ~ 8 天孵化，刚孵化的幼虫在原处蛀食果 3 ~ 4 天后蛀入果核取食种仁，种仁逐渐腐烂变黑，引起落果，从产卵到落果经历 20 天左右。幼虫在落果中继续取食 2 ~ 5 天，然后做蛹室化蛹。其幼虫危害核桃果实、嫩枝、嫩芽，后期取食果仁，能造成大量落果、减产甚至绝收。

3. 生物学习性

核桃长足象一般 1 年发生 1 代，成虫在树干下部粗皮缝或枯枝落叶层中越冬。成虫行动迟缓，飞行力差，有假死性。越冬成虫于 4 月平均气温达到 12 ℃时开始上树，咬食嫩枝、幼芽。5 月上旬开始交配。交配后的雌虫在幼果中产卵，产卵前在果面咬一孔，孔长 3 ~ 4 mm，产卵于孔内，然后以果屑封口，一般每头雌虫一果只产一粒卵。成虫产卵期平均为 68 天，一头雌虫产卵量平均为 67.5 粒。卵 5 天后开始孵化成为幼虫，幼虫蛀食核桃种仁，导致种仁变黑，引起早期落果。幼虫为 5 龄时在果内化蛹，蛹发育起点温度为 17 ℃，有效积温为 63.93 d · ℃。7 ~ 8 月幼虫进行羽化成成虫，成虫出果后继续上树为害，直到 11 月成虫开始下树，于粗皮缝、枯枝落叶层及土壤表层中越冬。

4. 防治方法

1）农业防治

人工捡拾带虫落果深埋，能降低虫果发生概率，方法简便，成本低，是防除核桃长足象的有效方法之一。在核桃长足象引起核桃落果集中期，通过人工捡拾落果，可以有效降低其种群数量。蒲永兰等通过捡拾带虫落果，防治效果达到 80% 以上，连年坚持捡拾落果，集中处理以消灭幼虫、蛹和未出果的成虫，防治效果显著。孙益知等连续 3 年捡拾落果深埋，虫果发生概率由 48.3% 降到 5%，产量增加 3 倍。核桃收获至落叶后，冬闲上树捕捉成虫集中杀死；搞好果园及其周围的清园工作，将杂草、落叶和落果等清除深埋，破坏成虫越冬场所。

2）生物防治

杨世璋等采用白僵菌对长足象进行杀虫效果检测，结果表明，从长足象体内分离的白僵菌对长足象幼虫致死率93.22%；蒲永兰等采用速效白僵菌对长足象进行室内杀虫效果检测及室外试验，结果表明，室内试验24小时后成虫的死亡率为100%，林间挂笼5天后成虫的死亡率为76%。刘醇宏等也报道了在7月中旬成虫羽化盛期从核桃长足象僵死成虫上分离获得的球孢白僵菌株，对该害虫有很强的致病性和专化性，其成虫的致死率达80%以上。除采用白僵菌进行生物防治外，也可以利用核桃长足象的天敌如红尾伯劳（*Lanius cristaus*）、象甲寄生蝇（*Ceromsia aphenophori*）等对长足象进行防治。

3）物理防治

利用核桃长足象成虫具假死性的特征，在成虫发生盛期振动树干，树下铺置塑料布，收集并处理落地成虫；利用核桃长足象成虫在树干基部树皮缝中越冬，可在冬季刮除根颈部粗皮，消灭部分成虫。由于虫害落果直接堆沤不能有效灭虫，且该虫为K型害虫，防治应在捡拾落果后做进一步处理，以期达到减少虫口基数，降低翌年虫口密度的目的。处理方法：捡拾病虫的落果和摘除虫果，与石灰混拌后深埋50 cm以下的土中；将带虫落果集中砸碎置于太阳底下曝晒烧毁或混放常规杀虫农药后深埋。

4）化学防治

采用化学药剂对核桃长足象进行防治是比较常见的方法，研究者采取不同的药剂、方法对核桃长足象进行防治示范试验，均取得了较好的防治效果。最常使用的是有机磷类杀虫剂，于4月底成虫上树期，混合喷施乐果和大功臣两种药剂，也可以使保果率达72.7%；4月下旬，采用树的侧根进行两次注药并且结合树冠喷施40%乐氰乳油3 000倍液和2.5%功夫乳剂2 000倍液，每隔15天喷1次，连喷2次，对核桃长足象的防治效果可达到85%以上。除有机磷杀虫剂外，菊酯类杀虫剂也是比较好的防治药剂，于5月初用10%顺式氰戊菊酯乳油4 000倍液、20%杀灭菊酯乳油4 000倍液及50%辛硫磷乳油1 500～2 000倍液进行喷雾防治，每隔7天防治1次，接连防治4次，防效均能达到90%以上；而采用8%氯氰菊酯微胶囊300倍液和10%氯氰菊酯乳油300倍液对核桃长足象进行林间挂笼试验防效对比，结果表明，8%氯氰菊酯微胶囊比10%氯氰菊酯乳油具有更好的速效性及持效性。在4～5月成虫出蛰及幼虫初孵期，可使用喷雾及树干注药的方式进行防治；而在6～8月初果期，则可以采用树冠喷药的方式进行长足象的防治；在冬季可以对树下的枯枝落叶层进行深翻，并喷撒杀虫剂以防治越冬成虫。

（十一）核桃细菌性黑斑病

核桃细菌性黑斑病又名核桃黑腐病。广泛分布于河南、河北、山西、山东、云南、四川、甘肃、江苏、浙江等核桃产区，主要危害叶片、幼果、芽、嫩梢、雄花序及嫩枝。

1.症状

果实受害后绿色果皮上产生黑褐色油渍状小斑点，逐步扩大成圆形或不规则形，无明显边缘，后迅速扩大渐凹陷变黑，外围有水渍状晕纹，严重时果仁变黑腐烂、早落。老果受侵只达外果皮。受害率为30%～70%，严重时可达90%以上，核仁干瘪，减重40%～50%以上，坚果品质下降，该病害已成为核桃生产的主要障碍。

嫩叶片被侵染后，形成多角形病斑，叶正面褐色，背面病斑淡褐色，油状发亮。老叶上病斑呈圆形，中央灰褐色，边缘褐色，有时外围有黄色晕圈，中央灰褐色部分有时形成穿孔，严重时病斑互相连接。有时叶柄上亦出现病斑。雄花序受侵后产生黑褐色水渍状病斑。枝梢上病斑长形，褐色，稍凹陷，严重时病斑包围枝条使上部枯死。

2. 病原

核桃细菌性黑斑病病原为油菜黄单胞杆菌核桃致病变种 *Xanthomonas campestris* pv. *juglandis*(*Pierce*)*Dyes*，菌丝短杆状，大小为(1.3～3.0)μm×(0.3～0.5)μm，端生一根鞭毛，在PDA培养基上菌落透明初呈白色，渐呈草黄色，在牛肉浸膏培养基上菌落生长旺盛，凸起，有光泽，光滑，不透明，浅柠檬黄色，有黏性。细菌能极慢地液化明胶，在葡萄糖、蔗糖及乳糖中不产酸也不产气，生长适温为28～32 ℃，致死湿度为53～55 ℃，生长的pH为5.2～10.5，以pH 6～8为适宜。

3. 发病规律

病原细菌在病枝、病梢、芽苞或病果等老病斑上越冬，翌年春季借风雨、昆虫等传播到叶、果及嫩枝上，自伤口或自然气孔侵入。带菌花粉、昆虫等也能传播病菌。核桃开花期及展叶期最易感病，常随核桃举肢蛾的发生而发病。夏季多雨或天气潮湿有利于病菌侵染，栽植密度大、树冠郁闭、通风透光不良的果园发病重。

4. 防治方法

1)农业防治

选育抗病品种，加强科学管理，提高抗病能力；清除菌源，结合修剪，剪除病枝梢及病果，并收拾地面落果，并集中烧毁，以减少果园中病菌来源。

2)化学防治

(1)发芽前(气温达18 ℃左右)喷3～5°Be石硫合剂一次，杀灭越冬病菌。

(2)雌花开花前(4月)、坐果期(5月)、膨大期(6月)、硬核期(7月)各喷一次抗生素，抗生素可交替选用30%中生菌素悬浮剂1 500倍液、0.15%四霉素水剂600倍液、30%壬菌铜悬浮剂1 500倍液。

(十二)核桃炭疽病

核桃炭疽病俗称核桃黑，主要危害果实，亦危害叶、芽、嫩梢、叶柄、果柄。河南、河北、山西、山东、云南、四川、甘肃、新疆、江苏等核桃产区均有不同程度发生。

1. 症状

受病害的果实出现病斑，初为褐色，后变黑色，近圆形，略凹陷，病斑上很多褐色至黑色小点突起，有时呈同心轮纹状排列，天气潮湿时涌出粉红色的小突起，为病原菌的分生孢子盘。一个病果有一至十几个病斑，病斑扩大或连片，全果变黑腐烂，果仁干瘪。一般病果率为20%～40%，严重时可高达90%以上，在各地核桃上危害严重。

叶上病斑较少发生，病斑近圆形或不规则形，有的病斑沿叶缘扩展，有的沿主侧脉两侧呈长条状扩展。发病严重时，病叶全叶枯黄。湿度大时，病斑上黑色小点呈现粉红色小突起，是病菌分生孢子盘及分生孢子。

芽、嫩梢、叶柄、果柄感病后，在芽鳞基部呈现暗褐色病斑，有的还可侵入芽痕、嫩梢、叶柄、果柄等，均出现不规则或长形凹陷的黑褐色病斑，引起芽、梢枯干，叶果脱落。

2. 病原

核桃炭疽病病原菌为胶孢炭疽菌 *Colletotrichum gloeosporioides*。有性态为小丛壳属 *Gloeosporium fructigenum* Berk，属子囊菌门真菌。

3. 发病规律

病菌以菌丝、分生孢子在病枝、叶痕、残留病果、芽鳞中越冬，成为次年初次侵染源，翌年病菌借风、雨、昆虫传播。在适宜的条件下萌发，从伤口、自然孔口侵入，发病后产生孢子团借雨水溅射传播，进行多次再侵染。发病早晚与轻重和当年雨水有密切关系，一般雨水多、湿度大、通风透光不良易发病。品种间抗病性不同，早实核桃发病重，晚实核桃发病轻。

4. 防治方法

1）农业防治

（1）选育丰产，优质，抗病的新品种。

（2）结合修剪，剪除病枝梢及病果，并收拾地面落果，并集中烧毁，以减少果园中病菌来源。

（3）加强栽培管理，合理施肥，保持树体健壮成长，提高树体抗病能力，改善园内通风透光条件，有利于控制病害。

2）化学防治

（1）发芽前（气温达 18 ℃左右）喷 3 ~ 5°Be 石硫合剂一次，杀灭越冬病菌。

（2）雌花开花前（4 月）、坐果期（5 月）、膨大期（6 月）、硬核期（7 月）、核仁充实期（8 月）各喷一次杀菌剂，可交替选用 50% 甲基托布津可湿性粉剂 500 ~ 800 倍液、48% 苯甲嘧菌酯悬浮剂 1 500 ~ 2 000 倍液、40% 咪鲜胺悬浮剂 1 500 倍液、42% 肟菌戊唑醇悬浮剂2 000 ~ 3 000 倍液。

（3）6 ~ 8 月各喷一次 1∶2∶200（硫酸铜∶石灰∶水）的波尔多液。

（十三）核桃腐烂病

核桃腐烂病又名黑水病，主要危害主干和主枝的树皮，可导致树势衰弱甚至死亡。在河南、山西、山东、河北、四川等地均有发生。

1. 症状

核桃腐烂病主要危害枝干树皮，因树龄和感病部位不同，其病害症状也不同。

大树主干感病后，病斑初期隐藏在皮层内，俗称“湿囊皮”。有时多个病斑连片成大的斑块，周围聚集大量白色菌丝体，从皮层溢出黑色黏液。发病后期，病斑可扩展到长达 20 ~ 30 cm，树皮纵裂，沿树皮裂缝流出黑水干后发亮。

幼树主干和侧枝受害后，病斑初期近于梭形，呈暗灰色，水渍状，微肿起，用手指按压病部，流出带泡沫的液体，有酒糟味。病斑上散生许多黑色小点，即病菌的分生孢子器。空气温度大时，从小黑点内涌出橘红色胶质丝状的分生孢子角。病斑沿树干纵横方向发展，后期病斑皮层纵向开裂，流出大量黑水，当病斑环绕树干一周时，导致幼树侧枝或全株枯死。

枝条受害主要发生在营养枝或 2 ~ 3 年生的侧枝上，感病部位逐渐失去绿色，皮层与木质剥离快速失水，使整枝干枯，病斑上散生黑色小点的分生孢子器。

2. 病原

核桃腐烂病病原物为胡桃壳囊孢 *Cytcospora juglandicola*，属于无性型真菌。分生孢子器埋生在寄主表皮的子座中。分生孢子器形状不规则，多室，黑褐色具长颈，成熟后突破表皮外露。分生孢子单胞、无色，香蕉状。

3. 发病规律

以菌丝体或子座及分生孢子器在病部越冬。翌春核桃树液流动后，遇有适宜发病条件，产出分生孢子，分生孢子通过风雨或昆虫传播，从嫁接口、伤口等处侵入，病害发生后逐渐扩展。生长期可发生多次侵染。春秋两季为一年的发病高峰期，特别是在 4 月中旬至 5 月下旬为害最重。一般在核桃树管理粗放，土层瘠薄，排水不良，肥水不足，树势衰弱或遭受冻害及盐害的核桃树易感染此病。

4. 防治方法

1）农业防治

（1）改良土壤，促进根系发育，并增施有机肥，合理修剪，增强树势，提高抗病能力。

（2）采收后，结合修剪，剪除病枝梢，刮除病皮，并集中烧毁，减少病菌侵染源。

2）化学防治

（1）冬前先刮病斑，然后涂刷白涂剂（配方为水：生石灰：食盐：硫黄粉：动物油 = 100：30：2：1：1），以降低树皮温差，减少冻害和日灼。

（2）一般早春进行，也可在生长季节发现病斑随时刮治。刮后用50%甲基托布津可湿性粉剂50倍液，或50%退菌特可湿性粉剂50倍液，或5～10°Be石硫合剂涂抹消毒。病疤最好刮成菱形，刮口应光滑、平整，以利愈合。病疤刮除范围应超过变色坏死组织1 cm，用溃腐灵30～50倍液，或菌必清100～150倍液，或菌毒清30～50倍液进行伤口消毒，3～4月涂第一次，7～8月涂第二次，采收后涂第三次。

（十四）核桃溃疡病

核桃溃疡病早在1915年美国加利福尼亚州即已发现此病，陕西、河北、河南、山东、江苏、安徽等省均有分布。病株率一般为20%～40%，重病区可达70%以上，不仅影响当年的产量，而且削弱树势，导致过早衰亡。

1. 症状

主要危害核桃幼树主干、嫩枝和果实。

病害多发生于树干基部0.5～1.0 m高度范围内。初为褐、黑色近圆形病斑，直径0.1～0.2 cm，有的扩展成菱形或长条形病斑，并有褐色黏液渗出，向周围浸润，使整个病斑呈水渍状。在光皮树种上大都先形成水泡，而后水泡破裂，流出褐色乃至黑褐色黏液，并将其周围染成黑褐色。后期病部干瘪下陷，其上散生很多小黑点，为病菌分生孢子器。罹病树皮的韧皮部和内皮层腐烂坏死，呈褐色或黑褐色，腐烂部位有时可深达木质部。严重发病的树干，由于病斑密集联合，影响养分输送，导致整株死亡。果实受害后呈大小不等的褐色圆斑，早落、干缩或变黑腐烂。

2. 病原

病原菌为无性型菌物腔孢纲腔孢目聚生小穴壳菌 *Dothiorella gregaria*，有性世代为子囊菌门茶藨子葡萄座腔菌 *Botryosphaeria dothidea*。

3. 发病规律

病菌主要以菌丝状态在当年病皮内越冬，翌年4月上旬当气温为11.4～15.3 ℃，菌丝开始生长，病害随即发生，并以老病斑复发最多。5月下旬以后，气温升至28 ℃左右，病害发展达最高峰。病菌的分生孢子一般在6月大量形成，借风雨传播、萌发，并多从伤口侵染寄主。病害潜育期的长短与外界温度的高低呈负相关，如在15～28 ℃范围内，从侵入到症状出现需时1～2个月；而在25～27 ℃范围内，病害潜育期只需29天，发病后又约需2个月产生分生孢子器。6月下旬以后，气温升高到30 ℃以上，病害基本停止蔓延，入秋后，当外界温、湿度条件适宜于孢子萌发和菌丝生长时，病害又有新的发展，但不如春季严重，至10月停止危害。

春季病害发生的早晚，与冬季温度高低有关，冬季温度高，发病期提早，反之则推迟。

病害发生与土壤条件和栽培管理措施也有密切的关系。凡土壤营养贫乏、土质黏重、排水不良、地下水位高等条件下，核桃树生长发育不良，病害普遍而严重。栽培管理粗放，有的核桃园在实施林农间作后，不单独对核桃树进行管理，甚至长期不施肥、不修剪，导致树体衰弱，则常引起病害发生。

此外，冻害和虫害，以其造成伤口，也为病菌侵染提供了有利条件。

4. 防治方法

1）农业防治

（1）选用抗病品种。

（2）加强土肥水管理，防旱排涝，合理修剪，恢复树势，提高抗病能力。

2）化学防治

（1）树干涂白。涂白剂配方（水：生石灰：食盐：硫黄粉：动物油 =100：30：2：1：1）。

（2）4～5 月及 8 月对枝干各喷洒 50% 甲基托布津可湿性粉剂 200 倍液，或溃腐灵 100 倍液 1 次。主干发病后，先刮除病部深达木质部，或将病斑纵横划开，再涂 3～5°Be 石硫合剂或 10% 碱水、2% 的硫酸铜液、溃腐灵 50 倍液、10% 多菌灵 50 倍液等药剂。

（十五）核桃褐斑病

核桃褐斑病在陕西、河北、河南、山东、山西、江苏、安徽等省均有其分布。主要危害叶片、嫩梢和果实。

1. 症状

危害叶片、嫩梢和果实。先在叶片上出现近圆形或不规则形病斑，中间灰褐色，边缘暗黄绿色至紫褐色。病斑常常融合一起，形成大片焦枯死亡区，周围常带黄色至金黄色。病叶容易早期脱落。嫩梢发病，出现长椭圆形或不规则形稍凹陷黑褐色病斑，边缘淡褐色，病斑中间常有纵向裂纹。发病后期病部表面散生黑色小粒点，即病原菌的分生孢子盘和分生孢子。果实上的病斑较叶片为小，凹陷，扩展后果实变成黑色而腐烂。

2. 病原

核桃褐斑病原菌属无性型菌物腔孢纲、黑盘孢目、盘二孢属的核桃盘二孢 *Marssonina juglandisn*，有性世代为子囊菌门核桃日规壳菌 *Gnomonia leptostyla*。

3. 发病规律

病原菌以分生孢子在被害叶片和枝梢上越冬。越冬后的病叶和枝梢，在适宜温湿度条件下仍能产生孢子。一般 5～6 月开始发病，分生孢子借风雨传播，从叶片侵入，发病后病部又形成分生孢子进行多次再侵染，7～8 月为发病盛期。雨水多，高温高湿条件有利于该病的流行。果实在硬核前易被病菌侵染，晚春初夏多雨时发病重。

4. 防治方法

1）农业防治

（1）加强核桃栽培的综合管理，增强树势，提高抗病力。特别要重视改良土壤，增施有机肥料，改善通风透光条件。

（2）春雨来临前，彻底清扫核桃园，及时清除病枝叶，深埋或烧毁。

2）化学防治

（1）发芽前（气温达 18 ℃左右）喷 3～5°Be 石硫合剂一次，杀灭越冬病菌。

（2）雌花开花前（4 月）、膨大期（6 月）、硬核期（7 月）各喷一次真菌杀菌农药，预防真菌农药可交替选用 50% 甲基托布津可湿性粉剂 500 ~ 800 倍液、48% 苯甲嘧菌酯悬浮剂 1 500 ~ 2 000倍液、40% 咪鲜胺悬浮剂 1 500 倍液、42% 肟菌戊唑醇悬浮剂 2 000 ~ 3 000 倍液。6 ~ 7月各喷一次 1∶2∶200（硫酸铜∶石灰∶水）的波尔多液。

（十六）核桃白粉病

核桃白粉病是我国各核桃产区常见重要病害之一，不论核桃大树还是苗木，均遭受白粉病的危害，引起早期落叶和苗木死亡。该病除危害叶片外，不危害嫩芽和新梢，一般叶片受害率达 10 ~ 30%，干旱季节病叶率可达 90% 以上，严重影响核桃当年产量、品质和翌年树势。

1. 症状

发病初期叶片褪绿或造成黄斑，严重时叶片扭曲皱缩，提早脱落，幼芽萌发而不能展叶。核桃叶片背面生有明显的白粉层，呈块状，秋季，白粉层上产生黄白色、后变为黄褐色、最后变成褐色的小颗粒（闭囊壳）。另有一种白粉层很薄，均匀分布在叶片正面，而以叶脉两侧较为明显。秋后，病叶上产生微小黑色颗粒（闭囊壳）。幼苗受害时，植株矮小，顶端枯死，甚至全株死亡。

2. 病原

核桃白粉病病物原有两种：木通叉丝壳 *Microsphaera akebiae* 和胡桃球针壳 *Phyllactinia juglandis*，均属子囊菌门真菌。

3. 发病规律

两种白粉菌均以闭囊壳在病落叶或病梢上越冬。翌春气温上升，遇雨放射出子囊孢子，借气流传播到幼嫩芽梢及叶片上，从气孔侵入，进行初次侵染，5 ~ 6 月进入发病盛期，发病后病斑产生大量分生孢子，借气流传播，进行多次侵染，在夏季滞育期 7 ~ 8 天，蔓延危害，7 月以后该病逐渐停滞下来。9 ~ 10 月开始在白粉层中出现小黑颗粒，产生有性阶段的闭囊壳，随病落叶过冬。球针壳属主要在核桃叶背面危害，白粉层较厚，叉丝壳属核桃白粉病主要分布叶片正面，也有在叶背面的，白粉层一般较薄。

温暖而干旱，氮肥多，钾肥少，枝条发育不充实时易发病，幼树比大树易受害。一般栽植密度过大，通风透光不良，生长衰弱的树发病重。

4. 防治方法

1）农业防治

（1）加强核桃栽培的综合管理，合理施肥灌水，控制氮肥用量，增施磷钾肥，增强树势，提高抗病力。

（2）秋末彻底清扫核桃园，及时清除病枝叶，深埋或烧毁；结合冬剪，剪除病枝、病芽，减少菌源。

2）化学防治

（1）春季开花前嫩芽刚破绽前喷洒 1°Be 石硫合剂或 1∶0. 5∶200（硫酸铜∶石灰∶水）的波尔多液。

（2）发病初期可交替喷洒 20% 三唑酮乳油 500 ~ 800 倍液、50% 三唑酮硫黄悬浮剂 800 ~ 1 000倍液、25% 腈菌唑乳油 500 ~ 800 倍液 2 ~ 3 次。

（3）夏季用 50% 甲基托布津可湿性粉剂 800 ~ 1 000 倍液或 25% 粉锈宁 500 ~ 800 倍液

2～3次。

（十七）核桃枝枯病

核桃枝枯病在陕西、河北、河南、山东、山西、江西、安徽等省均有其分布。主要危害枝干，多发生在1～2年生的枝条上，发病严重时病枝率高达20%～30%，造成大量枝条枯死，影响产量。

1.症状

核桃枝枯病一般在1～2年生的枝梢或侧枝上发病，先从枝条顶端嫩梢开始，逐渐蔓延至枝条和主干。受害枝上的叶变黄脱落。受害枝条皮层变为灰褐色，而后渐变浅红褐色或灰色，干燥开裂，并露出灰褐色的木质部，当病斑扩展绕枝干一周时，枝条逐渐枯死。大枝病部下陷。在病死枝干的皮层表面产生许多突起的黑色小点即分生孢子盘，初期呈黑色短柱状物，湿度大时即软化为黑色突起的孢子堆。

2.病原

核桃枝枯病的病原属于真菌中无性孢子类的矩圆黑盘孢菌 *Melanconium oblongum*，有性态为子囊菌门胡桃黑盘壳菌 *Melanconis juglandis*。

3.发病规律

核桃枝枯病病菌主要以分生孢子盘或菌丝体在枝条、树干等病部越冬。翌年早春，当条件适宜时病菌孢子借风力、雨水、昆虫等传播，从机械伤、虫伤、枯枝处或嫩梢侵入，生长衰弱的核桃树或枝条易染病，感病部位逐渐扩大，树皮枯死开裂，病部表面散生黑色粒状突起的分生孢子盘，不断散放出分生孢子，进行多次侵染。一般5～6月开始发病，7～8月为发病盛期，9月后停止发病。

核桃枝枯病发病的轻重与核桃栽培管理、树势强弱有密切关系。杂草多，缺水少肥，生长衰弱或受到各种伤害，抗病性降低，核桃园发病重；土壤板结，根系发育不良，吸收功能降低发病重；管理过程中由于操作不慎造成机械伤口，有利于病菌侵入；晚霜冻害易引起幼树和嫩枝感染此病；园内荫蔽，通风透光不良，枝条生长嫩弱易引起发病。

4.防治方法

1）农业防治

（1）生长季节及时剪除病枝，冬季扫除园内枯枝、落叶、病果，深埋或烧毁；秋季树干涂白，预防冻害。

（2）及时防治核桃树害虫，避免造成虫伤或其他机械伤。

2）化学防治

（1）发芽前可喷3°Be石硫合剂。

（2）6～8月生长季节可喷70%甲基托布津或50%多菌灵或75%百菌清可湿性粉剂500～800倍液防治，每隔10天喷一次，连喷3～4次效果良好。

（3）主干发病，可刮除病斑，并用1%硫酸铜消毒再涂抹煤焦油保护。

（十八）核桃日灼病

核桃日灼病一般在高温季节容易发生，特别在核桃幼果膨大期，向阳面日灼发生较多较重。核桃主要产区都有不同程度的发生。

1.症状

夏季如果连日晴天，阳光直射，温度高，常引起果实和嫩枝发生日灼，轻度日灼果皮上出现黄褐色圆形或梭形的大斑块；严重日灼时病斑可扩展至果面一半以上，并凹陷，果肉干枯粘在核壳上，引起果实早期脱落。受日灼的枝条半边干枯或全枝枯。受日灼伤害的果实和枝条更容易引起细菌性黑斑病、核桃炭疽病、核桃溃疡病，同时如遇阴雨天气，灼伤部分还常引起链格孢菌的腐生。

2. 病原

由高温烈日暴晒引起的生理性病害。

3. 发病规律

由于高温烈日暴晒，特别是天气干旱，土壤缺水，又受强烈日光照射，致使果实的温度升高，蒸发消耗的水分过多，果皮细胞遭受高温而灼伤。

4. 防治方法

1）农业防治

（1）加强管理，合理修剪，建立良好的树体结构，使叶片分布合理，夏日利用叶片为果实遮光，防止烈日暴晒。

（2）夏季高温期间应在核桃园内定期浇水，以调节果园内的小气候，及时中耕，促进根系活动，保持树体内水分的供需平衡，可减少发病。

2）化学防治

在高温出现前喷洒2%石灰乳液，或喷洒0.2%～0.3%的磷酸二氢钾溶液，可以起到预防作用，减轻受害。

（十九）核桃灰斑病

核桃灰斑病又名核桃圆斑病，分布于陕西、山东、四川、河南、河北、甘肃等地，是一种常见叶部病害，8～9月发病重，一般危害轻。

1. 症状

核桃灰斑病主要危害叶片，病斑圆形，直径3～8 mm，初暗褐色，边缘黑褐色，后病斑灰白色，干燥后病斑龟裂或穿孔，后期病斑上生黑色小点，即病菌的分生孢子器。严重时造成叶片焦枯脱落。

2. 病原

核桃灰斑病的病原为无性孢子类的核桃叶点霉菌 *Phyllosticta juglandis*。

3. 发病规律

病菌以分生孢子器在病枝梢、病落叶上过冬。翌年5～6月开始发病，分生孢子借雨水、风力进行传播，主要侵染叶片，引起具有明显边缘的圆斑，病斑不易扩大，发病严重时，一个叶片有多个圆形病斑。在病斑中央产生分生孢子器，借雨水、风力可进行多次再侵染，夏季雨水多、湿度大常引起该病害大发生，导致早落叶。

4. 防治方法

1）农业防治

冬季清扫落叶，集中烧毁，减少病害侵染源，控制树冠密度。

2）化学防治

生长期可喷80%代森锌可湿性粉剂500～800倍液，或65%代森锰锌可湿性粉剂500倍液，或20%甲基硫菌灵可湿性粉剂800倍液。每次喷药间隔10～15天，共喷3次。

二、油茶病虫害

油茶 *Camellia oleifera* Abel 属山茶科茶属常绿小乔木，是我国特有的木本食用油料树种，与油棕、油橄榄、椰子并称为世界四大木本油料植物，与乌桕、油桐、核桃并称为我国四大木本油料植物，是我国主要的木本食用油料树种，主要分布于我国长江流域以南地区。油茶不饱和脂肪酸含量高达90%以上，以油酸和亚油酸为主，长期食用可降低血清胆固醇，有助于降低心脑血管疾病的发生率，油茶的适生范围广、耐干旱、耐瘠薄，生产油茶的剩余物利用范围广，可用于日用化工，化学纤维、农药等行业，是我国特有的经济效益和生态效益俱佳的优良乡土树种。

信阳市地处亚热带向暖温带过渡区域，气候温和，雨量充沛，适宜油茶生长，是我国茶油栽植的北部边缘区，也是河南省油茶的主要产地。据统计，截至2015年，全省共计4.63万 hm^2，而信阳市油茶资源就有4.43万 hm^2，集中分布于商城、新县、罗山和光山等地浅山丘陵区。

油茶树高2.5～5 m，树冠伞形或开心形，树皮灰白色或铁锈色，油茶为两性花，为虫媒授粉，自花不孕。一般在10月上旬始花，10月下旬至11月上旬为盛花期；油茶果实为球形、扁球形、橄榄形、颜色有红、黄、青等种。果实生长期为210天，2～8月为果实形成期，8月以后为种子油分转化期，果实10月中下旬成熟。近年来，油茶病虫害发生愈加严重，暴发频繁，危害面积逐步扩大，油茶老、残林比重大，且处于失管状态，油茶病虫害严重制约着油茶产业的发展和经济效益的发挥。

我国危害油茶的病虫害种类很多，害虫有10目300多种，病害有50多种。伍建荣等(2012)对滇西地区红花油茶主要病害种类调查共鉴定出23种主要病害和5种主要虫害。赵丹阳等(2012)对广东省油茶病虫害种类及发生动态进行调查研究，广东省危害油茶的病虫害有101种，其中病害14种、虫害87种。张玉虎等对信阳市油茶产区害虫种类及危害情况进行调查，共搜集到油茶害虫6目34科50种，其中鳞翅目16科22种，鞘翅目6科10种，同翅目4科6种，半翅目3目7种，缨翅目1科1种，支翅目4科4种。其中危害严重的害虫有茶梢类蛾、茶白毒蛾、茶蓑蛾、铜绿丽金龟和柿广翅蜡蝉。主要病害3种，分别为油茶炭疽病、油茶茶苞病和油茶白绢病，以油茶炭疽病危害最为严重，信阳市各产区均有发现，有发展蔓延的趋势。

（一）茶梢尖蛾

茶梢尖蛾 *Parametriotes theae* Kuznetzov，属鳞翅目、尖蛾科害虫。寄主植物有油茶、茶、山茶等。分布在江西、湖南、江苏、安徽、浙江、贵州、四川、福建、广东、广西、云南等地。

1. 形态特征

1）成虫

体灰褐色，体长4～7 mm，翅展9～14 mm。触角丝状，基部粗，与体长相等或梢短于前翅。前翅灰褐色，有光泽，散生许多小黑鳞，翅中央近后缘有1个大黑点，离翅端近1/4处还有1个小黑点。后翅狭长，基部淡黄色，端部灰黑色，缘毛黑灰色。

2）卵

椭圆形，两头稍平，初产时透明乳白色，72小时后变为淡黄色，孵化前黄褐色。

3) 幼虫

老熟幼虫体长 7 ~ 9 mm，体表被稀疏短毛。头部小，深褐色，胸、腹各节黄白色。趾钩呈单序环，臀足趾沟呈缺环。

4) 蛹

圆柱形，长 5 ~ 7 mm，黄褐色。翅痕，触角明显，第 10 腹节腹面具 2 根侧钩，弯向上方。

2. 为害状

幼虫刚开始采食油茶叶肉，越冬后蛀食油茶的枝梢及枝梢叶柄基部，枝梢被侵害时，可见梢膨大，顶芽失水枯死，严重时影响油茶结果。

3. 生物学习性

大多数地区一年发生 1 代，均以幼虫在老叶内或枝梢内越冬。自 3 月开始，当日平均气温上升到 14 ℃时，幼虫便从叶中钻出，转移到嫩梢上蛀害。幼虫多从梢顶或芽腋间蛀入梢枝，一头幼虫能危害 1 ~ 3 条春梢。受害枝梢因受到刺激日趋膨大，最后枯黄而死。老熟幼虫在化蛹前，先在蛀入孔处咬一圆形羽孔，并以白色丝絮封闭孔口。

4. 防治办法

1) 植物检疫

加强检疫，防止幼虫或蛹随苗木传播。

2) 农业防治

加强茶园管理，人工剪除被害叶和被害枝梢，集中烧毁。

3) 生物防治

防治茶梢蛾可人工投放姬小蜂、旋小蜂。

4) 物理防治

防治茶梢尖蛾时，可利用趋光性设置诱虫灯诱杀。

5) 化学防治

在害虫为害程度到达防治指标时，可喷施 50% 二溴磷乳剂 1 000 ~ 1 500 倍液，或 90% 晶体敌百虫 1 000 ~ 1 500 倍液，或 25% 甲维盐 · 灭幼脲悬浮剂 1 500 ~ 2 000 倍液。

（二）茶白毒蛾

茶白毒蛾 *Arctornis alba*（Bremer），属鳞翅目、毒蛾科，寄主植物有油茶、茶、柞树、榛等。分布于中国江苏、安徽、浙江、湖北、湖南、江西、陕西、四川、福建、台湾、广西、广东等省（区），日本也有分布。为害茶树、油茶、油桐、杨梅、枫香、枇杷。

1. 形态特征

1) 成虫

体长 12 ~ 15 mm，翅长 34 ~ 44 mm，体、翅均白色，前翅稍带绿色具丝缎光泽，翅中央有小黑点；腹部末端有白色毛丛，触角羽毛状。

2) 卵

扁鼓形，淡绿色，直径 1 mm 左右，高 0.5 mm 左右。

3) 幼虫

头红褐色，体黄褐色，每节有 8 个瘤状突起，上生黑褐色长毛及黑色和白色短毛；虫体腹面紫色或紫褐色。老熟幼虫体长 30 mm 左右。

4）蛹

浅鲜绿色，圆锥形，较粗短，长12～15 mm，背中部微隆起，体背有2条白色纵线，尾端有一对黑色钩刺。

2. 为害状

幼虫孵化后多爬至叶背，取食下表皮和叶肉，残留上表皮，呈枯黄色半透明，不规则斑块，幼虫稍成长即分散危害，在叶正面取食皮层和主脉。

3. 生物学习性

茶白毒蛾在我国从南至北、从东到西均有分布，1年发生代数随各地温度不同而异，多的1年可发生5～6代。各地均以幼虫在茶丛中，或下部叶背面越冬。第2年3月上旬开始活动为害，3月下旬开始化蛹，4月中旬成虫羽化产卵。各代幼虫发生期分别为5月上旬至6月上旬、6月中旬至7月上旬、7月中旬至8月上旬、8月中旬至9月下旬、9月下旬至10月下旬、11月下旬至翌年4月上旬。全年以5～6月危害较重。成虫白天静伏在茶丛内，晚上活动，成虫飞翔力不强。卵十多粒聚产或散产在叶背，初孵幼虫群聚在叶背啃食叶肉，残留上表皮，出现半透明斑。二龄后分散，食叶成缺刻，老熟后倒悬在叶片上化蛹。杂草多、管理粗放的茶园发生多；平地茶园较山地茶园受害重。

4. 防治方法

1）农业防治

加强茶园管理，冬季清除园内落叶烧毁，铲除茶园杂草，减少虫源。加强肥水管理，增强树势，修剪茶树地下枝，内膛枝，病虫枝，改善茶树通风透光条件，减少茶园着卵量。

2）生物防治

对3龄前幼虫可使用苏云金杆菌（100亿孢子/g）50倍液，或白僵菌菌粉（50亿孢子/g）50倍液，防治时选择无风的阴天或雨后初晴时效果最佳。

3）物理防治

在茶林中利用黑光灯或全光谱杀虫灯诱杀茶白毒蛾成虫。

4）化学防治

当害虫发生数量和茶树受害程度达到防治指标时，可适时进行化学防治。可选用高效低毒、低残留，对油茶品质无不良影响的农药，如90%晶体敌百虫1 000～1 500倍液、50%辛硫磷乳油1 000～1 500倍液、25%甲维盐·灭幼脲悬浮剂1 500～2 000倍液、1%苦参碱可溶性液剂1 000～1 500倍液、0.5%虫菊·苦参碱可溶性液剂800～1 000倍液等进行喷洒。

（三）茶蓑蛾

茶蓑蛾 *Clania minuscula* Butler，属鳞翅目、蓑蛾科。寄主植物有油茶、茶、柑橘、苹果、樱桃、桃、李、杏、梅、葡萄、枇杷等。分布于山东、山西、陕西、江苏、浙江、安徽、江西、贵州和云南等地。

1. 形态特征

1）成虫

雌雄异形，雌虫蛆状，无翅，体长12～16 mm，黄褐色，足退化，胸腹部黄白色；头小，褐色；腹部肥大，后胸和腹部第7节各簇生一环黄白色绒毛。雄虫体长11～15 mm，翅展22～30 mm，体翅均身褐色，触角呈双栉状。胸部、腹部具鳞毛。前翅翅脉两侧色略深，外缘中前方具近正方形透明斑2个。

2)卵

长椭圆形,浅黄色。

3)幼虫

体肥大,头黄褐色,两侧有暗褐色斑纹。胸腹部黄白色,背侧具褐色纵纹2条,胸节背面两侧各具褐色斑1个。

4)蛹

雄为被蛹,雌为围蛹,体长14~18 mm,深褐色。护囊纺锤形。外缀形屑式碎皮,稍大后形成纵向排列的小枝梗,长短不一。

2. 为害状

幼虫在护囊中咬食叶片,嫩梢或剥食枝干,果实皮层,1~2龄幼虫咬食叶肉,留下一层表皮,被害叶片形成半透明枯斑,3龄后咬食成孔洞或缺刻,仅留主脉。喜集中危害。

3. 生物学习性

1年1~3代,多以3~4龄幼虫,在护囊内越冬。气温达到10 ℃左右,越冬幼虫开始活动和取食,1~3龄幼虫多数只食下表皮和叶肉,3龄后咬食叶片成了洞或缺刻。幼虫老熟后在护囊里倒转虫体化蛹在其中。

4. 防治方法

1)农业防治

在进行茶园管理时人工摘除护囊,集中烧毁。

2)生物防治

利用和保护天敌,施放姬小蜂。

3)物理防治

利用黑光灯或全光谱杀虫灯诱杀。

4)化学防治

幼虫期喷洒25%甲维盐·灭幼脲悬浮剂1 500~2 000倍液,或1%苦参碱可溶性液剂1 000~1 500倍液,或0.5%虫菊·苦参碱可溶性液剂800~1 000倍液。

(四)铜绿丽金龟

铜绿丽金龟 *Anomala corpulenta* Motschulsky,属鞘翅目、丽金龟科,分布于我国浙江、福建、江西、湖南、湖北及长江流域以北各省。寄主植物有油茶、松、杉、杨、柳、油桐、榆、乌桕、核桃、海棠、板栗、樱桃及苹果、梨、柑橘。

1. 形态特征

1)成虫

体长19~21 mm,触角黄褐色,鳃叶状。前胸背板及鞘翅铜绿色具闪光,上面有细密刻点。稍翅每侧具4条纵脉,肩部具疣突。前足胫节具2外齿,前、中足大爪分叉。

2)卵

初产椭圆形,长182 mm,卵壳光滑,乳白色。孵化前呈圆形。幼虫3龄幼虫体长30~33 mm,头部黄褐色,前顶刚毛每侧6~8根,排一纵裂。脏腹片后部腹毛区正中有2列黄褐色长的刺毛,每列15~18根,2列刺毛尖端大部分相遇和交叉。在刺毛列外边有深黄色钩状刚毛。

3)蛹

长椭圆形,土黄色,体长 22 ~ 25 mm。体稍弯曲,雄蛹臀节腹面有 4 裂的统状突起。

4)幼虫

老熟体长约 32 mm,头宽 5 mm,体乳白色,头黄褐色近圆形,前顶刚毛每侧各为 8 根,成一纵列,后顶刚毛每侧 4 根斜列。额中列每侧 4 根。肛腹片后部复毛区的刺毛列,列各由 13 ~ 19 根长针状刺组成,刺毛列的刺尖常相遇。刺毛列前端不达复毛区的前部边缘。

2. 为害状

成虫大量食叶,咬断花柄,影响林木生长,造成落花。幼虫生长在土壤中,危害林木根系。

3. 生物学习性

在北方 1 年 1 代,以老熟幼虫越冬。翌年春季越冬幼虫上升活动,5 月下旬至 6 月中下旬为化蛹期,7 月上旬至 8 月是成虫发育期,7 月上中旬是产卵期,7 月中旬至 9 月是幼虫危害期,10 月中旬后陆续进入越冬。少数以 2 龄幼虫、多数以 3 龄幼虫越冬。幼虫在春、秋两季危害最烈。成虫夜间活动,趋光性强。

4. 防治方法

1)农业防治

加强管理,中耕除草,捕杀幼虫,利用成虫假死性,震落捕杀,效果很好。

2)生物防治

用酸菜汤拌锯末诱杀或用绿僵菌感染和杀灭幼虫。

3)物理防治

利用成虫趋光性,在成虫发生期,安装黑光灯,效果很好。

4)化学防治

成虫发生盛期,喷 50% 辛硫磷乳液 800 ~ 1 000 倍液或 3% 高渗苯氧威乳油 2 000 倍液防治,效果显著。

(五)柿广翅蜡蝉

柿广翅蜡蝉 *Ricania sublimbata*,属半翅目、广翅蜡蝉科。分布于黑龙江、山东、湖北、福建、台湾、重庆、广东等地。寄主植物有油茶、茶树、小叶青冈、板栗、喜树、樟树、女贞、重阳木、猕猴桃、栾树、杜鹃、石榴、桂花等 80 多种植物。

1. 形态特征

1)成虫

体长 8.5 ~ 100 mm,翅展 24 ~ 36 mm,头胸背板深褐色、腹面深褐色、腹部基部黄褐色,其余各节深褐色,尾器黑色,头胸及前翅表面散生绿色蜡粉,前胸背板具中脊两边,中胸背板有 3 条纵脊,中脊直而长,侧脊斜向内端部互相靠近,在中部向前外方伸出一短小的外叉。

2)卵

长卵形,乳白色。

3)若虫

黄褐色,体被白色蜡粉,腹末有蜡丝,蜡丝丛可将全身覆盖。1 ~ 4 龄若虫为白色,5 龄若虫中胸背板及腹脊面为灰黑色,头、胸、腹、足均为白色,中胸背板有 3 个白斑。

2. 为害状

以成虫、若虫密集在嫩叶、嫩梢，花蕾、叶柄上吸汁，造成枯枝、落叶、落花、落果，导致树势衰退。

3. 生物学习性

1 年发生 2 代，以卵在寄生受害的组织内越冬，越冬卵在 4 月上旬开始陆续孵化，若虫发生期在 4 月中旬至 6 月上旬，6 月下旬开始老熟羽化，7 月上旬为羽化盛期，第 2 代卵期为 7 月中旬至 8 月中旬，第 2 代若虫盛期为 8 月下旬至 9 月中旬。若虫共有 5 个龄期，每个龄期大约 15 天，初孵若虫 10 小时出现白色蜡丝，12 小时转移到叶背面，2 龄前群集为害，3 龄后分散为害，同时危害果实，柿广翅蜡蝉在信阳主要危害茶树，危害程度较轻。

4. 防治方法

1）农业防治

冬季至初春，结合修剪，及时清除带卵块的枝条和叶子，集中烧毁，减轻虫源。

2）生物防治

柿广翅蜡蝉的天敌很多，要充分保护，加以利用。

3）化学防治

在若虫发生盛期喷施 40% 毒死蜱乳液 1 000 ~ 1 500 倍液，或 10% 吡虫啉可湿性液剂5 000 倍液。

（六）油茶白绢病

油茶白绢病又称菌核性根腐病，发生在亚热带和热带地区。我国南方各省的油茶产区较为普遍，苗木受害严重。本病除危害普通油茶、广宁红花油茶等苗木外，其寄主范围很广，我国感病的木本树种还有核桃、泡桐、梧桐、楸树、梓树、乌桕、樟、楠木、桉树、杉木、香榧、马尾松、苹果、柑桔、葡萄等。

1. 症状

病害多发生于接近地表的苗木茎基部或根颈部，初期皮层出现暗褐色斑点，随后扩大呈块状腐烂病斑，不久即在其表面产生白色绢丝状菌丝体，天气潮湿时，可蔓延至地面，并沿土表伸展。最后在病株根茎部及附近的浅土中，出现油茶籽状小菌核，初呈白色，后变淡红色、黄褐色，最终为茶褐色。苗木被害后，水分和养分输送受阻，以致生长不良，叶片逐渐变黄凋萎，最后全株直立枯死。病苗容易拔起，其根部皮层腐烂，表面有白色绢状菌丝层及小菌核产生。

2. 病原

病原菌为齐整小核菌 *Sclerotium rolfsii*。菌丝体白色，疏松或集结成扇形，外观犹如白色绢丝。菌核表生，球形或近球形，直径 1 ~ 3 mm，平滑而有光泽，表面茶褐色，细胞形小且不规则，内部灰白色，细胞多角形，成熟菌核间无菌丝束相连。有性阶段为 *Atheliarolfsii* = *Pelliculariarolfsii*，一般情况下不发生，只在湿热环境中，偶于病斑边缘产生担子和担孢子。担子棍棒状，形成在分枝菌丝的尖端，(5 ~ 9) μm × (9 ~ 20) μm，顶生小梗 2 ~ 4 个。小梗长 3 ~ 7 μm，稍弯，上生担孢子。担孢子近球形、梨形或椭圆形，单胞无色，(3.5 ~ 6) μm × (5 ~ 10) μm。病菌生长温度 10 ~ 42 ℃，最适温度为 30 ℃。酸碱度适应范围为 pH 1.9 ~ 8.4，pH 5.9 时最适于繁殖。菌核在土壤中能存活 5 ~ 6 年，在室内可生存 10 年以上。

病菌在侵入寄主时，先分泌草酸、果胶酶、纤维素酶及其他的酶，杀死并分解寄主组织后进入。一旦定居于植物体，特别在高湿高温的条件下，随即迅速产生大量的菌丝体和菌核。在接近土壤表层，似最适于病菌的生长、存活和对植物的侵入。或许因为地表的温度比较适合，有机养料供应比较丰富，也许是很少有其他土壤微生物对病菌的竞争和拮抗作用。

3. 发病规律

病菌主要以菌核在土壤中越冬，也可在病株残体或杂草上越冬。翌年土壤温、湿度适合时，菌丝萌发产生新的菌丝体，侵入苗木茎基部或根颈部为害。病菌菌丝能沿土表向邻株蔓延，特别在潮湿天气，当病、健株距离相近时，菌丝极易蔓延扩展。在自然状况下，可以以一病株为起点，向周围邻株蔓延为害，形成小块病区。夏季降雨时，病菌菌核易随水流传播而引起再次侵染。此外，调运病苗、移动带菌泥土以及使用染菌工具也都能传播病菌。

土壤湿度和性质对病害发生有直接影响。通常在湿度较大的土壤中，发病率高。土壤有机质丰富、含氮量高的圃地，病害很少发生。而贫瘠的土壤，尤其是缺肥苗床，苗木生长纤弱，抗病力低，往往病害严重。在酸性至中性 pH 5 ~7 土壤中病害发生多，而在碱性土壤发病则少。土壤黏重板结的地区，发病率也高。

我国长江流域，病害一般在6月上旬开始发生，7 ~8 月，气温上升至 30 ℃左右时为病害盛发期，9 月末病害基本停止。随后在病部菌丝层上形成菌核，进入休眠阶段。

4. 防治方法

1）农业防治

整地时深翻土壤，将病株残体及其表面的菌核埋入土中，可使病菌死亡。发病严重的圃地，可与玉米、小麦等不易受侵害的禾本科作物进行轮作。轮作年限应在4年以上。在白绢病的生物防治方面，利用木霉菌、假单胞杆菌及链霉菌等微生物对病原菌的寄生和拮抗作用，在发病地区，以上述菌剂处理植物的种子或其他繁殖器官，有较明显的防病效果。但目前还处于试验研究阶段，很少应用于生产实践。

2）物理防治

近年来，国外在防治白绢病方面，重新采用土壤曝晒法，已卓有成效。即在炎热的季节，用透明的聚乙烯薄膜覆盖于湿润的土壤上，促使土温升高，并足以致死菌核，从而达到防治病害的目的。

3）化学防治

播种前每亩用75% 五氯硝基苯粉或80% 敌菌丹粉 1 kg，加细土 15 kg，撒在播种沟内，或结合整地翻入土壤里，进行消毒。如用多菌灵及福美双混合药粉，则消毒更加有效。加强管理，筑高床，疏沟排水；及时松土、除草，并增施氮肥和有机肥料，以促使苗木生长健壮，增强抗病能力。发病初期，用1% 硫酸铜液浇灌苗根，防止病害继续蔓延，或用 10 mg/L 萎锈灵或 25 mg/L 氧化萎锈灵抑制病菌生长。在菌核形成前，拔除病株，并仔细掘取其周围的病土，添加新土。发病圃地里，每亩施生石灰 50 kg，可减轻下一年的病害。

（七）油茶茶苞病

油茶茶苞病又称茶饼病、叶肿病、茶桃等。主要分布于长江以南的浙江、江西、安徽等省油茶产区。本病主要危害花芽、叶芽、嫩叶和幼果，导致过度生长，产生肥大变形，嫩梢最终枯死，影响油茶植株生长和果实的产量。

1. 症状

本病主要危害花芽、叶芽、嫩叶和幼果，产生肥大变形症状。由于发病的器官和时间不同，症状表现略有差异。主要发病形态是病原侵染当年不发病，越夏后才发病，其症状表现为整体性。子房及幼果罹病膨大成桃形，一般直径 5 ~ 8 cm，最大的直径达 12.5 cm；叶芽或嫩叶受害常表现为数叶或整个嫩梢的叶片成丛发病，成肥耳状。症状开始时表面常为浅红棕色或淡玫瑰紫色，间有黄绿色。待一定时间后，表皮开裂脱落，露出灰白色的外担子层，孢子飞散。最后外担子层被霉菌污染而变成暗黑色，病部干缩，长期（约 1 年）悬挂枝头而不脱落。次要发病形态是在发病高峰后期，约在 3 月下旬出现，是病菌侵染淡绿色向绿色过渡的叶片，当年引起发病而产生的，其症状表现常为局部性。罹病叶片形成 1 cm 左右的圆形斑，一叶有 1 ~ 3 块，有的 2 ~ 3 块相连形成大斑。斑块比叶的正常部分肥厚，表面稍凹陷，紫红色或浅绿色；背面微凸起，粉黄色或烟灰色。最后斑块干枯变黑，常引起落叶。

2. 病原

病原是细丽外担菌 *Exobasidium gracile*。该菌的外担子层长在肥大变形的植物组织表面，成熟后呈灰白色。担子球棒状，无色，大小为（15 ~ 173）μm ×（5 ~ 10）μm，担子上端有或 4 个小梗，每小梗着生孢子 1 个。担孢子椭圆形或倒卵形，无色，单胞，成熟后有 1 ~ 3 分隔，呈现淡色，大小为（2 ~ 5.9）μm ×（14.8 ~ 16.5）μm。两种发病形态的担孢子形态是一致的。

3. 发病规律

该病季节明显，在低纬度地区，一般只在早春发病一次，发病时间相对较短。个别较阴凉的大山区，发病期可拖延至 4 月底。病菌有越夏特性，以菌丝形态在活的叶组织细胞间潜伏。病害的初侵染来源是越夏后引起发病的成熟担孢子，病菌孢子以气流传播，在发病高峰期担子层成熟后大量释放孢子。孢子数量随病源距离的增加而递减，油茶林缘至距离处孢子最多，20 cm 以上的距离尚能捕捉到孢子。大风（4 ~ 5 级）天气，孢子的传播距离在千米以上。

病菌孢子的萌发、侵入并引起发病要有三个条件，即水分、温度和叶龄。最适发病温度 12 ~ 18 ℃。空气相对湿度在 79% ~ 88%、阴雨连绵的天气有利发病。孢子在气温 16 ~ 19 ℃，在水分、空气充足的条件下，孢子萌发率在 65% 以上。萌发后的孢子产生芽管，从气孔或直接穿透侵入植物组织。叶龄影响着病菌的侵入和发病。

油茶新叶约在半月内是淡绿色的，1 个月左右的叶片渐呈绿色，最后呈深绿色。随着绿色的加深，叶的质地亦加厚变硬。病菌容易侵入淡绿色叶片，并引起发病。若叶片处在绿色阶段，尚能产生轻微症状，当叶片已呈深绿色，发病则受抑制。病菌侵入后处在潜育阶段时，由于叶龄增加或气温不适宜发病时，发病常会被抑制、推迟。病菌潜伏越夏（气温 20 ℃以上），待来年春季再引起发病。

4. 防治方法

1）农业防治

冬春季节，结合油茶林的垦复和修剪，清除病枝、病叶、枯梢、病蕾及病果。对于林内的老病株，也应挖除补植，以免病菌扩散蔓延。在担孢子成熟飞散前，摘除病物烧毁或土埋，可获得较好的防治效果。

2）抗病品种利用和植物检疫

选育抗病良种是防治油茶茶苞病的根本措施。带菌种子和苗木是油茶茶苞病远距离传播的主要途径，应加强苗木检疫，拒绝从疫区调运种苗。

3）营林管理

科学管理土壤，调整过密的林分，保持林内油茶株间枝叶不相衔接的立木密度，合理垦复，适当增种绿肥，避免套种高秆作物，勿偏施氮肥。增施肥力，增强树势，提高苗木的抗病力。

4）化学防治

在发病期间喷洒1∶1∶100倍波尔多液或75%敌克松可湿性粉剂500倍液，防治效果比较明显。

（八）油茶炭疽病

油茶炭疽病是油茶的主要病害之一，在我国油茶产区普遍发生，主要分布于长江以南的浙江、江西、湖南、湖北等地区。近年来，河南省尤其是信阳、南阳、驻马店、三门峡等地已大面积推广种植油茶，也遭受到了炭疽病的危害。油茶炭疽病主要引起严重落果、病蕾、枝干枯死、树干溃疡，还危害叶片、叶芽，造成落叶、落芽。一般可使油茶果损失20%～40%。

1. 症状

油茶以果实受害最严重，病果初期产生黑褐色的小斑点，以后逐渐扩大成黑褐色的圆形病斑，严重时全果变黑。发病后期病斑凹陷，出现黑色小点，即为病菌的分生孢子盘，雨后或经过露水湿润，盘上产生黏性粉红色的分生孢子脓。病果常沿病斑中部开裂。

花蕾病斑多发生在基部鳞片上，呈不规则形，多为黑褐色或黄褐色，后期灰白色，分布有黑点。孢子堆常在鳞片内侧，病重时芽枯蕾落。

新生嫩梢上的病斑一般分布在基部，呈椭圆或梭形，凹陷不明显，初期为黑褐色，后转为黑色，发病后病梢慢慢弯曲和落叶，病斑若环梢一周，梢即枯死。夏季和秋季树干、树基、大枝上萌生的梢或芽的病斑在中部居多。3年生以上老枝及树干病斑呈梭形溃疡斑，以中部居多，溃疡斑下陷不规则，削去表皮，木质部呈黑色。

叶片受害时，病斑常沿叶缘或叶尖发生，多呈半圆形或不规则形，黑褐色或黄褐色，边缘紫红色，后期病斑中心为灰白色，内轮生小黑点，病斑呈波纹状。

2. 病原

引起病害的病原物是无性孢子类腔孢纲黑盘孢目的胶胞炭疽菌 *Colletotrichum gloeosporioides*。分生孢子梗聚集成盘状，其中混生数根茶褐至暗褐色的刚毛。分生孢子无色，单细胞，长椭圆形或圆和圆筒形，直或微弯，内有很多颗粒物质和1～2个油球。有性阶段为围小丛壳菌 *Glomeryella cingulata* 属子囊菌门核菌纲球壳菌目疔座霉科。子囊腔球形或洋梨形，有嘴孔，黑褐色。子囊棍棒形，内生子囊孢子8个。子囊孢子单细胞，长纺锤形，稍弯，无色。

3. 发病规律

病原菌主要以菌丝在油茶树各个受害部位越冬。果实炭疽病一般发生于5月初，8～9月为发病盛期，并引起严重的落果现象，延续到霜降前后。该病害甚至终年都有发生，油茶各器官在一年中的被害顺序为先嫩叶、嫩梢，接着是果实，然后是花芽、叶芽。

气象因子的变化与病害的发展有着密切的关系，其中以温度为主导因子。湿度和雨量在一定的温度基础上，起着促使病害发展的作用。初始发病温度为18～20 ℃，最适温度27～29 ℃。夏秋间降雨量大，空气湿度高，病害蔓延迅速。油茶林立地条件与病害的发生也有关系，阳坡、山脊和林缘比阴坡、山窝和林内的发病重，土壤瘠薄和冲刷严重的茶山上发病也重。

油茶的不同品种对病害的感染程度也不同，目前我国大面积栽培的普通油茶最易感病，而小叶油茶和攸县油茶则比较抗病，一般小叶油茶的抗病率大于一般油茶，“寒露子”大于“霜降子”，紫红果和小果大于黄皮果、大果，尤以单株抗病力差异表现更为明显。

4. 防治方法

1）农业防治

冬春季节，结合油茶林的垦复和修剪，清除病枝、病叶、枯梢、病蕾及病果。对于林内的老病株，也应挖除补植，以免病菌扩散蔓延。此外，在果病初期，及时摘除病果，可减少病菌的重复侵染。合理垦复，适当增种绿肥，避免套种高秆作物，勿偏施氮肥。增施肥力，增强树势，提高苗木的抗病力。

2）抗病品种利用

选育抗病良种是防治油茶炭疽病的根本措施。从本地区普通油茶中选择优质、抗病的品种和类型进行繁育。

3）植物检疫措施

带菌种子和苗木是油茶炭疽病远距离传播的主要途径，应加强苗木检疫，拒绝从疫区调运种苗。

4）物理防治

科学管理土壤，调整林分结构。保持林内油茶株间枝叶不相衔接的立木密度。同时对苗木和幼树要注意防止冬季冻害和防止春季干旱。

5）化学防治

春梢长出后，喷洒1∶1∶100 倍波尔多液，或80% 代森锰锌可湿性粉剂600 ~ 800 倍液，或50% 多菌灵可湿性粉剂600 ~ 800 倍液，以防止初次侵染。油茶炭疽病流行发生在5 月上中旬和7 月中下旬，应选晴天无风的上午进行喷药防治，每隔7 ~ 10 天喷一次。

三、油用牡丹病虫害

油用牡丹属于芍药科芍药属牡丹组，是结实力强、含油量高、有效成分丰富，能够用来生产种子、加工食用牡丹籽油的牡丹类型。目前，在我国具有良好油用表现的主要是凤丹牡丹 *Paeonia ostii* T. Hong et J. X. zhang 和紫斑牡丹 *Paeonia rockii* T. Hong & J. J. Li 两大类型。油用牡丹为原产于我国的多年生落叶小灌木，茎高1 m 以上，分枝短而粗，叶为2 ~ 3 回羽状复叶，小叶不分裂，稀不等2 ~ 4 浅裂。花期4 月，果期7 月。其中凤丹牡丹茎干笔直枝条少，芽间距长，花朵白色，单瓣。紫斑牡丹花大，花瓣白色，内面基部具深紫色斑块。

油用牡丹是我国特有的生物资源，是集观赏、油用为一体的木本油料作物。此外，油用牡丹还具有很高的药用价值和文化价值。油用牡丹产业链长，产品丰富，经济效益显著，是重要的林业生态产品和经济产品。在我国河南洛阳、山东菏泽、安徽铜陵和亳州、甘肃兰州和临洮等地都有大规模种植和野生资源的分布存在。凤丹牡丹分布较广，紫斑牡丹分布于四川北部、甘肃南部、陕西南部，生长于海拔1 100 ~ 2 800 m 的山坡林下灌丛中，在甘肃、青海等地有栽培。油用牡丹与其他油料作物相比，具有抗性强、适应范围广、产量高、油质好、出油率高、一年种植多年收益的特点。牡丹籽油富含不饱和脂肪酸，含量在90% 以上；特别是有“植物脑黄金”之称的 α − 亚麻酸含量很高，在40% 以上，是一种营养价值高、人体又极其需要的健康油。

2011年3月，卫生部已正式批准牡丹籽油为新资源食品，标志着牡丹籽油进入了食用油行列，发展油用牡丹已成为国家战略。2015年1月，国务院办公厅印发《关于加快木本油料产业发展的意见》，部署加快国家木本油料产业发展。河南省作为国家油用牡丹产业发展试点区，积极扶持油用牡丹产业的发展，2016年5月，《河南省人民政府办公厅关于加快木本油料产业发展的意见》中把油用牡丹列为河南省三大木本油料树种之一。河南省是油用牡丹的最佳适生栽培区，近年来，种植面积在100万亩以上。

目前以油用牡丹为原料，已开发出高档食用油、高档化妆品、保健品、药物、日用品等五大类数十种产品。大力发展油用牡丹对促进我国粮油生产、保障国家粮油安全、保障国民身体健康具有重要意义。也对改善生态环境、增加农民收入、帮助贫困地区农民脱贫致富等具有十分重要的意义。特别适合在贫困山区进行广泛推广应用，具有广阔的市场前景。

油用牡丹喜燥恶湿，应选择地势高、通风向阳、排水良好、气候冷凉、土质疏松、土层深厚的壤土及砂质壤土栽培，并注意轮作，忌重茬连作。油用牡丹植株低矮，适宜在宜林荒山荒地栽培。尤其在侧光条件下生长良好，能够与高大的林果树木搭配形成稳定的植物群落，这些乔木树种于盛夏酷暑时还可起到良好的遮阴作用，可以明显促进牡丹生长势，减少病虫害的发生。还可以充分利用空间，增加绿量，提高林地的综合利用率，并在单位面积的林地获得更多的经济收益。对发展农村经济、提高农民收入和促进油用牡丹产业化提供了新的途径与选择。一次栽植多年采籽，具有“不与农争田，不与粮争地”、可以大规模绿化宜林荒山荒地的优点，在退耕还林、荒山造林、改善生态环境、发展林下经济等方面具有十分重要的意义。

但随着油用牡丹的连年种植及种植面积和规模的不断扩大，油用牡丹病虫害的发生日益严重，尤其叶部病害和根部病害是当今油用牡丹生产上最为突出的问题。油用牡丹叶部病害种类较多，常见的有牡丹灰霉病、牡丹红斑病、牡丹瘤点病、牡丹炭疽病、牡丹黑斑病、牡丹轮纹斑点病、牡丹黄斑病、牡丹腔孢叶斑病、牡丹锈病、牡丹白粉病、牡丹柱枝孢叶斑病、牡丹病毒病等，发生普遍而严重，造成油用牡丹生长势衰弱，籽粒干瘪，产量大幅下降。油用牡丹根部病害主要有牡丹根腐病、苗木立枯病、牡丹根结线虫病、牡丹白绢病、牡丹紫纹羽病和牡丹白纹羽病，病苗、灌溉、根际交错及苗木调运等因素导致油用牡丹根部病害近距离传染或远距离传播蔓延，造成油用牡丹整片死亡。油用牡丹茎干病害主要有牡丹溃疡病和牡丹疫病，可对油用牡丹全株产生危害。油用牡丹常见的食叶害虫主要为刺蛾类害虫，主要有桑褐刺蛾、扁刺蛾、黄刺蛾、中国绿刺蛾等，刺蛾类幼虫常附着于叶背食叶危害。常见蚧虫有吹绵蚧、红圆蚧、褐圆蚧、糠片蚧、矢尖蚧等，主要以若虫和成虫群集于枝、芽、叶上吸食汁液，造成叶片发黄、枝梢枯萎、树势衰退，且易诱发煤污病，危害极大。蛴螬、蝼蛄、金针虫、地老虎等地下害虫咬断油用牡丹植株根系，危害种子、幼苗，并进一步引致根腐病的大量发生，造成地上部分枯死，极大地影响了油用牡丹的生长发育、种子质量与产量，严重阻碍了油用牡丹产业的健康有序发展。及时开展经济、安全、高效的油用牡丹病虫害绿色防控成为油用牡丹生产上的关键环节。

（一）吹绵蚧

吹绵蚧 *Icerya purchasi* Maskell，属半翅目、绵蚧科，分布于热带和温带较温暖地区。寄主很广，主要为害牡丹、海桐、冬青、苹果、梨、桃、樱桃、海棠、葡萄、石榴、橘、柿、桑、茶、松、板栗、刺槐、柳、杨、紫穗槐、夹竹桃、月季、木槿、金橘、山茶、含笑、常春藤、月季等多种林果花木。以成虫和若虫刺吸植物汁液，造成枝叶枯萎，甚至整株死亡。

1. 形态特征

1）成虫

雌成虫椭圆形或长椭圆形，橘红或暗棕色，体长 4～7 mm、宽 3～5.5 mm。体表生黑短毛，背面具白色蜡粉，中央向上隆起。眼发达，有黑褐色眼座。触角黑褐色，11 节，每节生有若干细毛。足 3 对，较强劲，足上生有许多棕色毛，胫节稍有弯曲。爪具 2 根细毛状冠毛，较短。胸气门正常发育，腹气门 2 对，腹裂 3 个。虫体生有很多黑毛，在中胸和后胸及虫体边缘成簇状分布。多孔腺明显分为两种类型：较大的中央常具 1 个圆形小室和周围 1 圈小室，较小的中央常具 1 个长形小室和周围 1 圈小室。肛门发达，阴门位于第 7 腹节后缘。雌成虫产卵期分泌白色棉状蜡丝形成卵囊，附着在腹部末端，卵囊与虫体腹部约 45°角向后伸出，卵囊上有 14～16 条纵条纹。雄成虫体小而细长，橘红色，长约 3 mm，有长而狭的黑色前翅 1 对，后翅退化为平衡棒。

2）卵

长椭圆形，橘红色。长约 0.7 mm、宽约 0.3 mm，密集于卵囊内。

3）若虫

1 龄若虫椭圆形，橘红色，眼和触角黑色，触角末节端部较大，并有长毛数根；足 3 对，细长，黑色；腹部末端有 3 对长毛。2 龄若虫体背红褐色，上覆黄色粉状蜡层，雌雄体形明显不同，雄若虫较狭长。3 龄若虫红褐色，触角 9 节。

4）拟蛹

长 2.5～4.5 mm，橘红色，眼褐色，触角、翅芽和足均为淡褐色；腹部末端凹陷成叉状。蛹茧蜡丝白色，疏松。

2. 为害状

成虫和若虫群集在枝叶上，刺吸汁液危害。严重时，叶片发黄，枝梢枯萎，引起落叶、落果，影响植株生长，造成树势衰弱，甚至全株枯死，并能分泌大量蜜露，诱发煤污病发生，影响光合作用。

3. 生物学习性

每年发生的世代数因地而异，河南 1 年发生 1～2 代，广东 1 年发生 3～4 代，以受精的雌成虫或若虫在枝干上越冬。次年 4 月下旬雌成虫开始危害、产卵，5～6 月为若虫盛孵期。初孵若虫在卵囊内经过一些时间才分散活动，遍及全株，多寄生在叶背主脉两侧，2 龄后逐渐迁移至枝干阴面群集危害，3 龄时，口器退化不再危害。其排泄物易繁殖煤污菌，使受害部位变黑。7～8 月为成虫盛发期。雌成虫成熟后在原固定处取食，不再移动，分泌蜡质形成卵囊，产卵于其中。该虫繁殖快、产卵量大，产卵期长达 1 个月。每雌产卵 200～2 000 粒。雄若虫老熟后在枝干裂缝及冠下土缝中结白色薄茧化蛹。

4. 防治方法

1）农业防治

（1）加强检疫。吹绵蚧自身扩散传播能力有限。其远距离扩散和传播，主要是被动地靠人为传带或靠动物、风、雨水冲刷等方式进行。因而在油用牡丹种子、苗木采购和调运时必须严格实施检疫检查，带虫的植株要及时采取措施进行处理，将蚧虫彻底清除，以防蔓延传播。

(2)加强栽培管理。合理密植,使植株通风透光性良好,及时中耕除草、松土、施肥、灌水、整形修剪,进行科学管理,增强树势,提高植物自身的抗虫能力。改进植物的生理状态和田间、林间小气候,使之不利于蚧虫的繁殖和发生。结合冬季清园,彻底清理树下的枯枝落叶、落果、杂草等。结合冬剪,剪除有虫枝条,集中烧毁或者深埋,降低越冬虫口基数。结合抚育管理,农田林地翻土,破坏蚧虫的越夏和越冬场所。

2)生物防治

食蚧瓢虫种类丰富,自然控制能力强,在蚧虫天敌中占有很重要的地位。通过野外收集、保护、散放瓢虫成虫和幼虫,增加田间瓢虫数量,可以有效抑制吹绵蚧数量的增长。草蛉、日本方头甲、花蝽等天敌在蚧虫的自然控制方面也发挥了很大作用。此外,白僵菌、绿僵菌、链霉菌等病原微生物也广泛应用于蚧虫防治。

3)物理防治

枝干上的雌虫、若虫和卵,可用木片或粗毛刷刷掉;虫体不多时,也可用湿抹布把蚧虫和煤污病菌擦掉或用水擦洗,将收集的虫体集中销毁。5 月中旬雌虫下树产卵之前,在树干周围挖半径 90 ~100 cm、深 15 ~20 cm 的坑,在坑内放置新鲜树叶、杂草等,诱集雌虫入内产卵,然后集中杀灭。

4)化学防治

每年春夏之交加强监测,及早防治。吹绵蚧化学防治必须抓住两个关键时期:一是卵孵化盛期和初孵若虫开始分散转移时,该时期虫体无蜡粉和介壳,抗药力最弱;二是雌成虫产卵前,通过控制雌成虫数量,达到降低蚧虫下一世代种群数量的目的。①冬季至早春,植物休眠季节,在牡丹植株上全面喷洒高效无公害农药 40% 灭蚧灵水剂 10 倍液、机油乳剂 30 ~50 倍液、3 ~5°Be 石硫合剂等,彻底清除在枝干树皮、裂缝中隐藏越冬的雌虫和虫卵,减少越冬虫源基数。②生长季节,用 2% 阿维菌素乳油 1 000 倍液 +1% 甲维盐乳油 1 000 倍液,或 10% 吡虫啉可湿性粉剂 1 000 倍液,或 25% 噻虫嗪水分散粒剂 3 000 倍液叶面喷雾;或用 25% 噻虫嗪水分散粒剂 500 倍液、10% 吡虫啉可湿性粉剂 200 倍液涂刷枝干。

(二)暗黑鳃金龟

暗黑鳃金龟 *Holotrichia parallela* Motschulsky,属鞘翅目、金龟科,在我国分布于黑龙江、吉林、辽宁、河北、山东、山西、河南、湖北、湖南、江苏、浙江、上海、江西、安徽、陕西、甘肃、青海、四川等地,危害杨、柳、榆、核桃、桑、苹果、梨、牡丹、茼麻、向日葵、大豆、花生、玉米等多种植物。食性杂,食量大,危害重,是重要的地下害虫。成虫危害牡丹芽、叶及花;幼虫取食牡丹根系,造成的伤口又为镰刀菌的侵染创造了条件,导致根腐病的发生。

1. 形态特征

1)成虫

长椭圆形,体长 16.0 ~21.9 mm、宽 7.8 ~11.1 mm。体黄褐至黑褐色,光泽暗淡,体被淡蓝灰色粉状闪光薄层,腹部闪光较显著。唇基前缘中央稍向内弯和上卷,刻点粗大。触角 10 节,红褐色。前胸背板侧缘中央呈锐角状外突,刻点大而深,有宽亮中纵带,前缘边框阔,密生成排黄褐色毛。每鞘翅上有 4 条可辨识的隆起带,脐形刻点粗大,散生于带间,肩瘤明显。前足胫节外侧有 3 钝齿,内侧生 1 棘刺;后足胫节细长,端部 1 侧生有 2 端距。雄性外生殖器阳基侧突下部不分叉,上部上突部分呈尖角状。

2) 卵

初产时乳白色,长椭圆形,长 2.61 mm、宽 1.62 mm。膨大后,长 3.2 mm、宽 2.48 mm。孵化前可清楚地看到卵壳内 1 端有 1 对呈三角形的棕色幼虫上颚。

3) 幼虫

3 龄幼虫平均头宽 5.6 mm,头部前顶毛每侧 1 根,位于冠缝侧,后顶毛每侧各 1 根。臀节腹面无刺毛列,钩状毛多,约占臀节腹面的 2/3。肛门孔为三射裂状。

4) 蛹

体长 18 ~25 mm、宽 8 ~12 mm,淡黄色或杏黄色。腹部背面具 2 对发音器,分别位于第 4、5 节和第 5、6 节交界处中央。1 对尾角呈锐角岔开。

2. 为害状

暗黑鳃金龟成虫和幼虫均能对油用牡丹造成危害。幼虫俗称“蛴螬”,危害植株根部,咬食侧根和主根,受害部位伤口比较整齐,有时还能将根皮剥食殆尽,使其萎蔫枯死,造成缺苗断垄。成虫主要取食叶片,形成大小不一的缺刻。

3. 生物学习性

大部分地区 1 年发生 1 代,东北 2 年 1 代,多数以老熟幼虫在深层土中越冬,少数以成虫越冬。翌年春季越冬幼虫开始活动,5 月化蛹,5 月中旬为化蛹盛期。6 月上旬至 7 月上旬为成虫羽化盛期,成虫夜间活动,有趋光性和假死性,以 20:00 ~23:00 活动最盛,取食牡丹叶片、嫩茎。7 月中下旬至 8 月上旬为产卵期,卵散产于 6 ~15 cm 深土中,幼虫孵化后危害至 10 月中旬进入越冬期。

成虫活动的适宜气温为 25 ~28 ℃,相对湿度为 80% 以上,7 ~8 月闷热天气或雨后虫量猛增,取食活动更盛。有群集取食习性。幼虫发生量与越冬虫口基数密切相关,幼虫活动主要受土壤温湿度制约。土壤湿度对地下害虫的生命活动有着重要影响。有研究证明,地下害虫最适的土壤湿度为 15% ~20%。当土壤湿度在 35% ~40% 时,地下害虫就会潜入 20 cm 以下深土层中隐蔽。降雨量大小直接影响到金龟子成虫产卵和卵的孵化,在卵期和幼虫的低龄阶段,若土壤中水分含量较大,则会淹死卵和幼虫,当土壤含水量饱和时,幼虫死亡率显著提高。幼虫活动也受温度制约,幼虫常以上下移动寻求适合的地温。春天当 10 cm 地温达到 10 ℃时,蛴螬上移至 20 cm 左右土层中取食牡丹根,幼虫一般不移动危害。当冬季 10 cm 地温下降至 10 ℃时,幼虫向土壤深处移动,通常在 30 ~40 cm 土层中越冬。此外,幼虫下移越冬时间早晚还受营养状况影响。

4. 防治方法

1) 农业防治

(1) 必须使用充分腐熟的厩肥作底肥,否则极易滋生蛴螬。

(2) 翻耕整地,可使蛴螬受到机械杀伤,被翻到地面后还会受到日晒、霜冻、天敌啄食等,降低虫口密度。春耕多肥可减少害虫产卵场所,秋耕冬灌可降低害虫越冬基数。

(3) 园地要及时清除杂草和适时灌水,利用金龟子不耐水淹的特点,适时灌水对初龄幼虫有一定防治效果。

(4) 园地周围种植蓖麻,对金龟子有诱食毒杀作用。

2) 生物防治

利用白僵菌、乳状菌、大斑土蜂等可杀死蛴螬,达到控制暗黑鳃金龟危害的目的。目前,已有乳状菌商品出售,乳状菌粉防治用量为2 g/m²,这种菌粉每克含有1×10^9活孢子,防治效果为60%~80%。

3)物理防治

(1)利用成虫假死性,早晚人工振落捕杀成虫。

(2)利用成虫趋光性,设置频振式杀虫灯或黑绿单管双光灯(发出一半绿光,一半黑光)进行诱杀。

4)化学防治

(1)栽植前进行土壤处理。用50%辛硫磷乳油3~3.75 kg/hm²,加细土375~450 kg(药液用10倍水稀释,喷洒细土上拌匀,使充分吸附),撒后浅锄;或50%辛硫磷乳油250 g,兑水500 kg,顺垄浇灌。

(2)出苗或定植发现蛴螬危害时,可用50%辛硫磷乳油200倍液浇灌。作业时可在离植株3~4 cm处,每隔20~30 cm用棒插洞,灌入药液后用土封洞,以防苗根漏风。幼虫发生量较大的地块,用3%辛硫磷颗粒剂4~5 kg/亩撒施田间或用25%辛硫磷微胶囊缓释剂挖环形沟或条形沟灌药后及时封土。

(3)成虫出土前或潜土期,可用5%辛硫磷颗粒剂37.5 kg/hm²,加土适量做成毒土,均匀撒于地面后立即浅锄,有明显效果。

(4)成虫盛发期,在树冠喷布20%速灭杀丁乳油1 500倍液杀灭成虫或喷布石灰多量式波尔多液,对成虫有一定的驱避作用。也可表土层施药,在树盘内或园边杂草内喷施75%辛硫磷乳油1 000倍液,施后浅锄入土,可毒杀大量潜伏在表土层中的成虫。

(三)牡丹灰霉病

牡丹灰霉病是牡丹重要病害之一,各种植区普遍发生。该病在油用牡丹的整个生长季节均可发生,发病期长,对植株危害严重,引起叶枯、幼苗倒伏、植株枯萎。除危害牡丹、芍药外,还可危害黄精等药用植物。

1.症状

牡丹各生长期各生长部位均可感染灰霉病。主要危害叶、叶柄、茎及花。叶片染病初在叶尖或叶缘处生近圆形至不规则形水渍状斑,后病部扩展,大小1 cm或更大,病斑褐色至灰褐色或紫褐色,有的产生轮纹,湿度大时病部长出灰色霉层,即病菌的分生孢子。叶柄和茎部染病产生水渍状、暗绿色长条斑,后病部凹陷、褐变软腐,造成病部以上部位倒折,病茎上可见到环形、表面光滑、黑色的菌核,遇潮湿天气,发病部位产生灰色霉层。感病的花芽通常变黑,花瓣枯萎,花梗软腐,外皮腐烂,花梗被害时影响种子成熟。在盛花期,花被侵染后花瓣变成褐色腐烂,产生灰色霉层,在病组织里形成黑色颗粒状小菌核。

2.病原

病原为牡丹葡萄孢 *Botrytis paeoniae* Oudem,属无性孢子类丝孢纲丛梗孢目葡萄孢属真菌。分生孢子梗直立,浅褐色,有隔膜。分生孢子聚集成头状,卵圆形至近矩圆形;无色至浅褐色,单胞,大小(9~16)μm×(6~9)μm。菌核黑色,大小1~1.5 mm。

3.发病规律

病菌以菌核随病株残体或在土壤中越冬,翌年3月下旬至4月初萌发,产生分生孢子侵染植株,以后病部又产生孢子进行再侵染。多在4月上旬形成田间发病中心。气温19~23 ℃,有连阴雨,病情扩展快。低温、潮湿是发病的主要条件。春天温度较低,阴雨连绵会加重幼苗的发病。该病常发生在寄主花期后，氮肥多高温和多雨有助于其传播，危害严重。发病最严重的时间是7月中旬，温暖高湿的季节最易发生。灰霉病对幼苗的危害最为严重，可引起幼苗的倒伏、枯萎。

病菌以菌核在土中越冬；多次连作地块发病严重；高温和多雨有利于分生孢子的大量形成和传播；氮肥施用偏多，栽植过密、湿度大而光照不足，生长嫩弱，有利于发病，易受病菌感染。此病在中原地区4月底开始发生，是当地油用牡丹发生最早、影响最大的一种病害，受害株6月中旬即开始出现落叶、枯焦。

4. 防治方法

1）农业防治

（1）避免连作，实行轮作和间作，建立油用牡丹与杨树、香椿、核桃、银杏、油茶、枣、柿、花椒、苹果、梨、海棠、桃树等多种林果树木的间作套种模式。

（2）灰霉病预防应增加磷钾肥的施用量，控制浇水量。加强栽培管理。合理密植，注意通风透气；科学配方施肥，增施磷钾肥，提高植株抗病力；适时灌溉，雨后及时排水，防止湿度过大。油用牡丹喜肥，立冬后封冻前施足以磷钾肥为主的基肥，尤应着重于有机肥、生物菌肥及复合肥的施用。豆饼、油渣、土杂肥、禽粪、畜粪等有机肥施用前要充分发酵腐熟。化肥以硫酸钾复合肥、硫酸亚铁、过磷酸钙、磷酸二氢铵等为主，与有机肥混合使用。

（3）秋冬季节，注意清除园地枯枝落叶，保持园地卫生。发病初期随时清除病叶、病株，并集中销毁，消灭病原物。

2）化学防治

（1）苗木栽植前，用70%代森锰锌可湿性粉剂300倍液浸泡10～15 min进行消毒。

（2）早春喷施3～5°Be的石硫合剂进行清园，铲除越冬病原物。油用牡丹展叶期，应及时喷洒1%石灰等量式波尔多液进行叶片保护。

（3）发病前期和初期喷洒15%吡唑醚菌酯悬浮剂2 000倍液，或60%防霉宝超微可湿性粉剂1 000～1 500倍液，或50%氟吗啉·锰锌可湿性粉剂400～600倍液，或50%腐霉利可湿性粉剂1 000～1 500倍液，或50%国光异菌脲可湿粉剂1 000～1 500倍液，或50%速克灵可湿性粉剂1 500倍液，或65%甲霉灵可湿性粉剂1 000倍液，或70%甲基托布津可湿性粉剂1 000倍液，或50%速克灵可湿性粉剂1 500倍液。每隔10～15天喷1次，连续喷施2～3次。要注意交替用药，以防产生抗药性。

（四）牡丹叶霉病

牡丹叶霉病又称牡丹红斑病，主要危害牡丹、芍药，是油用牡丹上发生最为普遍的病害之一。牡丹被害后叶片上形成近圆形、紫红色病斑，严重时病斑相连成片，大多数叶片枯焦脱落，导致牡丹生长势衰弱、种子产量降低、品质变差，甚至全株枯死，危害非常严重。

1. 症状

主要危害叶片，还可危害绿色茎、叶柄、萼片、花瓣、果实甚至种子。叶片初期症状为新叶背面出现绿色针头状小点，后扩展成直径3～5 mm的紫褐色近圆形小斑，边缘不明显，扩大后有淡褐色轮纹，成为直径达7～12 mm的不规则形大斑，病斑红褐色，相连成片，严重时整叶焦枯，在潮湿气候条件下，病部背面出现暗绿色绒毛状霉层。叶缘发病时，会使叶片皱曲。绿色茎感病时，产生紫褐色长圆形小点，稍突起，病斑扩展缓慢，长径仅3～5 mm，中间开裂并下陷，严重时茎上病斑也可相连成片。叶柄感病后，症状与绿色茎相同，但病斑为长条状，其上也生有暗绿色霉状物。萼片上初发病时为褐色突出小点，严重时边缘焦枯，墨绿色霉层比较稀疏。叶片正面及茎上的病斑长期保持暗紫红色是该病的主要症状特点。

2. 病原

病原为牡丹枝孢霉 *Cladosporium paeoniae* Pass，属无性孢子类丝孢纲丛梗孢目枝孢属真菌。分生孢子梗3～7个簇生，从气孔伸出，稍分枝，初无色后变黄褐色，线形，隔膜3～7个，大小为(27～73)μm×(4～5)μm；分生孢子纺锤形、卵形或不规则形，一至多个细胞，黄褐色，大小为(10～13)μm×(4.0～4.5)μm。

3. 发病规律

牡丹叶霉病菌主要以菌丝体在病株残体及枯枝落叶上越冬，翌年春季产生分生孢子为初侵染源借气流、雨水传播，首先侵染危害下部叶片。初侵染过程较长，无再次侵染，每年春季落花后至秋季均可发生。下部叶片最易受害，开花后症状逐渐明显和加重。一般病害始发期在4月下旬至5月上旬，盛发期在8月上中旬。7～8月雨量多，湿度大，有利于病害扩展，温暖潮湿的季节病情扩展快。

降雨量和相对湿度是此病发生早晚、病情轻重的主导因素，降雨早、雨天多、雨量大，田间相对湿度接近饱和状态，则病害发生较早，且易于流行。因此，当预测到大、中雨或连阴天到来之前，应抓紧时机进行喷药保护，以控制菌源量。此病发生早晚、病情轻重还与田间越冬菌量及立地条件密切相关，冬春季不清园或清园不彻底的、地势较低洼的园区发病往往早而重。光照不足、栽植过密、栽培管理不善园区发病较重。一般遭受冻害之后，植株抵抗力弱，病害严重。有研究发现在牡丹园立地条件、土壤肥力、牡丹品种、栽培时间和管理措施基本一致的情况下，土壤酸碱度对病害的发生程度有一定影响，土壤pH值高，牡丹感病重，反之，牡丹感病较轻。

不同牡丹品种间存在着明显的抗病性差异，但目前尚未发现免疫品种。

4. 防治方法

1)农业防治

(1)秋冬季节彻底清除病叶和病枝等病株残体，集中烧毁或深埋于15 cm以下土内，以减少翌年早春初次侵染的病菌来源。叶部病害发生期间，及时摘除病芽、病叶、病蕾、病花，集中深埋或烧毁。

(2)加强栽培管理，种植不宜过密，保持植株通风透光。增施磷钾肥，控制浇水量。

2)生物防治

有研究结果表明，生物制剂康地蕾得对牡丹叶霉病有一定防治效果。此外，发现牡丹固有抗病物质丹皮酚、丹皮酚磺酸钠对叶霉病原菌有较强的抑制作用。

3)物理防治

油用牡丹宜冷畏热，夏季高温酷暑，应注意及时遮阴与浇水，必要时使用叶片抗蒸腾剂。

4)化学防治

(1)早春植株萌动前喷布3～5°Be石硫合剂。

(2)发病初期，及时摘除病叶并喷洒药液进行全面防治。喷药时喷洒均匀、周到，特别注意叶片背面。常用药剂有5%霉能灵可湿性粉剂1 000倍液、25%咪鲜胺乳油3 000倍液、10%苯醚甲环唑水分散粒剂1 000～1 500倍液、75%百菌清可湿性粉剂1 000倍液、40%多菌灵胶悬剂600倍液、50%甲基托布津800倍液、1%石灰等量式波尔多液、60%防霉宝超微粉剂600倍液、50%多硫悬浮剂800倍液，7～10天喷1次，连喷3～4次，注意交替用药。

（五）牡丹根腐病

牡丹根腐病是牡丹上的严重病害，老园圃发生普遍。病害主要发生在根部，病根变黑腐烂，导致牡丹地上部分生长衰弱，叶片发黄、泛红，枝叶枯萎，植株死亡。广泛分布于各牡丹产区。

1. 症状

发病部位在根部，根部可局部或全部被害。支根和须根染病后初呈黄褐色，后变成黑色，病斑凹陷，大小不一，可达髓部，根部变黑腐烂，肉质根散落，仅留根皮呈管状，并向主根扩展。主根染病初，在根皮上产生不规则黑斑，不断扩展，致大部分根变黑，再向木质部扩展，造成全部根系腐烂，病株生长衰弱，叶小发黄，植株萎蔫直至枯死。重病株老根腐烂，新根不长，地上部叶片失绿、发黄、枯焦、脱落，枝条细弱，严重者导致植株死亡。

2. 病原

病原为茄腐皮镰刀菌 *Fusarium solani*（Mart.）App. Et Woll.，属于无性孢子类丝孢纲瘤座孢目镰孢属真菌。菌丝无色、有隔膜。分生孢子梗单生或集成分生孢子座。分生孢子无色，常埋藏于胶质物中，有大小两型。大型分生孢子多胞、纺锤形或镰刀状，稍弯，顶端细胞短，具隔膜2～7个，多为3～5个。小型分生孢子多数单细胞，长卵形或椭圆形，聚生在分生孢子梗顶端呈假头状。有性阶段很少发现。厚垣孢子圆形或矩圆形，顶生或间生。菌丝生长和分生孢子萌发适宜温度为25～30℃。

3. 发病规律

病菌以菌核、厚垣孢子在病残根上或土壤中越冬，病菌经虫伤、机械伤、线虫伤、日灼伤等伤口侵入。牡丹根腐病为土传病害，老园圃地内积累病原菌量大，容易发病。潮湿地、黏质土、土壤积水、透气性差易得根腐病。连作重茬、地下害虫危害严重的地块，栽植时未经消毒处理的植株，感病较重。

4. 防治方法

1）农业防治

（1）选好园地，改良土壤。油用牡丹喜燥怕湿，宜选择地势高、通风向阳、排水良好、土质疏松、坡度15°以下缓坡地、宜林荒山荒地栽培为佳。质地黏重、板结、盐碱、低洼积水及重茬地块不宜栽植。

（2）加强栽培管理。细致整地，增施有机肥料，提倡施用腐熟饼肥或酵素菌沤制的堆肥，肥沃度要适中，可以促进苗木健壮生长，提高抗病力。实行轮作，避免重茬，更要避免在前作是感病植物的熟地上栽植。在新垦山地建园可有效预防牡丹根腐病。

（3）避免伤口。分株栽植油用牡丹苗木时，要尽量轻缓操作，减少根部伤口的产生，一旦产生伤口，要注意浸药保护。

（4）拔除病株发现零星病株时，要及时拔除、清理病根，病穴用石灰消毒，减少侵染源。

2）生物防治

生防菌可以调节油用牡丹根部微生态环境、限制土传病菌繁殖、抑制病害发展。有研究表明，一个生长季节施用康宁木霉菌 *Trichoderma koningii* 或枯草芽孢杆菌 *Bacillus subtilis* 生防菌剂4次，2～3 g/株，防治效果可达到70%以上。研究还发现，5406抗生菌菌种粉、哈茨

木霉 *Trichoderma harzianum*、解淀粉芽孢杆菌 *Bacillus amylallquefaclem*、白网链霉菌 *Streptomyces albireticuli*、绿针假单胞菌 *Pseudomonas chlororaphis* 等对根腐病控制效果明显。用5406抗生菌菌种粉 1 kg/亩，拌细饼粉 10 ~ 20 kg，撒施在栽植穴中有较好效果。

3）检疫措施

牡丹根腐病为土传病害，病原能在土壤中存活多年且常随苗木调运做远距离传播。苗木调运前严把检疫关，可以有效避免牡丹根腐病的传播蔓延。

4）化学防治

（1）防治油用牡丹根腐病应注意防治蛴螬、蝼蛄、地老虎等地下害虫。建园前要严格进行土壤处理。用70%五氯硝基苯可湿性粉剂与70%代森锰锌可湿性粉剂等量混合均匀，8 ~ 10 g/m^2；再加入用2%甲基异柳磷粉剂 2 ~ 3 kg，兑土 25 ~ 30 kg 制成的毒土，顺垄撒施，然后浅锄。

（2）苗木栽植前，剪去病残根，放入绿亨 1 号 1 000 倍液、2%石灰水、1%硫酸铜溶液、1%石灰等量式波尔多液中，浸泡 10 ~ 15 min，晾干后栽植；或用40%多菌灵胶悬剂加入少量微肥与土调成糊状，蘸根后栽苗，可有效预防根腐病的发生。

（3）清除病株并在病穴内撒一些硫黄粉或石灰进行土壤消毒。

（4）生长期一旦发现病株，可用70%甲基托布津可湿性粉剂 1 000 倍液、50%速克灵可湿性粉剂 1 500 倍液、25%咪鲜胺乳油 3 000 倍液、绿亨 1 号 2 000 倍液，每株 500 ~ 1 000 mL，进行灌根，能较好抑制牡丹根腐病菌。

（六）牡丹白绢病

牡丹白绢病又称菌核性根腐病，主要分布于河南、山东、安徽、江苏、浙江、四川、广西等地。寄主范围广，已知危害200多种植物，木本寄主植物有牡丹、苹果、梨、柑橘、葡萄、油桐、油茶、楸树、梓树、梧桐、泡桐、核桃、楠木、茶、桑树、樟树、马尾松等。主要危害植物的根部，造成枝叶枯萎，整株枯死。

1. 症状

白绢病主要危害油用牡丹根颈部，染病后茎基部及根部皮层呈水渍状，黄褐色至黑褐色湿腐，上被白色绢状菌丝层，多呈辐射状蔓延，包括病部附近的土壤里也有白色绢状菌丝层分布。在潮湿情况下，菌丝体上产生圆形油菜籽状的菌核，初为白色，后变成橘黄色至褐色。菌丝逐渐向下延伸至根部，根部湿腐，病部黄褐色或红褐色，严重的根部皮层腐烂，有刺鼻酸味，木质部变成灰青色。受害植株的水分和养分输送被阻断，导致生长不良，叶片变黄枯萎，植株逐渐枯死或突然萎蔫枯死，病根非常容易从土中拔起。

2. 病原

病原为齐整小核菌 *Sclerotium rolfsii* Sacc.，属于丝孢纲小核菌属真菌。菌丝体白色棉絮状，分枝较细。小菌核表生，球形或近球形，直径 1 ~ 3 mm，平滑，有光泽与油菜籽相似，表面茶褐色，内部灰白色，易与菌丝分离。有性世代为担子菌门刺孔伏革菌 *Corticium contrifugum*，有性世代不常发生，担子层排列于白色薄膜状子实体上，担孢子卵形。担孢子传病作用不大。

3. 发病规律

白绢病菌是一种根部习居菌，只能在病株残体上生活。以菌丝体在病根上或以菌核在土壤中越冬，菌核是休眠体，对不良环境有很强的抵抗能力。翌年温度适宜时，产生新的菌丝体进行侵染，菌丝从苗木根颈部或根基部侵入，经6天左右即可发病。病菌菌丝体和菌核通过农事操作或灌溉、地表流水在土中传播蔓延。

白绢病菌生长发育温度10~40 ℃，最适温度为30 ℃。pH值5.9时最适宜繁殖，光线能促进产生菌核。菌核在适宜条件下就会萌发，无休眠期，在不良条件下可以休眠，菌核在土壤中能存活5~6年，在低温干燥的条件下存活时间更长。病害多在高温多雨季节发生，6月上旬开始发病，7~8月气温上升至30 ℃左右时为发病盛期，9月末停止发病。高温高湿是发病的重要条件，气温30~38 ℃，经3天菌核即可萌发，再经8~9天又可形成新的菌核。

在酸性至中性的土壤中易发病；土壤湿度大有利于病害发生，特别是在连续干旱后遇雨可促进菌核萌发，增加对寄主侵染的机会；连作地由于土壤中病菌积累多，植株也易发病；土壤黏重、排水不良、肥力不足、地势低洼、定植过深、培土过厚、连作地块、苗木生长纤弱或密度过大的园地发病重。根颈部受机械损伤、日灼伤的植株也易感病。

4. 防治方法

1）农业防治

（1）园地选择。要选择土层深厚、土质疏松、排水良好的地块建园。

（2）加强管理。在苗木生长期要及时施肥、浇水、排水、中耕除草，促进苗木旺盛生长，提高苗木抗病能力。夏季要防暴晒，减轻灼伤危害，减少病菌侵染机会。油用牡丹为肉质根，耐旱忌湿，早春和夏末病原菌活动期，尽量少浇或不浇水，可减少病害发生。浇水时，以开沟渗浇为好，不可大水漫灌。雨后应做好排涝工作，防止土壤积水。

（3）实行轮作。重病区，可与禾本科植物实行轮作2年以上，避免重茬，可减少油用牡丹白绢病的发生。

（4）增施有机肥。不仅能促进植株健壮，改善土壤通透条件，还能增加有益微生物菌群，减轻发病程度。

（5）冬季深耕。感病苗圃地，每年冬季要进行深耕，将病株残体深埋土中，清除浸染来源。

2）生物防治

施用康宁木霉菌或枯草芽孢杆菌生防菌剂可在一定程度上控制白绢病的发生和扩展。

3）物理防治

防治牡丹白绢病，可在病株外围挖隔离沟封锁病区，并将主根附近土壤扒开晾晒，杀灭病原菌。

4）化学防治

（1）建园前进行全面土壤处理，用10%多菌灵可湿性粉剂，每公顷75 kg与细土混合，药与土的比例为1∶200。多菌灵具有内吸作用，对丝核菌防效较好。

（2）扒开病株周围土壤，先用刀将根颈部病斑彻底刮除，并用1%的硫酸铜溶液消毒伤口，外涂波尔多液保护。同时用70%五氯硝基苯以1∶100的比例与新土混合，均匀撒于病根周围土壤中。

（3）早春或夏末，以株干为中心挖3~5条放射沟，长同冠幅，宽20 cm、深30 cm，灌入50%多菌灵可湿性粉剂400倍液、50%代森锌可湿性粉剂400倍液、1%硫酸铜溶液等药剂浇灌根部及周围土壤，可控制病害的蔓延。

四、仁用杏病虫害

仁用杏 *Prunus armeniaca* Lam，属蔷薇科、杏属植物。落叶乔木，是新疆传统经济林树种，久经栽培，品种很多，也是防护林和水土保持、观赏植物的优良树种。果品具有重要的经济和药用价值。果实富含营养和维生素，但不易储藏，除供鲜食还适宜加工制作杏干、杏脯、杏酱等，杏仁富含脂肪和蛋白质，可供食用及作医药和工业的原料。新疆杏主要栽培品种约有120多个品种，当前主要栽培的有赛买提杏、胡安娜杏、黑叶杏、小白杏、木格雅格勒克、阿克西米西、克孜朗、佳娜丽等30多个优良品种。

杏树抗逆性强，喜光、喜干燥，对环境条件、土壤要求不严，抗旱耐瘠薄，杏树抗寒性依品种不同有一定差异，通常在 -25～32 ℃，夏季气温高达40 ℃，仍能正常生长发育，但花期早，遇春寒易受冻害。在新疆杏通常播种桃或杏为砧木，通过嫁接培育品种苗(也可大田定植实生苗，后改接品种苗)，品种苗1～2年后大田定植培育，一般定植株行距4 m×5 m左右，第3年开花结果，6年进入盛果期，经济寿命可维持40年以上。

仁用杏是以杏仁为主要产品的杏属果树的总称，主要包括生产甜杏仁的大扁杏和生产苦杏仁的各种山杏(西伯利亚杏、辽杏、藏杏和普通杏的野生类型)。仁用杏是我国重要的经济林树种，是重要的木本粮油资源。杏仁是我国传统的高汇率土特产品，大扁杏仁又为我国所独有。仁用杏具有很高的经济价值，成为我国北方最普遍的果树之一，随着人们对新型果树的认识，仁用杏已成为果树发展的重要资源。仁用杏是食品工业和医药工业的重要原料，也是口味独特的鲜食果品。一般6 kg鲜料可制1 kg杏干，3 kg杏可出1 kg杏仁。杏仁深加工多，除炒食，盐食外，还可制杏仁露、杏仁茶、杏仁奶粉等多种食品和饮料，如我们经常喝的露露杏仁露就是我国销量最大的日常饮料之一。杏仁收购价格高，甜杏仁为30元/kg，是一项农民脱贫致富、农村增加收入的可靠经济来源。杏树是耐干旱树种，喜阳光，易管理，尤其是我国西部首选的先锋树种之一，其适应性广，潜力大，经济效益高。

新疆是杏树的起源地之一，有大量的野生杏树和大面积栽培杏，是全国乃至中亚的重要杏产区。杏树在新疆分布很广，北起搭城南到和田，东至哈密西到伊犁河谷都有杏树生长，集中产地主要在环塔里木盆地的五个地州、伊犁和吐鲁番区域，栽培面积和产量占全疆杏栽培面积和产量的95%左右。病虫害防治是提高杏产量和品质的重要因素，主要病虫害有黄刺蛾、李小食心虫、皱小蠹、果苔螨、吐伦褐球蚧、杏仁蜂、杏圆尾蚜、流胶病、细菌性穿孔病等。

（一）黄刺蛾

黄刺蛾 *Cnidocampa flavescens* Walker，属鳞翅目、刺蛾科昆虫。幼虫又名麻叫子、痒辣子、刺儿老虎、毒毛虫等。幼虫体上有毒毛易引起人的皮肤痛痒。国内除甘肃、宁夏、青海、新疆及西藏外，其他省均有分布。以幼虫为害枣、核桃、柿、枫杨、苹果、杨等90多种植物，可将叶片吃成很多孔洞、缺刻或仅留叶柄、主脉，严重影响树势和果实产量。该虫新疆过去无分布记录。

1. 形态特征

1) 成虫

雌蛾体长15～17 mm，翅展35～39 mm；雄蛾体长13～15 mm，翅展30～32 mm。体橙黄

色。前翅黄褐色，自顶角有1条细斜线伸向中室，斜线内方为黄色，外方为褐色；在褐色部分有1个黄褐色圆点。后翅灰黄色。

2）卵

扁椭圆形，一端略尖，长1.4～1.5 mm、宽0.9 mm，淡黄色，卵膜上有龟状刻纹。

3）幼虫

老熟幼虫体长19～25 mm，体粗大。头部黄褐色，隐藏于前胸下。胸部黄绿色，体自第二节起，各节背线两侧有1对枝刺，以第3、4、10节的为大，枝刺上长有黑色刺毛；体背有紫褐色大斑纹，前后宽大，中部狭细成哑铃形，末节背面有4个褐色小斑；体两侧各有9个枝刺，体例中部有2条蓝色纵纹，气门上线淡青色，气门下线淡黄色。

4）蛹

被蛹，椭圆形，粗大。体长13～15 mm。淡黄褐色，头、胸部背面黄色，腹部各节背面有褐色背板。

5）茧

椭圆形，质坚硬，黑褐色，有灰白色不规则纵条纹，极似雀卵，与蓖麻子无论大小、颜色、纹路几乎一模一样，茧内虫体金黄。

2. 为害状

以幼虫为害叶片，1～2龄幼虫数个或数十个群栖叶背面取食叶片，将叶啮食成网状留下叶片上表皮，使叶片呈现苍白或焦枯状，随着虫龄增加分散取食，将叶片啮食或残缺不全，甚至全叶吃光，仅留下叶柄，使产量大减。

3. 生物学习性

黄刺蛾在我国北方地区1年发生1代。以幼虫于10月在树干和枝条处结茧过冬，翌年5月下旬至6月上旬化蛹，6～7月为幼虫期，7月下旬至8月为成虫期。7月中旬、8月下旬危害严重，幼虫共分6龄，9月底老熟幼虫在树上结钙质茧过冬。

成虫羽化多在傍晚，以17～22时为盛。成虫夜间活动，趋光性不强。雌蛾产卵多在叶背，卵散产或数粒在一起。每雌产卵49～67粒，成虫寿命4～7天。幼虫多在白天孵化。初孵幼虫先食卵壳，然后取食叶下表皮和叶肉，剥下上表皮，形成圆形透明小斑，隔1日后小斑连接成块。4龄时取食叶片形成孔洞；5、6龄幼虫能将全叶吃光仅留叶脉。幼虫食性杂，各地喜食的林木、果树种类不一。幼虫老熟后在树枝上吐丝作茧。茧开始时透明，可见幼虫活动情况，后凝成硬茧。茧初为灰白色，不久变褐色，并露出白色纵纹。在高大树木上结茧位置多在树枝分叉处，而苗木上则结于树干上。天敌有刺蛾广肩小蜂、螳螂、核型多角体病毒。

4. 防治方法

1）农业防治

幼龄幼虫多群集取食，及时摘除带虫枝、叶，加以处理，效果明显。不少刺蛾的老熟幼虫常沿树干下行至于基或地面结茧，可采取树干绑草等方法及时予以清除。刺蛾越冬代至苗期长达7个月以上，可根据刺蛾越冬场所采用敲、挖、剪除等清除虫茧。

2）灯光诱杀

刺蛾成虫具有一定的趋光性，可在成虫羽化期于19～21时用灯光诱杀。

3）生物防治

刺蛾的寄生性天敌较多，如刺蛾广肩小蜂、刺蛾紫姬蜂、爪哇刺蛾姬蜂、健壮刺蛾寄蝇；

刺蛾幼虫的天敌有白僵菌、青虫菌、枝型多角体病毒，均应注意保护利用。在天敌利用上，如利用刺蛾核型多角体病毒，防治该虫，将患此病幼虫引入非发病区，可使非发病区幼虫发病在90%以上；以粗提液20亿PIB/mL的黄刺蛾核型多角体病毒稀释1 000倍液喷杀3～4龄幼虫，效果达76.8%～98%。

4）化学防治

尽量选择对药剂敏感的低龄幼虫期防治，一般触杀剂均可奏效。幼虫发生期选用20%除虫菊酯乳油1 000～1 500倍液、40%啶虫·毒死蜱乳油1 500～2 000倍液、1.8%阿维虫清乳油2 000倍液等药剂喷杀幼虫，可连用1～2次，间隔7～10天。可轮换用药，以延缓抗性的产生。

（二）李小食心虫

李小食心虫 *Grapholiha fumnebrana* Treitscheke，别名李小蠹蛾，属鳞翅目、卷蛾科。寄主植物有李、杏、枣、桃、樱桃、郁李、鸟荆子等。分布于东北、华北和西北地区，全疆有分布。以幼虫危害李、杏、桃、樱桃等果实，蛀果孔似针眼状小疤，并有少量黄褐色虫粪排出，因幼虫在果实内纵横串食，粪便排于果内，果实被害后，无法食用，对产量和品质影响极大。

1.形态特征

1）成虫

体长4.5～7.0 mm，翅展11～14 mm，体背灰褐色，腹面灰白色。前翅灰褐色，前缘有约18组不太明显的白色斜短纹，近外缘部分隐约可见一月牙形铅灰色斑纹，其内侧有6～7个黑点，缘毛灰白色。李小食心虫与梨小食心虫极相似，其主要区别为李小食心虫前翅前缘白色斜短纹较多，18组而不十分明显，梨小食心虫较少，10组而明显；梨小食心虫前翅中室端部附近有一明显小白点，而李小食心虫无此白点。

2）卵

扁平圆形，中部稍隆起，长0.6～0.7 mm。初乳白后变淡黄色。

3）幼虫

老熟幼虫体长约12 mm，桃红色，腹面色淡。头、前胸背板黄褐色，臀板淡黄褐色或桃红色，上有20多个小褐点，臀栉5～7齿，腹足趾钩为双序环式，趾钩23～29个；臀足趾钩13～17个。

4）蛹

体长6～7 mm，初为淡黄褐色，后变褐色，其外被污白色茧，长约10 mm，第二至第七腹节背面各具2排短刺，前排较大，腹末生7个小刺。纺锤形。

2.为害状

以幼虫危害果实，蛀果孔似针眼状小疤，并有少量黄褐色虫粪排出，果实外表可见虫蛀隧道痕迹，不久在入果孔处流出泪珠状果胶。因幼虫在果实内纵横串食，粪便排于果内，果实被害后，无法食用，幼果被蛀多数脱落，待果实核硬化后幼虫绕核取食，虫粪堆积核外，果实提前成熟变红，可导致成长果被蛀部分脱落。

3.生物学习性

李小食心虫在新疆地区1年发生1～3代，以老熟幼虫在土中结茧越冬。翌年4月中下旬化蛹，5月中下旬为越冬代成虫羽化盛期，成虫羽化后1～2天开始产卵，1周左右幼虫孵化并蛀入果肉。第1代幼虫期约为20天。第1代幼虫老熟脱果后一部分寻找适当场所结茧进入滞育状态越冬，其余化蛹，羽化进入第2代发育。第1代幼虫约从5月初开始蛀果至5月下旬脱果，第2代幼虫从6月初开始蛀果至6月底7月初脱果。成虫昼伏夜出，有趋光及趋化性。在黄昏时产卵，卵多散产于果面上，偶尔产生在叶上。幼虫孵化后在果面爬行几分钟至数小时，在果面寻找到适当部位后即蛀入果内。第1代幼虫入果时因核未硬而直入果心，食害核仁，造成落果；第2代幼虫入果时，核已硬化，幼虫绕核取食，虫粪堆积核外。

4. 防治方法

1）人工防治

拍实树盘土壤阻止成虫羽化出土；成虫出土前可压土厚6～10 cm并拍实，使成虫不能出土；羽化完毕应及时撤土防止果树翻根。在幼虫蛀果期间及时捡拾落果、摘除虫果，集中除害处理。

2）生物防治

捕食性天敌如草蛉、瓢虫、花蝽、蜘蛛等均可捕食，寄生虫天敌如赤眼蜂可寄生多种虫卵。对摘下的食心虫果进行剖查。如寄生蜂多时，应将虫果保存，上盖纱罩，待天敌羽化后放出，使之继续消灭害虫。在天敌发生多时，不要施用全杀性药剂，可尽量使用其他方法防治或避开天敌发生期用药，以发挥天敌控制害虫的作用。

3）物理防治

可用黑光灯、糖醋液性诱剂诱杀成虫。

4）化学防治

越冬代成虫羽化前即李树落花后，在树冠下方地面撒药，重点为干周半径1 m范围内，毒杀羽化成虫，可喷洒40%辛硫磷、20%杀灭菊酯乳油等，每公顷4.5～7.5 kg。卵盛期至幼虫孵化初期药剂防治，6月中旬开始喷布10%吡虫啉可湿性粉剂1 000倍液，或52.25%毒死蜱·氯氰菊酯（农地乐）乳油1 500～2 000倍液，或4.5%高效氯氰菊酯乳油1 500～2 000倍液。每隔1周喷药1次，连续喷药2～3次。

（三）皱小蠹

皱小蠹 *Scolytus rugulosus* Ratzeburg，属鞘翅目、小蠹虫科。原发地为欧洲，北美洲也普遍发生，国内主要分布于新疆。寄主树种有梨、杏、苹果、巴旦杏、桃、樱桃、酸梅、海棠、李、榆等。在新疆南疆以杏、巴旦杏、榆受害严重，在北疆和脐腹小蠹混合发生。主要以幼虫在树皮下咬蛀子坑道，造成韧皮部和木质部分离，使水分、养分输送受阻，成虫咬蛀侵入孔和羽化孔，多引起病菌侵人诱发烂皮病和流胶病。皱小蠹的危害使果树衰退，果品产量和质量下降，果农经济收入减少。

1. 形态特征

1）成虫

雌性体长2.7～3.0 mm，雄虫体长2.0～2.1 mm。全身黑色，无光泽。两性额部相同，额毛细柔舒直，均匀疏散。触角锤状，黄褐色。足的跗节黄褐色。前胸背板前缘和鞘翅末端略显红褐色，前胸背板长大于宽，侧缘有边饰，肯板上密布刻点，刻点深大，两侧和前缘部分刻点与刻点相连，构成点串鞘翅长度为前胸背板长度的1.5倍，前翅长度是两翅合宽的1.4倍。背面观鞘翅则缘自基部向端部在延伸的同时，逐渐收缩，尾部显著狭窄。鞘翅上刻点略凹陷，沟中的刻点和沟间刻点均为正圆形，深大稠密，排列规则。鞘翅上的茸毛短齐竖直形如刚毛，排成稀疏的纵列。腹部腹面收缩缓慢，常与鞘翅末端形成一侧视时，锐角状。第1

和第 2 腹板连合弓曲，构成弧形腹面，腹面上散布平齐竖立的刚毛，各腹板无特殊结构。

2）卵

长圆形，长 0.3 ~ 0.6 mm，初产时乳白色透明，卵化前变为卵黄色。

3）幼虫

初孵幼虫体长 0.35 ~ 0.5 mm。头部黄褐色，其余乳白色。取食后腹部背面淡棕色。老熟幼虫体长 3 ~ 4 mm，胸部膨大。

4）蛹

体长 2.2 ~ 3.0 mm，初化蛹时乳白色，复眼鲜红色，后逐渐变为黑色。蛹的腹部背面生有两排纵向排列的刺状突起。

2. 为害状

主要以幼虫在树皮下咬蛀子坑道，造成韧皮部和木质部分离，使水分、养分输送受阻，轻者树叶发黄，重者枝叶干枯，甚至整株死亡。成虫咬蛀侵入孔和羽化孔，多引起病菌侵入诱发烂皮病和流胶病。母坑道，长度 12 ~ 44 mm，平均 19.7 mm。母坑道为单纵坑方向常与树枝或树干呈平行分布，偶有倾斜。子坑道，长度 30 ~ 45 mm，在母坑道两侧伸展，纵横交错。子坑道末端有 1 个靴形蛹室，蛹室长 3.5 ~ 3.8 mm，宽 1.3 ~ 1.5 mm。

3. 生物学习性

皱小蠹在新疆 1 年发生 2 代，以老熟幼虫和幼龄幼虫在韧皮部与木质部之间的子坑道末端越冬。越冬老熟幼虫于翌年 4 月上旬开始化蛹，4 月下旬开始羽化为成虫，至 7 月上旬为羽化末期。5 月上旬雌虫产卵，卵期平均 11 天，5 月中旬出现第 1 代幼虫，幼虫危害 30 天左右，经预蛹期 3 ~ 4 天，进入蛹期，蛹历期 10 天左右于 6 月下旬羽化为成虫，6 月底、7 月初开始产卵，卵期平均 8 天，孵化后幼虫发育缓慢。10 月下旬至 11 月上旬幼虫进入越冬状态。因皱小蠹越冬幼虫中有老熟幼虫和幼龄幼虫，故林间存在世代重叠现象。

4. 防治方法

1）农业防治

加强果园和林木的经营管理，适时灌溉、松土、除草、施肥、修枝等营林措施，提高树木生长势，增强自控能力，能预防皱小蠹的发生和危害。新建果园要远离榆树林，果园周围不用榆树作防护林带。及时伐除衰退的果树林木，并运出果园或林分之外进行剥皮处理，将剥下的树皮焚毁。

2）物理防治

设置饵木诱集皱小蠹成虫。4 月下旬至 5 月下旬和 7 月下旬至 8 月下旬，在果园或林分中采伐少量衰弱树作诱木，800 m^2放置 1 ~ 2 根诱木，诱木上新的子坑道出现幼虫且未化蛹时，将饵木剥皮杀灭幼虫。在成虫羽化期(4 月上旬至 5 月下旬或 7 月下旬至 8 月下旬)在果园或林分内悬挂皱小蠹聚集激素诱捕器，或皱小蠹聚集激素粗提物诱捕器，诱捕皱小蠹成虫。

3）化学防治

在 4 月下旬至 5 月下旬和 7 月下旬至 8 月下旬，越冬代成虫羽化期和当年第 1 代成虫羽化期，使用高效低毒低残留的杀虫剂，杀灭皱小蠹成虫。可选用 20% 高效氯氰菊酯乳油或 10% 天王星乳油 2 000 倍液。

（四）果苔螨

果苔螨 *Bryobia rubrioculus* Scheutcn，属蛛形纲、真螨目、叶螨科、苔螨属。在我国西北地区都有发生。寄主树种有苹果、梨、桃、杏、樱桃、沙果等。果苔螨主要危害寄主植物的叶子、芽、花蕾和幼果。

1. 形态特征

1）雌性成螨

体长0.6 mm、宽0.5 mm。体椭圆形，体背扁平。体褐红色，取食后为深绿色。体背有明显的波状横皱纹，身体周缘有明显的浅沟。体背中央两排纵列扁平的叶片状刚毛。身体前端具4个叶点，叶点上有扇状刚毛。足4对，褐色，第1对足特别长，超过体长。

2）卵

圆球形，深红色，表面光滑。越冬卵暗红色，夏卵颜色稍浅。

3）幼螨

初孵幼螨橘红色，取食后为绿色，足3对。

4）若螨

体躯椭圆形，足4对，体色褐色，取食后变绿色。前期若螨体长0.3 mm，后期若螨0.4～0.5 mm。

2. 为害状

果苔螨主要危害寄主植物的叶子、芽、花蕾和幼果。芽被害后多枯黄变色，严重时枯焦，死亡；叶片被害后失绿呈苍白斑点，全叶变成黄绿色，严重时会大量落叶；幼果被害后常干硬，不能正常生长，成锈果。该螨早期在树冠中下部发生较严重，以后逐步转移到树冠的中上部危害。

3. 生物学习性

果苔螨在新疆伊犁地区1年发生3～4代，在库尔勒等南疆地区1年发生3～5代。以卵在主、侧枝阴面裂缝、短果枝叶痕处、叶芽附近及枝条分叉皱褶处越冬。严重发生时，果实萼洼处及果柄处也会找到越冬卵。翌年春，当日平均气温7 ℃时，越冬的卵开始孵化，盛孵期一般在花蕾出现至初花期，落花后越冬卵基本孵化完毕。初孵幼螨群集在芽苞和嫩叶上危害，在日平均气温10～13 ℃时，幼螨发育历期15天，前期若螨历期7～8天，后期若螨历期7～8天。当年第1、2、3代卵多产在果枝、果柄、果苔等处，幼螨孵化后集中在叶面基部危害。当日平均气温23～25 ℃时，当年第1、2、3代卵历期9～14天，幼螨历期4～6天，前期若螨历期3～4天，后期若螨历期3～5天，雌性成螨寿命25天左右。1年出现两次孵化高峰期，第一个高峰期即越冬卵孵化高峰期是果树初花期，第二个高峰期在6月中旬。这两次高峰期是防治果苔螨的关键时机。果苔螨危害盛期在6月下旬至7月中旬，有世代重叠现象。果苔螨繁殖方式为孤雌生殖，至今未发现雄性成螨。单雌产卵量最多不超过33粒。雌性成螨性情活泼，爬行迅速，喜欢在光滑、绒毛少的叶片上取食。果苔螨早期在树冠中下部发生较重，以后逐渐分布于中上部。无结网习性。

4. 防治方法

1）农业防治

在果树休眠期修剪时，刮除老粗皮和翘皮，集中烧毁，消灭越冬卵，降低虫口基数和发生危害程度。

2)生物防治

要保护和利用深点食螨瓢虫 *Stethorus punctillum*、异色瓢虫 *Harmonia axgyridis*、连斑毛瓢虫 *Scymus quadrivulneratus*、大草蛉 *Chrysopa septempunctata* 等螨类的天敌昆虫,利用人工助迁和严格控制农药使用量,发挥天敌的自然控制作用。

3)化学防治

早春日平均气温达到7 ℃,花蕾出现到初花期,越冬卵孵化盛期是第一次喷药的有利时机,第二次喷药的有利时机是在6月中旬当年第1代卵孵化盛期。可选用以下药液:45%晶体石硫合剂300倍液、5%尼素朗乳油1 000~2 000倍液、15%扫螨净乳油2 000倍液、10%天王星乳油4 000~5 000倍液、20%螨卵酯可湿性粉剂800~1 000倍液。

(五)吐伦褐球蚧

吐伦褐球蚧 *Rhodococcus turanicus* Arch,别名吐伦球坚蚧、桃球坚蚧,属半翅目、蚧科。吐伦褐球蚧分布于全疆,主要在南疆危害蔷薇科的杏、李、桃、梨、苹果等果树。一般幼树受害重于成年树。

1. 形态特征

1)成虫

雌成虫体高凸,棕红色,近球形,直径3.0~4.0 mm;雌介壳暗红色,有光泽,质地坚硬,表面有许多明显的小刻点,体背面有3条隆起的纵行,在中间隆起线上还有两条不规则的黑色纵线。雄成虫体长1.5~2.1 mm,体淡红褐色,具1对膜质前翅,后翅为平衡棒,足、触角发达。

2)卵

卵为椭圆形,紫红色,表面附层薄白粉。

3)若虫

初孵化的若虫橘红色,半透明。体背有1对红色纵行条纹,前宽后窄。股末的1对蜡线略长于触角;越冬若虫棕黄色。体背面有稀疏的蜡丝覆盖,并有"U"形黑纹,尾部末端的分裂从此分明,黑纹后期变成4排点,中央变橘红色。

2. 为害状

该虫以若虫吸食幼树主干或嫩枝条上的汁液,并分泌大量蜜露,使枝、干上流满蜜汁,污染枝叶,堵塞皮孔,还极易诱发煤污病,影响光合作用,使受害树木失去养分,出现枝梢干枯和叶片变黄、早脱落的现象,并造成树势衰弱,果实养分受损,品质下降,减产绝收。受害重者整株干枯死亡。

3. 生物学习性

该虫1年发生1代。以2龄若虫群集固定在树木向阳面的枝干、茎上越冬。翌年3月底、4月初树液流动时,就在原处取食危害。4月上旬雌雄个体开始分化。4月下旬越冬若虫分散在果树的嫩枝干上危害并分泌蜜露。4月中旬雌成虫体逐渐膨大,体背硬化,由扁圆形发育成半球形,产卵于母体下,以孤雌生殖为主。产卵量极大,单雌产卵量为1 000~2 000粒。没有分泌物包裹卵,因此一旦老介壳破裂后卵粒会纷纷下落。4月下旬至5月上旬为产卵盛期。产卵期为25天左右。5月中旬大量雌成虫死亡,仅留充满卵粒的暗红色老介壳,卵于5月中旬孵化,5月下旬为孵化盛期,至6月上旬孵化完毕,卵期为25~28天,也有部分卵不能孵化而干死于老介壳内的。卵的孵化率为4.3%~84.7%。初孵化的若虫从母体臀裂处爬出，经 1 ~3 天分散爬行转移到叶片背面、嫩枝、果实等处吸食汁液；2 龄后若虫先固定在叶片、果实上又群集转移到向阳面的枝条上越冬。该虫危害时间较短。雄若虫于次年早春时继续伸长，仅分泌一层玻璃状的白色冠状物，紧覆在体背面；蛹在稀疏的蜡丝下蜕皮 1 次，很快羽化为有翅雄成虫而飞出。雄成虫交尾后立即死亡。

4. 防治方法

1）农业防治

在果树休眠期和生长期，结合冬季修剪和春季疏花疏果修剪带虫枝、受害较重的枝条，并集中烧毁。加强果园肥水管理，增强树势，提高果树的抗虫能力。杜绝吐伦褐球蚧随着苗木或接穗人为的传播。

2）生物防治

保护和利用天敌昆虫如红点唇瓢虫 *Chilocorus kunwanae*、隐斑瓢虫 *Harmonia obscurosignata*、普通草蛉 *Chysopa carnea* 等，合理用药，提高蚧虫自然死亡率。

3）化学防治

每年卵孵化后到若虫固定前是喷药防治的最好时机，此时若虫活动量大，最易着药，而且尚未形成介壳，农药杀伤力最强，效果也最好。一般施药 1 ~2 次，每次间隔 10 ~15 天即可。冬春两季在果树休眠期可向枝干上喷洒 3 ~5°Be 的石硫合剂。

春季可喷洒 0.5 ~1°Be 石硫合剂或 40% 毒死蜱乳油 + 机油乳剂 1 500 ~2 000 倍液，或用 25% 蜡蚧灵乳油、40% 速蚧克乳油 1 000 ~1 500 倍液防治。夏季在果树生长期对分散转移的若虫和成虫喷施 0.3 ~0.5°Be 石硫合剂或用 48% 乐斯苯乳油 2 000 倍液防治。

（六）杏仁蜂

杏仁蜂 *Eunrtoma samsonovi* Wass，属膜翅目、广肩小蜂科，在新疆广泛分布于南疆塔里木盆地边缘各县。陕西、辽宁、河北、山西等省也曾有过报道。寄主有杏、扁桃。以幼虫在杏核内危害杏仁，幼果被害后，近成熟期易脱落，幼虫在被害果的核内危害，果仁不能食用，并造成鲜果大量落地减产。

1. 形态特征

1）成虫

雌虫体长 4 ~7 mm，翅展 10 mm；头宽大，黑色；复眼暗赤色；触角 9 节，第 1、2 节为橙黄色，其余各节均为黑色；胸部及胸足的基节黑色，其他各节均为橙色；腹部橘红色，有光泽。产卵管深棕色，出自腹部腹面的中前方，平时纳入纵裂的腹鞘内。雄虫体长 3 ~5 mm，触角第 3 至第 9 节有成环状排列的长毛。足的腿节及胫节上杂有黑色；腹部黑色，第 2 腹节细长如柄，其余腹节略呈圆形。

2）卵

长椭圆形，长约 1 mm，一端稍尖，另一端圆钝，中间略弯曲，初产时白色，近孵化时变为乳黄色。

3）幼虫

乳白色，长 6 ~10 mm，体弯曲，两头尖而中部肥大，无足。头部有很发达的黄褐色上颚 1 对，其内缘有一很尖的小齿。

4）蛹

长 5.5 ~7.0 mm，腹部长于头胸部，复眼红色。雌蛹腹部橘红色，雄蛹腹部为黑色。

2. 为害状

以幼虫在杏核内危害杏仁，常在被害果的阳面果肩部有半月形稍凹陷的产卵孔，产卵孔有时出现流胶，杏近成熟期凹陷面扩大变黑，似日灼伤。幼果被害后，近成熟期易脱落，个别虫果干缩挂在树上。幼虫在被害果的核内危害，果仁不能食用，并造成鲜果大量落地减产。

3. 生物学习性

杏仁蜂1年发生1代，以老熟幼虫在被害杏核内越夏越冬。第2年3月中下旬杏花露红时，幼虫在杏核内化蛹，蛹期10～20天。杏树落花后，成虫开始羽化，成虫羽化后在杏核内停留一段时间，待体躯坚硬后，用强硬的上颚将杏核咬穿一孔径1.6～1.8 mm圆形小孔爬出。成虫早晚不活动，栖息树上，午间在树间飞舞、交尾。杏果长到手指肚大小时，成虫开始产卵，产卵前在杏果四周爬行，喜在树冠阳面的果实肩部产卵，卵产于近种皮的表面。果面产卵处呈灰绿色、凹陷、流胶。被害鲜果每个果实上产1粒卵，极个别的产卵2粒。每头雌虫产卵量120粒左右。卵期10～20天。5月中旬出现当年第1代幼虫，幼虫在杏核内发育，取食杏仁，并在杏核内越夏越冬，幼虫期长达10个月之久。

幼虫越冬环境条件影响成虫羽化的早晚和羽化率高低。幼虫在地面杏核内越冬、进入蛹期并羽化，均较树上干杏内早。果园荫蔽、灌水较多、地温低，都会延迟成虫羽化期。山谷低洼背风地段，冬季较暖，早春日夜温差小，成虫羽化早。

4. 防治方法

1）农业防治

秋冬季节全面彻底地清除果园内落杏、杏核，敲落树上干杏，集中销毁。深翻果园。结合秋施基肥深翻果园，将杏核深埋土中，阻止成虫羽化。

2）化学防治

杏树落花后，选用0.3%印楝素乳油3 000倍液、10%氯氰菊酯乳油2 000倍液、20%速灭杀乳油1 500倍液、52.25%农地乐乳油100倍液、5%米福灵乳油2 000～4 000倍液喷洒树冠杀灭成虫。

（七）杏圆尾蚜

杏圆尾蚜 *Brachycaudus helichrysi* Kaltenbach，又称李圆尾蚜、杏短尾蚜；阿氏圆尾蚜。属半翅目、蚜科。在我国东北、北京、山东等地有发生。广泛分布南疆及东疆地区等地。主要寄主有杏、李、芹菜及菊科植物。

1. 形态特征

1）无翅孤雌蚜

体长1.6 mm、宽0.83 mm。体呈浅色，无斑纹。体表光滑，弓形构造不明显。前胸有缘瘤。背毛粗长钝顶，中额毛1对，头部背毛4对；前胸各有中、侧缘毛1对。

2）有翅孤雌蚜

体长1.7 mm左右，体绿色。腹部色淡，有黑色斑纹。头、足黑色，腹部呈浅色。第1～2腹节毛基片为黑色，第3～6节背片连合为大斑，第7节和第8节各有横带。触角1.1 mm，第3节有次生感觉圈11～19个，一般有15个，第4节有0～3个。

3）卵

长约0.5 mm，椭圆形，初期为黄绿色，以后变为黑色，有光泽。

4)若虫

与无翅胎生雌蚜相似。有翅若蚜的胸部较发达,生长后期长出翅芽。

2. 为害状

成虫和若虫群集在果树嫩梢、幼枝和叶片上为害。被害叶片向背面呈不规则卷缩、畸形、失绿,嫩梢节间缩短,梢顶弯曲、畸形,杏果缩小、脱落,分泌蜜露污染、引发煤污病。

3. 生物学习性

1 年 10 多代。生活周期类型为乔迁型,以卵在李、杏芽腋及短枝杈处越冬。越冬寄主萌芽时孵化,4 月上旬开始群集于为害叶片、嫩梢和幼枝,并不断发育和孤雌生殖。5 月间繁殖最盛,为害严重。大量产生有翅胎生雌蚜,迁飞至夏季寄主上为害繁殖,10 ~ 11 月产生有翅蚜,返回越冬寄主上为害繁殖,产生有性蚜交尾越冬。

4. 防治方法

1)农业防治

果树萌芽前,修剪整枝,清理树干,刮出老树皮并涂白,清除干上的越冬卵。在果园附近,不宜种植烟草、白菜等农作物,以减少蚜虫的夏季繁殖场所。

2)生物防治

夏季注意保护和利用天敌,如瓢虫、草蛉,避免天敌活动盛期大面积使用化学药剂,有必要施药可局部施药或隐蔽施药(根埋、涂干或注射等方式)或选择施用对天敌安全的药剂。

3)物理防治

可利用黄板进行监测有翅蚜比例,确定合适的施药时间。

4)化学防治

果树萌芽前喷施 3 ~ 5°Be 石硫合剂兼治螨类和介壳虫;叶片有蚜率达到 30% 时,出现有翅蚜前即需要进行防治。喷药可选择下列药剂:1.2% 苦参碱乳油 1 000 倍液、10% 吡虫啉水剂 2 000 倍液、48% 乐斯苯乳油 1 500 倍液、25% 喹硫磷乳油 800 倍液、10% 的扑虱蚜 2 000 ~ 3 000 倍液、蚜虱净 2 000 倍液。也可用大蒜液(配方:100 g 大蒜、500 mL 水、10 mg 肥皂、2 汤匙矿物油),具体方法为将切碎的大蒜在矿物油中浸泡 24 小时,将肥皂融化,放进水中,与大蒜和矿物油混合,充分搅拌后,用细纱布过滤。施用前加 20 份水稀释。肥皂液制作方法:150 ~ 300 g 固体洗衣粉加入 10 000 mL 温水,500 mL 酒精,1 汤勺食盐。

(八)流胶病

流胶病是桃、杏、李、大樱桃等最重要的枝干病害,一般从发病原因上看主要分为生理性流胶和侵染性流胶两种,按病原可分为非侵染性和侵染性两种。寄主包括桃、杏、苹果、梨、红枣、樱桃、核桃、巴旦杏、香椿、臭椿、沙枣、杨、柳、榆等多种树木。受害果树生长衰弱,果树产量和质量降低,果农收入减少。受害的园林绿化树木,影响市容。受害的防护林、用材林树木生长量减少,防护效能降低。

1. 症状

1)非侵染性流胶病

非侵染性流胶病主要危害主干、主枝,严重时小枝也可受害。发病初期,病部略肿胀。早春树木生命活动开始,从病部流出半透明乳白色至黄色树胶,雨后流胶更严重。流出的树胶与空气接触后,变为红褐色、胶冻状,干燥后变为红褐色至茶褐色的坚硬胶块。病部易被腐生菌侵染,皮层和木质部变为褐色腐烂,树势衰弱,叶片变黄、变小,严重时枝条干枯,甚至全株发病，果面流出黄色胶质，病部硬化，发育不良。

2）侵染性流胶病

侵染性流胶病主要危害枝、干，也危害果实。新枝发病以皮孔为中心，树皮隆起，出现直径1～4 mm的疣，疣上散生针头状小黑点，小黑点即是分生孢子器。在大枝及树干上发病，病部树皮表面龟裂、粗糙，以后病部树皮开裂陆续溢出树脂状树胶。树胶透明、柔软。树胶与空气接触后，由黄白色变成褐色、红褐色至茶褐色的硬胶状。病部易被腐生菌侵染，使皮层和木质部变褐腐朽。被害果树林木树势衰落，叶片变黄，严重时全株枯死。果实发病，由果核内分泌黄色胶质。胶质溢出果面，病部硬化，有时龟裂，严重影响果品的质量和产量。

2. 病原

1）非侵染性流胶病

非侵染性流胶病的病原属于非寄生性病原。冰雹、霜害、冻害、病虫伤口及机械创伤引起流胶。施肥不当，修枝过重，果树结实过多，栽植过深，灌水不当，土壤黏重，果树林木与土壤的 pH 值不相适应等会引起果树林木生理失调，而导致果树林木流胶。

2）侵染性流胶病

侵染性流胶病的病原属于寄生性病原。病原菌有性世代隶属于子囊菌门的茶藨子葡萄座腔菌（*Botryosphaeria ribis*），无性世代为无性孢子类的小穴壳孢菌（*Dothiorella gregaria*）。

3. 发病规律

1）非侵染性流胶病

4～10月，长期干旱偶降暴雨，或大水灌溉后，非侵染性流胶病常严重发生。一般树龄大的果树林木比树龄小的流胶严重。果实流胶与虫害有关，果实受到椿象或蛀果类害虫危害后果实发生流胶。在沙壤土和含砾质的土壤上栽植的果树比在壤土上栽植的果树木发生流胶轻。果树林木管理细致的比粗放管理的发生流胶病较轻。无水涝、干旱、冰雹、冻害的年份比水涝、干旱、冰雹、冻害的年份发生流胶病较轻。无蛀干害虫，蛀果害虫危害的果园、林分比有蛀干害虫、蛀果害虫危害的果园、林分流胶病较轻。

2）侵染性流胶病

以菌丝体和分生孢子器在被害枝条上越冬，翌年3月下旬至4月中旬产生分生孢子，借风雨传播，从皮孔或伤口处侵入。1年中有2个发病高峰，分别在5～6月和8～9月。当气温15 ℃左右时，病部即可溢出胶液，随着气温的上升，被害果树流胶点增多。被害树上一般直立枝基部以上部位发病严重，侧生枝向地表的部位重于向上的部位，枝干分枝处发病严重。土质瘠薄，水肥不足，结实负载量大的果园、林分发病率较高。

4. 防治方法

根据症状及发病规律，在生产实际中防治此病应以农业防治与人工防治为主，化学防治为辅，化学防治主要控制孢子的飞散及孢子的侵入发病的两个高峰期。具体措施如下。

1）非侵染性流胶病

（1）农业防治。增施有机肥，低洼积水地段要注意排出积水，盐碱地要注意排碱或改良土壤，合理修枝，减少修枝伤口。及时防治蛀干害虫和刺吸枝干的害虫，天牛、吉丁虫、介壳虫、椿象等害虫危害果树林木留下的伤口易发生流胶病。选用抗病品种，及时防治腐烂病也能降低流胶病的发生。

（2）化学防治。冬季树干涂白可减轻流胶病的发生。果树落花后和林木新梢生长期各喷1次浓度为0.2%～0.3%的比久(B9)溶液可抑制流胶病发生;喷施0.01%～0.1%的矮壮素,促进枝条木质化,可减少流胶病发生。

2)侵染性流胶病

(1)农业防治。同非侵染性流胶病防治。

(2)化学防治。果树林木休眠期至芽萌动之前用抗菌剂102的100倍液涂刷病斑。果树开花前刮去流胶胶块,再涂抹50%退菌特可湿性粉剂与5%硫悬乳剂混合液,混合液配方为1∶5。先用刀将病部干胶和老翘皮刮除,再用刀纵横画几道(所画范围要求超出病斑病健交界处,横向1 cm,纵向3 cm;深度达木质部),并将胶液挤出,然后使用原液或5倍液+渗透剂如有机硅等,对清理后的患病部位进行涂抹,一般涂抹2次,间隔3～5天,必要时,在流胶高峰期再涂抹1次。

生长季适时喷药防治,3月下旬至4月中旬是侵染性流胶病弹出分生孢子的时期,可结合防治其他病害,喷药液进行预防;果树林木生长期5～6月,喷洒50%多菌灵可湿性粉剂800倍液,或50%混杀硫悬乳剂500倍液,或50%多菌灵可湿性粉剂1 500倍液,或70%甲基硫菌灵可湿性粉剂1 000倍液,每7～10天喷1次,共喷2～3次。

(九)细菌性穿孔病

细菌性穿孔病寄主有桃、杏、李、樱桃、梅等多种核果类果树。主要危害寄主树木的叶片,也危害果实和枝条,导致叶片枯死落叶,枝条干枯、果实腐烂变质。

1.症状

叶片受害初期出现水渍状小点,逐渐扩大为圆形或不规则形斑点。斑点颜色为紫褐色至褐色。斑点直径约2 mm,周围有水渍状黄绿色晕环。晕环边缘有裂纹。斑点最后脱落,叶片出现穿孔,穿孔的边缘不整齐。

枝条受害有两种病斑:一种为春季溃疡斑,发生在前一年夏季已被侵染发病的枝条上,病斑暗褐色小疱疹状,直径约2 mm,以后扩展可达1～10 cm,宽度不超过枝条直径的一半。另一种为夏季溃疡斑,夏末在当年嫩枝上发生,病斑圆形水渍状,暗褐色,稍有凹陷,遇潮湿病斑上溢出黄白色黏液。

果实受害后,果面上发生圆形、暗紫色、中央凹陷的病斑,病斑边缘水渍状,遇潮湿病斑上出现黄白色黏质物,干燥后常发生小裂纹。

2.病原

病原为黄单胞杆菌属的甘蓝黑腐黄单胞菌桃穿孔致病型 *Xanthomonas campestris* pv. *pruni*。菌体短杆状,大小(0.3～0.8)μm×(0.8～1.1)μm,两端圆,极生单鞭毛,无芽孢,有荚膜,革兰氏染色阴性。病原菌发育温度7～38 ℃,适温24～28 ℃,致死温度51 ℃。病菌在干燥条件下可存活10～13天,在枝条溃疡组织内,可存活1年以上。

3.发病规律

细菌性穿孔病的细菌在春季溃疡病斑或叶片上越冬。条溃疡斑内的细菌可存活1年以上。翌年春寄主果树开花前后,病原菌从感病皮层组织中溢出,随风雨或昆虫传播,经叶片气孔、枝条的芽痕和果实的皮孔侵入寄主体内,病原菌在寄主体内潜伏期7～40天。该病一般于5月出现,7～8月发病严重。夏季气温高,湿度小,溃疡斑易干燥,外围的健康组织易愈合,所以溃疡斑中的病原菌在干燥条件下经10～13天即死亡。气温19～28 ℃,相对湿度70%～90%利于发病。潜育期与温度有关,25～26 ℃潜育期4～5天,20 ℃9天,19 ℃16

天。树势强比树势弱发病较轻且晚，树势强病害潜育期可达40天。

该病的发生与气候、树势、管理水平及果树品种有关。湿度适宜，雨水频繁或多雾发病重。遇暴雨病原菌易被冲到地面，不利繁殖和侵染。一般春秋雨季病情扩展较快，夏季干旱月份扩展较慢。果园地势低、排水不良、通风透光差、偏施氮肥发病重。早熟品种比晚熟品种发病轻。

4. 防治方法

1）农业防治

加强果园水肥管理，增施有机肥，避免偏施氮肥。合理修剪，使果树通风透光。果园内核果类果树不混栽，避免相互传播病原菌。结合冬季修剪剪除病枝并集中烧毁，减少初传染源。对不能剪除的病枝，应用0.2%升汞水800 mL、95%酒精200 mL及甘油200 mL的混合液涂刷消毒。

2）化学防治

果树发芽前喷5°Be石硫合剂，或1:1:100倍波尔多液，或30%绿得保胶悬液400～500倍液。果树发芽后发病期喷72%农用链霉素可溶性粉剂3 000倍液，或硫酸链霉素4 000倍液，机油乳剂10:代森锰锌1:水500的混合液，或硫酸锌石灰液，配方为硫酸锌1:消石灰4:水240，隔15天喷一次，喷2～3次。既能防治该病，又兼治蚜虫、介壳虫、叶螨等。

五、油桐病虫害

油桐 *Vernicia fordii*（Hemsl.）Airy Shaw，是大戟科、油桐属植物，落叶乔木，树皮近光滑，灰色；叶片卵圆形，顶端短尖，基部截平形至浅心形，叶柄与叶片近等长，无毛，雌雄同株，先叶或与叶同时开放；花瓣白色，花基部有淡红色至红色脉纹，果实近球状核果，果皮光滑；种子种皮木质。3～4月开花，8～9月结果。

油桐喜温暖湿润气候，怕严寒，分布区域在北纬22°15′～34°30′，在河南广泛分布，通常生长于海拔1 000 m以下丘陵山地，是重要的工业油料植物。此外，其果皮可提取碳酸钾或制作活性炭。

（一）桑白蚧

桑白蚧 *Pseudaulacaspis pentagona*（Targioni Tozzetti），又名桑盾蚧、桃介壳虫，属半翅目、盾蚧科，是油桐、桑、桃的主要害虫，以受精雌虫在枝条上越冬，雌虫产卵40～200粒于介壳下，初孵幼虫从母虫介壳下爬出，成群固定在2～3年生枝条或幼树上。以口器刺入树皮，分泌蜡质逐渐形成介壳，受害树干如涂了一层白粉。

1. 形态特征

1）成虫

雌成虫：橙黄色或橘红色，体长1 mm左右，宽卵圆形扁平，雌虫介壳圆形，直径2～2.5 mm，略隆起有螺旋纹，灰白至灰褐色，壳点黄褐色，偏生一方。

雄成虫：体长0.65～0.7 mm，纺锤形，橙色至橘红色，眼黑色，足3对，细长多毛，腹部长，触角10节念珠状，有毛。介壳细长，1.2～1.5 mm，白色，背面有3条纵脊，壳点橙黄色，位于前端。

2)卵

椭圆形,长径0.25~0.3 mm,初呈粉红色,渐变为黄褐色,孵化前为杏红色。

3)若虫

初孵幼虫淡黄褐色,扁卵圆形,长0.3 mm左右,眼、触角、足俱全,腹末有2根尾毛。两眼间具2个腺孔,分泌绵毛状蜡丝覆盖身体,蜕皮后眼睛、触角、足及尾毛均退化,开始分泌蜡质介壳。雌性形状与雌成虫相似。

2.为害状

桑白蚧主要危害枝条或树干,以雌成虫和若虫群集固着在枝干上吸食养分,偶有在果实和叶片上为害的,多聚集在树木侧枝北面的阴凉处,严重时整个枝条被虫覆盖,受害树干如同涂了一层白粉,被害处因不能正常生长而凹陷,影响树体正常发育,受害严重的枝条和主干发育不良,甚至干枯或整株死亡。

3.生物学习性

在北方,桑白蚧每年发生2代,均以第二代受精雌虫于枝条上越冬,春季油桐开始萌动时若虫吸食为害树木,虫体迅速膨大,4月底到5月初为产卵盛期,每个雌虫产卵50~100粒,卵期9~15天,5月下旬为孵化盛期,初孵若虫多分散到2~5年生枝上固着取食,以阴面居多,6~7天开始分泌绵毛状蜡丝,渐形成介壳,第1代若虫期40~50天,6月下旬开始羽化,盛期为7月上中旬。卵期10天左右,第2代若虫8月上旬盛发,若虫期30~40天,9月间羽化交配后雄虫死亡,雌虫危害至9月下旬开始越冬。

4.防治方法

1)农业防治

栽植苗木时做好苗木消毒,严格检疫制度,杜绝虫源,栽植后做好油桐树的整枝修剪,排水和通风管理,做好肥水管理,增强树势。

2)生物防治

桑白蚧的捕食天敌有日本方头甲、红点唇瓢虫、二缘瓢虫、黑缘红瓢虫。寄生天敌主要有桑白蚧扑虱蚜小蜂、桑白蚧黄金蚜小蜂。

3)物理防治

可在冬季树木落叶后,用硬毛刷,刷掉枝干上的虫体。也可结合整形修剪,剪除被害严重的枝条,集中烧毁病枝。

4)化学防治

(1)初春清园时及时喷施3~5°Be石硫合剂。萌芽前再喷施一次42%阿维毒死蜱1 000倍液,可杀死不少桑白蚧。

(2)在若虫分散转移分泌蜡粉蚧壳之前,是药剂防治的最佳时机,用5%蚧杀地珠或40%蚧星1 000倍液喷洒枝干。毒死蜱1 000倍液与黏着剂2 000倍液混合喷雾防治。

(3)用5%蚧螨灵或4.5%高效氯氰菊酯乳油200倍液与柴油乳剂10~50倍液,刷介壳虫多的枝干。

(二)油桐尺蠖

油桐尺蠖 *Buzura suppressaria* Guenee,别名油桐尺蛾、桉尺蠖、量尺虫、大尺蠖、柴棍虫、卡步虫等,属鳞翅目、尺蛾科,是一种食叶害虫,幼虫食性较广,主要危害油桐、茶树、柿树、梨、漆树、核桃、花椒、合欢等多种林木。幼虫行动时一屈一伸像个拱桥,休息时,身体能斜向伸直,如枝状。

1. 形态特征

1) 成虫

雌成虫体长 24 ~ 25 mm,翅展 67 ~ 76 mm。体翅灰白色,密布灰黑色小点。触角丝状。翅基线、中横线和亚外缘线系不规则的黄褐色波状横纹,翅外缘波浪状,具黄褐色缘毛。足黄白色。腹部末端具黄色茸毛。雄蛾体长 19 ~ 23 mm,翅展 50 ~ 61 mm。触角羽毛状,黄褐色,翅基线、亚外缘线灰黑色,腹末尖细。其他特征同雌蛾。

2) 卵

长 0.74 ~ 0.8 mm,椭圆形,蓝绿色,孵化前变黑色。常数百至千余粒聚集成堆。

3) 幼虫

初孵幼虫长 2 mm,末龄幼虫体长 56 ~ 65 mm。背线、气门线白色。体色随环境变化,有深褐、灰绿、青绿色。头密布棕色颗粒状小点,头顶中央凹陷,两侧具角状突起。前胸背面生突起 2 个,腹面灰绿色。腹部第 8 节背面微突,幼虫胸腹部各节均具颗粒状小点,气门紫红色。

4) 蛹

长 19 ~ 27 mm,圆锥形。头顶有一对黑褐色小突起,翅芽达第 4 腹节后缘。臀棘明显,基部膨大,凹凸不平,端部针状。

2. 为害状

主要以幼虫危害树叶,使树叶形成缺刻或孔洞,虫口密度大时,把树叶和嫩梢全部吃光,致使上部枝梢枯死,严重影响产量和质量。

3. 生物学习性

油桐尺蠖发生代数因地而异,一般 1 年发生 2 ~ 3 代,河南 1 年发生 2 代,安徽、湖南 1 年发生 2 ~ 3 代。以蛹在距树基部 10 ~ 15 cm 范围内、1 ~ 5 cm 深的地表下越冬。而 1 代油桐尺蠖成虫的发生期会与早春的气温有很大关系,早春温度高,蛾期就会早,一般翌年 4 月初开始羽化。第 1 代幼虫在 5 ~ 6 月发生,6 月下旬化蛹,7 月羽化;第 2 代幼虫于 7 月中旬到 9 月上旬发生,8 月上旬至 9 月上旬化蛹越冬。油桐尺蠖成虫的寿命 5 ~ 6 天,油桐尺蠖多会选择在雨后或晚上羽化出土,成虫羽化后的第 2 天晚上,一般油桐尺蠖成虫是分多次的产卵堆叠成块于高大树木主干的缝隙、叶片背部,或者是从枝丫之间,用尾端黄毛将卵覆盖,卵的底部则会有黏液,通常,每块卵有卵粒 500 ~ 1 000 粒不等,1 代卵期 15 ~ 16 天,之后,卵孵化。幼虫共 6 ~ 7 龄,幼虫期为 30 ~ 40 天,幼虫孵出后,到处乱爬,叶丝下垂,随风转移,转株为害,初龄幼虫啃食叶肉,随着虫体增大,食量随着增大,仅留叶脉。幼虫老熟之后,则会入土 4 cm 左右,造一室化蛹。油桐尺蠖成虫白天栖息在高大树木的主干上,或建筑物的墙壁上,受惊后落地假死不动或做短距离飞行,有趋光性。

4. 防治方法

1) 农业防治

造林时做好苗木的检疫工作,防止带虫病株造林,做好林地内的中耕除草,及时修剪病枝,提高树木的通透性,增强树势。结合营林措施,于各代蛹期进行人工挖蛹,秋冬季深耕施基肥进行灭蛹,清除树冠下表土中的蛹,减少虫源。营造混交林。

2）物理防治

根据成虫多栖息于高大树木或建筑物上及受惊后有落地假死习性，在各代成虫期于清晨进行人工扑打，也是防治的重要措施；根据成虫趋光性，于成虫发生盛期每晚点灯黑光灯诱杀成虫；根据卵多集中产在高大树木的树皮缝隙间，可在成虫盛发期后，人工刮除卵块。

3）化学防治

尽量选择在低龄幼虫期防治。此时虫口密度小，危害小，且虫的抗药性相对较弱。首选药剂是除虫菊酯类农药，可喷施50%辛硫磷乳油2 000～4 000倍液，或20%菊杀乳油4 000倍液，或20%甲氰菊酯乳油4000倍液，或50%杀螟松乳油1 000～1 500倍液，或10%氯氰菊酯乳油2 000～3 000倍液，或2.5%溴氰菊酯乳油2 000～3 000倍液，或52.25%农地乐乳油1 500～2 000倍液，或20%氰戊菊酯1 500倍液，或20%氰戊菊酯乳油1 500倍液，或90%敌百虫晶体1 000倍液，或80%敌敌畏1 000～1 500倍液等，可连用1～2次，间隔7～10天。可轮换用药，以延缓抗性的产生。

4）生物防治

主要通过保护与利用天敌以达到防治效果，可以施用油桐尺蠖核型多角体病毒，1 km^2用多角体2 500亿，兑水140 L，于第1代幼虫1～2龄高峰期喷雾（相当于1.4×10^7多角体/mL）。也可在害虫低龄幼虫阶段喷洒25%灭幼脲3号2 000倍液，也可喷洒0.5亿芽孢苏云金杆菌液或粉剂，气温合适时，可喷洒白僵菌粉。同时，保护释放油桐尺蠖的天敌，卵期的黑卵蜂，幼虫期的各种姬蜂，还有各种鸟类、螳螂等。

（三）油桐蓑蛾

油桐蓑蛾是油桐主要害虫之一，别称袋蛾，属鳞翅目、蓑蛾科。分布于福建、湖南、浙江、河南等地，以幼虫取食油桐叶片和果实，幼虫能吐丝营造护囊，且以护囊上部的柔丝缢束枝条，使缢束枝条处上端枝条死亡。

1.形态特征

1）成虫

雌雄异形。雌蛾无翅，触角、口器、足均退化，几乎一生在护囊中。雄蛾具2对翅，飞行迅速。雄成虫体长15～17 mm，翅展35～44 mm。头、胸灰黑色，腹部银灰色，触角羽状，胸部背面有5条深纵纹。前翅基部白色，其余黑褐色，后翅白色，前翅有4～5个透明斑。雌成虫无翅无足，形状似蛆，体长25 mm左右，头部浅黄色，体黄白色，圆桶状，胸、腹部多茸毛，腹部第7节有褐色丛毛环，体壁薄，在体外能看到腹内卵粒，尾部有一肉质突起。

2）卵

直径0.8～1 mm，椭圆形，米黄色，有光泽。

3）幼虫

共5龄，老熟幼虫体长25～40 mm，3龄起，雌、雄二型明显。雌幼虫头部和各腹节毛片以及第9～10腹节背面赤黑色，其余黄白色，头顶有环状斑。末龄雄幼虫体长18～28 mm，黄褐色，头部暗色，前、中胸背板中央有1条纵向白带。

4）蛹

雌蛹圆筒状，体长25～30 mm，头、胸和背板黑褐色，其余黄褐色。雄蛹为被蛹，黑褐色，各腹节节间及腹面为灰褐色，长椭圆形，体长18～24 mm。护囊灰褐色，类长铁钉状，纯由丝织成，质地坚韧。

2. 为害状

油桐蓑蛾以幼虫危害为主。低龄幼虫咬食叶肉，留下叶片的一层上表皮，形成不规则半透明斑，随着幼虫成长，食量增长，幼虫取食叶片成不规则孔洞和缺刻，发生严重时，叶片被吃光，仅存光枝，在树上挂满蓑囊。除了叶片，油桐蓑蛾还咬食嫩芽、花蕾和果实，严重影响树木生长，造成减产，甚至树木死亡。

3. 生物学习性

油桐蓑蛾在北方1年发生1代，以幼虫在囊中越冬，3月下旬雌、雄性幼虫相继化蛹，成虫4月中下旬羽化，5月中下旬新幼虫开始危害。幼虫孵化后在蓑囊内停留2～7天，然后从囊中抓出，吐丝下垂，随风飘散至寄主上，雄幼虫7龄，雌幼虫8龄，3龄以后幼虫危害严重。幼虫能负囊而行，探出头部取食叶片，取食完后将头缩入囊中，9月下旬幼虫陆续老熟，幼虫老熟之后，就吐丝将护囊固定在植物上，然后躲进囊内化蛹。成虫性二型，雌蛾无翅，触角、口器、足均退化，几乎一生在护囊中。雄蛾具2对翅，飞行迅速，有趋光性。雄虫羽化变成蛾子，从囊的下端飞出，去寻找自己的配偶。雌虫成熟后，没有翅膀，它仍栖息在囊内，仅伸出头、胸部，释放信息等待雄蛾飞来交尾。雄蛾飞来，停在囊上，在囊下端开口处交尾。一只雌蛾产卵100～200粒，最多可达3 000粒，卵期7天左右。

4. 防治方法

1）农业防治

做好林地内的中耕除草，提高树木的通透性，增强树势。

2）物理防治

冬季进行园子管理时及时修剪幼虫集中的病枝，发现虫囊及时摘除，集中烧毁。根据雄成虫有趋光性的特点，可以点灯诱蛾。

3）化学防治

掌握在幼虫低龄盛期喷洒90%晶体敌百虫800～1 000倍液，或80%敌敌畏乳油1 200倍液，或50%杀螟松乳油1 000倍液，或50%辛硫磷乳油1 500倍液，或90%巴丹可湿性粉剂1 200倍液，或2.5%溴氰菊酯乳油4 000倍液。由于蓑蛾钻在袋囊里，喷洒农药不易将虫杀死，因此要连续多次喷药，大约相隔5天，连喷3次，以早、晚喷施效果最好。

4）生物防治

主要通过保护寄生蜂等天敌昆虫达到防治目的。喷洒每克含1亿活孢子的杀螟杆菌或青虫菌，或苏云金杆菌；喷洒多角病毒，1 km^2用多角体2 500亿，兑水140 L进行喷洒；喷射600～1 000倍护林源；保护鸟类、圆蜘蛛等。

（四）油桐黑斑病

油桐黑斑病又称叶斑病、角斑病，果实上的病斑叫黑疤病。是油桐叶和果实的常见病害，也是主要病害之一，我国油桐产区普遍发生，发病林分可提前约1个月落叶、落果，削弱树势和降低桐果产量和出油率。

1. 症状

叶片上的病斑初期为圆形褐色小斑点，后逐渐扩大，由于受叶脉的限制成多角形，又名角斑病，直径5～15 mm。叶正面病部呈褐色或暗褐色，背面黄褐色。严重时多个病斑相连后，使全叶枯焦，后期在高湿条件下，病斑两面长出黑色霉状物即病原菌的分生孢子梗和分生孢子。桐果感病后，初期呈淡褐色圆斑，后扩大成近圆形黑褐色硬疤，又名黑疤病，直径可达 1 ~4 cm,稍凹陷,有些皱纹,潮湿时也会长出黑色霉状物。

2. 病原

油桐黑斑病的病原为油桐尾孢菌 *Cercospora aleuritides*,属无性孢子类丝孢纲丝梗孢目暗色孢科,分生孢子尾状,孢子梗淡褐色、丛生。其有性阶段为子囊菌门油桐球腔菌 *Mycosphaerella aleuritidis*,假子囊壳多在叶斑背面埋生,黑色球形,以乳头状突起外露。子囊成束,圆管形至棍棒形,内含 8 个椭圆形、双胞、无色的子囊孢子,双行排列。子囊间无假侧丝。

3. 发病规律

病菌以假子囊壳在病叶、病果的病斑内越冬,次年油桐展叶期,子囊孢子成熟,风雨传播,萌发后由气孔侵入叶片,开始初侵染。5 月中下旬,产生分生孢子,进行多次重复侵染,叶部出现病斑,7 月下旬至 8 月中旬为子囊孢子扩散高峰期,8 ~9 月叶、果均具有“典型病症”。10 月收果后,病菌随落叶落果在地面或落叶堆中越冬。海拔 560 m 以下发病重。幼林和 20 年生以上的成熟林较 4 ~16 年生的壮龄林发病重。密度大和管理粗放的纯林发病重。重病区历年发病都较重。

4. 防治方法

1) 农业防治

因地制宜种植抗病品种。营造混交林。加强桐林的抚育管理,保持合理密度,增加林地的通透性。在发病林区内每年采果落叶后,收集落叶、落果,集中烧毁或深埋土中,减少初次侵染菌源。

2) 化学防治

在桐叶开放后,每隔 10 ~15 天喷 1:1:100 倍波尔多液 1 次,连续 2 ~3 次。6 ~7 月,果实生长期再用该药喷施 2 次,预防效果明显。或者在发病初期用 80% 代森锌可湿性粉剂 1 500 ~800 倍液喷雾 2 ~3 次,每 7 ~10 天一次,往后在分生孢子扩散高峰期到来之前的 5 月中旬、7 月下旬前后,选用 40% 多菌灵可湿性粉剂 1 800 ~1 000 倍液,或 50% 退菌特可湿性粉剂 1 500 ~1 000 倍液,或 72% 杜邦克露可湿性粉剂 1 500 ~1 000 倍液喷洒,或 70% 甲基托布津 1 000 倍液,喷洒 1 ~2 次。在缺水山区,可喷撒草木灰石灰粉混合剂(1:1或 3:2)也有较好效果。

(五)油桐炭疽病

炭疽病是油桐上主要病害之一,在我国各油桐产区都有发生,危害千年桐、侵染叶片、果实及枝梢,影响生长与结实,引起早期落叶、落果以及树势衰弱,产量下降。

1. 症状

叶片感病后,生出红褐色斑点,渐渐扩大为圆形或不规则形病斑,严重时在主侧脉间形成条斑,使病叶红褐枯焦,皱缩卷曲,引起大量落叶。病斑后期有明显边缘,由红褐色变为灰褐色至黑褐色,病斑边缘呈暗色,中央常生不明显轮状排列的黑色小点,即病菌的分生孢子盘。在潮湿环境条件下可产生粉红色黏质的分生孢子堆。病叶后期皱缩、焦枯、提早脱落。叶柄感病出现梭形、不规则形的黑褐色病斑。若病斑发生在叶柄和叶的交界处,叶片更易枯萎脱落。病菌有时能危害一年生新梢,症状和叶柄斑相似。果实感病后,表面生出圆形或不规则形病斑,渐渐扩大为黄褐色软腐状,后期干燥失水成黑褐色、中央凹陷的枯斑,病果易落。果蒂受害,迅速形成离层,落果更严重,病果后期,其上呈现黑色粒状子实体,遇雨产生粉红色或橘红色分生孢子堆。

2. 病原

油桐炭疽病病原菌是油桐围小丛壳菌 *Gtomerella cingutata*，属子囊菌门、核菌纲、球壳菌目、疔座霉科、围小丛壳菌属。无性世代属于胶胞盘孢菌 *Colletotrichum gloeosporides*；分生孢子盘生于寄主表皮下，刚毛淡褐色，具多个分隔，分生孢子梗棒状集生于盘上，顶端稍尖。

3. 发病规律

病菌以分生孢子盘和子囊壳在病部组织内越冬，次年春当温度、湿度适宜时，产生大量分生孢子和子囊孢子，借风雨传播到新叶或幼果上。通过自然孔口或伤口侵入，潜育期2～7天，当年病斑产生的分生孢子，在发病适期可多次再侵染，不断扩大为害。本病害的发生发展受温度、湿度的影响明显，随着温度、湿度的变化而有起伏。若其中一个因素不适，病情便会减慢或趋于停止。湿度偏高偏低均能抑制病害的发生发展。由于各地生态环境的不同，其发病时期也不同。在我国南方多在3～5月发病，而河南省多在6月底开始发病。通常是天气气温升到18～20 ℃，相对湿度在70%以上时开始发病；7～9月，气温在28 ℃以上，相对湿度在80%以上时，病害出现一次高峰期。10月以后，气温在15 ℃左右、相对湿度在70%以下，病害停止发生。油桐炭疽病主要危害三年桐，三年桐感病较轻，营造三年桐纯林更易感染，此外，管理又很粗放、立地条件差、树势衰弱的桐林也易发病。

4. 防治方法

1）农业防治

加强抚育管理，特别是秋冬季节，将病落叶、病果集中深埋于土内或集中烧毁，减少浸染源；营造混交林；加强营林措施，增施磷钾肥，提高植株抗病力。在雨后或早雾未干时，撒施草木灰石灰粉混合剂（1∶1或3∶2），方法简单易行，材料来源丰富，也有较好效果。

2）化学防治

3～4月喷1%波尔多液保护新叶，幼果期再喷一次可有效防止病害发生。或用抗菌剂"401"3 000倍液，或70%托布津600～800倍液，或炭疽福镁500倍液喷雾防治，也可用50%多菌灵600～800倍液。两灰法结合托布津防治，效果更好，值得推广。

（六）油桐枯萎病

油桐枯萎病又称"桐瘟"，是油桐的一种毁灭性病害，具有发病历史长、危害重等特点，枯萎病严重危害了油桐的发展，病症自根部侵入木质部导管，向上扩展到主干、枝、叶、果，使整株或部分侧枝枯萎死亡。所以，了解油桐枯萎病发病原因并提出防治措施对于提高油桐利用效率具有重要意义。

1. 症状

病菌自根部侵入木质部导管，向上扩展到主干、枝、叶、果，使整株或部分侧枝枯萎死亡。剖开根、干、枝的木质部，从下到上成条带状变普褐或黑褐色，其对应的叶、果变枯萎。雨季，发病的干、枝皮部，长出大量粉红色分生孢子堆，树皮呈条状开裂，枯死下陷。同一植株由于各部位组织结构不同，因而在症状上有一定的差异。

病菌从根部侵入后，病根腐烂，皮层剥落，木质部和髓部变褐坏死。根部腐烂与枝叶枯萎和枝干维管束坏死有明显的相关性。从初病树的解析看出，某一侧根腐烂，则该侧根方位的主根树干维管束必变色坏死。

枝干初期无明显症状。病害发展到一定程度时，嫩枝梢先呈赤褐色，后为黑褐色湿润状条斑，最后枯死。主干树皮初期变化不明显，后期木质部坏死处的树皮腐烂，失水干缩，并常有开裂现象。由于健部不断产生愈合组织，树皮病部边缘隆起，形成明显的凹槽；有的病部干缩并与健部脱离而使木质部外露。

叶部受害分急性型和慢性型。急性型的叶脉及其附近叶肉组织变褐色或黑褐色，主脉稍突出，形成掌状或放射状的枯死斑；病叶枯黄皱缩，但多数不脱落。慢性型的病叶或叶柄逐渐黄化，叶缘向上卷缩，继而叶柄垂萎，病叶逐渐干枯，但也不易脱落。

病果初期黄化，继而有紫色带或褐色带产生，并逐渐干缩，最后果实完全变黑褐色，继而干枯，成为树上的僵果。

2. 病原

该病病原为尖孢镰刀菌油桐专化型 *Fusarium oxysporumf. sp. Aleuritidis*。小型分子孢子着生在气生菌丝上，多为单胞，少数为双胞，呈卵形、椭圆形等，直或稍弯。大型分子孢子的形态呈弯月形、镰刀形或纺锤形，多细胞。厚垣孢子单生或串生，双层壁，淡褐色，近圆形。PDA 培养基上，该病病菌的菌丝成白色棉絮状，菌落基质桃红色至紫红色。

3. 发病规律

病菌以菌丝或厚垣孢子在病株或土壤中越冬。枯萎病的发生和温度、湿度有密切关系，当气温在 23 ℃以上，湿度在 75% 以上时，发病最为严重。每年 3～4 月土温达 15 ℃以上病菌从伤口侵入根部木质部导管中，并向上部扩展，5 月开始发病，5 月下旬至 7 月上旬为发病高峰期，10 月以后停止。枯萎病的发生和地形、地势及土壤条件也密切相关，高山地区发病轻，丘陵地区及平原地区发病重；红壤土较石灰岩质土和黄壤土发病重。

不同的油桐品种对该病的抗性也不同，一般来说，千年桐抗性最强，幼树抗性较弱。

4. 防治方法

1）农业防治

以千年桐为砧木，三年桐作接穗进行嫁接防病；加强抚育管理，保持树势健壮，提高其抗病能力；选择土质较好，中性或微碱性的石灰岩地区种植油桐。在丘陵红壤地区种植油桐，应多施有机肥、石灰、磷钾肥，并套种绿肥，以提高土壤肥力，在 3～5 月病菌侵染期，实行免耕作业，防止伤根，减少侵染。

2）物理防治

发现病株及时挖除并烧毁，以彻底清除病原，同时，病土用石灰处理，杜绝病害扩展蔓延；此病在酸性土壤发生严重而在微碱性土发生轻微，所以在酸性土上施用石灰的试验有明显的防病作用，是防治此病的一个有效途径。

3）化学防治

用抗菌剂“401”800 倍液，或 50% 托布津可湿性粉剂 400～800 倍液淋浇根部，有一定效果。

六、元宝枫病虫害

元宝枫 *Acer truncatum* Bunge，又名平基槭、华北五角槭、色树、元宝树、枫香树，属槭树科、槭树属植物。落叶乔木，高 8～10 m；树皮纵裂；单叶对生，掌状 5 裂（稀 7 裂），主脉 5 条，叶柄长 3～5 cm；伞房花序顶生，花黄绿色，雄花与两性花同株，花期一般在 5 月，果期在 9 月。

元宝枫弱阳性,耐半阴,喜温凉湿润气候,耐寒性强,但过于干冷则对树生长不利。元宝枫对土壤要求不严,在酸性土、中性土及石灰性土上均能生长,但以土层深厚、肥沃及湿润的沙壤土中生长最好,在素沙土中也生长良好;较抗风,不耐干热和强烈日晒,较耐旱,但不耐涝,不宜种植于低洼处。

元宝枫全身是宝,因翅果形状像中国古代的“金锭元宝”而得名,是中国的特有树种,在我国分布较广,东起吉林以南,西至甘肃南部,南至安徽南部,北至内蒙古科尔沁沙地皆有分布。主要天然分布在吉林、辽宁、内蒙古、北京、河北、河南、山东、山西、江苏、安徽、陕西、甘肃等地。现广布于陕西、山西、云南、河南、四川、江西、北京、重庆、江苏、山东、甘肃、新疆、宁夏等地。

元宝枫树姿优美,叶形秀丽,嫩叶红色,秋叶黄色、红色或紫红色,为优良观叶树种。宜作庭荫树、行道树、风景树等。现多用于道路绿化,对二氧化硫、氟化氢的抗性较强,吸附粉尘的能力也较强,是优良的防护林、用材林、工矿区绿化树种。

元宝枫是重要的木本油料树种,作为优质食用油新资源,其种籽颗粒大,含油量高。元宝枫种仁黄白色,含油量为48%,机榨出油率35%,高于油菜籽出油率。元宝枫籽油是含油酸和亚油酸的半干性油,油质优良,各种脂肪酸比例特别适合人体需要,在木本油料中是不多见的。

元宝枫籽的出油率按照带外种皮元宝枫籽计算,为7%~10%。因籽油中富含各种不饱和脂肪酸,极易被氧化,所以需低温冷藏或隔绝氧气储存。元宝枫籽油中富含防止人体衰老、修复神经的特殊功能物质——神经酸,可以营养修复人体神经细胞,有效改善人体记忆功能,还富含油酸、亚油酸、亚麻酸等人体必需的不饱和脂肪酸,长期食用益脑、益智、益健康。

元宝枫具有较强的抗病虫能力,在成年大树上病虫害发生较少,但在元宝枫苗圃及幼树上病虫害时而发生,有时甚至还比较严重,影响了树木的正常生长。

元宝枫的主要虫害为元宝枫细蛾、京枫多态毛蚜、小线角木蠹蛾、光肩星天牛、六星吉丁虫等,元宝枫病害主要为元宝枫褐斑病。

(一)元宝枫细蛾

元宝枫细蛾 *Caloptillia dentata* Liu et Yuan,属鳞翅目、细蛾科昆虫,主要寄生在元宝枫、五角枫上,在我国主要分布于北方地区,一般一年3~4代,元宝枫细蛾幼虫先由主脉潜入叶肉危害,然后由主脉伸向叶缘、叶尖,取食叶尖部分叶肉后,钻出潜道,将叶尖卷成筒状,在卷筒内继续危害。

1.形态特征

1)成虫

分夏型与越冬型。夏型体长约4.3 mm,头顶鳞毛长,头扁平;颜面被鳞片,光滑,颜面杏黄色;复眼大,黑色;下唇须黄色,细长弯曲,端部褐色;触角较体长,背面褐色,节间及腹面黄色;胸部黑褐色,腹部背面灰褐色,腹部腹面黄白色。前翅狭长,翅缘有黄褐色长缘毛,由黑、褐、黄、白色鳞片组成,翅中有金黄色三角形大斑,后翅灰褐色,披针形,缘毛较长。

越冬型体型较大,体色较深,体长约4.8 mm,头顶鳞毛金黄色,颜面黄色至黄褐色;下唇须黄褐色,杂有较多的黑褐色鳞毛。前翅黑褐色,三角形斑土黄色,不如夏型的鲜艳;斑中常加杂较多的黑褐色鳞片,前、中足附节黄褐色,少有黄白色,并加杂有较多的黑褐色鳞片。

2）卵

扁椭圆形，乳白色，半透明。

3）幼虫

幼龄时潜叶，体长0.7～1.4 mm，头宽0.18 mm左右，体扁平，乳白色，半透明，头前端黄褐色，前胸宽过头，胸足不发达；老龄时卷叶，体长6.0～7.7 mm，头宽0.68 mm。体圆筒形，乳黄色，单眼每侧3对，黑褐色，胸足发达，腹足3对，趾钩单序缺环。

4）蛹

长5.5 mm左右、宽1.03 mm，背面黄褐色，有许多均匀的黑褐色颗粒状突起，腹面淡黄绿色；复眼大，赤红；从侧面观头顶有1个鸟蹄状突起；触角长过腹部末端。

2.为害状

元宝枫细蛾幼虫先由主脉潜入叶肉危害，然后由主脉伸向叶缘、叶尖，取食叶尖部分叶肉后，钻出潜道，将叶尖卷成筒状，在卷筒内继续危害。受元宝枫细蛾危害后，元宝枫枯叶满冠，有碍红叶观赏，也严重削弱树势。

3.生物学习性

元宝枫细蛾在北方地区一般1年发生3～4代，以成虫在草丛根际越冬。翌年元宝枫展叶时成虫上树在叶片主脉附近产卵，每叶片1～3粒，个别5～6粒。4月中旬幼龄幼虫潜叶危害，4月下旬为幼虫潜叶盛期。潜道线状，宽不过1 mm，先由主脉伸向叶缘，然后沿叶缘伸到叶尖，幼虫食去叶尖部分叶肉后脱皮、钻出潜道，进行卷叶危害；4月下旬始见卷叶幼虫，5月上旬为卷叶幼虫盛期；幼虫老熟时，从卷叶内咬孔钻出，在叶背做白色薄茧化蛹，极少在元宝枫翅果及地面杂草上化蛹。5月中旬为化蛹盛期，且始见第1代成虫，成虫羽化时从茧一端爬出，蛹壳一半留在茧内。成虫喜食花蜜、糖水以补充营养，白天潜伏草丛，栖息时倾斜呈“坐”状，成虫很活泼，稍一惊动，即在草丛钻行或呈螺旋式飞舞。5月下旬为第1代成虫盛期，第2代在7月中旬，第3代在9月中旬，第4代在10月中旬。全年以第2代发生数量最多，危害最重，第3代次之，第4代最少。

4.防治方法

1）农业防治

消灭越冬虫源。秋、冬季清除附近杂草、落叶，集中烧毁，破坏害虫越冬场所。如遇天敌昆虫寄生率高的林地，也可将扫集的落叶于早春撒到寄生率低的林地。营造混交林，加强抚育管理，增强树体抗虫能力，避免受害。

2）生物防治

保护和利用天敌，元宝枫细蛾有多种天敌，主要为寄生蜂类，捕食性的有胡蜂、食蚜虻、瓢虫等，均能捕食幼虫和蛹；寄生性的有跳小蜂、小英蜂、姬蜂、杆状细菌等，能寄生幼虫、蛹。

3）物理防治

成虫盛期，可设黑光灯诱杀成虫。

4）化学防治

幼虫孵化盛期，用20%杀铃脲8 000倍液、25%灭幼脲3号2 000倍液、25%灭蛾净1 000倍液，或用1%苦参碱可溶性液剂800～1 200倍液均匀喷雾；第1代幼虫潜叶期，用50%辛硫磷1 000倍液喷洒，防治效果较好，注意避免幼虫卷叶期喷药，不仅效果不好，反而容易杀伤天敌，效果不好。

（二）京枫多态毛蚜

京枫多态毛蚜 *Periphyllus diacerivorus* Zhang，属半翅目、毛蚜科昆虫，主要寄生在元宝枫、五角枫上，分布于北京、河北、辽宁等地区，一年发生数代，主要危害元宝枫的幼芽及嫩叶，吸食植物汁液，使幼芽及嫩叶不能正常伸展而卷曲。

1.形态特征

1）无翅孤雌胎生蚜

体卵圆形，体长约 1.7 mm、宽 0.87 mm，活时体绿褐色，有黑斑。触角 6 节，前胸黑色，背中央有 1 黑色纵裂缝，后胸及腹部各背片均有大块状毛基斑；腹背片毛基斑联合为中、侧缘斑，有时后几节联合为横带，各节有大缘斑，第 8 节呈一宽带。体背微显瓦纹。气门圆形关闭或半开放，气门片黑色。中胸腹岔两臂分离，骨化。体背毛长尖，头顶毛 4 根，头部背面有毛 16 根；前胸背板有毛 16 根；中胸背板有中侧毛 10 根，缘毛 12 根；后胸背板有中侧毛 6 根，缘毛 12 根；足光滑，后足股节长 0.39 mm，后足胫节长 0.56 mm，腹管短筒形，端部有网纹，缘突明显，毛 4~5 根；尾板末端平，呈元宝形，有长短刚毛 13~16 根。

2）若蚜

体卵形，较小；体长 0.61 mm、宽 0.27 mm。体背毛较长，粗尖。头顶毛 2 对，头背有侧、缘毛各 1 对；前胸背板有中、缘毛各 2 对；中胸背板有中、侧毛各 1 对，缘毛 2 对；后胸背板有中毛 1 对，缘毛 2 对。复眼由多个小眼面组成。触角 4 节，第 3、4 节有横瓦纹，全长 0.29 mm。股管孔状，位于腹部背片 5、6 之间。

2.为害状

京枫多态毛蚜主要群集在元宝枫的幼芽及嫩叶上，危害元宝枫的幼芽及嫩叶，吸食植物汁液，使幼芽及嫩叶不能正常伸展而卷曲，不仅阻碍植物生长形成虫瘿，传布病毒，还会造成花、叶、蚜畸形。

3.生物学习性

一年发生数代，以卵在枝上越冬，翌春元宝枫芽萌发时卵孵化为干母，4 月孤雌胎生干雌，5 月产生有雌孤雌胎生芽，后发生滞育型 1 龄若蚜，9 月滞育解除，恢复正常生长。10 月产生雌、雄型蚜，交配产卵越冬。

4.防治方法

1）农业防治

营造混交林，加强抚育管理，增强树体抗虫能力，避免受害。将虫害枯枝叶彻底清除，集中烧毁。

2）生物防治

保护利用天敌瓢虫、草蛉、食蚜蝇和蚜茧蜂等。

3）物理防治

早春卵孵化前在树干上缠上塑料粘胶带，粘杀在树干上活动、向树顶爬行的干母，能有效降低干母数量，减少其对幼芽、幼梢的危害。

4）化学防治

危害初期向枝叶喷洒 10%吡虫啉可湿性粉剂 2 000 倍液，或 25%吡虫酮可湿性粉剂 2 500倍液，防治效果较好。

(三)小线角木蠹蛾

小线角木蠹蛾 *Holcocerus insularis* Staudinger,属鳞翅目、木蠹蛾科昆虫,是一种主要的蛀干害虫,发生普遍,主要寄生在元宝枫、五角枫、栾树、银杏、白玉兰、白蜡、柳树等树干上,在我国主要分布在北京、天津、河北、山东、河南等地。小线角木蠹蛾危害贯穿植物的生长过程,所以小线角木蠹蛾病虫害防治工作普遍存在持续性特征,所以,要结合实际情况,采取相应的防治措施,确保植物健康生长。

1.形态特征

1)成虫

体长大约 22 mm,翅展 38~72 mm。前翅灰褐色,翅面上密布许多弯曲的黑色短线纹,翅基及中部前缘有暗区 2 个,前缘有黑色斑点 8 个。

2)卵

圆形,乳白色至褐色,表有网纹。

3)幼虫

体初孵时粉红色,老熟时体扁圆筒形,腹面扁平,体长大约 35 mm。头部黑色,前胸背板有大型紫褐色斑 1 对,胸、腹部背板浅红色,有光泽,腹节腹板色稍淡,节间黄褐色。

4)蛹

体暗褐色,体稍向腹面弯曲。

2.为害状

为害初期症状不明显,一旦发现树体流出汁液,树下有大量虫粪时,害虫已经进入木质部,并且多个虫道贯通相连,注射药剂已很难到达虫体,不易清除。且该虫经常几十至几百头群集在蛀道内为害,造成千疮百孔,容易造成枝干折断,严重者使树木逐渐死亡。

3.生物学习性

一般 2 年发生 1 代。以幼虫在树干枝木质部内越冬。翌年 3 月幼虫开始复苏活动。幼虫喜群栖为害,每年 3~11 月为幼虫为害期,6 月上旬至 9 月中旬为成虫发生期,成虫羽化时,蛹壳一半露在枝干外,一半留在树体内。成虫具有较强的飞翔能力,有趋光性,昼伏夜出。将卵单产或成堆块状产于树皮裂缝或各种伤疤处中。

4.防治方法

1)农业防治

加强检疫。做好苗木产地检疫及调运检疫工作,发现带有小线角木蠹蛾各虫态活体时,应立即停止运输,必要时进行处理或销毁;营造混交林,隔离和抑制小线角木蠹蛾的繁殖和蔓延;加强抚育管理,提高其抗虫性,不宜在小线角木蠹蛾产卵前修剪,有效降低危害程度。

2)生物防治

保护姬蜂、寄生蝇、啄木鸟、蜥蜴、燕子等天敌,必要时招引啄木鸟,利用白僵菌和芫菁线虫防治。白僵菌防治在初孵幼虫期选择晴天进行,在树干的五杈股附近喷洒均匀,或将白僵菌粘膏涂在排粪孔口;芫菁线虫防治使用浓度 2 000 万头/L,清理排粪孔后,从下往上注射,然后用黄泥封孔。

3)物理防治

在小线角木蠹蛾还是蛹虫的时候进行大面积的捕杀;用农林杀虫灯或黑光灯诱杀成虫。击打卵块。在成虫产卵期,用小锤或振动仪敲击产在主干及分枝处的卵块;钩杀成虫。撬开受害部位的树皮,用铁钩将皮下蛀入木质部的幼虫钩出;利用性诱剂防治。性诱剂是人工模拟合成的类似于小线角木蠹蛾雌成虫释放的性信息激素物质,可用来引诱雄成虫,再利用捕虫器将其杀死,每晚 06:30~09:30,按元宝枫林地面积 1 000~1 500 m^2 一个性诱捕器,悬挂于林带内距地面 1 m 处即可。

4)化学防治

在初孵幼虫时,用 3.5%溴氰菊酯乳油 3 000~3 500 倍液,或 1.2%苦·烟乳油 800~1 000倍液等喷雾毒杀;对已蛀入树干内的中、老龄幼虫,可用 5%啶虫脒乳油或 6%吡虫啉稀释 20~30 倍进行注干。

(四)光肩星天牛

光肩星天牛 *Anoplophora glabripennis*,属鞘翅目、天牛科昆虫,是重要的林木蛀干害虫,源于中国和朝鲜,在日本、美国、加拿大、法国等国家也有分布,在我国主要分布于辽宁、河北、河南、山西、陕西、甘肃、宁夏、内蒙古等 20 余省(区、市)。"三北"地区危害尤其严重。

1.形态特征

1)成虫

体漆黑色,带紫铜色光泽,触角 11 节,自第 3 节开始各节基部呈灰蓝色,长 17~39 mm,雌虫触角约为体长的 1.3 倍,最后一节末端为灰白色,雄虫触角约为体长的 2.5 倍,最后一节末端为黑色。前胸背板有皱纹和刻点,两侧各有一个刺状突起。翅鞘上有十几个大小不等的由白色绒毛组成的斑纹。

2)卵

长 5.5~7 mm,长椭圆形,两端略弯曲,乳白色,近孵化时,变为黄色。树皮下见到的卵粒多为淡黄褐色,略扁,近黄瓜子形。

3)幼虫

体长 50~60 mm,初孵时为乳白色,取食后为淡红色,头部褐色,无足。老熟幼虫身体带黄色,头盖 1/2 缩入胸腔中,前段为黑褐色。前胸背板后半区有凸形纹。

4)蛹

体长 30~37 mm,全体乳白色至黄白色,附肢颜色较浅。触角前端卷曲呈环形,置于前、中足及翅上。

2.为害状

光肩星天牛雌性成虫通常在树枝和树干交界处的树皮中咬出产卵孔并在此产卵,当幼虫达到 3 龄或 4 龄时蛀入元宝枫的木质部,并向上方蛀食,虫道也随着虫体的增大而增大,成虫后从树皮里出来,成虫补充营养时亦可取食叶柄、叶片及小枝皮层,引起树木木材质量下降,干枯和风折,并且容易感染其他的病虫害。严重发生时被害树木千疮百孔,风折或枯死,木材失去利用价值。

3.生物学习性

1 年发生 1 代或 2 年发生 1 代。卵、幼虫、蛹均能在被害树木内越冬,多数以幼虫越冬。3~4 月气温上升到 10 ℃以上时,越冬幼虫开始危害,4~5 月化蛹,6 月上旬开始羽化为虫,7 月上旬至 8 月上旬为羽化盛期。到 11 月气温下降到 6 ℃以下,开始越冬。

4.防治方法

1)农业防治

加强检疫,光肩星天牛极易通过木材和木质包装物的转运被传播,对外运输的原木、苗木、种条等一定要严格检查有无光肩星天牛的卵槽、入侵孔、羽化孔及活体虫等,发现后立即停止运输,防止检疫性病虫害的引入;营造混交林,加强林木的抚育管理,提高抗虫性,有效降低危害程度。

2)生物防治

(1)保护和利用天敌。光肩星天牛的自然天敌戴胜和大斑啄木鸟能有效控制其危害,通过提高啄木鸟密度,保护啄木鸟的生存和繁殖环境,能在有效防治光肩星天牛的同时,也能够有效降低对生态环境的影响。

(2)释放花绒寄甲和管氏肿腿蜂等天敌防治光肩星天牛效果较好,联合应用效果更佳,研究表明林间释放肿腿蜂带球孢白僵菌 Z28+粉拟青霉 Z26 混合菌防治效果最好。

(3)一些研究学者发现,在光肩星天牛幼虫期,利用绿僵菌、白僵菌、黏质沙雷氏菌、异小杆线虫感染防治对光肩星天牛有很好的致病作用。此外,沙枣能够诱杀光肩星天牛,印楝提取物可能对光肩星天牛成虫有一定的杀虫作用。

3)物理防治

人工捕杀光肩星天牛成虫;对树木进行涂白,恶化光肩星天牛生存和繁殖环境;对于因光肩星天牛危害失去经济利用价值的树木,应彻底砍除并就地烧毁,对尚有使用价值的树木,应全部砍伐后,树皮剥去,放在水中浸泡 1 个月以上,经检疫合格后,方可使用。

4)化学防治

(1)灌根预防。用 20%吡虫啉粉剂 500 倍液在春季和秋季进行灌根预防,用药量为 25~50 kg/株。

(2)幼虫长大蛀入木质部深处时,用 20%吡虫啉粉剂 200 倍液向蛀道内注射,用量 0.5~1 kg/株。

(3)成虫羽化后产卵前,用绿色威雷胶囊剂 200 倍液喷干。

(五)六星吉丁虫

六星吉丁虫 *Chrysobothris succedanea* Saundersv,属鞘翅目、吉丁虫科,主要寄生在元宝枫、五角枫、梅花、樱花、桃花、海棠等树上,在我国主要分布在河南、河北、山东、天津、陕西、甘肃、吉林、辽宁、黑龙江、上海、湖南等地。以幼虫蛀食皮层及木质部,使树势衰弱,枝条死亡,严重时可造成整株枯死。

1.形态特征

1)成虫

黑色,翅下躯体青蓝色,腹面中间亮绿色,两边古铜色,有金属光泽,体长 9~13 mm。触角 11 节,第 1 节最长,第 2 节最短,第 3 节略短于第 1 节。前胸背板前狭后宽,近梯形,有细微点刻和横皱纹。鞘翅上密布粗大点刻,各有 3 个稍下陷的青色小圆斑,常排成整齐的 1 列。鞘翅外缘后方呈不规则锯齿状。

2)卵

扁圆形,长约 0.9 mm,初产时乳白色,后变为橙黄色。

3）幼虫

老熟幼虫体扁平，黄褐色，长 18~24 mm，头部小，黑色。前胸特别膨大，其后迅速变窄，背板和腹板上密生小刺突，背板椭圆形，褐色，中央有"V"形花纹，腹板中央有一条不完全的纵沟纹。无足，共 13 节，腹部第 1 节细小，其余各节圆球形，近于链珠状，从头到尾逐节变细，尾节圆锥形，短小，末端无钳状物。

4）蛹

近纺锤形，长 10~13 mm，初为乳白色，以后复眼变为酱褐色，快羽化时变为蓝黑色。

2.为害状

幼虫孵出后直接侵入树皮蛀食韧皮部，再蛀食浅层木质，形成不规则蛀道，充满虫粪，轻则树势衰弱，枝条死亡，少量树木的树皮从下向上脱落，严重时，可造成整株枯死。

3.生物学习性

1 年发生 1 代，主要以老熟幼虫在木质部内作蛹室越冬。翌年 3 月开始陆续化蛹，发生时间很不整齐，3~4 月幼虫与蛹并存，5~6 月幼虫、蛹和成虫并存。成虫出洞时间早的在 5 月，6 月为出洞高峰期，成虫有假死性，出洞后 3~4 天交配，交配后 2~4 天产卵，6 月底 7 月初为产卵盛期，卵期 10~14 天，卵产于枝干树皮裂缝或伤口处，每处产卵 1~3 粒。

4.防治方法

1）农业防治

（1）六星吉丁虫幼虫期长，携带幼虫的枝条容易随种条、大苗传播，应加强检疫，引进和对外运输的苗木及种条一定要严格检查，一旦发现携带幼虫后立即停止运输。

（2）营造混交林，加强抚育管理，增强树体抗虫能力，避免受害。及时清除害木或剪掉被害枝丫。在成虫羽化前剪除枯枝，挖除死亡树木并集中烧毁，减少虫源。

2）生物防治

保护利用天敌，六星吉丁虫天敌有猎蝽、啮小蜂、蟾蜍等，也可利用各种啄木鸟捕食。

3）物理防治

（1）人工捕杀成虫。于 6 月至 7 月中旬成虫盛发期，每天 10:00~16:00 晴暖时分在树干 2 m 以下光照强烈时人工捕杀成虫。

（2）可利用成虫的假死性，在露水未干时，振动树干，使其下落后进行捕杀。

4）化学防治

（1）在幼虫孵化初期，用 3%高渗苯氧威 500 倍液或 5%啶虫脒乳油 300 倍液涂抹树干，每隔 10 天涂抹 1 次，连续 3 次，效果较好。

（2）在成虫盛发期，用 10%吡虫啉 1 000 倍液对有虫树干进行喷射，隔半月再喷洒 1 次，连续 2~3 次，效果较好。利用加药涂白剂（生石灰+硫黄+水）将树干涂白，能一定程度上预防卵产在树干上。

（六）元宝枫褐斑病

元宝枫褐斑病是元宝枫常见病害之一，主要危害元宝枫树叶，下部叶片开始发病，逐渐向上部蔓延，初期为圆形或椭圆形，紫褐色，后期为黑色，界线分明，严重时病斑可连成片，使叶片枯黄脱落，严重削弱树势。

1.症状

褐斑病主要危害幼芽和嫩叶上，下部叶片开始发病，自下而上蔓延，发病初期叶背出现针刺状、凹陷发亮的小点,两天后扩大到 1 mm 左右略隆起,呈黑色。叶正面也随之出现黑褐色斑点,2~3 天后扩大到 1 mm,5~6 天后病斑中央出现灰白色突起点。逐渐病斑扩大连成大斑,多呈圆形,少数为三角形。严重时病斑可连成片,使叶片枯黄脱落,严重削弱树势。

2.病原

病原为丝核菌属 *Rhizoctonia* spp.真菌引起。

3.发病规律

以菌丝体在落叶中越冬,次年春天产生新的分生孢子作为初侵染来源。当幼苗出土后,邻近的感病苗木和成年树都是主要的侵染来源,病菌孢子萌发的适宜温度为 20~28 ℃,有水接触时萌发率较高。病菌浸染后潜伏期一般为 2~8 天,在湿度和温度适宜时就很快产生分生孢子堆,孢子又能进行新的侵染。

该病全年都可发生,但以高温高湿的多雨、炎热夏季危害最重。

4.防治方法

1)农业防治

(1)避免连作。

(2)加强抚育管理,雨水较多时及时排灌,降低田间湿度,适当增施速效肥料,促进苗木健康生长、保持树势健壮,提高其抗病能力;合理修剪,增强通风及透光性,降低发病率;及时清除树落叶,剪掉病枝,减少传染源。

2)化学防治

(1)发病前使用药剂预防。可选用 70%丙森锌可湿性粉剂 600~800 倍液,或 80%超威多菌灵可湿性粉剂 1 000 倍液喷洒。

(2)发病期间,喷施 50%多菌灵可湿性粉剂 800~1 000 倍液,或 80%代森锌可湿性粉剂 500~700 倍液,或 1%波尔多液,或 75%百菌清 500 倍液防治。每隔 7~10 天喷施 1 次,连续喷 3~4 次,可有效控制病情。

七、乌桕病虫害

乌桕 *Sapium sebiferum* Roxb,大戟科、乌桕属落叶乔木,乌桕为我国特产树种,有千年以上栽培历史。又名桕子树、蜡子树、木油树。由于乌桕种子出油率高、品质优良、用途广泛而具有重要经济价值,被列为我国四大木本油料植物(乌桕、油桐、油茶和核桃)之一。

乌桕是理想的再生能源树,喜温暖湿润气候,喜阳光,耐干旱、耐瘠薄、耐盐碱、抗风、抗病虫害能力较强,耐短期渍水,不耐严寒,不耐久阴。在年平均气温 15 ℃以上、年降水量 700 mm 地区均可生长,以土层深厚、疏松肥沃的沙质壤土栽培为宜。乌桕品种划分为葡萄桕、鸡爪桕、凤尾桕、铜锤桕等 4 种类型。乌桕经济寿命 40 年,种子含油率 40%左右,经榨取、酯化精炼,可生产出生物柴油,因此开发利用前景广阔。

乌桕是大戟科、乌桕属落叶乔木,雌雄同株,单叶互生,叶片菱状广卵形,纸质。花序顶生,小花黄绿色,花期 5~7 月,果 10~11 月成熟。乌桕喜光、喜湿润环境,耐盐碱及酸性土壤,耐水湿、不耐阴,不甚耐寒。

乌桕以生产桕脂(皮油)和桕油(青油)为主要栽培目的,每 100 kg 种子可榨取桕脂 24~26 kg、桕油 16~17 kg,总出油率高达 41%以上,桕油是我国传统的重要工业原料和化工原料，是目前木本油料树种中出油率较高的一种也是合成前列腺素和杀菌剂的原料。此外，柏油和柏脂广泛用于肥皂、蜡纸、化妆品、金属涂擦剂、固体酒精和高级香料的制造，也是制造硬脂酸的重要原料。柏脂还应用于食品工业，可制成巧克力酱。柏饼可作燃料和饲料，种仁榨青油的饼是优质有机肥料，籽壳可制糠醛。树皮可入药，柏花是良好蜜源，树叶可制染料和饲养柏蚕；木材坚韧致密不挠不裂，可作车辆、家具、砧板和雕刻良材。乌柏也是优良的色叶树种。集观形、观叶、观果于一体，可供园林观赏。乌柏抗火烧，可作防火带，对二氧化硫及氯化氢抗性强，可用于厂矿区绿化。

随着我国经济的迅速发展，对能源的需求量越来越大，能源供需矛盾日益显现，而我国又是一个石油储量相对少，石油进口量大的国家，从我国石油安全战略考虑，以乌柏、黄连木和油桐为主要的生物质能源作为替代能源将是我国的必然选择，加之我国轻工业、食品、国防等行业的发展，人民生活水平的提高，国内对乌柏油需求量将会大大增加。有关资料表明，在温度 60 ℃、醇油比 6∶1、1% KOH 条件下，乌柏籽油作生物柴油的转化率可达 98. 84%，基本性质符合生物柴油的国家标准和 0# 柴油的国家标准，乌柏籽可以作为制备生物柴油的一种良好原料。因此，乌柏作为再生生物质能源林定向开发，也具有十分广阔的前景。乌柏种子含油量高，种子产量高，种子易采集、易储藏、易加工，适生范围广，病虫少，用途广泛，易规模化种植和易收获等优势，具有可再生、清洁和安全三大优势。国家林业局已将发展林木生物能源列入"十二五"林业发展规划，并将乌柏列为开发利用的木本燃料油能源树种之一。国家、省林业部门提出了对小桐子、黄连木、文冠果、乌柏、油桐等主要木本燃料油能源树种进行良种化种植，加快现有低产、低效林改造和丰产栽培示范建设，实行集约化、规模化栽培，加快建成一定规模的生物柴油产业化基地。因此，乌柏产业发展前景广阔。

乌柏自然分布在我国的江苏、上海、浙江、福建、台湾、广东、广西、海南、安徽、江西、湖北、湖南、贵州 13 省的全境以及四川、云南、山东、河南、陕西、甘肃的部分地区。乌柏在湖北已有 1 000 多年的栽培历史，主要分布在以下区域：一是沿鄂东大别山南麓向西至大洪山麓的广大丘陵地区，包括黄冈、孝感、荆州和襄阳的部分县市；另一片是鄂西南山地河谷地带，包括恩施和宜昌的部分县市。在十堰市的郧县等地也有较大面积栽培。

乌柏树的抗病性强，病害较少，但是虫害较多。发生较为普遍的病害有立枯病、紫纹羽病等。发生较为普遍的虫害有乌柏毛虫（乌柏毒蛾）、樗蚕、乌柏大蚕蛾、乌柏卷叶蛾、乌柏木蛾、刺蛾、柳兰叶甲、大蓑蛾等。其中乌柏毒蛾以啃食乌柏嫩枝皮层及果皮危害；樗蚕幼虫和乌柏木蛾幼虫危害乌柏树叶；乌柏大蚕蛾主要危害树叶，乌柏卷叶蛾使树叶卷曲。乌柏病虫害防治尽可能利用自然生态系统的自我调控能力控制病虫害在不成灾的水平线下，开发绿色产品。

（一）乌柏毒蛾

乌柏毒蛾 *Euproctis bipunctapex* Hampson，又名琵琶黄毒蛾、乌柏黄毒蛾，属鳞翅目、毒蛾科。是乌柏主要害虫之一，主要危害油桐、乌柏、油茶、桑、柑橘、桃、栎、杨、李、樟树、枫香、琵琶、杨梅等。以幼虫取食叶片，亦能啃食嫩枝皮层和果皮，轻者影响生长和减少结实量，重者枯死。在我国浙江、江西、福建、湖南、湖北、西藏、四川等地均有分布，国外分布于新加坡、印度。

1.形态特征

1）成虫

雄蛾体长 9～11 mm，平均 9.7 mm，翅展 21～32 mm，平均 26.33 mm。雌蛾体长 13～15

mm,平均 14.2 mm,翅展 25~36 mm。体黄棕色、被绒毛,触角浅黄棕色、羽毛状,下唇须棕黄色;足浅棕黄色。前翅底色黄色,除顶角、臀角外,密布红棕色和黑褐色鳞片,形成一块红棕色大斑;斑外缘中部外突成一突角,角顶有两个黑褐色圆点。后翅黄色、基部红棕色,被绒毛。

2)卵

淡绿色,椭圆形,具光泽,长径约 0.8 mm 左右,短径 0.6 mm,排列成块并 3~5 层累叠,上面密被黄色绒毛。

3)幼虫

黄褐色,头和腹末为橙色;胸部稍细,老熟幼虫体长 25~30 mm。头部黑褐色,胸腹部黄褐色,被有浅黄色长毛,胸节稍细,第 1~3 腹节粗大。胸腹部各节背面、两侧有黑褐色毛瘤,其上杂生黄色和白色长毛。中胸、后胸背面每节 2 个毛瘤,腹部每节 4 个。第 1、第 2 和第 8 腹节的毛瘤特别明显,左右相连。后胸节毛瘤和翻缩腺红色。

4)蛹

棕褐色,纺锤形,长 10~13 mm,茧薄,土黄色。被短绒毛,臀棘有钩刺一丛。茧长 15~20 mm,黄褐色,较薄,附有黄毒毛。

2.为害状

幼虫大量取食叶片,使叶脱落;并啃食幼芽、嫩枝皮层及果皮。轻者影响生长,减少产量,重则颗粒不收,整株枯死。虫体毒毛触及人体皮肤,引起红肿疼痛,危及人体健康。

3.生物学习性

1 年 2 代,以幼虫越冬。次年 4 月中下旬开始活动,取食嫩枝和幼芽;5 月中旬至 6 月越冬幼虫开始结茧化蛹。5 月下旬至 6 月上旬羽化产卵,孵出第 1 代幼虫。第 1 代幼虫 6 月中旬至 7 月上旬孵出,8 月上旬至 9 月上旬变蛹,8 月下旬至 9 月下旬羽化产卵。第 2 代成虫于 9 月上旬出现,幼虫于 9 月中旬取食至 11 月下旬在树干下部作丝网,群集越冬。成虫夜间活动,有趋光性,产卵于叶背,卵半月孵化。初孵幼虫群集卵块周围取食卵壳;3 龄前群集叶背取食叶肉,使叶脱落;3 龄后则食全叶并啃食嫩枝及树皮;每日上午离开树冠到树干的阴面做丝幕隐伏,下午又陆续上树危害。老熟幼虫在树干基部老皮缝、地面松土中、碎石堆或杂草中集结成团,吐丝结茧化蛹。

4.防治方法

1)农业防治

(1)火把烧燎防治。利用幼虫群集越冬习性,用火直接烧杀越冬虫块,并注意逐层撬开烧透。树下部用草火把,树上部用竹竿、罐筒盒、废棉纱、钢筋等做成长火把烧杀。每隔 1 月左右烧一次。也可以结合冬季修整树形进行治虫。

(2)集中管理。4 月底至 6 月初,结合抚育管理,直接消灭土块下、石块下及草丛中的虫茧。

2)生物防治

喷洒白僵菌或苏云金杆菌杀虫剂防治。

3)物理防治

(1)束草诱杀防治。夏季可利用白天幼虫下树的习性,在树下束草中集结成团,束草诱杀。

(2)灯光诱杀成虫。成虫羽化期夜间悬挂黑光灯或频振式杀虫灯诱杀成虫。

4)化学防治

(1)树冠药剂喷雾防治。利用越冬幼虫群集在树干上时,设置用80%敌敌畏乳油1 000倍液、90%敌百虫晶体800倍液喷杀。生物农药大有发展前途,有研究表明,雷公藤提取物对4龄乌桕毒蛾幼虫具有很强的生长发育抑制作用,其抑制中浓度 EC_{50} 为0.022 01%。3龄前的幼虫可喷施90%敌百虫,或50%杀螟松1 000~1 500倍液毒杀。

(2)树干涂药。利用幼虫下树蔽荫习性,在树干涂乐果1∶500倍液的药带(药带宽9~12 cm)毒杀。

(二)樗蚕

樗蚕 *Philosamia Cynthia* Walker et Felder,又名椿蚕、小柏蚕,属鳞翅目、大蚕蛾科。广泛分布于河北、山东、吉林、辽宁、河南、陕西、江西、江苏、浙江、四川、北京等地。国外分布于日本、印度、朝鲜、印度尼西亚等国。其寄主有樟树、臭椿、乌桕、梧桐、冬青、含笑、木槿、橘等树种, 最常见于樟树、乌桕上。樗蚕是园林植物的重要害虫之一,严重影响林木的生长及园林绿化效果。是一种杂食性、食量大、繁殖力强的害虫。

1.形态特征

1)成虫

雄性翅展120 mm左右,体长25 mm左右,雌性翅展100 mm左右,体长30 mm左右 ,羽状触角。蛾体及翅有黄棕、青褐、棕褐3色。前翅褐色,顶角圆而突出,粉紫色,有一黑色眼状纹,纹的上方白色弧形,外横线的外侧呈淡紫红色。前、后翅中央各有1个新月形斑,其上缘深褐色,中间半透明,下缘土黄色,斑外侧有1条纵贯全翅的宽带,其中间粉红色,外侧白色,内侧深褐色,肩角褐色,边缘有1条白色曲纹。雌性腹部粗大,而雄性较之细小。

2)卵

扁椭圆形,产出的卵为灰白色或淡黄白色。近孵化时则为灰褐色,有不规则褐斑。

3)幼虫

体长55~70 mm。青绿色,被白粉。头和前胸背板黄色,背板上有4枚兰斑。胴部各节的亚背线、气门上线和下线上均有一显著刺枝。气门筛淡黄色,围气门片黑色。

4)蛹

蛹长23~28 mm,棕褐色。茧长35~52 mm,灰白色,茧柄长40~130 mm,缠在寄主叶柄上,常以1片樟叶包遮半个茧。

2.为害状

樗蚕是一种杂食性、食量大、繁殖能力强的害虫。幼虫食叶和嫩芽,轻者食叶成缺刻或孔洞,严重时将整株树叶吃光。

3.生物学习性

1年发生2代,以茧蛹悬挂于树枝上越冬。5月上旬开始羽化为成虫,成虫有趋光性且飞行能力强,飞行可达2 000 ~3 000 m。羽化出的成虫当天即进行交配产卵,卵产于寄主叶背,聚集成块,每雌产卵量在350粒左右,卵期10~12天孵化为幼虫。两代幼虫期分别在5~6月和9~11月。幼虫5龄,1~3龄幼虫群集取食,4~ 5龄分散取食,5龄幼虫在叶柄或小枝上吐丝结茧化蛹。

4.防治方法

1)农业防治

(1)做好检疫工作。樗蚕的成虫可迁飞传播,但其主要还是靠交通工具的携带进行远距离传播,所以务必要做好对植物的检疫工作,以防止其通过苗木的调运而传播至它处。

(2)人工摘除虫茧。樗蚕的幼虫结茧后,可组织人力开展摘除蛹茧,并集中销毁。可根据成虫产卵群聚成堆和低龄幼虫群聚的习性摘除卵块和群集幼虫的叶片。在苗木的日常管理中,有针对性地开展人工摘除附着有樗蚕卵块和群聚了幼虫的叶片。摘除下来 的叶片务必要集中深埋或烧毁,以求有效减少虫口基数。

2)生物防治

(1)天敌防治。七星瓢虫、螳螂、小茧蜂及麻雀等天敌对樗蚕有抑制作用,尤其是麻雀对樗蚕的发生量的控制作用比较大,可对这些天敌加以保护利用。

(2)生物药剂。在低虫口幼虫期,可喷洒生物药剂进行防治,控制虫口上升。药剂可以选择25%灭幼脲 1 500 倍液、5%吡虫啉 1 500 倍液、1.2%苦·烟 1 500 倍液等,防治效果可达 96%。

3)物理防治

在樗蚕各代成虫的发生期间,可利用其成虫具有趋光的习性,设置频振式杀虫灯对其进行诱杀。

4)化学防治

(1)喷药防治。药剂防治的关键是选择喷药的时间点。一般选择在幼虫的孵化盛期,或者是幼虫的初龄阶段进行施药。可以向树冠喷洒 1.2% 的烟参碱 800~1 500 倍液,或0. 5%楝素杀虫乳油 600 倍液,或 25%灭幼脲 3 号胶悬剂 1 500 倍液,或苏云金杆菌 800~1 000倍液,或 10%氯氰菊酯乳油 1 000~1 500 倍液,或 2.5%溴氰菊酯乳油 2 000 倍液,或20%氰戊菊酯。

(2)打孔注药防治。对樗蚕幼虫危害比较严重,且喷药防治困难的高大树体,还可采用树干注药机在树干胸径处的不同方向钻深达髓心的下斜孔 3~4 个,然后注入渗透性强的药剂进行防治。药剂可用 50%氯胺磷乳油或 25%杀虫双水剂等。随着树液的流动,药液将会输送至叶部,以达到毒杀取食叶片的樗蚕幼虫。需要注意的是:采用打孔注药时,应采取注入原药或者是 1 倍稀释液,药量则一般控制在 2~10 mL。另外,注药后要封好注药口。

(三)乌桕大蚕蛾

乌桕大蚕蛾 *Attacus atlas* Linnaeus,夜行性蛾类,又名大桕蚕、山蚕、大乌桕蚕,属鳞翅目、大蚕蛾科昆虫,春夏皆有,较少见。分布于江西、湖南、广东、广西、福建、贵州、云南、海南、台湾等地。危害乌桕、樟树、柳、枫、大叶合欢、桦木、泡桐、木荷、桂皮等多种植物。

1.形态特征

1)成虫

翅展 180~210 mm。雄蛾的触角呈羽状,而雌蛾的翅膀形状较为宽圆,腹部较肥胖。其翅面呈红褐色,前后翅的中央各有 1 个三角形无鳞粉的透明区域,周围有黑色带纹环绕,前翅先端整个区域向外。前翅顶角显著突出,体翅赤褐色,前、后翅的内线和外线白色;内线的内侧和外线的外缘黄褐色并有较细的黑色波状线;顶角粉红色,内侧近前缘有半月形黑斑 1 块,下方土黄色并间有紫红色纵条,黑斑与紫条间有锯齿状白色纹相连。后翅内侧棕黑色,外缘黄褐色并有黑色波纹端线,内侧有黄褐色斑,中间有赤褐色点。

2)卵

椭圆形,表面颜色为紫红色偏淡。

3)幼虫

幼虫成圆筒形,体色大部分为浅绿色至深绿色,幼虫粗壮,躯干处生有许多毛瘤。老熟幼虫可以吐丝做茧。

4)蛹

粗壮,纺锤形,多为黄褐色和深褐色。

2.为害状

幼虫危害寄主叶片呈缺刻、孔洞,仅留主脉,影响生长。

3.生物学习性

乌桕大蚕蛾每年发生2代,成虫在4~5月及7~8月间出现。常夜间活动,但雌蛾飞翔能力不强。其蛹以茧的形式附着于寄主植物上过冬。成虫产卵于寄主植物的主干、枝条或叶片上,排列规则。从卵到幼虫,再到化蛹成飞蛾,这个过程长达1年,而特别奇特的是在化蛹期,乌桕大蚕蛾幼虫有吐丝下垂随风飘荡转换寄主部位的习性。会像蚕一样吐丝,将自己紧紧包裹,它们吐出的丝比蚕丝略细,但更富有光泽度,我国古代文献中就有记载。以蛹在附着于寄主上的茧中过冬,成虫产卵于主干、枝条或叶片上,有时成堆,排列规则。

4.防治方法

1)农业防治

(1)清洁果园。冬季结合清园,整枝修剪时,采集越冬虫茧,烧毁,减少越冬虫源。

(2)人工捕杀。根据被害状和排于地面的虫粪寻找捕杀幼虫。

(3)加强管理。通过科学管理,增强树势,提高林木综合抗虫力。

2)生物防治

(1)生物药剂防治。可选用苏云金杆菌或青虫菌进行防治生物防治。

(2)释放天敌防治。释放马蜂、麻雀、胡蜂、寄生蝇、姬蜂、赤眼蜂等加强保护。

3)物理防治

灯光诱杀:在成虫羽化期采用黑光灯诱杀技术,能够有效地对害虫进行消灭和清除。

4)化学防治

幼虫3龄以前,及时喷50%杀螟松乳油1 000倍液、2.5%溴氰菊酯3 000倍液、10%氯氰菊酯2 000倍液、20%杀灭菊酯4 000倍液、20%速灭杀丁5 000倍液、20%除虫脲8 000倍液、80%敌敌畏乳油1 500倍液、90%晶体敌百虫800倍液等常规农药,均能取得良好的效果。

(四)立枯病

立枯病是由真菌所引起的一种病害,主要危害幼苗,造成光皮树幼苗直立枯死,在短期内造成苗木大量死亡。该病分布广、危害严重,全国各地苗圃均有发生。主要危害松、杉等针叶树苗木,也危害光皮树、杨树、臭椿、榆树、枫树、桦树、银杏、桑树、刺槐等阔叶树幼苗。

1.症状

种子播种后或幼苗出土前被病菌侵害,产生芽腐和种子腐烂,表现为苗床出苗率低、缺苗等。幼苗在木质化之前根茎基部产生水渍状褐色斑并凹陷缢缩呈猝倒状;病菌侵入幼苗或插枝的根、茎基处，产生水渍状浅褐色至深褐色大斑，表现植株萎蔫，腐烂而死；接触地面的叶尖也易产生褐色水渍状大斑引起叶腐；在潮湿情况下，病部有褐色菌丝体并附有小土粒状的菌核。

2.病原

该病病原分为非侵染性和侵染性两大类。

非侵染性病原多由环境不适引起，包括圃地积水、排水不良等造成的土壤过湿，土壤干旱、黏重、表土板结、覆土过厚造成的干旱、缺水、缺氧等，地表温度过高、阳光直射、揭膜过迟造成的根颈灼伤，以及通风不畅和农药污染等。

侵染性病原主要是丝核菌属 *Rhizoctonia* spp.真菌。菌丝有横隔，蛛网状，初期无色多油点，老菌丝黄褐色，呈直角分枝，菌丝常密集交织成堆，形成圆形、扇圆形或不规则的菌核，菌核黄褐至黑褐色，多生长在潮湿土壤中。除此以外，镰刀菌 *Fusarium* spp.和腐霉菌 *Pythium* spp.也可以造成苗木的立枯症状。

3.发病规律

丝核菌、镰刀菌、腐霉菌都是土壤习居菌，腐生性很强，分别以菌核、厚垣孢子、卵孢子等度过不良环境，可在病株残体和土壤中存活多年，因而土壤带菌是最重要的初侵染源，借雨水、灌溉水传播。病菌主要危害一年生幼苗，尤其是苗木出土至木质化前最易感病。病害发生时期因各地气候条件不同而存在差异。一般在 5~6 月，幼苗出土后、种壳脱落前发病最严重，一年可连续多次侵染发病，造成病害流行。

此外，长期连作感病植物、种子质量差、幼苗出土后遇连阴雨天气、光照不足、幼苗木质化均匀程度差、播种迟、覆土深、雨天操作、揭草揭膜不及时等均可加重病害流行。

4.防治方法

1)农业防治

苗圃应轮作换茬，避免连茬。选择在地势偏高且平坦、排水畅通、光照良好、病虫害少且发病率低、在旱能浇、涝能排的沙壤土上，避免选择黏重土、低洼或棉花、马铃薯、瓜类、蔬菜茬地作苗圃。苗圃地施有机肥要充分腐熟，经过高温发酵，并与土壤混匀，防止种子与土壤直接接触。

2)生物防治

引入生物技术，利用有益微生物抑制病害，也可以达到事半功倍的效果。利用拮抗细菌与木霉菌防治立枯病。例如，利用木霉菌、牛杆菌等菌根菌制剂以及 5406 细胞分裂素等处理种子或撒播种沟、喷雾、灌根、拌种控制病害，促进苗木生长。

3)物理防治

应当适当采用覆膜技术提高地温促进苗木早发，加速幼苗生育进程。

4)化学防治

(1)喷药预防。苗木出土后应及时喷药保护和防治。幼苗出齐后，每隔 7~10 天喷 1 次，连喷 3 次，直至发病期过后为止。75%百菌清可湿性粉剂 500~800 倍药液、50%多菌灵可湿性粉剂 1 000 倍液、0.5∶1 波尔多液 200 倍液、高锰酸钾 800~1 500 倍液、40%灭病威(多菌灵和硫黄粉的混合制剂)胶悬剂 500 倍液等交替使用，其中高锰酸钾 800~1 500 倍液防治效果最好，达到 97%~99%。

(2)灌根处理。在灌根处理的方式下，施用 2%硫酸亚铁水溶液或 25%多菌灵 400 倍液或50%灭霉灵可湿粉剂600倍液或甲基硫菌灵1 000倍液，实验表明，在灌根处理的方式下，施用以2%硫酸亚铁水溶液的防治效果最高。

(3)土壤消毒。每亩用5~7.5 kg硫酸亚铁药粉拌细土20 kg，撒在苗床上耙匀，或用0.3%的硫酸亚铁药液喷洒苗床，每亩150 kg左右。

(五)紫纹羽病

紫纹羽病是一种真菌引起的病害，常见于苗圃，苗木受害后，由于病势发展迅速，很快就会枯死。成年大树受害后，病势发展缓慢，主要表现为逐渐衰弱，个别严重感病植株，由于根颈部分腐烂而死亡。除危害乌桕外，能危害刺槐、苹果、杨、柳、松、柏、杉、红薯、大豆等多种苗木和幼树。

1.症状

紫纹羽病的主要特征为病根表面呈紫色。病害首先从幼嫩新根开始，逐步扩展至侧根及主根。感病初期，病根表面出现淡紫色疏松棉絮状菌丝体，其后逐渐集结成网状，颜色渐深，整个病根表面为深紫色短绒状菌丝体所包被，菌丝体上产生有细小紫红色菌核。病根皮层腐烂，极易剥落。木质部初呈黄褐色，湿腐；后期变为淡紫色，病根皮层组织易腐烂，但表皮仍然完好地在外边。秋后在病根周围的黏土层或深土层中，特别是缝隙处可见到大小形状不定的菌丝块，其内有时还夹有病残组织或白沙。地上部分生长衰弱，小叶发黄色，枝条节间缩短或部分干枯。病害扩展到根颈后，菌丝体继续向上延伸，包围干基。病株地上部分症状表现为顶梢不抽芽，叶形短小，发黄，皱缩卷曲；枝条干枯，最后全株枯萎死亡。

2.病原

紫纹羽病是由紫卷担菌 *Helicobasidium purpureum* 引起的，属真菌担子菌门紫卷担子菌。有性阶段子实体膜制，紫红色。担子无色，圆筒形，弯曲，有3个隔膜，上生4个担孢子。担孢子卵形或肾形，单胞，无色，病根上着生的暗紫红色绒布状物是菌丝层。无性世代为紫纹羽丝核菌 *Rhizoctonia crocorum*。

3.发病规律

紫纹羽病以菌丝体、根状菌索或菌核随着病根遗留在土壤中越冬。条件适宜时，根状菌索产生菌丝体，接触寄主直接侵入危害。侵入果树新根的柔软组织，被害细根软化腐朽以至消失，以后逐渐延及粗大的根。病菌的根状菌索能在土壤中生存多年，并能横向扩展，侵害邻近的健根。土壤潮湿、土壤有机质缺乏、酸性程度高以及定植过深或培土过厚、根部受伤等，都利于病害发生。果园若建在原为槐树、杨树、柳树及腊条林迹地的发病较重，而以臭椿、松树和柏树为前茬者则较轻。另外，定植过深以及树势衰弱的树亦易发病。

4.防治方法

1)农业防治

(1)适地建园。不在林迹地建园。勿种植过密，或通过修剪、雨季排水等控制湿度，减少病害发生。

(2)加强果园管理。低洼地积水应及时排出，增施有机肥，苗木定植时，接口要露出土面。另外通过改良土壤，整形修剪，加强对其他病虫害的防治，增强树体抗病力。

(3)合理植树。果园周围不用刺槐作防护林，如用要挖根隔离，以防病菌随根系传入果园。果园内不要间作甘薯、马铃薯、大豆、瓜类及茄科等易感病植物。以防相互传染。

2）物理防治

在病区或病树外围挖 1 m 深的沟，隔离或阻断病菌的传播。

3）化学防治

（1）治疗处理病树。对于发病较轻的植株，可扒开根部土壤，找出发病的部位，并仔细清除病根，然后用 50% 的代森铵水剂 400~500 倍液或 1% 硫酸铜溶液进行伤口消毒，最后涂波尔多液等保护剂。对于已经腐烂的根，把烂根切除，再浇施药液或撒施药粉。刮除的病斑，切除的霉根及病根周围扒出的土壤，都要携出果园之外，并换上无病新土。应用的药剂种类及其浓度是：五氯酚钠，用五氯酚钠的 250 倍液，大树每病株灌注 50~75 kg；紫纹羽病发病部位常较广，故用药量要多些。五氯硝基苯，70% 五氯硝基苯以 1 ∶（50~100）的比例，与换入的新土混合，均匀地分层撒施于病根分布到的土壤中。8~10 年生大树，每株用药量为 0.5 kg 左右；2~3 年生小树，每株用药量为 50~150 g。

（2）死树集中销毁及处理。对于将要死亡的果树或已经枯死的果树，挖除树木并集中烧毁残根。病穴土壤可灌浇 150 倍五氯酚钠或撒施石灰粉消毒。当病死果树较多，病土面积大，用石灰氮消毒，每公顷用量为 750~1 125 kg。

八、毛梾病虫害

毛梾 *Cornus walteri* Wanger，又名椋子木、车梁木、小六谷（四川峨眉）、油树等，为山茱萸科、梾木属落叶乔木，树高 6~15 m。树皮厚，呈黑褐色，纵裂又横裂成块状，小枝紫红色或绿色，密被贴生灰白色短柔毛。冬芽腋生，扁圆锥形，长约 1.5 mm，被灰白色短柔毛。叶对生，纸质，叶面背面密被灰白色，椭圆形至长椭圆形，长 4~12 cm，宽 1.7~5.3 cm，先端渐尖，基部楔形。伞房状聚伞花序，总梗长 1.2~2 cm，花梗长 2~3 mm；花白色，有香味；花萼裂片 4，绿色，齿状三角形，与花盘近于等长，外侧被有黄白色短柔毛；花瓣 4，长圆披针形，长 4.5~5 mm，宽 1.2~1.5 mm，上面无毛，下面有贴生短柔毛；雄蕊 4，无毛，花药淡黄色，长圆卵形，2 室，长 1.5~2 mm，核果球形，直径 6~7 mm，成熟时紫黑色；核骨质，扁圆球形，直径 5 mm，高 4 mm，有不明显的肋纹。花期 5 月，果期 9 月。

我国辽宁、河北、山西南部以及华东、华中、华南、西南各省区均有分布，以河南、山西、陕西、山东分布较为集中，朝鲜、日本亦有分布。毛梾生态适应性强，年均温度 8~16.5 ℃，环境最为适宜，较耐寒，在我国大部分地区可安全越冬。毛梾较喜光，生于海拔 300~1 800 m，稀达 2 600~3 300 m 的杂木林或密林下，散生于丘陵、山地阳坡、半阳坡沟谷坡地的林缘。较耐干旱瘠薄，更适宜深厚肥沃土壤，在中性、酸性及微碱性的沙土至黏性土壤中均能生长。深根性，根系发达，不耐水渍。毛梾栽植 4~6 年开始开花结实，6 年生毛梾胸径可达 10 cm，树龄 30 年毛梾盛果期单株种子产量可达 10~40 kg，果期 60~70 年，寿命可达 300 年。

毛梾用途广泛，木材坚硬，纹理细致，在建筑、家具、雕刻等方面均可应用。果肉和种仁均含油脂，果实含油量 31.8%~41.3%，出油率 25%~33%，部分山区群众曾作为食用油料，油渣可作饲料和肥料。叶和树皮可提取栲胶、单宁，树皮还可药用，有祛风止痛、通经络等功效。因其树冠丰满、叶色浓绿、根系发达、适应性强，也成为优良的城市园林绿化和山区水土保持树种。目前，国内关于毛梾的研究主要集中在生物学习性、苗木繁育、栽培技术以及毛梾应用价值综述等方面，近年来，关于毛梾组培、种子萌发与内源激素的关系、扦插繁殖生根机制及 ISSR 分子标记在毛梾研究的应用上也有报道。

2016 年 10 月 10~11 日，首届全国毛梾产业发展学术研讨会在新泰市举办。全国绿化委员会副主任、中国林学会理事长赵树丛出席了研讨会开幕式。毛梾作为近几年我国发展较快的经济林树种之一，集生态、观赏、木本油料、生物质能源等功能于一体，开发价值独特，市场前景广阔。同年山东企业发布的“毛梾籽油”企业标准，意味着我国又一款木本油料食用油毛梾籽油即将进入标准化生产，我国木本油料家族又增加了新成员。

毛梾在苗木繁育及栽培过程中的主要病害包括黑斑病、褐斑病、煤污病等，苗期虫害主要为地老虎、蛴螬等。

（一）地老虎

地老虎俗称土蚕、切根虫，属鳞翅目、夜蛾科。幼虫体长 50 mm 左右，多数以幼虫越冬，少数以蛹越冬，老熟幼虫通常于深度 7 mm 左右土壤中化蛹，通常在潮湿杂草较多的圃地易发生为害。幼虫 3 龄前夜间出穴，危害幼苗生长点及嫩叶，啃食近地苗茎，至整株死亡。

1.形态特征

1）成虫

体长 14~19 mm，翅展 32~43 mm，黄褐色，多皱纹而淡，不明显的颗粒，节背面前缘无倒三角形的深褐色斑纹。前翅亚基线及内、中、外横纹不很明显，前缘略带黄褐色。

2）卵

半圆形，直径 0.5 mm 左右，初为乳白色，后变为黄色。

3）幼虫

体长 33~43 mm，黄褐色或黑褐色，体表粗糙，颗粒不明显，有光泽。腹足趾钩 12~21 个。

4）蛹

体长 18 mm 左右，红褐色，腹部末节有臀刺 1 对。

2.为害状

毛梾幼苗受害时通常表现为基部被取食致使幼苗死亡。

3.生物学习性

地老虎通常在杂草上产卵，及时清理圃地杂草减少幼虫虫源。成虫多在傍晚活动，对糖、醋等味道具趋性，对黑光灯也有趋性，迁飞能力强。

4.防治方法

1）农业防治

保持苗圃整洁，杂草及时清除，避免落叶枯枝杂草等覆盖物堆积，减少其成虫隐藏环境。

2）物理防治

设置杀虫灯诱杀成虫，从而减少田间虫口密度。

3）化学防治

可采用毒饵诱杀，毒饵配制可采用 500 g 敌百虫与 30 kg 青草拌匀，或 500 g 敌百虫与 50 kg 麸皮及适量水拌匀，傍晚撒施于植物根颈附近，诱杀地老虎。3 龄前幼虫喷洒 90%敌百虫 1 000 倍液防治。

（二）铜绿丽金龟

铜绿丽金龟属鞘翅目、丽金龟科。成虫出土时间较为集中，取食植物叶片，其幼虫俗称蛴螬，寄生根基附近土壤中，通常近圆筒形，乳白色，弯曲状，尾部颜色深，头部黄褐色或橙黄色，胸足 3 对，无腹足，多危害植物根部。其为杂食性害虫，林果花卉及农作物均为蛴螬取食对象，因此应根据栽培植物种类采用恰当的防治措施。

1.形态特征

1）成虫

体长 15~22 mm、宽 8~10 mm，铜绿色，具光泽。前胸背板发达，生刻点，盾片色较深，有光泽，侧边缘淡黄色。鞘翅色浅。胸部腹板及足黄褐色，腹部黄褐色。复眼深红色，角 9 节。

2）卵

乳白色，长 1.5~2.0 mm、宽 1.5 mm 左右。初产时为椭圆形，孵化前为圆形，颜色淡化色。

3）幼虫

体型弯曲状“C”形，白色居多，少数黄白色。头部褐色，腹部肿胀。体壁柔软具褶皱。头多为黄褐色，左右对称刚毛。胸足 3 对，通常后足较长。腹节 10 节，臀节上有刺毛。

4）蛹

长 20 mm 左右、宽 10 mm 左右，长椭圆形，裸蛹。初浅白色，后渐变为淡褐色，羽化前黄褐色。

2.为害状

毛梾苗圃出现幼苗凋萎，受害植株根系韧皮部被取食，可判断多为蛴螬为害。

3.生物学习性

1 年 1 代，以成虫或幼虫在土中越冬，深度 30 cm 左右。4 月初成虫出土活动，4 月下旬取食嫩芽，5 月上旬交配，5 月下旬产卵，6 月上旬卵在 20 cm 左右土中孵化，7 月下旬老熟幼虫化蛹，8 月下旬成虫羽化后潜伏于土中越冬。

4.防治方法

1）农业防治

加强肥水管理，增强树势。冬春季深耕翻土，杀灭幼虫、蛹及成虫，降低虫口密度。施用有机肥应腐熟。苗圃杂草、落叶等清除干净。可在苗圃内种植蓖麻诱杀成虫。

2）物理防治

采用黑光灯诱杀或糖醋液诱杀，3~5 月，苗圃设置变频黑光灯，诱杀成虫，密度为 200 m 设置 1 处，灯距离地面高度 1.5 m 左右。糖醋液配置比例糖、醋、水按 1∶3∶10 混合，采用塑料诱杀瓶，侧面开口 15 cm 左右，糖醋液深度 10 cm 左右，放置高度 1.5 m 左右，每亩放置 10 个左右。

3）化学防治

4~5 月，金龟子出土时，采用叶面喷施 20%甲氰菊酯乳油 1 500 倍液，连续喷施 2~3 次。6~7 月，卵孵化期，采用 5%辛硫磷颗粒剂，每亩 2.5~3 kg，翻耕后，小水灌溉。

（三）黑斑病

毛梾黑斑病为真菌性病害，危害时会出现叶片皱缩、枯焦、脱落。主要危害毛梾的叶片、嫩梢以及果实，苗圃苗木栽植密度大，影响通风透光，下部叶片感病后逐渐侵染上部叶片，初期叶片表皮呈现褐色或黑色圆斑，直径 2 mm 左右，后病斑穿孔，大小不等。

1.症状

在毛梾叶片上出现圆形或多角形病斑，颜色黑色，病斑外缘呈半透明状，严重时斑逐渐变大，连接成大病斑，叶片穿孔，随后叶片皱缩、枯焦或叶片凋落。嫩梢发病时病斑长圆形黑色病斑，病斑连接成片后发生枯梢。果实受害，在果面上出现黑色小点，而后逐渐扩散，果实畸形，通常病果会早落。

2.病原

病原菌为链格孢菌 *Alternaria alternata*，分生孢子梗曲膝状，绿褐色至褐色，孢子倒棍棒型，褐色至黑褐色。

3.发病规律

病菌通常存在于枝条、鳞芽及残留病果的组织内越冬。春季随雨水、昆虫传播到叶片，再有叶片感染枝条及果实。病菌由气孔、皮孔及伤口处侵入，主要侵入细胞薄壁组织，导致细胞结构损害死亡。多雨年份发病较重，干旱少雨发病较轻。河南地区通常在 5 月下旬发生，6~7 月为发病盛期。展叶期、花期较易感病。

4.防治方法

1）农业防治

加强田间管理，及时清理病虫枝、病果，秋季清理苗圃，集中填埋落叶枝条及病果。加强肥水管理，增强树势，增强抗病能力。合理密植，避免苗圃密度过大。

2）化学防治

防治方法：450 mg/L 咪鲜胺 1 000 倍液或 72%农用链霉素与 70%甲基托布津 500 倍液防治，效果较好。

（四）煤污病

煤污病又称为煤烟病，为真菌性病害，其症状主要表现为叶片嫩梢黑色霉斑融合成片，在嫩梢、叶片上布满黑色霉层，好像黏附一层煤烟。

1.症状

煤污病发病初期，毛梾症状为叶面出现煤黑色病斑，多发生在叶面，多在叶脉处向两侧蔓延，直至整个叶面感染，病斑形状不定，严重时叶背面会呈现黑色霉层或黑色煤粉层。

2.病原

煤污病病原属子囊菌门核菌纲煤炱目和小煤炱目多种真菌。

3.发病规律

病菌通常在感病枝条上越冬，靠风雨或昆虫传播，苗圃发生蚜虫病虫害分泌的黏液会导致毛梾病菌滋生，其次苗圃栽植密度过大、温度高、湿度大也会促使病菌蔓延。发病季节多集中在 7 月上中旬，7 月下旬达到盛期，9 月病情不再延续。

4.防治方法

1）农业防治

苗圃注意栽植密度，通风透光有利于苗木健壮生长，不易发生病害。及时清理圃地落叶病叶，集中填埋或灭消菌源。避免圃地大面积滋生蚜虫、介壳虫等害虫。

2）化学防治

发病初期可施用 5%戊唑醇水乳剂 1 000 倍液、代森铵 2 500 倍液或 70%甲基硫菌灵可湿性粉剂 50 mg/kg，严重时可喷施 5%戊唑醇水乳剂 800 倍液或代森铵 1 000 倍液防治。

九、杜仲病虫害

杜仲 *Eucommia ulmoides* Oliver,又名胶树、丝连皮、扯丝皮、丝棉皮、玉丝皮、思仲等,为落叶乔木,属杜仲科、杜仲属。杜仲是我国特有树种,资源稀少,为国家二级保护树种。杜仲药用价值很高,其树皮和叶均可入药,具有补肝肾、强筋骨、降血压、安胎等诸多功效。

杜仲喜温暖湿润气候和阳光充足的环境,耐严寒,成株在-30 ℃的条件下可正常生存,我国大部分地区均可栽培,适应性很强,对土壤没有严格选择,但以土层深厚、疏松肥沃、湿润、排水良好的壤土最宜。杜仲树的生长速度在幼年期较缓慢,速生期出现在7~20年,20年后生长速度又逐年降低,50年后,树高生长基本停止,植株自然枯萎。多生长于海拔300~500 m的低山、谷地或低坡的疏林里,对土壤的选择并不严格,在瘠薄的红土或岩石峭壁均能生长。

杜仲高可达20 m,树皮灰褐色,粗糙,内含橡胶,折断拉开有多数细丝。嫩枝有黄褐色毛,老枝有明显的皮孔。芽体卵圆形,外面发亮,红褐色,有鳞片6~8片,边缘有微毛。叶椭圆形、卵形或矩圆形,薄革质,长6~15 cm、宽3.5~6.5 cm。基部圆形或阔楔形,先端渐尖;上面暗绿色,初时有褐色柔毛,不久变秃净,老叶略有皱纹,下面淡绿,初时有褐毛。花生于当年枝基部,雄花无花被;花梗长约3 mm,无毛;苞片倒卵状匙形,长6 mm,顶端圆形,边缘有睫毛,早落;雄蕊长约1 cm,无毛,花丝长约1 mm,药隔突出,花粉囊细长,无退化雌蕊。雌花单生,苞片倒卵形,花梗长8 mm。翅果扁平,长椭圆形,长3~3.5 cm、宽1~1.3 cm,先端2裂,基部楔形,周围具薄翅。果位于中央,稍突起,子房柄长2~3 mm,与果梗相接处有关节。种子扁平,线形,长1.4~5 cm、宽3 mm,两端圆形。早春开花,秋后果实成熟。

杜仲树皮自古便以名贵药材而著称。早在2000年前我国第一部药物学专著《神农本草经》中便明确记载了杜仲皮的药效,称"杜仲味辛平",主治"腰脊痛,补中,益精气,坚筋骨,强志,除阴下痒湿,小便余沥,久服轻身不老"。把杜仲列为药中上品,并称属上品者,可多服、久服,无毒或微毒,有明显滋补、强壮之功效。杜仲全身除木质部外,都含有杜仲胶,其中以杜仲果皮含胶量最高,为10%~18%,杜仲皮含胶量为10%~12%,杜仲叶含胶量为3%~5%。杜仲胶具有橡胶和塑料的双重特性,可生产高强度海底电缆、高质量轮胎、各种假肢套、保健腰围及运动员各种防护用品等。杜仲种子除育苗外还可榨油,其种仁含油率达27%~30%。杜仲油主要成分是亚麻酸和亚油酸,为高级食用油和工业用油。杜仲木材坚韧、洁白、致密且富有光泽,纹理细致,不翘不裂,不遭虫蛀,是制造舟车、高档家具及工艺品的优良材料。杜仲木材还广泛用于制造筷子、牙签、杜仲保健按摩器等。用杜仲木材加工而成的各种工具,表面光滑,韧性好且耐磨损。其中杜仲饭筷抗菌、无异味,且质轻耐磨,很受市场欢迎。杜仲干形直,枝繁叶茂,树冠多呈圆形或圆锥形,遮阴面积大,且树体抗性强,病虫害很少,不需喷洒农药,是城市园林绿化非常理想的树种。杜仲叶粉掺入畜、禽及鱼类饲料内,不仅可以提高畜禽及鱼类免疫力,减少疾病的发生,还可以提高畜、禽及鱼类产品的品质,使其味道更浓、更香,口感更好,深受消费者欢迎。

杜仲在我国分布于陕西、甘肃、河南、湖北、四川、云南、贵州、湖南、安徽、江西、广西及浙江等地,现各地广泛栽种。

杜仲在生长过程中遭受多种病虫害的危害,对杜仲产业的发展造成了不同程度的威胁。

主要虫害有杜仲梦尼夜蛾、杜仲豹纹木蠹蛾、黄刺蛾等，主要病害有立枯病、根腐病、叶枯病等。

(一)杜仲梦尼夜蛾

杜仲梦尼夜蛾 *Orthosia Songi Chen et* Zhang，属鳞翅目、夜蛾科，主要以幼虫取食杜仲叶片，是杜仲的重要食叶害虫之一。在我国主要分布在贵州、湖南、湖北、江西、四川、陕西、河南等地。1979 年首次在贵州遵义的杜仲林场发现，1995 年湖南慈利的江垭林场也报道了杜仲梦尼夜蛾的危害。近年来，该害虫在河南灵宝发生量大、危害周期长，食性单一，给杜仲产业发展造成了严重影响。

1.形态特征

1)成虫

全体褐灰色，体长 14~19 mm，翅展 36~46 mm。复眼，喙发达，触角丝状。腹部末端有黄褐色鳞毛丛。前翅亚中褶基部和中部有一黑斑纹，基线、内线均不明显，只在前缘区呈双黑纹，外线黑色锯齿形，后端外侧灰白，亚缘线灰白色，波浪形，内侧有一列黑色齿形纹，后翅褐色，端区带有暗褐色。腹部背面各节均有一黑斑，靠前端的较大，往后逐渐变小而模糊。

2)卵

圆形，初产时乳白色，接近孵化时呈灰白色；块状，少数单产，卵块排列整齐，光滑，无覆盖物，每卵块卵粒数 10~50 粒不等。

3)幼虫

初孵幼虫淡黄色，开始取食后渐变为淡绿色，头壳上可见黑色斑纹。幼虫的体色随虫龄的增加而有所变化，气门线以上部分颜色较深，有不规则的黑色斑纹，气门线以下部分色淡。腹足趾钩单序中列。幼虫共 5 龄。

4)蛹

被蛹，蛹外有薄茧，初期栗红色，后逐渐变成栗褐色和黑褐色，末端有臀棘 2~3 枚。

2.为害状

幼虫具有集中危害和暴食的特性，2~3 龄幼虫在叶脉之间啃食，使叶片穿孔而形成不规则的孔洞，4~5 龄幼虫可食全叶，只剩下主脉和基部较粗侧脉，虫口密度大时，可将成片杜仲林叶吃光。

3.生物学习性

杜仲梦尼夜蛾在河南灵宝 1 年发生 4 代，以蛹在土表越冬。翌年 4 月中旬，越冬蛹开始羽化产卵。幼虫 5 月上旬孵化，幼虫共 7 龄，幼虫期 18~21 天，5 月中旬化蛹。5 月下旬第 1 代成虫羽化，开始产卵。6 月上旬出现第 2 代卵，6 月中旬出现幼虫，6 月下旬出现蛹，7 月为第 2 代成虫期。7 月中旬出现第 3 代卵，下旬出现幼虫，8 月上旬出现蛹，8 月中旬至 9 月上旬为第 3 代成虫期。8 月下旬出现第 4 代卵，9 月上旬出现幼虫，9 月中旬老熟幼虫开始以蛹在土表层越冬。

化蛹的地点多选择在富含枯枝落叶，比较疏松的土层中，入土深度 2~5 cm，越冬蛹入土较深，有蛹室，有较完整的薄茧，第 1 代和第 2 代的蛹入土较浅，基本上不筑蛹室，有极薄的丝膜包裹蛹体。成虫白天羽化，每日 13~15 时羽化最盛，成虫羽化以后，即爬行到阴暗处躲藏，白天羽化的成虫当晚便可交尾，交尾在夜间进行，最盛时间在 17~21 时；2~3 天后雌虫开始产卵，卵多产于叶背，第 1 代卵也有产于 1 年生嫩枝上的。成虫昼伏夜出，爬行能力强，有较强的趋光性和趋绿性。初孵幼虫先取食卵壳，然后就地啃食叶肉，仅剩叶脉和叶表角质层，形成褐色斑块，1~2 天后分散取食，亦可吐丝下垂转移。3 龄以前的幼虫和第 1 代部分 4、5 龄幼虫不下树，吐丝缀合 2~3 片叶，隐藏其中，夜间出来取食。幼虫有傍晚上树取食，清晨下树隐藏的习性，在大发生时可常见到幼虫成群上下树的现象。幼虫食性单一，仅取食杜仲。

4.防治方法

1）农业防治

对现有杜仲纯林进行改造，营造混交林；加强杜仲林的经营管理，冬季搞好抚育，在杜仲落叶后至 3 月底前，清理林下杂草，深翻土壤消灭越冬蛹；秋季树落叶后，施有机肥，增强树势，提高杜仲林抗性。

2）生物防治

保护招引益鸟，例如灰喜雀、杜鹃、白头翁大量捕食幼虫；采用球孢白僵菌可湿性粉剂 4 000亿个孢子/g，用量 100~120 g/亩。

3）物理防治

4~10 月，成虫羽化期，利用其趋光性，挂频振式诱虫灯诱杀成虫，每 30 亩悬挂 1 台。

4）化学防治

采用 25%甲维 · 灭幼脲悬浮剂 1 500~2 500 倍液人工喷雾防治；大面积可用直升机弥雾，可用 2%的烟碱 · 苦参碱乳油，用量 40~50 g/亩。

（二）杜仲豹纹木蠹蛾

杜仲豹纹木蠹蛾 *Zeuzera leuconolum* Butler，又名六星豹蠹蛾，为鳞翅目、木蠹蛾科、豹蠹蛾属。在我国分布较广，以幼虫蛀入杜仲、苹果、枣、桃、柿子、山楂、核桃、杨、柳等林木枝条内危害，是我国杜仲危害枝干的主要害虫，杜仲幼林遭受木蠹蛾危害后可使整株死亡。

1.形态特征

1）成虫

体长 22 mm，翅长 43~54 mm，体灰色。雌蛾触角丝状，雄蛾羽状且先端细长如丝。前胸背面有 6 个蓝黑色斑点。前翅散生大小不等的青蓝色斑点。腹部各节背面有 3 条蓝黑色纵带，两侧各有 1 个圆斑。

2）卵

长圆形，初为黄白色，后变棕褐色，散产或数粒在一起。

3）幼虫

老熟时体长 35~45 mm，头部黑褐色，具光泽，略扁平而坚硬。胸、腹部紫红色或灰褐色，各体节上有小黑点 4~7 个，每个小黑点上着生有短细毛土根，背线黑色。

4）蛹

体长约 30 mm，赤褐色，腹部第 2 节至第 7 节背面各有短刺两排，第 8 腹节有 1 排。尾端有短刺。

2.为害状

被害枝基部木质部与韧皮部之间有 1 个蛀食环，幼虫沿髓部向上蛀食，枝上有数个排粪孔，有大量的长椭圆形粪便排出，受害枝叶变黄枯萎，遇风易折断。

3.生物学习性

杜仲豹纹木蠹蛾1年发生1代,以老熟幼虫在被害枝条内越冬。翌年春,萌芽后,幼虫转移到新梢蛀食危害,幼虫在枝条髓部向上蛀食,并在不远处向外咬一圆形排粪孔,随后再向下部蛀食。5月中下旬老熟幼虫化蛹。6月中旬至7月中旬为羽化期,成虫羽化后,蛹壳一半露出孔外,长久不掉。成虫有趋光性,卵产于嫩梢、芽腋或叶片上。7月为卵孵化期,卵期15~20天。幼虫孵化后先从嫩梢上部叶腋蛀入为害,幼虫蛀入后先在皮层与木质部间绕干蛀食木质部一周,因此极易从此处引起风折。幼虫再蛀入髓部,沿髓部向上蛀纵直隧道,隔不远处向外开一圆形排粪孔。被害枝梢3~5天内即枯萎,幼虫钻出再向下移不远处重新蛀入,经过多次转移蛀食,当年新生枝梢可全部枯死。幼虫为害至秋末冬初,在被害枝基部隧道内越冬。10月中旬后,幼虫在被害枝中越冬。

4.防治方法

1)农业防治

及时剪除、烧毁风折枝。风折枝中,常有大量幼虫和蛹存在,要及时清除烧毁。

2)生物防治

在生长季节,发现枝条上有新鲜虫粪排出时,用白僵菌黏膏涂在排粪孔口,或用注射器对注孔注射5亿孢子/mL白僵菌液,可杀死枝内害虫。

3)物理防治

5月中旬,成虫羽化期,利用其趋光性,挂频振式诱虫灯诱杀成虫,每30亩悬挂1台。

4)化学防治

发现枝条上有新鲜虫粪排出时,用80%敌敌畏500倍液注射入排粪孔内,或用1/4片磷化铝塞入孔内,再用黄泥堵严孔口。喷雾杀初孵幼虫,对尚未蛀入干内的初孵幼虫用2.5%溴氰菊酯浮油3 000倍,或采用25%甲维·灭幼脲悬浮剂1 500~2 000倍液人工喷雾防治。

(三)黄刺蛾

黄刺蛾 *Cnidocampa flavescens*(Walker),又名麻叫子、痒辣子、刺儿老虎、毒毛虫等。幼虫体上有毒毛易引起人的皮肤痛痒。属鳞翅目、刺蛾科。我国均有分布。以幼虫取食杜仲叶片,可将叶片吃成很多孔洞、缺刻或仅留叶柄、主脉,严重影响树势和果实产量。

1.形态特征

1)成虫

雌蛾体长15~17 mm,翅展35~39 mm;雄蛾体长13~15 mm,翅展30~32 mm。体橙黄色。前翅黄褐色,自顶角有1条细斜线伸向中室,斜线内方为黄色,外方为褐色;在褐色部分有1条深褐色细线自顶角伸至后缘中部,中室部分有1个黄褐色圆点。后翅灰黄色。

2)卵

扁椭圆形,一端略尖,长1.4~1.5 mm、宽0.9 mm,淡黄色,卵膜上有龟状刻纹。

3)幼虫

老熟幼虫体长19~25 mm,体粗大。头部黄褐色,隐藏于前胸下。胸部黄绿色,体自第2节起,各节背线两侧有1对枝刺,枝刺上长有黑色刺毛;体背有紫褐色大斑纹,前后宽大,中部狭细成哑铃形,末节背面有4个褐色小斑;体两侧各有9个枝刺,体中部有2条蓝色纵纹,气门上线淡青色,气门下线淡黄色。

4）茧

椭圆形，质坚硬，黑褐色，有灰白色不规则纵条纹，与蓖麻子大小、颜色、纹路相似，茧内虫体金黄。

5）蛹

椭圆形，粗大。体长 13~15 mm。淡黄褐色，头、胸部背面黄色，腹部各节背面有褐色背板。

2.为害状

可将叶片吃成很多孔洞、缺刻或仅留叶柄、主脉，严重影响树势和果实产量。

3.生物学习性

我国北方 1 年发生 1 代，南方 1 年 2 代。在北方幼虫于 10 月在树干和枝条上结茧过冬。翌年 5 月中旬开始化蛹，下旬始见成虫。5 月下旬至 6 月为第 1 代卵期，6~7 月为幼虫期，7 月下旬至 8 月为成虫期；第 2 代幼虫 8 月上旬发生，10 月结茧越冬。成虫羽化多在傍晚，以 17~22 时为盛。成虫夜间活动，趋光性不强。雌蛾产卵多在叶背，卵散产或数粒在一起。每雌蛾产卵 49~67 粒，成虫寿命 4~7 天。幼虫多在白天孵化。初孵幼虫先食卵壳，然后取食叶下表皮和叶肉，剥下上表皮，形成圆形透明小斑，隔 1 日后小斑连接成块。4 龄时取食叶片形成孔洞；5、6 龄幼虫能将全叶吃光仅留叶脉。幼虫食性杂，危害多种阔叶树。

4.防治方法

1）农业防治

6 月上中旬，初孵幼虫多群集于叶背面危害，及时摘除虫叶；冬季落叶后，结合修剪，清除虫茧，杀死越冬蛹。

2）物理防治

6 月上中旬，成虫羽化期，利用其趋光性，挂频振式诱虫灯诱杀成虫，每 30 亩悬挂 1 台。

3）生物防治

采用 400 亿孢子/个白僵菌粉炮防治，每亩投放 1~2 个；释放上海青蜂、广肩小蜂等刺蛾天敌防治。

4）化学防治

可采用 1.2%的苦参碱可溶液剂 1 500~2 000 倍液或 25%甲维·灭幼脲悬浮剂 1 500~2 000倍液人工喷雾防治。

（四）杜仲叶枯病

杜仲叶枯病是近年来杜仲发生的主要病害，分布于陕西、甘肃、河南、湖北、四川、云南、贵州、湖南、安徽、江西、广西及浙江等地，多发生于杜仲成林，郁闭度大的林分发生较重。

1.症状

叶片产生圆形或椭圆形病斑，初为灰褐色，后为灰白色，以后不断扩大，密布全叶，中部产生黑褐色霉状物。有时会出现病斑部干脆而破裂穿孔，严重发生的植株，全树叶片发黄，提早脱落。

2.病原

病原菌为无性孢子类壳针孢属真菌 *Septoria* sp.。分生孢子器球形、近球形、椭圆形，壁厚 15 μm，深琥珀褐色，光滑；分生孢子梗近柱形、稍呈梨形，末端尖或钝；分生孢子透明，基部稍膨大，远端近似鞭状，程度不等地弯曲。寄生在杜仲叶片上和多年生黑麦草和多花黑麦草上。

3.发病规律

杜仲叶枯病以菌丝体和分生孢子器在病叶上越冬，翌年4月，在温度适宜时，病菌的孢子借风、雨传播。该病在7~10月发生较重。植株下部叶片发病重。高温多湿、通风不良均有利于病害的发生。植株生长势弱的发病较严重。

4.防治方法

1）农业防治

冬季清除病叶枯枝杂草，集中销毁。加强栽培管理，成龄林适当间伐，控制栽植密度，并对树体进行整形修剪。增施有机肥及磷、钾肥。因地制宜选育和种植抗病品种。

2）化学防治

6月下旬发病初期，采用50%苯醚甲环唑水分散剂2 000倍液喷雾防治，或80%代森锰锌可湿性粉剂800~1 000倍液，或50%甲基硫菌灵可湿性粉剂800倍液喷雾防治。每10天喷1次，连喷2次。

（五）杜仲枝枯病

杜仲枝枯病，为杜仲的常见病害，主要分布于陕西、甘肃、河南、湖北、四川、云南、贵州、湖南、安徽、江西、广西及浙江等地。

1.症状

该病危害幼嫩枝条，先从顶部开始，逐渐向下蔓延直至主干。受害枝的叶片逐渐变黄，并脱落。皮层颜色改变，开始呈暗灰褐色，之后浅红褐色，最后变成深灰色，在死亡的枝条上形成黑色突起，即病菌的分生孢子器。当病部发展至环形时，引起枝条枯死。

2.病原

病原菌是无性型菌物腔孢纲球壳隐目球壳孢科大茎点菌属（*Macrophoma* sp.和茎点菌属 *Phoma* sp.。前者分生孢子器球形，有乳突状孔口，分生孢子梗单生，分生孢子较大，长椭圆形，单胞无色。后者分生孢子器埋生在皮层下，球形，分生孢子梗线形，无色单胞，分生孢子较小，卵圆形至长圆形。

3.发病规律

病菌在枯枝上越冬。翌年借风、雨传播，从枝条上的机械损伤、冻伤、虫伤等伤口或皮孔侵入。一般4~6月病害开始发生，7~8月为发病高峰期。在土壤水肥条件差，抚育管理不好，生长衰弱的杜仲林分中蔓延扩展迅速。病害严重时，幼树主枝也可感病枯死。

4.防治方法

1）农业防治

加强管理，提高抗病力。树干进行涂白，注意防冻、防日灼和防机械损伤。及时剪除病枝，集中销毁。伤口涂杀菌剂处理。

2）化学防治

春季萌芽前喷3~5°Be石硫合剂防治。发病初期，采用50%苯醚甲环唑水分散剂2 000倍液喷雾或50%甲基硫菌灵可湿性粉剂800~1 000倍液防治。

（六）杜仲根腐病

杜仲根腐病，分布于湖南、四川、安徽、陕西、湖北、河南、山东、河北等地，除危害杜仲外，在核桃、杏、苹果、桃、银杏、桑、榆等幼苗中也普遍发生。

1.症状

病菌先从须根、侧根侵入，逐步发展至主根，根皮腐烂萎缩，地上部出现叶片萎蔫、苗茎干缩，乃至整株死亡。病株根部至茎部木质部呈条状不规则紫色纹，病苗叶片干枯后不落，拔出病苗一般根皮留在土壤中。

2.病原

主要病原菌有镰刀菌 *Fusarium* spp.、丝核菌 *Rhizoctonia* spp.、腐霉菌 *Pythium* spp.等。镰刀菌产生 2 种类型的分生孢子，大型分生孢子镰刀型，多细胞，有 3 个隔膜，具明显脚胞，可产生厚垣孢子；小型分生孢子单胞，无色，椭圆形至纺锤形，偶有 1 分隔。此病主要侵染根部，发病初期根部产生水渍状褐色坏死斑，严重时整个根内部腐烂，仅残留纤维状维管束，病部呈褐色或红褐色。湿度大时，根茎表面产生白色霉层（即为分生孢子）。由于根部腐烂病株易从土中拔起。发病植株随病害发展，地上部生长不良，叶片由外向里逐渐变黄，最后整株枯死。

丝核菌菌丝初为白色，后变为褐色，直径 7~10 μm，典型特征是在菌丝分枝处上方形成隔膜，分枝菌丝的基部略缢缩。不规则形的菌核，直径 0.5 mm 左右，褐色至黑色。

腐霉菌丝状、裂瓣状、球状或卵形的孢子囊着生在菌丝上，孢子囊顶生或间生，无特殊分化的孢囊梗。腐霉属真菌在霜霉目中是较低等的，以腐生的方式在土壤中长期存活。有些种类可以寄生于高等植物，为害根部和茎基部，引起腐烂。幼苗受害后主要表现猝倒、根腐和茎腐，种子和幼苗在出土前就可霉烂和死亡。此外，还能引起果蔬的软腐。

3.发病规律

病菌先从须根、侧根侵入，逐步发展至主根。根溃疡只发生在高温的土壤里。土壤含水量在 70%~80%时易发病，在有灌溉条件的沙漠地区，此菌主要使植株发生根溃疡症状。在降雨多、空气湿度大而又炎热的气候，主要发生茎枯和叶枯症状。

6~8 月为该病害主要发生期，低温多湿、高温干燥均易发生，1 年内形成 2~3 个发病高潮。苗圃地土壤黏重、透气性差、板结、苗木生长弱容易感病，连续阴雨也能诱发该病发生。整地粗放、苗床太低、床面不平、圃地积水，以及苗圃缺乏有机肥、土壤贫瘠、连续育苗的老苗圃地，发生较重。

4.防治方法

1）农业防治

宜选择土壤疏松、肥沃、灌溉及排水条件好的地块育苗，尽量避开重茬苗圃地。长期种植蔬菜、豆类、瓜类、棉花、马铃薯的地块也不宜作杜仲苗圃地。精选优质种子并进行催芽处理，加强土壤管理，疏松土壤，及时排水，也能有效抵抗和预防根腐病。冬季土壤封冻前施足充分腐熟的有机肥；发病初期若土壤湿度大、黏重、通透性差，要及时改良并晾晒，同时每公顷施 1.5~2.3 t 硫酸亚铁（黑矾），将土壤充分消毒。酸性土壤每公顷撒 0.3 t 石灰，也可达到消毒目的。

2）化学防治

用 30%恶霉灵水剂 1 000 倍液，或 70%敌磺钠可溶粉剂 800~1 000 倍液，用药时尽量采用浇灌法，让药液浸到受损的根茎部位，根据病情，可连用 2~3 次，间隔 7~10 天。对于根系受损严重的，配合使用促根生长调节剂，效果更佳。

（七）杜仲立枯病

杜仲立枯病为杜仲的苗木病害，主要分布于陕西、河南、湖北、四川、云南、贵州、湖南、安徽、江西、广西及浙江等地。主要为害幼苗，在苗圃中经常导致苗木枯死。

1.症状

多发生在育苗的中后期。主要危害幼苗茎基部或地下根部，初为椭圆形或不规则暗褐色病斑，病苗早期白天萎蔫，夜间恢复，病部逐渐凹陷、缢缩，有的渐变为黑褐色，最后干枯死亡，但不倒伏。轻病株仅见褐色凹陷病斑而不枯死。苗床湿度大时，病部可见不明显的淡褐色蛛丝状霉。

2.病原

病原物为立枯丝核菌 *Rhizoctonia solani*，属无性型真菌。菌丝有隔膜，初期无色，老熟时浅褐色至黄褐色，分枝处成直角，基部稍缢缩。病菌生长后期，由老熟菌丝交织在一起形成菌核。菌核暗褐色，不定形，质地疏松，表面粗糙。担子无色，单胞，圆筒形或长椭圆形，顶生 2~4 个小梗，每个小梗上产生 1 个担孢子。担孢子椭圆形，无色，单胞。可危害 160 多种植物。

3.发病规律

病菌以菌丝和菌核在土壤或寄主病残体上越冬，腐生性较强，可在土壤中存活 2~3 年。混有病残体的未腐熟的堆肥，以及在其他寄主植物上越冬的菌丝体和菌核，均可成为病菌的初侵染源。病菌通过雨水、流水、沾有带菌土壤的农具以及带菌的堆肥传播，从幼苗茎基部或根部伤口侵入，也可穿透寄主表皮直接侵入。土壤湿度偏高、土质黏重以及排水不良的低洼地发病重。光照不足，光合作用差，植株抗病能力弱，也易发病。通过雨水、流水、带菌的堆肥及农具等传播。病菌发育适温 20~24 ℃。刚出土的幼苗及大苗均能受害，一般多在育苗中后期发生。播种过密、间苗不及时、温度过高易诱发该病。

4.防治方法

1）农业防治

严格选用无病菌新土配营养土育苗，实行轮作。与禾本科作物轮作可减轻发病，秋耕冬灌，秋季深翻 25~30 cm，将表土病菌和病残体翻入土壤深层腐烂分解。加强田间管理。出苗后及时剔除病苗，雨后应中耕破除板结，以提高地温，使土质松疏通气，增强苗木抗病力。

2）化学防治

苗床土壤处理可用 40%亚氯硝基苯和 41%聚砹・嘧霉胺混用，比例 1∶1，或用 38%恶霜嘧铜菌酯，用量 25~50 mL/亩，均匀喷施于苗床。药剂拌种，用药量为干种子重的 0.2%~0.3%。常用农药有敌克松、苗病净、利克菌等拌种剂。发病初期可用 38%恶霜嘧铜菌酯 800 倍液，或 41%聚砹・嘧霉胺 600 倍液灌根。

十、花椒病虫害

花椒 *Zanthoxylum bungeanum* Maxim，属落叶小乔木或灌木，为芸香科花椒属，别名秦椒、川椒、山椒。花椒在我国除东北、内蒙古少数地区外，广泛分布于黄河和长江流域的 20 多个省区。其中陕西、甘肃、四川、山东、重庆、河南、云南、河北、山西等省栽培面积较大。

花椒是油料、药用树种。幼叶、果皮为很好的调味品，入药有止痛、助消化等多种效能，为国内群众普遍喜用。果皮俗称花椒,也是一种重要的出口物资。种子含油率25%~30%,可榨油,其油可食用,也可作工业用油。木材坚硬,可做农具及生活用品。花椒枝密、刺多,是一种良好的绿篱树种。可在山坡、梯田边沿栽植,可护坡保土。在村庄、果园周围栽种有保护作用,且能增加经济效益。

花椒喜光,怕寒冷,怕水淹、耐干旱、耐瘠薄。花椒对土壤适应性强,酸性石灰质土壤生长良好,花椒属浅根系,须根发达,无明显支根,具有适应性强、栽培容易、管理方便等特点。花椒生长快,结果早。栽后2~3年即可开花结果,4~5年大量结果,盛果期10~25年,30年后生长缓慢。

花椒树一般高3~5 m,干、枝、叶具皮刺;小枝灰色或褐灰色,有细小皮孔及皮刺,被短柔毛。奇数羽状复叶,叶轴边缘有狭翅,被短柔毛,有小皮刺,小叶5~9个,对生,无柄或近无柄,卵形或卵状长圆形,长1.5~7 cm、宽1~3 cm,先端尖或微凹,基部近圆形,边缘有细锯齿。聚伞圆锥花序,花序轴被短柔毛,花被片4~8个。果红色或紫红色,密生突起的疣状腺点。花期3~5月,果熟期7~9月。

市场对花椒的需求量逐年增大,百姓日常需求大,中国约有1/3的人非常喜爱花椒,按年人均年消费500 g计算,每年全国花椒调味品用量在21万t左右。花椒具有药用价值,花椒深加工拓展到诸如空气清新剂、杀虫剂和香精香料甚至药品等产品领域,预计年新增花椒需求应在10万t以上。出口东南亚和日本的家庭对花椒的年消费需求就在2.0万t以上。欧美市场开始接受花椒。

我国报道花椒的主要虫害有花椒棉蚜、跳甲、风蝶、绿刺蛾、山楂红蜘蛛、糖槭蚧、花椒瘿蚊、窄吉丁、虎天牛,主要病害有锈病、炭疽病、流胶病、根腐病、立枯病等。在我国北方造成危害的主要虫害有花椒绵蚜、花椒窄吉丁、花椒虎天牛、花椒瘿纹、山楂叶螨,主要病害有花椒锈病、花椒流胶病、根腐病、煤污病等。

(一)花椒棉蚜

花椒棉蚜 *Aphis gossypii*(Glover),又名棉蚜、瓜蚜、腻虫、油汗等,属半翅目、蚜科。分布于全国各地,寄主植物有花椒、石榴、木槿、鼠李属、棉、瓜类等。花椒棉蚜是一种繁殖非常快的害虫,常群集在花椒嫩叶、嫩芽上,吸取树汁液为害,造成叶片卷曲,落叶落果,严重时造成花椒减产50%~70%以上。

1.形态特征

1)成虫

无翅胎生雌蚜体长不到2 mm,身体有黄、青、深绿、暗绿等色。触角约为身体一半长。复眼暗红色。腹管黑青色,较短。尾片青色。有翅胎生蚜体长不到2 mm,体黄色、浅绿或深绿。触角比身体短。翅透明,中脉三岔。

2)卵

初产时橙黄色,6天后变为黑色,有光泽。卵产在越冬寄主的叶芽附近。

3)若虫

无翅若蚜与无翅胎生雌蚜相似,但体较小,腹部较瘦。有翅若蚜形状同无翅若蚜,2龄出现翅芽,翅向两侧后方伸展,端部灰黄色。

2.为害状

花椒棉蚜以刺吸口器插入花椒叶背面或嫩梢部分组织吸食汁液,受害叶片向背面卷缩,叶表有蚜虫排泄的蜜露(油腻),并滋生霉菌,产生煤污病,引起落花落果,受害后植株矮小、叶片变小、叶数减少,造成树势弱,产量降低、品质变劣。

3.生物学习性

花椒棉蚜以卵在花椒芽体或树皮裂缝中越冬,花椒萌芽后,越冬卵开始孵化,无翅胎生雌蚜出生,危害嫩梢,之后产生有翅胎生雌蚜,迁飞各处危害。蚜虫到花椒嫩芽上、叶背面危害,排泄大量蜜露,叶片表面油亮,影响光合功能,后期造成煤污病发生。4~5月进入危害高峰期,6月下旬蚜量减少,干旱年份危害严重,危害期延长。花椒棉蚜的繁殖能力非常强,一头雌蚜一次产卵40~60个,一般5~7天1代。10月中下旬雌雄交配后,在花椒枝条缝隙或芽腋处产卵越冬。大雨对棉蚜抑制作用明显。

4.防治方法

1)农业防治

及时清理病残枝,清除杂草,保持花椒园清洁,减少蚜虫转移危害。种植抗蚜品种或耐蚜品种。

2)生物防治

保护利用瓢虫、草蛉、食蚜蝇等天敌防治蚜虫。

3)物理防治

黄板诱杀,利用蚜虫的趋黄性,在花椒园内悬挂黄色粘板,粘杀蚜虫。

4)化学防治

4月上旬,在蚜虫发生初期,用70%吡虫啉水分散剂2 000倍液,或20%的氟啶虫酰胺水分散剂1 500~2 000倍液,或2%的烟碱苦参碱乳油40~50 g/亩。

(二)花椒窄吉丁

花椒窄吉丁 *Agrilus zanthoxylumi* Hou,又名花椒小吉丁,属鞘翅目、吉丁虫科。在我国主要分布在陕西、甘肃、四川、河南等地。主要以幼虫取食韧皮部,后逐渐蛀食形成层,老熟幼虫向木质部蛀化蛹孔道,影响树木营养运输,严重发生时,会造成树木死亡。

1.形态特征

1)成虫

体具金属光泽。头顶表面有纵向凹陷并密布小刻点。复眼大、肾形、褐色。触角黑褐色,生有白色毛,锯齿状,11节。前胸略呈梯形,宽于头部,略宽于鞘翅前缘,前胸背板中央有一圆形凹陷。鞘翅灰黄色,上具4对不规则黑色斑点,翅端有锯齿。腹部背面6节;腹面5节,第1、2节愈合,棕色。雌虫体长9.0~10.5 mm,头、胸黄绿色,鞘翅短于腹末,腹背板端部突出明显。雄虫体长8.0~9.0 mm,头胸黄褐色,鞘翅与腹末等长,腹末背板端部略突出。

2)卵

椭圆形,长0.80~0.95 mm、宽0.45~0.65 mm,乳白色,半透明。

3)幼虫

体圆筒形,长17.0~26.5 mm,乳白色,头和尾突暗褐,前胸背板中沟暗黄、腹中沟淡黄。体末端具2尾铗,端钝,两侧具齿。

4)蛹

初期乳白色,后期变为黑色。长8.0~10.5 mm。

2.为害状

被害树干有流胶，蛀入处有胶点，蛀入层外部有胶疤，皮内有不规则的蛀道、虫粪和木屑，被害处木质部与韧皮部分离，花椒树生长衰弱，严重时造成花椒树大量死亡。

3.生物学习性

该虫在1年发生1代，以幼虫在枝干内3~10 mm深处越冬。翌年4月中旬开始取食，5月初开始化蛹，5月中下旬进入化蛹盛期，6月初为成虫盛发期，6月中下旬为成虫产卵盛期，7月上中旬为初孵幼虫盛发期。老熟幼虫蛀入木质部做一卵形蛹室化蛹，蛹期平均17天。成虫在蛹室内停留3~4天后咬半圆形孔钻出，出孔时间以中午前后最多，钻出洞后，在洞周围爬行约1小时，飞到花椒枝梢上取食花椒叶补充营养，当天或翌日中午即进行交尾，雌雄均能多次交尾。第一次交尾后约24小时开始产卵，一生多产卵2次，产卵量为9~50粒。卵多产于直径3~4 cm以上枝条内，或树皮裂缝及旧受害疤附近，堆产，可见产卵部位有一潮湿斑。卵期18~19天。幼虫孵化后在韧皮部和木质部之间蛀食危害，形成不规则虫道。

4.防治方法

1）农业防治

选育抗虫树种，加强抚育和水肥管理，适当密植，提早郁闭，增强树势，避免受害。及时清除濒死的虫害木和剪除被害枝，集中处理，减少虫源。

2）生物防治

6月至8月上旬当幼虫在皮下及木质部边材危害时，采用逐行逐株或逐行隔株在树干上释放管氏肿腿蜂，放蜂量与虫斑数之比为1∶2，治虫效果良好。保护啄木鸟、灰喜鹊等益鸟，可在林内悬挂鸟巢招引，使其定居和繁衍。

3）化学防治

在成虫羽化始期，用4.5%的高效氯氰菊酯浮油1 500倍液在树冠上喷雾，或在树干、枝条上的危害部位涂40%的氧化乐果乳油40倍液。

（三）花椒虎天牛

花椒虎天牛 *Clytus valiandus* Fairmaire，属鞘翅目、天牛科。主要分布于陕西、甘肃、四川、西藏、河南等地。花椒虎天牛成虫咬食花椒枝叶，幼虫钻蛀树干，上下蛀食，引起树势弱，造成花椒减产，严重发生时造成树木枯死。

1.形态特征

1）成虫

体长19~24 mm，体黑色，全身有黄色绒毛。头部细点刻密布，触角11节，约为体长的1/3。足与体色相同。在鞘翅中部有2个黑斑，前胸背板中区有1个大形黑斑。

2）卵

长椭圆形，长1 mm，宽0.5 cm，初产时白色，孵化前黄褐色。

3）幼虫

初孵幼虫头淡黄色，体乳白色，2~3龄后头黄褐色，大龄幼虫体黄白色，各体节间凹陷处为粉红色，前胸背板有4块黄褐色的斑点；老熟幼虫长20~25 mm，体黄白色，气孔明显。

4）蛹

初期乳白色，后渐变为黄色。

2.为害状

被害树干有蛀孔，并从蛀道流出黄色液汁、木屑及虫粪，花椒树生长衰弱，当年结实的种子不能成熟，发生严重时造成花椒树木死亡。

3.生物学习性

该虫 2 年发生 1 代，4 月上中旬幼虫在树皮内取食，虫道内流出黄褐色黏液，5 月幼虫钻食木质部并将粪便排出虫道。幼虫共 5 龄，以老熟幼虫在蛀道内化蛹。5 月成虫陆续羽化，6 月下旬成虫爬出树干，咬食健康枝叶。成虫晴天活跃，雨前闷热最活跃。7 月中旬在树干高 1 m 处交尾，并产卵于树皮裂缝的深处，每处 1~2 粒，一雌虫一生可产卵 20~30 粒。一般第 1 代幼虫 8 月上旬开始孵化，幼虫在树干里蛀食危害，10 月下旬，以幼虫在枝干内越冬。

4.防治方法

1）农业防治

及时伐除枯死植株，集中烧毁。

2）生物防治

肿腿蜂是花椒虎天牛的天敌，在 7 月晴天，按每受害株投放 5~10 头肿腿蜂，放于受害植株上，防治花椒虎天牛。保护啄木鸟防治幼虫。

3）物理防治

4~8 月，成虫羽化期，利用其趋光性，挂频振式诱虫灯诱杀成虫。

4）化学防治

虫孔注药，用 40%氧化乐果乳油或 80%的敌敌畏乳油，配制 40~50 倍液，用注射器注入虫孔，用湿泥封住，毒杀幼虫。

（四）花椒瘿蚊

花椒瘿蚊 *Asphondylia* Sp，又名椒干瘿蚊，属双翅目、瘿蚊科。主要分布于西北、西南、华北产椒区，以甘肃、陕西、四川、山东、河南、山西、云南等地。以幼虫蛀入花椒嫩枝，引起组织增生，形成柱状虫瘿，被害枝生长受阻，造成树势衰弱老化。

1.形态特征

1）成虫

体黄色或灰黄色，形似蚊子，小而纤细，密生短毛，有细长 3 对足，体长 2.4 ~3.3 mm；复眼互相合并、黑褐色，触角细长、念珠状；前翅脉有 3~5 条纵脉。雌虫腹部末端有 1 细长的产卵器。

2）卵

初产时白色，后变淡黄色，呈梭形。

3）幼虫

长 2.4 ~3.2 mm，头部小，无足，蛆状，橘黄色。中胸腹面有 1 褐色“ Y ”形骨片，骨片前端两侧各有一大齿、中央两小齿。

4）蛹

裸蛹，纺锤形，橘黄色。

2.为害状

被害枝条上有串珠状虫瘿，造成枝条干枯，树势衰弱。

3.生物学习性

该虫年1代,以幼虫在被害枝的瘿室内越冬,翌年4月下旬开始化蛹,5月中旬至6月上旬为化蛹盛期,蛹头部向外直立于蛹室中。5月中旬已有部分成虫羽出,5月下旬至6月中旬为成虫羽化盛期。成虫羽化后可见虫瘿上留有直径约2 mm的羽化孔,孔内有蛹壳。雌虫产卵于当年生嫩枝的皮层内或老瘿室中,幼虫孵化后即啮食为害。皮下组织因受刺激增生,形成一柱状瘿室,此后幼虫即在瘿室内取食、越冬直到翌年化蛹;瘿室形成后随虫龄的增大,被害部即出现密集的小颗瘤状突起,剥去皮层可见幼虫蜷伏于蜂巢状的瘿室内。虫瘿最长达42 cm,有虫数达55 ~ 335头。

4.防治方法

1)农业防治

及时剪除虫害枝,集中烧毁,并在剪口处涂抹愈伤膏,保护伤口,预防病菌侵入。加强管理。及时施肥浇水,铲除杂草,在花期、幼果期、果膨大期各喷1次花椒壮蒂灵,提高花椒抗性。

2)生物防治

释放瘿蚊啮小蜂防治花椒瘿蚊幼虫,可控制虫害发生。

3)物理防治

用1∶10的40%氧化乐果乳油涂刷瘿瘤,杀死其中的幼虫。

4)化学防治

4~6月成虫出现期,采用4.5%高效氯氰菊酯乳油1 500~2 000倍液或80%敌敌畏乳油1 000倍液喷雾防治成虫。

(五)山楂叶螨

山楂叶螨 *Tetranychus viennensis* Zacher,别名山楂红蜘蛛,属蛛形纲、真螨目、叶螨科。在我国分布较广,寄主为花椒、桃树、山楂、梨、杏、苹果等。以幼若螨、成螨吸食叶片及幼芽的汁液危害,造成树势弱,影响花芽形成和产量。

1.形态特征

1)成螨

雌螨有冬、夏型之分,冬型体长0.4~0.6 mm,朱红色有光泽;夏型体长0.5~0.7 mm,紫红或褐色,体背后半部两侧各有1大黑斑,足浅黄色。体卵圆形,前端稍宽有隆起,体背刚毛细长26根,横排成6行。雄体长0.35~0.45 mm,纺锤形,第3对足基部最宽,末端较尖,第1对足较长,体浅黄绿至浅橙黄色,体背两侧出现深绿长斑。

2)卵

圆球形,半透明。初产卵为黄白色或浅黄色,孵化前橙红色,并呈现2个红色斑点。卵可悬挂在蛛丝上。

3)幼螨、若螨

初孵幼螨体圆形,未取食为淡黄白色,取食后浅绿色,体背两侧出现深绿色颗粒斑。若螨4对足,前期若螨体背开始出现刚毛,两侧有明显墨绿色斑,后期若螨体较大,体形似成螨。

2.为害状

成螨、若螨、幼螨刺吸芽、果的汁液,叶受害初呈现很多失绿小斑点,渐扩大连片。严重时全叶苍白枯焦早落，常造成二次发芽开花，削弱树势，不仅当年果实不能成熟，还影响花芽形成和下年的产量。

3.生物学习性

北方1年发生5~13代，辽宁5~6代，山西6~7代，河南12~13代，均以受精雌螨在树体各种缝隙内及干基附近土缝里群集越冬。翌春芽膨大露绿时出蛰危害芽，展叶后到叶背为害，整个出蛰期达40余天。取食7~8天后开始产卵。卵期8~10天，出现第1代成螨，第2代卵在5月下旬孵化，此时各虫态同时存在，世代重叠。麦收前后为全年发生的高峰期，严重者造成早期落叶，由于食料不足营养恶化，常提前出现越冬雌螨潜伏越冬。进入雨季高湿，加之天敌数量的增长，致山楂叶螨虫口显著下降，至9月可再度上升，危害至10月陆续以末代受精雌螨潜伏越冬。成、若、幼螨喜在叶背群集为害，有吐丝结网习性，并可借丝随风传播，卵产于丝网上。行两性生殖或孤雌生殖，所产的卵孵化为雄性。春、秋季世代平均每雌产卵70~80粒，夏季世代20~30粒。非越冬雌螨的寿命，春、秋两季为20~30天，夏季7~8天。山楂叶螨一般栖息、危害树木的中下部和内膛的叶背面，树冠上部危害较少。在林冠的各个部位均为聚集型分布。

4.防治方法

1)农业防治

秋冬季清除落叶，刮除老皮，翻树盘。

2)生物防治

保护山楂叶螨的天敌小花蝽、草蛉、粉蛉和捕食螨。

3)化学防治

萌芽前喷3~5°Be石硫合剂。4~6月生长剂可采用15%扫螨净乳油3 000倍液，或15%哒螨灵乳油3 000~4 000倍液，喷雾防治。

(六)花椒锈病

花椒锈病是花椒叶部重要病害之一。广泛分布在陕西、四川、河北、甘肃等省的花椒栽培区。严重时，花椒提早落叶，直接影响次年的挂果。

1.症状

叶背面呈黄色、有裸露的夏孢子堆，大小0.2~0.4 mm，圆形至椭圆形，包被破裂后变为橙黄色，后又褪为浅黄色，叶正面呈红褐色斑块。秋后形成冬孢子堆，圆形，大小0.2~0.7 mm，橙黄色至暗黄色，严重时孢子堆扩展至全叶。

2.病原

花椒锈病病原为花椒鞘锈菌 *Coleosporium xanthoxyli*，属担子菌门真菌。夏孢子堆生在叶背，初橙黄色，后褪浅，夏孢子椭圆形至卵形，表面粗糙，壁厚，顶部厚7 μm；冬孢子堆橙黄至暗黄色，圆形，产生棍棒状冬孢子，上圆下狭，顶壁厚12~20 μm。

3.发病规律

病原菌以多年生菌丝在桧柏针叶、小枝及主干上部组织中越冬。翌春遇充足的雨水，冬孢子角胶化产生担孢子，借风雨传播、侵染为害，潜育期6~13天。该病的发生与5月降雨早晚及降雨量正相关。花椒展叶20天以内的幼叶易感病；展叶25天以上的叶片一般不再受侵染。

4.防治方法

1)农业防治

加强肥水管理,铲除杂草,合理修剪。晚秋及时清除枯枝落叶杂草并烧毁。栽培抗病品种,可以将抗病能力强的花椒品种混栽。

2)化学防治

萌芽前喷3~5°Be石硫合剂。对已发病的可喷15%的粉锈宁可湿性粉剂1 000倍液,控制夏孢子堆产生。发病盛期可用25%丙环唑乳油1 000倍液喷雾防治。连喷2~3次,间隔7~10天。

(七)花椒流胶病

花椒流胶病是花椒树的多发病,在我国花椒产区均有发生。管理粗放和树势衰弱的花椒园发病较重。流胶病的发生造成花椒树势衰弱,花椒产量、品质下降,植株寿命减少。

1.症状

花椒树枝、干有病斑,流出黄褐色、黑褐色透明胶,严重时枝干干枯,叶发黄、后期落叶、落果。

2.病原

侵染性流胶病由镰刀菌 *Fusarium* spp.引起,菌丝有隔,分枝。分生孢子梗分枝或不分枝。分生孢子有两种形态,小型分生孢子卵圆形至柱形,有1~2个隔膜;大型分生孢子镰刀形或长柱形,有较多的横隔。

3.发病规律

侵染性流胶病具有传染性,病原随风雨传播,经伤口浸入树体,危害枝干。非侵染性流胶由于机械损伤、虫害、伤害、冻害等伤口流胶和管理不当引起的生理失调,发生流胶。

1)侵染性流胶病

病原菌以菌丝体和孢子器在病枝里越冬,翌年3月下旬至4月中旬产生孢子,随风雨传播。一年生嫩枝感病后,当年形成瘤状突起,随着病斑扩大,病体开裂溢出树脂,起初为无色半透明软胶,后变为茶褐色结晶状;多年生枝染病,会产生水泡状隆起并有树胶流出。随着病菌的侵害,受害部位坏死,导致枝干枯死。雨天溢出的树胶中有大量病菌随枝流下,导致根茎受侵染,当气温达5 ℃时病部渗出胶液,随气温升高而加速蔓延,一年有两次高峰,第一次5~6月,第二次8~9月。

2)非侵染性流胶病

多发生在主干和大枝的分叉处,小枝发生少。大枝发病后,病部稍膨胀,早春树液流动时,常从病部流出半透明黄色树胶,雨后流胶量多。病部容易被腐生菌浸染,使皮层和木质部腐烂,导致树势衰弱。一般4~10月发生,以7~10月雨水多,湿度大和通风透光不良的花椒园发病重,树势弱、土壤黏重、氮肥过多的地块、天牛、斑衣蜡蝉、吉丁虫危害重的地块发病重。

4.防治方法

1)农业防治

栽植抗病品种。加强肥水管理,增施有机肥,合理修剪。晚秋及时清除枯枝落叶杂草并烧毁。

2）物理防治

秋冬季树干涂抹涂白剂，涂白剂配方为生石灰∶硫黄粉∶盐∶油∶水的比例为1∶1∶0.2∶0.3∶10。

3）化学防治

萌芽前喷3～5°Be石硫合剂。生长季刮除病斑，涂抹3～5°Be石硫合剂。及时防治吉丁虫、斑衣蜡蝉、天牛等虫害。

（八）花椒根腐病

花椒根腐病为花椒的一种土传病害，主要分布于陕西、甘肃、四川、山东、重庆、河南、云南、河北、山西等地。近年来，花椒种植区均有发生，幼树发生较重。

1.症状

受害植株根部变色腐烂，有异臭味，根皮与木质部易脱离，严重时木质部发黑，有时根皮上有白色絮状物。一般先从侧根的皮层腐烂，后期导致全根腐烂。地上部分叶变小，发黄变干，导致植株萎蔫至死亡，严重影响花椒产量。

2.病原

花椒根腐病是一种腐皮镰刀菌 *Fusarium.solani*，属半知菌类（无性类）丝孢纲、瘤座孢目、瘤座孢科、镰孢属。菌丝有隔，分枝。分生孢子梗分枝或不分枝。分生孢子有两种形态，小型分生孢子卵圆形至柱形，有1～2个隔膜；大型分生孢子镰刀形或长柱形，有较多的横隔。

3.发病规律

病菌以菌丝和厚垣孢子在土壤及病根残体上越冬，4～5月开始发病，分生孢子萌发适宜温度20～30 ℃。病菌以菌丝和分生孢子主要从伤口侵入。6～8月发病最严重，10月下旬基本停止发生。平均地温、土壤含水量越高，发生程度越重。

4.防治方法

1）农业防治

加强管理，增施有机肥，合理搭配磷钾肥，改良土壤结构，增强树势，提高抗病力。夏季雨多时及时排水，树盘下不能汲水。及时挖除病死根烧毁，减少病害传播。

2）化学防治

栽植时用50%甲基硫菌灵500倍液浸根24小时，并用生石灰消毒土壤。发病初期，用30%恶霉灵1 200～1 500倍液喷淋苗床或大树灌根，或80%戊唑多菌灵可湿性粉剂600～800倍液或30%甲霜恶霉灵600～800倍液灌根。

（九）花椒煤污病

花椒煤污病又称黑霉病、煤烟病等。发病初期在病斑上产生黑色疏松霉斑，连片后使枝、叶、果面覆盖一层烟煤状物，树体变黑，叶片气孔阻塞，严重影响光合作用，导致生长不良，叶片脱落，果实色泽暗，香、麻味淡，品质和产量明显下降，严重时可使树体干枯死亡。花椒种植区均有分布。

1.症状

花椒煤污病主要危害叶片、嫩梢、果实，发病初期在叶片、枝梢、果实的表面出现椭圆形或不规则的暗褐色霉斑。随着霉斑扩大，整个叶面、枝上被黑色的霉状物覆盖，使光合作用受阻，严重时造成叶片失绿、落叶、落果。

2.病原

花椒煤污病 *Gloeodes pomigina* (Schw) Colby 称仁果黏壳孢菌,属无性类真菌。菌丝全部或几乎全部着生在叶表面,形成菌丝层,上生黑点,即分生孢子器。有时菌丝细胞分裂成厚垣孢子状。分生孢子器半球形,内生分开生孢子,圆筒形,壁厚,无色,直或稍弯,双胞。

3.发病规律

以菌丝体、分生孢子器和闭囊壳等在病部越冬。孢子借风雨传播至花椒树上;也可以蚜虫等害虫的分泌物为营养,生长繁殖,传播侵染为害。6 月上旬至 9 月下旬均可发病,侵染集中于 7 月初至 8 月中旬,高温多雨季节发病重;栽植密度大,修剪不到位,树冠郁密、管理粗放的果园,发病严重。该病为腐生性质,多伴随与蚜虫、斑衣蜡蝉的发生而发生。在多风、空气潮湿、树冠枝叶茂密、通风不良的情况下,有利于该病的发生。

4.防治方法

1)农业防治

加强果园管理,合理施肥,适度修剪,清洁果园,以利通风透光,增强树势,减少发病。及时防治蚜虫、斑衣蜡蝉等刺吸性害虫,减少伤口感染。

2)化学防治

在花椒煤污病发病初期,用 50%的多菌灵 800 倍液或 50%甲基硫菌灵 1 000 倍液喷雾防治。

十一、臭椿病虫害

臭椿 *Ailanthus altissima* Swingle,别名椿树、樗树等,属于苦木科臭椿属植物。臭椿枝、花、叶有苦涩的味道,小叶基部具腺齿,会挥发出特殊的气味而得名。在我国主要有臭椿、台湾臭椿、大果臭椿等种类。其中臭椿有千头椿和红叶臭椿等变种。臭椿主产于亚洲东南部,在我国分布极广,从辽宁、河北到江西、福建等地均有分布,其中华北、西北地区栽培最多。

臭椿为落叶乔木,树高可达 20 m 以上,胸径可达 1 m 以上。树冠阔卵形,老树平顶。生活中人们常将臭椿与楝科的香椿 *Toona sinensis* 混为一谈,但它们实际上分属两种完全不同的种类。从形态上看,臭椿为奇数羽状复叶,而香椿则多为偶数羽状复叶;臭椿果实为翅果,香椿果实为蒴果;此外,除叶子味道不同外,臭椿树干表面也较光滑,而香椿树干则常呈条块状剥落。

在北方,臭椿的适应性极强,在石灰岩地区生长良好。属深根性树种,其主根明显,侧根少且粗壮,与主根形成庞大的根系,使其在抗旱、耐瘠薄、耐碱等方面均具有良好的表现。研究人员发现,当环境变化时,臭椿可以通过落叶和发出新叶来适应土壤水分变化。臭椿喜光,在光照充足的条件下更有利于其生长,而在背阴处或阳光不足时则生长不良;在次生林和混交林中,臭椿均居于林冠上层。此外,臭椿还有一定的耐寒性,在气候较为寒冷的北方地区也能安全越冬。在排水良好的沙壤土和中壤土条件下生长最好,沙土地次之,重黏土地和水湿地多生长不良。

臭椿的分蘖性很强,速生性强。在土层略微深厚和管理水平较高的条件下,树高年平均净生长量达 70~80 cm,胸径净生长量达 1.1~1.2 cm。幼龄期高生长较快,后期高生长逐渐趋于平缓,而树冠逐渐张开。

臭椿属植物有 11 种，我国有 6 种。臭椿变种有红叶臭椿、小叶臭椿、千头椿、白材臭椿、垂叶臭椿、红果臭椿、大果臭椿等。

臭椿在园林绿化上的应用前景极为广泛。其树干通直，冠大多呈半球状。叶片为羽状复叶，春季嫩叶呈紫红色。秋季红褐色的翅果缀满全树，具有独特的观赏特点，园林中多采用单株栽植点缀景观。在美国、英国、意大利、法国、印度等国臭椿被称为“天堂树”，常被用作行道树。同时，臭椿对 SO_2、Cl_2、HF、NH_3 的抗性极强，因此臭椿也是化工类企业矿区绿化的良好树种。

随着人们对臭椿的认识越来越深入，其药用价值也在不断的被发现。臭椿的树叶、树皮、根皮、种子均可入药，有清热、止血、止痛的功能，对胃病、尿血痢疾、伤寒等均有较好的疗效，明代医药学家李时珍的《本草纲目》中留下了许多用臭椿治病的方法。现代农业中，其叶、树皮、根皮、种子还可作“土农药”；用于防治蚜虫、菜青虫和小麦锈秆病等多种病虫害。

臭椿木材质坚韧有弹性、纹理美观且具光泽，耐腐蚀，易加工，是建筑和家具制作的优良用材，同时因其木纤维长、含量高，占到其干重的 40%，因此还是造纸和生产人造丝的上好原料。

臭椿树叶可用于饲养樗蚕、蓖麻蚕等，有名的“小茧绸”就是有该类蚕丝纺织而成；经过开水蒸煮的臭椿叶，既可以作为特色端上人们的餐桌，也可做畜禽的饲料或沤制绿肥。

臭椿种子含油率极高，据测算，臭椿优质种子的脂肪油含量达 30%～35%，这种油属干性油，酸性较高，可食用也可供工业用。榨油后的饼粕是高效肥料，且兼有杀灭蝼蛄、蛴螬等地下害虫的作用。

臭椿挥发出的特殊气味具有很强的杀菌和除虫功效，其所含多种成分可与其他物质混合成杀虫剂，所以自然界中臭椿对病虫害抵抗能力较强，病虫害也较少，但却极易受到臭椿白粉病、臭椿沟眶象、斑衣蜡蝉、旋皮夜蛾等害虫的危害。

（一）斑衣蜡蝉

斑衣蜡蝉 *Lycorma delicatula*（White），属半翅目、蜡蝉科，又名椿皮蜡蝉、红娘子，俗称花姑娘、椿蹦、花蹦蹦等，是臭椿的主要害虫之一，主要以成虫及若虫刺吸树木的嫩叶和枝干汁液造成危害。我国主要分布在华北、华东、华中、华南、西南、陕西等地。

1.形态特征

1）成虫

体长 15～25 mm，翅展 40～50 mm，全身灰褐色；前翅革质，基部约 2/3 为淡褐色，上有黑点 20 个左右，其余 1/3 为深褐色；后翅膜质，基部鲜红色，具有黑点；端部黑色。体翅表面附有白色蜡粉。头角向上卷起，呈短角突起。翅膀颜色偏蓝色为雄性，翅膀颜色偏米色为雌性，雌性虫体大于雄性虫体。

2）若虫

若虫初孵化时为白色，不久即变为黑色。1 龄若虫体背有白色蜡粉形成的斑点，2 龄体型与 1 龄若虫相似，3 龄背部白斑明显，4 龄体长体色鲜红，上着白点，头部前端呈尖角、两侧及复眼基部黑色。

3）卵

长圆柱形，卵粒平行排列成卵块，上覆一层灰色土状分泌物。

2.为害状

斑衣蜡蝉的成虫及若虫均可刺吸树木的嫩叶和枝干汁液造成危害，所刺伤口颇深，其排泄分泌含糖排泄物黏着于枝叶和果实上，极易导致煤污病发生。植物嫩叶受害时常造成穿孔，严重时叶片破裂，树皮枯裂，甚至死亡。成虫、若虫具群集性，常多头群集在叶背、嫩梢上刺吸危害，栖息时头翘起，有时排列成一条直线聚集在新梢上。

3.生物学习性

斑衣蜡蝉在北方地区1年发生1代，以卵在树干阳面或附近植物和建筑物上越冬，斑衣蜡蝉为渐变态昆虫，4龄若虫蜕皮后直接变为成虫。翌年4月中旬若虫孵化并开始危害，5月上旬为盛孵期；经3次蜕皮后于6月中旬出现成虫，继续危害。8、9月危害最重，危害期长达6个月，9月中旬至10月下旬交尾产卵，卵多产于树干阳面或树枝分叉处，一般每块卵有40~50粒，多时可达百余粒，卵块排列整齐，上有蜡质保护越冬。成虫、若虫均具有群栖性，常栖息枝叶上吸食液汁，遇到惊扰时，会迅速移动或跳跃逃避，成虫飞行能力较差。取食时，口器插入组织很深，伤口常有树液流出。受害枝干树皮易凹陷，干枯开裂。排泄物含蜜露。该虫的发生与气候有关，若秋季8、9月高温干旱极端天气，极易泛滥成灾；反之，若秋季连续阴雨低温，特别是在其交配产卵期雨季一过，即进入冬季，可极大缩短其成虫寿命。

4.防治方法

1）农业防治

加强树体管理，结合冬季修剪，剪掉带卵块的枝条。

2）物理防治

从秋季产卵开始，至翌年4月中旬未孵化前，随时刮除卵块。越早卵块颜色越淡，越容易找到。

3）化学防治

目前，国内外对斑衣蜡蝉的防治主要是抓住其低龄若虫期喷洒化学药剂进行防治。常用药剂有10%吡虫啉可湿性粉剂1 000倍液，或50%啶虫咪水分散粒剂3 000倍液，或40%氧化乐果乳油800倍液，或50%辛硫磷乳油1 000倍液，或20%灭多威乳油1 500倍液。药剂可以交替使用，必须群防群治。

（二）臭椿沟眶象

臭椿沟眶象 *Eucryp torrhynchus brandti*（Harold），又名椿小象，属鞘翅目、象甲科、沟眶象属，是一种专一为害臭椿的林业检疫性蛀干害虫，其幼虫和成虫均能对臭椿造成危害。通常与沟眶象混合发生，共同为害臭椿及变种千头椿。其主要分布在山东、河南、山西、河北、北京、宁夏等地。

1.形态特征

1）成虫

体黑色，长12 mm、宽4.5 mm左右。额部窄，上布有小刻点，中间无凹窝；前胸背板及鞘翅上密被粗大刻点，前胸前窄后阔。鞘翅坚厚，左右相合紧密，前胸背板、鞘翅的肩部及端部1/4（除翅瘤以后的部分）布白色鳞片形成的大斑，其余部分上散生白色小点，中间掺杂有红黄色叶状鳞片。鞘翅肩部略突出。

2）卵

长圆形，黄白色。

3)幼虫

长 10~15 mm,头部黄褐色,胴部乳白色,每节背面两侧多皱纹。

4)蛹

长 10~12 mm,黄白色。

2.为害状

该虫主要以幼虫蛀食危害臭椿和千头椿树干。成虫在春季多危害幼树顶芽、侧芽或叶柄,易造成树叶脱落或者枝芽萎蔫,对树体影响一般不大;幼虫在蛀食枝、干的韧皮部和木质部时,树干或枝上出现灰白色流胶和排出虫粪、木屑。严重时导致枝条枯死或整株死亡。雌虫产卵时先将韧皮部咬破,将卵产于其中,然后用喙将卵推至韧皮部均产卵 40 粒。幼虫孵化后首先危害皮层,会在被害处树皮下形成一小块凹陷蛀食坑,稍大后钻入木质部内危害。卵产于树木的韧皮部。

臭椿沟眶象有聚集危害衰弱树木的习性,对移栽的臭椿危害更重,使得被害树大量流胶,严重削弱缓苗期的树势,造成树木衰弱死亡。成虫羽化主要在夜间和清晨进行,有补充营养习性,取食顶芽、侧芽或叶柄,成虫很少起飞、善爬行。一般人工林和行道树受害较严重。

3.生物学习性

臭椿沟眶象发生因地区差异,北方地区多为 1 年发生 1 代。以幼虫和成虫两种虫态越冬。世代不整齐,以成虫在土表 1~2 cm 深处越冬,以幼虫在树干韧皮部越冬。越冬代幼虫在翌年 4 月上旬开始危害,4 月下旬至 5 月上旬化蛹,6 月末至 7 月初成虫羽化,7 月中旬为羽化盛期。越冬的成虫则是在 4 月末才开始活动,5 月初为第 1 次成虫盛发期,7 月下旬至 8 月中旬为第 2 次成虫盛发期,虫态极不整齐。幼虫期为 6 龄,卵期约 10 天,蛹期 15 天左右,幼虫孵化盛期集中在 5 月下旬和 8 月下旬。4~10 月均可见到成虫在树干活动。成虫具有很强的假死性,假死坠地数分钟后才慢慢沿树干上树。成虫产卵多产在树干 2 m 以下。

4.防治方法

1)农业防治

(1)增强树势,提高树木自身抗病虫能力,同时会使树木生长和伤口愈合速度加快,可将部分卵被挤压致死。

(2)加强检疫:臭椿沟眶象活动力弱,飞翔距离短,主要通过人为调运苗木做远距离传播,所以加强产地检疫和调运检疫可有效防止该虫远距离传播。

2)物理防治

(1)利用成虫假死性,在成虫发生期上午 9 时前,人工震动枝干捕杀成虫。

(2)捕杀幼虫。从 4 月中旬开始,寻找被害株,在树木枝干上有白色流胶,在其虫眼的下方用针刺破树皮将幼虫刺死。切记不能将树皮剥开,否则会造成树干上出现凹陷孔洞,影响树干外形美观。生产中在利用此方法时一定要注意掌握好时间,要在幼虫孵化后尚未蛀入木质部前进行。

(3)树干上绑缚塑料布,塑料布要捆绑成倒喇叭形,阻止成虫上树,成虫会聚集在喇叭口下,人工将其捕捉杀死。

3)化学防治

(1)喷药法。4 月中旬成虫第 1 次羽化期前,树干内幼虫开始活动尚未化蛹时,用阿维菌素600倍液喷施树干,一定要喷均匀,喷后用塑料膜从树干基部缠至树干分支点,喷后20天检查,可发现树干内幼虫大部分死亡。在成虫盛发期(出土盛期和羽化高峰期)、卵期,每隔10天喷一次药,采用灭幼脲1 000倍液或杀铃脲800倍液。用松毛虫长效阻杀剂可大量杀死在树干上活动的臭椿沟眶象成虫。

(2)毒签法。在树干虫孔处,将新鲜虫粪和木屑清理干净后插毒签磷化铝,虫孔小的插入一支,虫孔大的插入两支毒签,用药泥封口。

(3)毒土法。3月下旬至4月上旬,在苗圃内撒施克百威粉剂,将药剂与细沙土按照1∶10的比例充分混合均匀,然后撒于地面,或喷施25%辛硫磷微胶囊水悬剂500~600 g+兑水150 kg,喷洒地面后结合松土浅锄。

(三)旋皮夜蛾

旋皮夜蛾 *Eligma narcissus* (Gramer),又名椿皮灯蛾、臭椿皮蛾,属鳞翅目、夜蛾科。主要以幼虫危害臭椿叶片和嫩梢。该虫在我国分布极为广泛,从江浙到陕甘,从京津至云贵均有分布,河北、山东、河南等北方地区均有报道。它除危害臭椿以及臭椿的变种红叶椿、千头椿外,还危害香椿、红椿、桃和李等多个树种。

1.形态特征

1)成虫

头、胸呈灰褐色,腹部橙黄色。前翅狭长,瓦灰色,翅展67~80 mm,翅中近前方自基部至翅顶有一白色弧形纵带,将翅分为两部分,前缘区黑色,翅其余部分为灰色,翅上有黑点;后翅大部分为橙黄色,外缘有条蓝黑色宽带。体长22~23 mm,足黄色。

2)卵

近圆形,乳白色。

3)幼虫

老熟幼虫体长约为48 mm。橙黄色。头部深褐至黑色,前胸背板与臀板褐色,腹部淡黄。各节背面有一条黑色横纹,有瘤状突起,上着灰白色刚毛。

4)蛹

扁纺锤形,红褐色。

2.为害状

该虫主要以幼虫取食树木叶片和嫩梢进行为害。在幼虫取食叶片时,低龄幼虫只取食叶片的叶肉,残留表皮,叶片被危害低龄幼虫后呈纱网状,叶片被大龄幼虫和老熟幼虫取食后会造成叶片缺刻和孔洞,严重时只剩下粗叶脉和叶柄,严重影响树木正常的生长。此外,该虫的成虫在夜间能飞到邻近的果园吸食梨、苹果、柑橘等的汁液,造成腐烂和落果。

3.生物学习性

该虫在北方地区多为1年2代,在河南南部地区为1年3代。以茧蛹在枝干上越冬。在1年2代地区,以河北省为例,越冬蛹一般在5月上旬羽化为成虫,5月下旬第1代幼虫孵化,7月上旬第1代幼虫化蛹,8月上旬第2代幼虫孵出,一直危害至9月中下旬才开始结茧化蛹越冬。1年3代地区,越冬蛹在翌年4月下旬越冬成虫羽化、交尾、产卵,5月中旬第1代幼虫孵化,6月中旬化蛹,6月下旬第1代成虫羽化。7月上旬第2代幼虫出现,8月上旬结茧化蛹,8月下旬现第2代成虫。8月下旬至9月上旬第3代幼虫孵化,这代幼虫一直危害到10月下旬,开始陆续结茧化蛹越冬,成虫有趋光性,白天静伏于树干或叶下等阴暗处,夜间交尾产卵,卵多呈块状散产于叶背面。卵期4天。3龄前幼虫有群体性,3龄后分散取食,幼虫在小枝上及叶柄上栖息,在叶背上取食,老熟后移至2~3年生老枝条或树干上咬起枝上嫩皮用丝相连做薄茧化蛹。

4.防治方法

1)农业防治

冬春季节,在树干、树枝上(特别是2~3年老枝条及树干上)寻找蛹茧,然后人工清除,以消灭虫源。

2)物理防治

成虫发生期,利用成虫的趋光性,使用灯光诱杀成虫;幼虫发生期,利用幼虫鲜艳,容易发现,同时具有弹跳的习性,通过检查树下虫粪和树上的被危害症状,采取人工震落捕杀。

3)生物防治

保护臭椿皮蛾的天敌,如螳螂、胡蜂、寄生蜂等。

4)化学防治

根据旋皮夜蛾在各地具体的发生规律,抓住第1代和第2代两代幼虫的盛发期进行防治。幼虫期可用25%灭幼脲3号1 000倍液、1.2%苦烟1 000倍液、20%杀灭菊酯2 000倍液、2.5%溴氰菊酯2 000~3000倍液喷洒树体防治。

(四)樗蚕

樗蚕 *Philosamia cynthia* Walker et Felder,亦称臭椿蚕、小乌柏蚕、乌桕,属鳞翅目、大蚕蛾科。主要分布在东北、华北、华东、西南各地。主要以幼虫为害臭椿叶片,此外还可危害乌桕、樟树、盐肤木、核桃、石榴、柑橘、蓖麻、花椒等多种植物。幼虫食叶和嫩芽,轻者食叶成缺刻或孔洞,严重时把叶片吃光。

1.形态特征

1)成虫

体长21~32 mm,翅展115~130 mm。体翅青褐色。头部四周、颈板前端、前胸后缘及腹部背面、侧线和末端均为白色。腹背面各节有6对白色斑纹。前翅褐色,前翅尖端钝圆状,粉紫色,具有一黑色眼状斑,形似蛇头,故樗蚕成虫又称作“蛇头蛾”。前后翅中央各有一个月形斑,月形斑上缘深褐色,中间半透明,下缘土黄色;外侧各有一条横贯全翅的阔带,阔带中间粉红色、外侧白色、内侧深褐色、基角褐色,其边缘有一条白色曲纹。雌性腹部粗大而雄性较之细小。

2)卵

椭圆形,初产时白色,后渐变为灰白色或淡黄白色,卵长约1.5 mm。

3)幼虫

低龄幼虫淡黄色,背有黑色斑点。中龄后青绿色,全身被白粉覆盖。老熟幼虫体长约55~75 mm。体粗大,头部和前、中胸均有对称且略向后倾斜的蓝绿色棘状突起。亚背线上的更大,突起间有小黑褐色斑点。胸足黄色,腹足呈青绿色,端部为黄色,胸足和腹足的基部也有黑褐色的小斑点。

4)茧

丝质,上端开口,呈口袋状或橄榄形,长40~50 mm,用丝缀叶而成,土黄色或灰白色。有长柄,茧柄长40~130 mm,茧外常以一片叶包裹着半边茧体。

5）蛹

长椭圆形，深褐色，长 25~30 mm，体上多横皱纹。

2.为害状

樗蚕是一种杂食性、食量大、繁殖能力强的害虫。危害轻时会将叶片取食成缺刻状或孔洞状，重时则只留下叶脉。樗蚕幼虫在取食时，从枝叶的下部向上，昼夜不停取食，直至蜕皮，该虫发生危害时，轻者将叶吃成缺刻或孔洞，危害严重时将整株树叶吃光。

3.生物学习性

在北方地区该虫为 1 年 2~3 代。以蛹于厚茧中越冬。1 年发生 3 代的地区，越冬蛹 5 月中旬进入羽化盛期，羽化期 10 天左右；第 1 代幼虫 5 月中下旬孵化，6 月中下旬第 1 代老熟幼虫化蛹，蛹期约为 30 天，7 月中旬成虫羽化；第 2 代幼虫于 7 月中旬开始危害，孵化盛期在 7 月下旬，8 月下旬至 9 月上旬化蛹，9 月中下旬成虫羽化，第 2 代幼虫发生极不整齐；第 3 代幼虫一般于 9 月下旬发生，危害至 11 月结茧化蛹过冬。越冬蛹期长达 5~6 个月。在不发生 3 代的地区或年份，越冬代蛹期可达 7~8 个月。

成虫有趋光性，远距离飞行能力较强。羽化出的成虫当即进行交配。雌蛾性引诱力甚强，但而室内饲养出的成虫不易交配。成虫寿命 5~10 天。卵以堆或块状产于叶背或叶面上，平均产卵量 300 粒左右。幼虫阶段共 5 龄。幼虫初孵化时从卵端部爬出，1~3 龄樗蚕幼虫有群聚习性，常见数头幼虫群集在一起取食。低龄幼虫食量并不大，对树体的危害也较轻，但 3 龄后的幼虫食量逐渐变大，且会逐渐分散为害，樗蚕幼虫有迁移为害习性。

4.防治方法

1）农业防治

成虫在产卵盛期或幼虫结茧后，可组织人力集中摘除，也可直接捕杀，摘下的茧数量多时可用于缫丝和榨油，数量少时可与卵块一起深埋。可有效减少虫口基数。

2）物理方法

利用成虫的趋光性，根据各代成虫的羽化期，适时用黑光灯或频振式杀虫灯进行诱杀，可收到良好的治虫效果。

3）化学防治

该虫防治在发生不严重时，尽可能采用物理防治来控制该虫危害，当虫口密度较高为害严重时，选择化学防治。对于该虫的化学防治时期，一般是抓住第 1 代幼虫 3 龄前集中危害期，尤其是孵化盛期，此时防治效果较好。药剂可选用 1.2%的烟参碱乳油 800~1 500 倍液，或 25%灭幼脲 3 号胶悬剂 1 500 倍液，或 1%阿维菌素乳油 2 000~3 000 倍液，或 3%高效氯氰菊酯乳油 2 000~3 000 倍液，或 10%氯氰菊酯乳油 1 000~1 500 倍液，或 2.5%溴氰菊酯乳油 2 000 倍液等均匀喷雾。对危害比较严重且喷药困难的高大树体，可采用树干注药机在树干胸径处的不同方向钻深达髓心的下斜孔 3~4 个，然后注入渗透性强的原药或者是 1 倍稀释液 2~10 mL 药剂进行防治。药剂可用 40%氧化乐果乳油、50%氯胺磷乳油或 25%杀虫双水剂等。注药后要用泥封好注药口。

（五）臭椿白粉病

臭椿白粉病是臭椿叶片的主要病害之一。该病在我国北京、陕西、河南、山东、安徽等中西部地区普遍发生，并有逐年加重的趋势。该病最明显的特征是在秋季叶片背面布满灰白色粉状物（菌丝体、分生孢子梗、分生孢子），故称白粉病。

1.症状

老叶、嫩叶均可被感染，侵染初期叶片背面出现褪绿小斑点，后逐渐扩大，并从叶片背面的斑中央长出白色霉层。同时在叶片表面的产生淡黄褐色病斑，发病后期，病斑中央密生黄色渐变黑色的小粒点样闭囊壳。一般一个叶片上1到数个病斑，随时间逐渐扩大，有时可扩大至整个片叶。该症状可贯穿整个生长期，幼树、大树均可受害，严重时会引起病叶提早脱落。

2.病原

臭椿白粉病菌属子囊菌门，专性寄生真菌。无性阶段为棒拟小卵孢 *Ovulariopsis guttata*，分生孢子单生或着串生，透明，单胞，薄壁，细胞内具有液泡，基部细长，近顶部膨大，顶端有乳突，表面有横向排列成环的微糙毛。分生孢子在萌发产生的初生芽管生长到一定长度后即形成次生芽管，在其交界处易形成附着胞并固着于臭椿叶片组织表面。有性阶段为棒球针壳 *Phyllactinia guttata*，闭囊壳散生，生长期间呈球形，干燥后呈扁球形或双凸透镜形，四周有附属丝9~21根，针形，顶端尖削，基部膨大成球形；子囊孢子1~2个，多为2个，卵形或椭圆形。白粉菌在无性阶段，即夏末时，无性繁殖减缓甚至停止，菌丝体上开始出现闭囊壳。闭囊壳最初为淡黄色，随后颜色逐渐加深，变成橘色，红棕色，成熟时呈黑色。

3.发病规律

该病以闭囊壳在病叶上越冬。靠气流传播。该菌寄生于植物体表，在臭椿叶片表面形成一层通气透水性极差的角质层，严重制约了臭椿的呼吸作用和蒸腾作用。病叶上越冬闭囊壳在翌春臭椿发芽后，遇到合适的条件释放出子囊孢子，子囊孢子在风的作用下附着在叶片上萌发实现初侵染。侵染后在其叶片表面形成分生孢子梗，产生大量分生孢子，分生孢子粉状，极易被风吹走，分生孢子成团并且有一定的湿黏性，极易附着其他叶片上形成再侵染。该病一般于每年6月在臭椿叶片上开始零星发生，在8、9、10月发病达到高峰。臭椿白粉菌分生孢子萌发的最适温度为20~25 ℃，在条件适宜时，臭椿白粉病大约两个月即可从初侵染达到发病高峰。病菌以分生孢子实现再侵染，于8、9月间开始形成闭囊壳，10月后闭囊壳陆续成熟。每年发病早晚与气温成正相关。干旱年份发病加重，氮肥会用过量时，也会加重该病的发生。

4.防治方法

1）农业防治

对集中连片的臭椿林和苗圃，可在冬季落叶后至萌芽前集中清扫林下残枝落叶，并集中烧毁或深埋；此外，苗期氮肥不宜过量，氮、磷、钾的比例要适当，防止苗木徒长，提高苗木抗病性。同时，也应该及时选育出优良抗病品种。

2）化学防治

对于往年发病较重的林地和苗圃一定要做好预防措施，苗圃地可在发病前、发病初期，交替喷洒0.2~0.3°Be石硫合剂，或1：1：200波尔多液，或430 g/L的戊唑醇悬浮剂3 000倍液，或80%硫黄水分散粒剂300倍液，或50%粉锈宁悬浮剂800~1 000倍液，或为25%乳油2 000~2 500倍液，或25%戊唑醇乳油（可湿性粉剂）800~1 000倍液，每隔10~15天喷1次。林地由于多在野外且树木高大，防治时应适当加大剂量。

十二、山苍子病虫害

山苍子 *Litseacubeba*（Lour）Pers，又名土澄茄、野胡椒、香粉树、过山香、木姜子及满山香等，属樟目、樟科、木姜子属落叶灌木或小乔木，是一种丰富的木本油料、香料植物资源，具有很高的经济价值。山苍子有250多种，我国占有70余种，世界范围内分布广泛。

山苍子为雌雄异株，在栽种2~3年后开始结果，8~15年后达到盛果期，20年之后开始进入衰老期，单株年产量5 ~15 kg。中国是山苍子的原产地，具有稍耐阴或喜光的特点，属浅根性树种，在向阳丘陵、荒地、荒山、疏林、灌丛、林边、路缘均有生长。生长快，易繁殖，萌发力强，结实力强，耐贫瘠，适应性强且产量高，最适生长土壤pH为5~6。

山苍子树高3~8 m，最高可至10 m，其幼树的树皮多为黄绿色，比较光滑，而老树的树皮则为灰褐色。小枝为绿色，细而长，枝叶均有芳香气味。叶互生，卵形，披针形，或形状是椭圆状披针形，一般长5~13 cm，叶宽1.5~4 cm，下部叶片为灰绿色，上部叶片为绿色，两面无毛。叶柄长为0.6~2 cm，伞形花序在叶腋短枝上簇生或单生，总梗细长，坚纸质萼片，单性花且同株，每个伞形花序，有花4~6朵，与叶一起开放或者先于叶开放，花较小，黄色，花梗一般长1.5 mm，花被宽卵形，裂片为6；雌蕊退化，可育雄蕊为9，雌花中含有退化的雄蕊；子房为卵状，花柱较短，柱头为头状；果为直径4~5 mm的球形，幼时为绿色，成熟后为黑色，果梗长约2~4 mm，果托为小浅盘形，花期每年2、3月，果期为同年的7、8月。

山苍子是中国特有的名贵植物资源，不管根、茎、叶、果在医药卫生、工业用途，健身保健，化妆品开发、食品（饲料）利用，农林植物保护，增进生态系统生物多样性，保护稀有特种物种资源等方面都具有着广泛的用途和极大开发利用价值。山苍子油是一种天然可食用香料，山苍子油中的主要成分，柠檬醛、甲基庚烯酮、香茅醛都是可直接使用的食品添加剂。山苍子具有似柠檬味的香气，风味纯正，独特，同时含有锌、硒等微量元素，是一种对健康有益的食物。山苍子即可鲜食，又可提纯出山苍子油后加工制成调味品。此外，山苍子油在医疗保健方面也应用广泛。其具有抑菌作用、治疗风湿关节炎作用、平喘、抗过敏和镇痰驱咳作用和镇痛作用等。山苍子树虽然木质中等，易劈裂，但是其木材耐湿不蛀，可用于制作普通家具及建筑。因为山苍子有易繁殖、耐贫瘠、生长快、萌芽力强、燃烧死亡率低等优点，在我国南方已经成为森林演替和更新的先锋树种及防火树种。

我国山苍子产品虽然产量高，但整体生产水平低，出口以初级原油为主，实属高成本低产出的作坊模式。在科研方面，虽然山苍子精油和柠檬醛的提取等方面已有诸多研究，但是获得率不高，提取方法有待进一步改善。山苍子种仁是重要的生物质能源，含油率达40%以上。随着国际石油价格不断攀升，生物质能源利用越来越引起人们的重视。近些年来，我国大力发展生物质能源，但重点放在了农田发展方面，如采用大量甘蔗、玉米等进行发酵生产燃料乙醇，从而造成了糖和由玉米为主的产品大幅提价，国家发展改革委紧急叫停了许多用玉米、甘蔗生产燃料乙醇的厂家。随着资源的日益匮乏，仅仅只利用天然资源和农田作物已远远不能满足市场的需求，这也为山地人工培育生物质能源植物提供了广阔的空间。山苍子正是一种将生态、经济、社会效益高度统一的树种。我国是世界上最大的山苍子油生产和出口国。山苍子油是天然的植物提取成分，广泛应用于合成香料、制药、食品加工以及制备油脂等多个领域中。山苍子果渣还能作为牲畜饲料。在山苍子综合利用方面，较为特别的是合成香料。山苍子中的柠檬醛能够制备紫罗兰酮、香叶醇和香茅醇,甚至能够制备鸢尾酮这样的高档香料。由此可见,山苍子资源有着广阔的利用空间和发展潜力。

山苍子喜温湿的环境,主要生长在阳坡、采伐迹地、火烧迹地、荒山灌丛和稀疏林中。要求年平均温度10~18 ℃,可耐-12 ℃低温,年降水量1 200~1 800 mm,分布在海拔高度300~1 800 m的低丘和山地阳坡。亚洲东部为主要产区,印度尼西亚、中国、印度、马来西亚及太平洋和大洋洲均有分布,我国主要分布在长江以南,如湖南、江苏、江西、四川、贵州、广西、广东、云南等地。

山苍子的抗生性较强,在自然野生状态下,一般很少受病虫害的发生危害,而作为人工栽培,难免时而会受到病虫的发生危害。当前生产上,樟白轮蚧、樟叶瘤丛螟、蚕蛾、卷叶蛾等为主要虫害;叶斑病、白粉病等为主要病害。山苍子病虫害防治应通过采取改良生产条件,优化林园生境;及时掌握病虫发生动态,选用有效、低毒、无残留环境友好型对口农药进行精准防治等绿色防控技术措施的协调应用,将病虫发生为害控制在经济允许范围之内,以保障山苍子健康生长和产业稳步有序发展。

(一)樟白轮盾蚧

樟白轮盾蚧*Aulacaspis yabunikei* Kuwana,又名雅樟白轮盾蚧,属半翅目、蚧总科、盾蚧科。在国外主要分布于日本;在国内分布于浙江、广东、广西、云南、湖南、江西、台湾等地。危害寄主有山苍子、樟树、天竺桂、肉桂、钩樟、闽楠、胡颓子、新木姜子、黄肉楠、乌桕等。主要危害树木的叶片、枝条和芽,使树干变白、树叶变黄和枝条枯死,严重影响山苍子的生长。

1.形态特征

1)成虫

(1)雌成虫。雌性成年壳圆形或近圆形,扁平和白色,不透明,直径1.50~2.20 mm,一侧有壳点,棕褐色。体长为1.20 mm,宽度为0.48 mm。存在头部突出的边缘,并且第2腹部的侧向突出部突出成手指形状。3对臀叶,第4对完全缺失。中叶的内边缘的底边是平行的,后半边是叉开的,内边缘是锯齿状的。腺体刺突在臀板上的第4腹节的每侧上为2,在第5~8腹节的每侧上为1。肛门在板中面前。阴腺5大群,前群约14个,中侧群约31个,下侧群约20个。缘腺排成1,2,2,1,1。背侧腺体较少,但腺柱的数量经常变化。背部腺体从第3~6腹部横向排列,第1列分为亚中、亚缘2群,前群大约4管,一半向前移动形成2排,后组约为5管,第2列和第3列都分成亚缘、亚中2群,亚缘群组的第2排约为4管,第3排约为3管,亚中群则各为2管;第6腹部仅为亚中群。约1管。

(2)雄成虫。介壳长形,约1.00 mm,白色,体长0.47~0.58 mm,两侧几乎平行,前端有2个纵沟,中脊和边缘明显高起,棕黄色或浅黄色蜕皮壳在前端相连。翅展1.56~1.61 mm,体黄棕色。触角是浅棕色,前翅是白色透明的,后翅之后逐渐退化成平衡棒。

2)卵

椭圆形,0.18~0.22 mm,圆形棕褐色腺臂约0.13 mm,棕红色或红色。

3)幼虫

体长约0.20 mm,红色,平均0.21 mm,宽0.12 mm左右,胸足3对,尾部有2根透明的蜡丝。

4)蛹

黄褐色,体长约0.59 mm、宽约0.23 mm。

2.为害状

成虫、若虫经常在2年生以上的枝干或叶片上聚集。主要危害樟树的叶片、枝条和芽。一般聚集在固定的寄主上刺吸树枝和树叶上的营养。在发生严重时,白色蚧壳密密麻麻的覆盖在寄主枝条与叶片上,严重影响寄主的光合作用和通气性,导致寄主植物生长衰弱甚至死亡,降低了绿化效果,影响植株生长,给社会带来重大经济损失。

3.生物学习性

樟白轮盾蚧若虫孵化后,幼虫从壳中出来,在树枝和树叶上慢慢爬行,寻找可以寄生的部位,并在蜕皮后固定为害。樟白轮盾蚧有世代重叠的现象。1年发生2代,第2年5月上中旬雌成虫开始产卵,中旬为产卵高峰期,一般都是将卵产在壳下。第1代若虫孵化盛期在5月下旬。第2代盛期在8月中下旬,大部分若虫的羽化时间会在9月、10月开始越冬,大部分是雌成虫在树枝和叶片上越冬,少部分是以其他虫态越冬。

4.防治方法

1)农业防治

(1)合理修剪,集中销毁:秋、冬季合理修剪,提高树冠通透性,降低虫口密度,提高树冠的通透性,减轻虫害。对虫口密度大的树木应加大修剪强度。对个别虫害严重、已经出现枝叶枯死现象的树宜采取高位截干等措施,促其萌发新枝。集中烧毁修剪下来的枝叶,防止虫源扩散。

(2)加强植物检疫。因樟白轮盾蚧会随着苗木调运传播至他处,所以在引进苗木时,调运苗木的有关单位或个人要主动申请检疫,在取得植物检疫证书后,再调运苗木。

2)生物防治

注意保护好和利用好瓢虫、寄生蜂、捕食螨等天敌。

3)物理防治

对虫口密集的主干、主枝,用毛刷蘸澄清的生石灰水刷洗,可起到清除部分虫体的作用。

4)化学防治

当危害比较严重时,可以选择对其喷施化学农药来进行防治。在幼虫初孵期间可以向有虫害的地方喷洒无公害农药,如1%螨虫清0.1%~0.33%的溶液、喷施25%亚胺硫磷乳油1 000~1 500倍液、40%氧化乐果1 000倍液、45%灭蚧可湿性粉剂100倍液、0.3%高渗阿维菌素乳油2 000~3 000倍液、10%吡虫啉乳油2 000倍液、50%马拉硫磷乳油1 000~1 500倍液、20%蜣蚧1 000~1 500倍液。一般喷药后7天,可再喷药1次。

(二)樟叶瘤丛螟

樟叶瘤丛螟 *Orthaga achatina* Butler,属鳞翅目、螟蛾科、瘤丛螟属昆虫,危害山苍子、香樟、天竺桂、红楠等多种樟科树种,是主要食叶害虫之一。严重时能将树叶吃光,甚至导致树木死亡。分布于江苏、浙江、江西、湖北、四川、云南、广西等地。

1.形态特征

1)成虫

成虫体长10~11.5 mm,翅展27 mm左右,头部淡黄褐色,触角黑褐色,雄蛾基部节后方与浅白色深褐色鳞片混合,下唇必须向上弯曲超过前缘。背部雄蛾呈浅棕色,雌蛾呈深褐色。前翅为深棕色,前缘中间有一个黑点。外部水平线是弯曲的和波浪形的。在翅2/3的前缘处有一个乳头状肿瘤。外缘毛为深棕色,边缘毛为棕色,底部有一排小黑点。后翅灰褐色,外缘形成棕色带。

2)卵

扁平圆形,直径0.7 mm左右,卵粒常常一粒粒堆叠起来组成卵块,卵壳有点状纹,中央有一个不规则的红色斑块。

3)幼虫

新孵出的幼虫为灰黑色,2龄后逐渐变棕色。成熟的幼虫长25~27 mm,头部和前胸部呈棕色,红褐色,身体后部有一条棕色的宽带。每个节的背面有4~7根细毛。

4)蛹

蛹长10 mm左右,深褐色或红棕色,腹节有刻点,腹末有钩刺6根。

2.为害状

主要以幼虫吐丝形成虫苞的形式危害植物,受害后树冠上挂有许多鸟巢状的虫苞,影响树木的生长和观赏。其成苞的过程为:初孵幼虫在小枝和嫩叶上集群吐丝成虫苞,从而藏匿取食。随着虫龄越大吐丝越多,虫苞扩大进而形成巢,内有纯丝织成的巢室,充满虫粪、丝和枯枝叶。

3.生物学习性

1年发生2代,冬季主要以老熟幼虫在树冠下土层中结茧越冬。第2年春天化蛹。成虫昼伏夜出,5~6月成虫羽化,交配,产卵。每块卵146粒左右。初孵幼虫6月上旬为害,集群吐丝结小茧,藏匿虫苞中取食。7月下旬幼虫老熟化蛹,8月左右成虫羽化产卵,进而第2代幼虫孵出为害。低龄幼虫有群集性,行动敏捷,受到一点惊动便缩回巢内,随虫龄增大之后分巢,每个巢均有幼虫10条左右。该虫有世代重叠的现象,6~10月均有危害,10月老熟幼虫吐丝下垂到地面或坠地入土结茧化蛹越冬。

4.防治方法

1)农业防治

冬季翻耕土壤,消灭越冬虫茧。在幼虫活动期人工剪摘虫苞,集中销毁,减少虫口基数。

2)生物防治

樟叶瘤丛螟有姬蜂、茧蜂和寄蝇等多种天敌昆虫,这些昆虫对樟叶瘤丛螟有抑制作用,对这些昆虫应加以保护利用。

3)物理防治

成虫羽化期夜间悬挂黑光灯或频振式杀虫灯诱杀成虫。

4)化学防治

幼虫初孵期,未缀叶形成虫苞前,及时喷洒90%敌百虫结晶体1 000~1 500倍液,或50%辛硫磷乳油1 000~1 500倍液,或灭幼脲3号0.1%~0.33%溶液,或除虫脲0.016的溶液,或1%螨虫清0.1%~0.33%的溶液,或20%杀灭菊酯乳油2 000倍液喷雾;或在幼虫下树入土时以25%速灭威粉剂配成毒土毒杀入土结茧的幼虫等,效果良好。

(三)茶长卷蛾

茶长卷蛾 *Homona magnanima* Diaknoff,又名东方长卷蛾等,属鳞翅目、卷蛾科。分布江苏、安徽、湖北、四川、广东、广西、云南、湖南、江西等地,日本也有分布。已记录的寄主植物有茶、栎、樟、柑橘、柿、梨、桃等。幼虫危害山苍子嫩叶,5龄幼虫食量最大,约占总食量90%,严重影响山苍子的美观,降低了山苍子经济价值和观赏价值,该害虫还危害樟树、女贞、石榴、月季、银杏等树木。

1.形态特征

1)成虫

雌成虫体长 9.5~13.2 mm,翅展 22.6~31.2 mm。头胸部有黄褐色鳞片,触角丝状,复眼紫褐色,前翅近长方形,有多条长短不一深褐色的波纹,翅尖深褐色,后翅杏黄色。

雄成虫体长 8.9~10.2 mm,翅展 20.4~22.5 mm,前缘褶宽大,翅斑纹颜色较深,中部有一条深褐色斜带,在前缘中部有一黑色斑点。外生殖器爪状突发达,端部呈匙形弯曲,下部有毛,尾突下垂。颚形突由两个弯曲下垂的臂在末端合并上举,端部钝圆。阳茎锥形,基部密布细脊刺,端部光滑、细尖、稍弯曲。有阳茎针。阳茎针细长,表面有纵脊纹。

2)卵

椭圆形、扁平,长约 0.6 mm。卵块为鱼鳞状单层排列、不规则,上覆一层胶状薄膜。初产时乳白色,后淡黄色,近孵化时为深褐色。

3)幼虫

初孵幼虫为黄褐色,2 龄淡黄色、3 龄黄绿色、4 龄后转为青绿色。老熟幼虫体长 22~26 mm。头部及前胸背板深褐色,前胸背板前缘黄绿色,腹足趾钩为双序全环。雄性幼虫精巢黄色,在第 5 腹节背中线两侧可见一对卵形黄斑。

4)蛹

体长 13~17 mm,纺锤形,深褐色,末端有臀棘 8 根,端部弯曲。

2.为害状

该虫以幼虫在枝叶上吐丝缀苞取食羽叶,啃食嫩芽。暴发时,整个植株虫苞累累,严重影响林木的生长,幼树遭其危害后形成"小老树",严重时造成死亡。幼虫吐丝将叶片梢部缀成虫苞,或连结数叶片形成苞,白天栖息苞内,夜间出苞取食叶片,初孵幼虫取食叶肉,3 龄后幼虫取食叶片,4 龄后进入暴食期,食量占一生 90%。幼虫期可以多次转苞为害,一般可转苞 2~3 次。

3.生物学习性

茶长卷蛾 1 年发生 3~4 代,以 3 龄以上幼虫在落叶虫苞中越冬,翌年 4 月上旬取食为害。成虫发生期,越冬代 5 月上中旬,第 1 代 6 月中下旬,第 2 代 7 月至 8 月上旬,第 3 代 9 月下旬。该虫卵期 6~10 天,平均 8 天;幼虫期 19~30 天,平均 25 天;蛹期 7~15 天,平均 11 天;成虫期 6~10 天,平均 8 天;一个世代历期为 38~65 天,平均 52 天。在所有世代的幼虫中,以初代幼虫的危害最大,集中出现在 5 月上旬。初孵幼虫靠爬行或吐丝下垂分散,遇有幼嫩芽叶后即吐丝缀结叶尖,潜居其中取食。老熟后多离开原虫苞重新缀结 2 片老叶,化蛹在其中。每个幼虫至少会食取 2~5 片嫩叶,而每批幼虫的产量至少 300 颗以上,对树木生长的危害极大。

4.防治方法

1)农业防治

枯枝落叶是茶长卷蛾越冬场所,冬季可结合翻土降低虫源基数,又可改良土壤。

2)生物防治

引进和利用天敌进行生物防治,可保护天敌,减少环境污染。保护蜘蛛等捕食性天敌以及巨蜂、广大腿小蜂等寄生性天敌。可利用白僵菌和病毒进行防治。

3）物理防治

在成虫发生期，可采用灯光诱杀。

4）化学防治

化学药剂防治应抓紧1～2代进行，这样可减轻3～4代的危害。在防治上以1～3龄幼虫期的防治效果最好。用2.5%高效氯氟氰菊酯、2.5%功夫菊酯、5%抑太保2 000倍液、1.8%阿维菌素1 000倍液，防治效果达到81.60%～91.62%。

（四）叶斑病

叶斑病是叶片受病原菌危害后形成的局部坏死型病斑的总称。在植物整个生育期均有发生，苗期和生长后期危害最严重。依据病斑的形状、大小、色泽、有无轮纹等将其分为圆斑病、角斑病、黑斑病、褐斑病、轮纹斑病等。叶斑病是山苍子当前生产上主要发生的主要病害之一，发生严重时，病株产量减少，果实质量下降。据调查发现，除山苍子外，感染此病害的植物有赤芍、玉米、茶、香蕉等。一般发病率为10%～20%，严重的可达53.0%以上。

1.症状

主要侵染叶片，少数侵染叶柄和茎部。叶上形成圆形，椭圆形或不规则形的深褐色病斑，并产生轮纹，有时在病斑上产生灰白色的霉状物。叶两面散生小黑点。发病严重时病斑连片40%以上，造成叶片干枯，茎部坏死，茎和叶柄上病斑褐色、椭圆形，稍凹陷。

2.病原

引起叶斑病病原微生物的种类较多，细菌、真菌等都能引起该病害的发生。但以真菌性病原为主，但以链格孢属 *Arternaria* spp.引起的叶斑最为常见。在叶斑病链格孢属病原中，又以大孢链格孢菌 *A.macrospora Zi mm*、细极链格孢菌 *A.tenuissimaNees*、棉链格孢菌 *A.gossypina*（*Thum.*）*Comb.*和链格孢菌 *Alternaria* spp.较为常见。链格孢属菌一般为分生孢子梗单枝或分枝，分生孢子单生或成短链，倒棍棒形或长椭圆形，淡褐至黄褐色，顶部钝圆，基部倒圆锥平截，4～7个横隔膜，数个纵隔膜。

3.发病规律

病菌在植物病残体或随之到地表层越冬，翌年发病期随风、雨传播侵染寄主，可多次重复侵染。初现病斑在6月上旬，7月中旬至8月中旬为发病高峰期，9月病情相对稳定，10月中旬后病菌停止侵染开始越冬。病害发生受环境条件影响较大，高湿条件发病重。地势低洼，排灌不良，过度密植的栽培制度容易诱发此病；土壤贫瘠，偏施氮肥，肥力不足易发病。

4.防治方法

1）农业防治

（1）清除越冬病原。将田间病残体，带菌表土，集中处理，消除病原，减少初侵染来源。

（2）合理施肥，培育壮苗。少施氮肥，增施磷钾肥和有机肥，补充钙、铁、锌等微量元素，提高植株自身的抗病力。

2）生态防治

生态防治的目标是增温排湿，提高通风管理。在晴天上午先闭棚升温，当31～33 ℃的温度维持1小时后放顶风，中午不断放风。保持在20～25 ℃，当温度下降至18～20 ℃时通风口关闭，夜间温度控制在15～17 ℃，相对湿度控制在70%～80%之间。在阴天的中午也应该进行短时间的换气通风。

3）物理防治

无病株留种和种子消毒。在52 ℃的温水中浸30 min后摊开冷却，然后催芽播种。

4）化学防治

化学防治方法主要包括叶面喷施杀菌剂和药剂拌种。快速、高效是化学防治的主要特点，同时，不受地域限制而被广泛使用。一般应及时摘除病叶，发病初期及时施药，可选用10%苯醚甲环唑水分散粒剂800~1 200倍液喷雾防治，每隔5~7天1次，连喷2~3次；也可用25%吡唑醚菌酯乳油2 000~3 000倍液防治，每7~10天1次，连喷3~4次。还可用50%咪鲜胺可湿性粉剂2 000倍液、42.8%氟菌·肟菌酯悬浮剂2 000倍液防治。

（五）山苍子白粉病

山苍子白粉病是山苍子栽培中常见病害，其发生期长、危害严重、易大规模流行，常引起叶片脱落、新梢枯死，影响花芽分化，削弱树势，缩短结果年限，是山苍子当前生产发生的主要病害之一。因此，及时、有效地预防及防治白粉病在山苍子栽培过程中十分重要。同时，正确辨识白粉病有利于开展针对性防治措施，提升防治效果，从而提高山苍子的产量及品质。据悉，白粉病除危害山苍子外，还危害苹果、小麦、烟草、草莓等经济作物。

1.症状

受害部位表面都覆盖一层白色粉状物，为病菌的分生孢子梗和分生孢子。病芽干瘪尖细，灰褐色，少茸毛，鳞片松散，顶端张开，发芽晚，易干枯。从病芽发出的新梢、叶丛、花丛往往整个染病。病梢细弱，节间短，病叶狭小细长，质硬而脆，渐变褐色，叶缘向上卷曲，直立而不伸展，严重时早期落叶，影响树冠扩大和树体发芽。嫩叶染病，叶背病斑凹陷，对面鼓起，病叶皱缩扭曲，秋季早期脱落。病花畸形，萎缩退色，以至干枯，不能坐果。幼果多在花萼附近发病，果实长大后，白色粉斑脱落，形成网状锈斑。严重的病果，萎缩不长，易引起裂果脱落。后期在病梢叶腋和病叶主脉附近疤斑上发生很多密集的黑色小粒点，即病菌的闭囊壳。苗木发病初期，顶端叶片及嫩枝上发生灰白色斑块，病叶渐萎缩，变褐焦枯。

2.病原

子囊菌门白粉菌目的真菌均能引发白粉病，病原物种类很多。主要分布在北温带，是被子植物中双子叶植物和单子叶禾本科植物上的气传活体寄生真菌。在10~30 ℃病菌分生孢子均可萌发，对湿度要求不高，正常情况下10天即可完成一次侵染循环，因此其能在生长季节反复多次侵染树木，一旦发生很快暴发。

3.发病规律

白粉病菌只能寄生在寄主活组织上，而且只有在组织的幼嫩阶段才能被侵染。病菌以菌丝潜伏在病芽鳞片内或鳞片间越冬，为次年发病的最初侵染源。树木发芽时，病菌随嫩芽的生长侵入新梢和嫩叶为害，以当年抽生的新梢受害最重。发病后，寄主表面的菌丝体不断产生大量分生孢子，随风传播蔓延，直到秋末停止发展。4~9月为侵染时期，5~6月为发病盛期。

4.防治方法

1）农业防治

（1）加强肥水管理，提高抗病性多施有机肥、生物菌肥搭配化学肥料，补充微肥适当控制氮肥与钾肥，增施磷肥，可减轻病害发生。

（2）疏剪过密枝条，保持树体通风透光，及时回缩更新细弱枝，使枝条生长健壮。

(3)清除病源结合冬季修剪,彻底剪除病梢病芽。对剪下的病枝,集中处理,减少传染。

(4)选用抗病品种。

2)生物防治

生物防治细菌对植物病原真菌病害的防病机制主要包括抗生、竞争、诱导抗性及寄生等多种方式:如白粉寄生孢属于真菌寄生物,可抑制白粉病的有性和无性孢子繁殖,破坏其菌丝体、粉孢子梗及未成熟的子囊座。玫烟色拟青霉、内生酵母菌通过寄生于白粉病病原菌的菌丝和孢子来抑制白粉菌生长。枯草芽孢杆菌是通过代谢产生的伊枯草菌素和丰原素来抑制白粉菌的生长。

3)植物检疫

预防植物病虫害的最简单、直接、有效的方法是阻止病原菌进入未曾发生该病虫害的区域。植物检疫可有效防治许多危险性病虫害扩散、传播和流行。

4)化学防治

主要是提早发现,提早处理。一旦发现病斑,则要进行药剂防治。可用30%提氟菌唑可湿性粉剂2 000~4 000倍液防治,或寡雄腐霉可湿性粉剂100万孢子/g 7 000~8 000倍液,或枯草芽孢杆菌1 000亿孢子/g 800~1 200倍液叶面喷施,7天左右防治1次,整个生育期可使用3次。

同时,也要对周围易感病植物进行预防。防治白粉病的药剂以石硫合剂效果最好,但在树木生长期为了能混合杀虫剂兼治其他病虫害。可喷洒70%甲基托布津可湿性粉剂800倍或50%多菌灵可湿性粉剂600倍液,亦可在开花前,落花70%和花后10天左右各喷1次20%粉锈宁乳油1 000倍液。

十三、黄连木病虫害

黄连木 *Pistacia chinensis* Bunge,又名楷木、楷树、黄楝树、药树、药木,为漆树科黄连木属植物。落叶乔木,树高可达25~30 m。果实含油量可达35%以上,种子含油率达40%左右。

黄连木喜光,幼时稍耐阴;喜温暖,畏严寒;耐干旱瘠薄,对土壤要求不严,微酸性、中性和微碱性的沙质、黏质土均能适应,而以在肥沃、湿润而排水良好的石灰岩山地生长最好。深根性,主根发达,抗风力强;萌芽力强。生长较慢。对二氧化硫、氯化氢和煤烟的抗性较强。

黄连木在中国分布广泛,在温带、亚热带和热带地区均能正常生长。北自河北、山东,南至广东、广西,东到台湾,西南至四川、云南,都有野生和栽培,其中以河北、河南、山西、陕西等省最多。常散生于低山丘陵及平原,其中以河北、河南、山西、陕西等省最多。菲律宾亦有分布。

河南省主要分布在太行山和伏牛山,大别山和桐柏山也有分布。豫北太行山集中分布区包括安阳、鹤壁、济源等部分县(市)。豫西混交林分布区包括三门峡、洛阳、南阳等部分县(市)。豫南、豫东南的南阳、信阳部分县(市)也有零星分布。

在河南危害黄连木的病虫害主要有黄连木种子小蜂、木橑尺蠖、梳齿毛根蚜、黄连木彩小蠹(危害严重,新记录种)、黄连木隆脉木虱(危害严重,河南省新记录种)、黄连木炭疽病等。

(一)黄连木种子小蜂

黄连木种子小蜂 *Eurytoma plotnikovi* Nikolskaya,属膜翅目、广肩小蜂科,主要分布在河北、河南、山西、陕西、苏联、伊朗、西南欧。以幼虫危害黄连木种子。该虫20世纪50年代初传入我国,70年代以来,在河南、河北、山西、陕西等省造成黄连木种子大幅减产甚至绝收。

1.形态特征

1)成虫

雌虫体长3~4.5 mm,头、并胸腹节及后腹部第1节黑色,后腹部两侧有黑斑,其余红褐色。足、触角柄节及梗节暗黄色,棒节色较浅;翅脉黄色;足关节、胶节末端及附节黄色,附节末端、爪及整基部褐色,垫端部黄色。头攒宽,略宽于胸。触角长1.2~1.4 mm;梗节长大于宽,担较第1索节为短;索节长大于宽,第1索节长为宽的2倍余,第5索节长为宽的1.5倍左右。头、胸的刻点不深,被白毛。前胸横长方形,中胸纵沟明显,小盾片前窄后宽,长宽大致相等。腹短于胸,光滑,略侧扁,呈卵圆形;腹柄短小横形,两侧各有一刺状突起;第4腹节背板最长,略长于第3节,末仅微呈梨状;产卵器微突出。雄虫体长2.6~3.3 mm,体黑色。索节呈显著的桶状偏连。腹柄长几乎为宽的3倍。足黄色,后足腿节稍暗。触角长0.9~1.2 mm。

2)卵

乳白色。长椭圆形,长0.3 mm、宽0.1 mm,具丝状白色卵柄,柄与卵约等长。

3)幼虫

老熟幼虫两头尖,中间宽,头、胸向腹面弯曲。体长4.3~5 mm。初孵时乳白色,老熟后黄白色。头极小,骨化;上颚发达,镰刀状,黄褐色。

4)蛹

长3.2~4 mm,胸宽1.2~1.6 mm,初期白至米黄色,羽化前眼由橘红变为红色,体为黄褐色。

2.为害状

黄连木种子小蜂主要以幼虫危害果实。成虫产卵于果实的内壁上,初孵幼虫取食果皮内壁和胚外海绵组织,稍大时咬破种皮,钻入胚内,取食胚乳和发育中的子叶,到幼虫老熟可将子叶全部吃光。受害黄连木果实,幼小时遇到不良天气容易变黑干枯脱落,如2009年在顺平黄连木产区发现,因5月降水较多,5月下旬98%的被害果已变为黄褐色,随即失水枯萎,然后变黑脱落;天气正常时,果实颜色变化在成熟前与健康果无大区别,只是健康果成熟时由红色变为蓝绿色,而受害果仍为红色,含油率大大降低。

3.生物学习性

在河南大多数1年1代,少数2年1代,以老熟幼虫在果实内越冬。翌年4月中旬开始化蛹,蛹期15~20天。4月底5月初成虫开始羽化,5月中下旬为羽化盛期。羽化多在7~12时,此时羽化数占一天羽化总数的91.6%。成虫羽化后咬破果皮钻出果外,几秒钟之内便飞走,很少在果面上爬行。成虫白天在树冠外围飞舞活动、交尾、产卵,夜间在黄连木叶背面着落不动。当次日气温升至18 ℃时开始爬行,20 ℃时开始飞翔,大风、阴雨、低温很少活动。在产卵盛期如果阴雨连绵,对该虫发生不利。成虫交尾多在下午。交尾前雄虫用触角敲打雌虫触角,接触数次后开始交尾,历时12秒左右。

成虫寿命7~12天,最长的达18天。成虫产卵初期一般在5月上旬,盛期在5月中下旬，末期在6月中旬。群体产卵期一般在60天左右。产卵前期视温度而异，成虫发生早，此时温度低，则产卵前期长些；成虫发生晚的，此时温度较高，则产卵前期短些，最短也在1天以上。雌蜂产卵前先在果面上爬行，用触角敲打果面，选择产卵部位，80%选在幼果缝线及其两侧，其余在心皮上。然后用产卵器将果壁刺穿，把卵产入果内。一般1果只产1粒卵，特殊情况下，1果多卵（最多的1果内达14粒卵）。发生严重年份落卵的果达100%。单雌一生产卵少的10粒，多的31粒，平均18粒。卵期一般3~5天。

幼虫孵出后，如果是多卵果，则先孵出的幼虫不是取食卵，就是互相残杀，直至1果内只剩下1个幼虫为止。幼虫分为5龄，在果内发育明显地分为3个阶段：缓慢生长阶段、迅速发育阶段和休眠阶段。在黄连木果实种胚膨大前，幼虫无论孵出早晚均在内果皮与胚之间活动，取食果皮内壁和胚外海绵状组织，食量甚微，生长缓慢，一直处于1龄阶段，故称缓慢生长阶段。在这一阶段中，从产卵末期到幼虫蛀胚长达一两天。此阶段取食毫无危害。7月中旬开始当种胚膨大，子叶开始发育时，幼虫便咬破种皮，钻入胚内，取食胚乳和发育中的子叶，幼虫很快进入2龄，半月左右，幼虫将于叶食光发育到5龄。此阶段称为迅速发育阶段。此期子叶被害即造成减产或绝收。子叶被取食一空之后，幼虫发育老熟，进入休眠阶段。9月以后虫果绝大部分落到地面，幼虫开始过冬。

4.防治方法

1）农业防治

（1）选择抗虫新品种。平山县联合科研院和大专院校培育黄连木抗虫新品种。根据在平山县观察黄连木生物学特性，可通过比较黄连木的生长规律和黄连木种子小蜂的生活史进行新品种的培育。

（2）建立种子园。加强经营管理以保证种子的产量和质量。虫害严重林地，可于秋后深翻土地。在黄连木结果小年，将花序摘净，使黄连木种子小蜂失去夺主。果实采摘期应及时摘除黄连木虫果并碾碎。

（3）严格检疫制度。在森林植物及其产品的原产地进行检疫，是森林植物检疫的第一道防线，是防止危险性病虫远距离传播的重要措施，把危险性病虫控制在原产地之内；严格调出检疫和调入检疫制度，防止虫害人为传播；森检机构对引进的林木种子、苗木及其他繁殖材料进行引种前检疫审批。当种子的含水率在10%~20%以下时，应对外调种子进行熏蒸处理。一般室温在15 ℃以上时，用溴甲烷或硫酰氟1 m^2的投药量在40~50 g，熏蒸3~4天。

2）物理防治

秋冬季节清理树下虫果，集中销毁，减少虫源地的虫口密度。亦可将种子在水中漂选，将虫果捞出，在室温8~15 ℃的条件下，用70℃的热水浸烫20 min，可将种子内100%的幼虫杀死，且对种子发芽率无影响。

3）化学防治

在黄连木种子小蜂幼虫孵化期使用10%吡虫啉在树干中下部不同方位进行打孔注药，每株打孔3个，孔与孔之间垂直距离在30 cm以上，药剂按1~3 mL/cm（地径），可有效防治黄连木种子小蜂。

（二）木橑尺蠖

木橑尺蠖 *Culcula panterinaria* Bremer et Grey，又名黄连木尺蛾，属鳞翅目、尺蛾科。分

布在河南、河北、山西、山东、四川、台湾等地，河南省主要分布在焦作等山区县（市），木橑尺蠖是一种暴食性的杂食害虫，在河南省的寄主植物主要有黄连木、黄栌、栎类、刺槐、核桃、黄荆等多种树木，以幼虫蚕食树叶为主，幼虫很活泼，孵化后即迅速分散，爬行快，稍受惊动，即吐丝下垂，可借风力转移危害。

1.形态特征

1）成虫

体长17~24 mm，翅展约67 mm，头、胸黄白色，翅底白色，散布大小不规则的灰色和黄色斑点，在前、后翅近外缘处有1串由灰黄、黄褐色圆斑组成的波状纹，翅面中部有1个较大的浅灰绿色斑点。

2）卵

扁圆形，绿色，卵块上覆有一层黄棕色绒毛。

3）幼虫

末龄体长65~75 mm，体色变化较大，常与寄主植物的颜色相近似，多为黄褐或黄绿色，散生灰白色斑点；头顶左右呈角状突起，中央凹陷呈山峰状，前胸背板有1对角状突起。

4）蛹

长约30 mm，赤褐色，头顶两侧各有1个耳状突起。

2.为害状

以幼虫危害芽、花雷及叶片，严重时也会将叶片蚕食，仅留叶脉，对黄连木产量影响很大。

3.生物学习性

木橑尺蠖在河南地区1年发生1代，以蛹在根际松土中越冬。越冬蛹在5月上旬羽化，成虫于6月下旬产卵，7月中下旬为盛期。幼虫于7月上旬孵化，盛期为7月下旬至8月上旬。老熟幼虫于8月中旬化蛹，盛期为9月，末期为10月下旬。幼虫很活泼，孵化后即迅速分散，爬行快；稍受惊动，即吐丝下垂，可借风力转移危害。初孵幼虫一般在叶尖取食叶肉，留下叶脉，将叶食成网状。2龄幼虫则逐渐开始在叶缘危害。3龄以后的幼虫 行动迟缓，通常将叶片叶食净后，才转移危害。幼虫共6龄，幼虫期约40天。老熟幼虫即坠地化蛹。成虫趋光性强，白天静伏在树干、树叶等处。卵多产于寄主植物的皮缝里或石块上，块产，排列不规则，并覆盖一层厚厚的棕黄色绒毛。成虫寿命4~12天。

4.防治方法

1）生物防治

利用黑卵蜂、广肩步甲、寄蝇、小茧蜂、胡蜂、土蜂、麻雀、大山雀、白僵菌等天敌昆虫对木橑尺蠖进行防控。

2）物理防治

利用木橑尺蠖成虫有强趋光性，使用黑光灯诱杀成虫。

3）化学防治

选择在低龄幼虫期防治。此时虫口密度小，害虫的抗药性相对较弱。防治时用45%丙溴辛硫磷1 000倍液，或20%氰戊菊酯1 500倍液+ 5.7%甲维盐2 000倍混合液，40%啶虫毒死蜱1 500~2 000倍液喷杀幼虫，可连用1~2次，间隔7~10天。可轮换用药，以延缓抗性的产生。

(三)黄连木梳齿毛根蚜

黄连木梳齿毛根蚜 *Chaetogeoica folidentata*，属半翅目、瘿绵蚜科。寄主有黄连木、禾本科植物。河南省主要分布在太行山和伏牛山,大别山和桐柏山也有分布。

6~9 月间,被害叶片反面形成一个突出的囊状或鸡冠形虫瘿,开始为浅黄绿色,成熟后变为红色,最后导致叶片枯黄、脱落。这不仅影响树木的生长,也影响作为优秀园林绿化树种的观赏价值。

1.形态特征

1)无翅孤雌蚜

体卵圆形,长 2.3 mm 左右,淡黄色,被薄蜡粉,额呈平顶状,触角 5 节,短粗,占体长的 1/4,腹管退化。

2)有翅孤雌蚜

体长卵形,长 2.5~3 mm,头、胸、腹,黑色,额瘤不明显,触角 6 节,短粗,无腹管,前翅 4 脉,两肘脉基部相合,中脉不分岔,有翅痣,后翅有非平行两脉。

3)无翅性蚜

浅豆绿色,体长 1.5~2 mm 左右,腹管退化。

4)卵

长卵形,初为淡黄色,后变墨绿色,有光泽。

2.为害状

黄连木梳齿毛根蚜主要是在每年的 5~9 月进行危害,造成被害叶片反面形成突出的囊状或鸡冠形虫瘿,开始变为浅黄绿色,成熟后变为红色,最后导致叶片枯黄、脱落。

3.生物学习性

以卵在黄连木周围的禾本科植物中越冬。一般一叶一个虫瘿,虫瘿内有一至多个干母,每个干母可胎生 10~40 个干雌幼蚜。于 6 月中下旬破囊危害,7 月上中旬开始落叶。8 月上旬至 9 月中旬,再次形成虫瘿,产生性蚜,均有翅,黑色。

4.防治方法

1)物理防治

根据黄连木梳齿毛根蚜形成醒目虫瘿的特点,可在 6 月上旬到 9 月中旬除虫瘿,减少虫数,有效控制。

2)化学防治

在 3 月下旬到 4 月中旬,用 5°Be 石硫合剂防治,在 6~9 月采用 10%高渗吡虫啉可湿性粉剂 1 000 倍液效果最好。

十四、文冠果病虫害

文冠果 *Xanthoceras sorbifolium* Bunge,为无患子科、文冠果属落叶灌木或小乔木,高可达 5 m,原产于中国北方黄土高原地区,天然分布于北纬 32°~46°,东经 100°~127°,即北到辽宁西部和吉林西南部,南自安徽省萧县及河南南部,东至山东,西至甘肃宁夏。集中分布在内蒙古、陕西、山西、河北、甘肃等地,辽宁、吉林、河南、山东等省均有少量分布。在黑龙江省南部,吉林省和宁夏等地区还有较大面积的栽培树林。在垂直方向上,文冠果分布于海拔

52～2 260 m，甚至更高的区域。

文冠果喜阳，耐半阴，对土壤适应性很强，耐瘠薄、耐盐碱，抗寒能力强，-41.4 ℃安全越冬；抗旱能力极强，在年降雨量仅150 mm的地区也有散生树木，但文冠果不耐涝、怕风，在排水不好的低洼地区、重盐碱地和未固定沙地不宜栽植。文冠果耐干旱、贫瘠、抗风沙，在石质山地、黄土丘陵、石灰性冲积土壤、固定或半固定的沙区均能成长，是中国特有的一种食用油料树种。

文冠果树姿秀丽，花序大，花朵稠密，花期长，甚为美观。可于公园、庭园、绿地孤植或群植。其种子含油量50%～70%，历史上人们采集文冠果种子榨油供点佛灯之用，以后逐渐转为食用。研究结果证明，种仁中含油量达66.39%，优良品种的种仁中含油量达72%，超过一般的油料植物，其油脂的基本组成如下：硬脂酸、油酸38.9%（一般食用油的主要成分之一）、亚油酸40.2%，文冠果是我国特有的经济木本油料树种，种子含油率为30.4%～47%，种仁含油量高达66.39%，油黄色而透明，食用味美，油中所含亚油酸是中药益寿宁的主要成分，具有极好降血压作用，食用文冠果油可有效预防高血压、高血脂、血管硬化等病症。此外，文冠果种仁除可加工食用油外，还可制作高级润滑油、高级油漆、增塑剂、化妆品等工业原料。在国家林业局2006～2015年的能源林建设规划当中文冠果已成为“三北”地区的首选树种。

（一）沙枣木虱

沙枣木虱 *Trioza magnisetosa* Log，属于半翅目、木虱科害虫，寄主为沙枣、文冠果和枣等。广泛分布于甘肃河西走廊。

1.形态特征

1）成虫

雌虫体长2.6～3.5 mm，雄虫体长2.2～3.0 mm。黄绿色或麻褐色。头浅黄色，颊锥呈三角形突出，上具稀长毛。触角丝状，浅黄色，末端2节黑色，端部有2根黑色剑状刚毛。复眼大而突出，灰褐色。单眼鲜红色。胸部隆起，前胸背部呈弧形，前后缘黑褐色，中间有橘黄色纵带2条；中胸背板宽为其长的2倍，有4条黄色纵带。后胸腹板近后缘中央有1对乳白色或色较深的小锥形突。足淡黄色，爪黑色，腹部腹面黄白色，背面各节有褐色纵纹。雌虫腹末急剧收缩，背产卵瓣尖形突出弯向背面前方。雄虫腹部近末端处收缩，端都数节膨大并弯向背面。

2）卵

长约0.3 mm，宽0.1 mm，无色透明，略呈纺锤形，端都稍尖，有一短的附属丝，基都较圆，表面光滑。淡黄色。

3）若虫

长2.3～3.3 mm，黄白至灰绿色，扁椭圆形，体表被有白色绵状物。

2.为害状

主要刺吸文冠果嫩枝、幼芽等部位的汁液，造成幼芽的死亡，刚发病时叶片发生卷曲，病情严重的可造成整棵树的树叶或者枝梢枯萎死亡，影响树体的生长，出现大批的落花落果现象。

3.生物学习性

1年1代，以成虫在落叶、杂草、树皮缝及树干上枯卷叶内越冬。翌年3月气温达6 ℃

时开始活动。4 月上旬至 6 月上旬交配产卵，交配产卵多在早晨和傍晚，萌芽期卵各产于芽上，数粒在一起，展叶后多产于叶背，卵一端插入叶肉内。5 月上旬开始孵化，下旬为盛期。若虫期 45~50 天，5 龄若虫为害最重，虫口密度大时，排出的蜜露使枝叶发亮。6 月中旬至 7 月羽化。成虫寿命长达 1 年左右，白天群集叶背为害，至 10 月下旬气温达 0 ℃以下时，始进入越冬。天敌有花蝽、瓢虫、草蛉、蓟马等。此虫 1 年发生 1 代，以成虫在树上卷叶内、老树皮下或落叶中，以及田边沟渠低地落叶、草丛内越冬。翌年 3 月初开始活动，中旬开始交尾。4 月上旬产卵，下旬达盛期。产卵持续期较长，至 6 月上旬结束。5 月上旬出现若虫，中旬达盛期。若虫共 5 龄：1 龄盛期 5 月上中旬，历期 7~9 天；2 龄 5 月中下旬，历期 7~10 天；3 龄 5 月底 6 月初，历期 7~10 天；4 龄 6 月上中旬，历期 8~10 天；5 龄 6 月中下旬，历期长约 13~15 天。若虫历期 35~50 天。成虫于 6 月中旬羽化，6 月底 7 月初达盛期，10 月底 11 月初进入越冬状态。春天当日平均气温达 5 ℃以上时，越冬成虫开始活动，并在枝梢上取食危害。

4.防治方法

1)农业防治

4 月上中旬及时摘除桑树有卵叶，5 月上中旬剪除有桑木虱若虫群集危害的枝梢。6 月上中旬及 11 月当成虫密集于桑芽或再发叶上时，用网捕杀成虫。秋后清除果园落叶、杂草，集中处理。

2)生物防治

沙枣木虱天敌种类达 10 多种，主要有啮小蜂、丽草蛉、大草蛉、异色瓢虫、白条消遥蛛等，其中啮小蜂的寄生率可高达 30%以上。为了保护天敌，对沙枣木虱虫口密度在每叶片有若虫 10 头以下或天敌寄生率在 30%以上的沙枣林不需进行化学防治。

3)化学防治

有机磷类农药 1 000 倍液和菊酯类农药 3 000 倍液效果较好，如 80%磷胺乳剂 1 000 倍液和 10%敌虫菊酯乳剂 3 000 倍液。其他农药如 40%氧化乐果乳剂 1 000 倍液和 10%灭百可乳剂平均校正死亡率均为 95%。采用 50%马拉硫磷 800~1 500 倍液常规喷雾；用 10%敌虫菊酯乳剂 1 000~3 000 倍液。对郁闭度 0.5 以上，面积在 3.33 hm^2以上的沙枣片林，可选用 741 烟剂或敌马烟剂施放，防治沙枣木虱。用杀虫净、杀虫脒或杀虫快、乐果乳油与农用柴油 1∶1 混合进行超低量喷雾，防治沙枣木虱。

(二)锈壁虱

锈壁虱 *Eriophyes oleivorus* Ashmead，属蛛形纲、真螨目、瘿螨科害虫，又称叶刺瘿螨、锈螨、锈蜘蛛，主要为害文冠果和柑橘等。国内各柑橘和文冠果产区均有分布。

1.形态特征

1)成螨

成螨体长 0.1~0.2 mm，黄白色，肉眼不易见，头部附近有足 2 对，体躯前部较粗，尾端较细。

2)卵

圆球形，灰白色，半透明。

3)幼螨

若螨似成螨，体灰白色至浅黄色。

2.为害状

主要危害叶片和果实，以果实危害较严重。叶片被害后，似缺水状向上微卷，叶背呈烟熏状黄色或锈褐色，容易脱落，影响树势和产量；果实被害后，流出油脂，被空气氧化后变成黑褐色，称之为“黑皮果”，影响品质，且不耐储藏。其体形比红蜘蛛小，在放大镜下可见红萝卜样虫体。7~9 月为危害高峰期，到采果前甚至收果后还会危害。发生早期，果皮似被一层黄色粉状微尘覆盖，不易察觉，待出现黑皮果时，即使杀死虫体，果皮也不会恢复。

3.生物学习性

1 年生 10 余代。高温干旱利于其发生。特别是雨季降雨少，6 月的高温干旱极为有利锈壁虱的发生和繁衍，种群数量迅速上升，7、8 月将出现为害高峰。

4.防治方法

1)农业防治

冬季结合整形修剪，剪除过密枝条，病虫卷叶和零星冬梢，创造园内通风透光环境，可减少越冬虫源。在园内因地制宜地种植豆科绿肥、蔬菜等覆盖植物。旱季适当灌溉和施肥，均有减轻发生危害的作用。

2)生物防治

锈壁虱的主要天敌为多毛菌，常流行在高温多雨季节，对锈壁虱的猖獗有一定的控制作用。多毛菌类对波尔多液、石硫合剂和代森锌等农药的抗性较差，在夏、秋季高温多湿，多毛菌流行期间，应尽量少用或不用这几种农药，可达到保护利用天敌的目的。

3)物理防治

在 5~7 月，特别是在 5 月下旬至 6 月中旬间，应每 5~7 天检查一次，用手持扩大镜检查果实和叶片上的锈壁虱发生数量，在每视野平均有虫 2~3 头、又无天敌的情况下，或当 5%左右的叶片和果实有锈壁虱时，或园中已出现灰色的被害果时，应立即喷药防治。

4)化学防治

一般用挑治办法，即先用药于虫情较严重的果株或果园，必要时才能全面用药。喷药时要求均匀周到，特别注意喷洒叶背和果实的阴面。喷药次数可根据虫情、天敌发生情况而定。一般除越冬期喷药一次，以杀灭虫源外，应着重抓好 5 月下旬至 9 月的防治工作。

(三)文冠果隆脉木虱

文冠果隆脉木虱 *Agonoscena xanthoceratis* Li，属半翅目、木虱科，主要危害文冠果。主要分布于我国北方果区，如黑龙江、吉林、辽宁、内蒙古、河北、山西、陕西、宁夏、新疆、青海、甘肃、山东等地。

1.形态特征

1)成虫

成虫体长(达翅端)雄 1.35~1.50 mm，雌 1.57~1.75 mm。初羽化时体白色，后渐变为淡绿色，至橙黄色和灰褐色。冬型(第 3 代)体色显较夏型(第 1、2 代)深且褐斑显著。触角丝状，淡黄色，10 节，基部两节粗大，第 8 节末端和 9、10 节均黑色，末端有 1 对叉状刚毛。复眼红色；单眼 3 个，红色。胸部背面隆起，有褐色纵斑，左右对称。腹部各节背板和腹板上有褐色横斑，侧板黄色。雌虫尾端尖，略向下弯，雄虫尾端开张。足黄褐色，腿节背面及胫节基黑褐色；前翅透明，呈鳞状纹，布满黑或黑褐色斑点，翅外缘成一褐带，脉具斑。后翅透明，腹部黄褐色，具黑色至黑褐色斑。胸部窄于头宽，中胸盾片两侧鼓，中央平凹；后足胫节无基刺,基跗节具一对爪状距,后基突仅为一小丘突。前翅长 1.20~1.44 mm、宽 0.53~0.59 mm,长为宽的 2.29~2.45 倍,为长椭圆形,前缘有断痕,翅痣狭长。后翅长 1.13~1.20 mm、宽 0.38~0.40 mm,长为宽的 3 倍。雄成虫腹端侧视肛节黑褐色,粗壮,端骤变细,呈管状;阳基测突黄至黄褐色,短于肛节,具分支;阳茎端膨大明显。雌成虫腹端侧视三角形,背瓣背缘波曲,肛门椭圆形,约为背瓣长的 1/3,腹瓣上缘波曲,底缘弧。

2)卵

卵无色,半透明。长卵形,上端稍钝尖,基部圆附有卵柄。卵长 0.20~0.23 mm、宽 0.09~0.12 mm,卵柄长 0.05~0.06 mm。初产乳白色,后现微黄。孵化前 3 天出现橘红色眼点。

3)幼虫

5 龄若虫体扁平。淡绿色。长 1.15~1.20 mm、宽 0.70~0.80 mm。头前缘中部内陷深(背观)。复眼红色。触角 7 节,浅褐色。自头胸至第 4 腹节背面有 2 条明显的黄纹。翅芽白色透明,长 0.50 mm。

2.为害状

在树冠垂直分布以中下层多。成虫吸食叶顶芽、嫩叶和嫩梢汁液。9 月下旬至 10 月初(秋分、寒露)文冠果叶缘变黄,叶片开始凋落,气温下降,成虫便从树冠下层粗枝皮缝内渐向主干下部树缝内迁移。

3.生物学习性

1 年 3 代。成虫繁殖能力极强,性情活泼,白日活动,以 08:00~16:00 时活动数量最多。常数个或数十个密集在 1 个叶片上或绿色嫩梢上停息或进行交尾、取食,围绕树冠做近距离跳跃或飞翔。早、晚和阴云风雨天静伏叶背、枝干或树缝内,傍晚和黑夜停止活动。成虫喜荫蔽窝风场所,有向密林迁移聚集特性,因而在树势旺盛、枝叶繁茂、郁闭度大的林内成虫栖居数量多。

文冠果隆脉木虱以成虫潜藏在树干下部树皮裂缝或地表落叶中群集越冬。每年 4 月中旬,文冠果芽萌发,越冬成虫开始活动,交尾产卵。5 月初若虫出现,5 月下旬(文冠果花凋谢)为若虫盛期;5 月末第 1 代成虫大量羽化;6 月中旬产卵盛期,下旬第 2 代若虫出现盛期;7 月初第 2 代成虫羽化,7 月中旬达盛期;8 月初第 3 代成虫羽化,经数日补充营养,部分成虫开始越夏。9 月中旬解除夏眠,经短期补充营养,9 月下旬陆续进入越冬。世代重叠现象明显,同一时期,可见到各个世代和各种不同的虫态。

4.防治方法

1)农业防治

冬季清除林内枯叶杂草,消灭文冠果隆脉木虱越冬成虫。冬季或早春,干基涂白或用 80%敌敌畏乳油 500 倍、60%D-M 合剂 200 倍涂于干基,消灭文冠果隆脉木虱越冬成虫。

2)生物防治

文冠果隆脉木虱的捕食性天敌有异色瓢虫、七星瓢虫、二星瓢虫、菱斑和瓢虫、小花蝽、大草蛉、中华草蛉、三突花蛛、大腹圆蛛,其中以异色瓢虫数量最多,为优势种群。

3)化学防治

4 月中下旬文冠果隆脉木虱成虫出蛰期,于晴朗无风的夜间在林内连续施放 5%敌马烟剂 2~3 次,每亩用药 1 kg。用 40%氧化乐果乳油、80%敌敌畏乳油、50%马拉硫磷乳油、90%敌百虫晶体、50%杀螟松乳油 1 000~1 500 倍液防治文冠果隆脉木虱若虫或成虫。

（四）文冠果根腐线虫病

文冠果根腐线虫病，又名文冠果黄化病，发生区域广，危害严重，甚至导致大规模的苗木死亡。该病是由线虫寄生根颈部位引起的，一般苗木和幼树均易患病。

1.症状

根腐线虫病是由线虫寄生在根茎部位所引起的，主要危害幼苗与幼树，一般是在播种育苗时幼苗出土后开始发病。土壤与残根中线虫入侵，主要是发生在阴湿条件下，叶子将会全部枯黄，但是却长期不掉落，在地上的部分萎缩，停止生长，后期逐渐枯死。将病苗拔出后会发现根颈以下有水肿的状态，黄色的水渍状，并且伴有恶臭味。

2.病原

文冠果根腐线虫病是由短体线虫 *Pratylenchus* spp.引起的文冠果重要根部病害，但具体为哪一种短体线虫没有文献报道。

3.发病规律

文冠果幼树发病后叶片全部转为黄色，在很短的时间内萎蔫但是一直挂在树上不落，拔出根系检查，地下 10~20 cm 皮层组织等颜色为黄色，水渍状，明显腐烂且发出臭味。根腐线虫病在连作、土壤过于黏重、过量灌水的情况下发病较重，一般成林文冠果树不会发生此病，但是在高温多雨的夏季、土壤中积累过多水分等条件下也会发生。

幼苗出土后，土壤及残根的线虫侵染，因此在连作和灌水过多的阴湿条件下，幼苗发作严重；在夏季多雨，土壤湿度增高的条件下，成林植株开始发病。

4.防治方法

1）农业防治

育苗地在秋、冬季节翻土晾茬，可减少病害发生。在播种育苗时，播种不宜过深，同时灌足底水，避免因多次灌溉借水传播。苗期要加强中耕松土。一旦发现危害，应铲除病株，焚烧处理，避免扩散蔓延。

2）化学防治

种植前每亩地施干燥鸡粪 150~500 kg，有较好防治效果；用 20%二溴氯丙烷颗粒剂在栽植前施药，把药撒匀后覆土，用药量为 15~20 g/m^2；也可用 10%克线磷颗粒剂，先开好播种沟，按每亩用药 1.5~2.5 kg 沟施，有较好防治效果。发现根腐线虫时，宜选用 40%辛硫磷乳油 500 倍液喷洒根际土壤，杀灭线虫，也可用 1.8%阿维菌素颗粒剂 2~4 kg 均匀施用于外开的沟中，然后覆土踏实。

（五）文冠果茎腐病

茎腐病是很多苗木都会发生的病害，该病主要由镰刀菌和轮枝孢菌等几种真菌在起苗和栽植时碰伤表皮等损伤感染扩展所致，严重时影响水分吸收，导致苗木干枯死亡。

1.症状

茎腐病是大部分的植物都会发生的病害。病菌会在土壤中进行越冬，有着极强的腐生性，在过涝气温过高的环境最易发病，一般在栽植两个月后就会开始发病。主要是危害地下的根部，根部会产生腐烂的暗褐色菌核，然后变开始像茎基的周围延伸扩展，使皮层渐渐腐烂，叶片也开始变黄、萎蔫，最后全株直接枯死。

2.病原

茎腐病主要由镰刀菌 *Fusarium* spp.和轮枝孢菌 *Verticillium* spp.等几种真菌在苗木表皮

破损处感染扩展导致的，但具体种名没有文献报道，茎腐病严重时影响水分吸收导致苗木干枯死亡。

3.发病规律

文冠果茎腐病一般在苗木栽植后2个月左右发生，发病症状为浅层土壤中的根系发生腐烂，刚发病时颜色为暗褐色，随着病情的发展，逐渐环绕茎基部一周，最终地上部叶片全部萎蔫、苗木死亡，发病部位的表面可见到明显的菌核（大小不一，黑褐色）。病原菌具有较强的腐生性，可存在于土壤中越冬，在田间发生渍害、土壤温度过高等条件下文冠果茎腐病容易发生。

4.防治方法

1）农业防治

加强栽培管理，合理施肥有机肥和微量元素肥料，合理密植，降低土壤湿度等措施可以使植株健壮，减少茎腐病。合理轮作，深翻土地，清除病残植株，不施用未腐熟的有机肥，可以减少田间菌源，达到一定的防治效果。

2）物理防治

有条件的做好土壤消毒，同时起苗、运输、栽植避免损伤苗木，酷暑天做好遮阴，避免高温苗木灼伤。

3）化学防治

起苗后使用多菌灵浸泡苗木杀菌，或者用1%~3%的高锰酸钾水溶液浸泡杀菌，都会减少病菌感染。在5~8月生长季节可喷药防治。5月中旬、7月的发病初期分别在易发病地块上喷施38%恶霜嘧铜菌酯可湿性粉剂1 000倍液，或30%甲霜·恶霉灵可湿性粉剂800倍液，或50%福美双可湿性粉剂500倍药液。

（六）文冠果立枯病

文冠果立枯病主要发生在播种育苗期间。病菌以菌核在土壤或寄主病残体上越冬，腐生性较强，可在土壤中存活2~3年。混有病残体的未腐熟的堆肥，以及在其他寄主植物上越冬的菌丝体和菌核，均可成为病菌的初侵染源。

1.症状

播种后出苗前，易发生种腐型立枯病，主要原因是肥料发酵不充分、种子催芽过头、覆土过厚等；出苗后生侧根之前，易发生猝倒型和根腐型立枯病，通常与出苗后环境湿度过大有关；烂叶型与留苗过密、浓雾期长有关；立枯型为生长点枯死，地表根茎染病，幼苗枯死但不倒。

2.病原

主要由立枯丝核菌 *Rhizoctonia solani* 引起，立枯丝核菌的营养菌丝培养物初期无色，随着菌龄增加逐渐变成不同程度的褐色。在贴近基物处一般容易形成念珠状细胞，细胞呈桶形、梨形或者不规则的叶片状。其数目和大小在各菌系间也有变化，有的形成疏散状，也可以密集形成菌核。在光学显微镜下，立枯丝核菌的幼嫩菌丝细胞内呈多颗粒状液泡，老熟菌丝液泡扩大，最后菌丝完全空化。念珠状细胞内含油球。

3.发病规律

立枯病分种腐型、猝倒型和根腐型。种腐型发生于文冠果播种后出苗前，肥料发酵不充分、种子催芽过头、覆土过厚都可引起发病。后2种类型发生于出苗后生侧根前，通常与出苗后湿度过大有关。此外还有烂叶型与立枯型。烂叶型与留苗过密、浓雾期长有关,应及早间苗。立枯型为生长点枯死,地表根茎染病,幼苗枯死但不倒。

4.防治方法

1)农业防治

选用疏松的土壤或沙质壤土,实行隔年整地,施用有机肥时要充分腐熟。通过科学施用有机肥和微量元素肥料、合理密植、降低土壤湿度等措施可使植株健壮,进而抵御茎腐病发生。此外,采取合理轮作、深松土壤、清除病残植株、不施用未充分腐熟的有机肥等措施,亦可大幅降低田间病原菌数量,减少病害发生。

2)化学防治

起苗后使用50%多菌灵可湿性粉剂1 000倍液或用1%~3%的高锰酸钾水溶液浸泡苗木,可减少病菌感染。在5月中旬及7月的发病初期,可在易发病地块预防性喷施38%恶霜嘧铜菌酯可湿性粉剂1 000倍液、30%甲霜·恶霉灵可湿性粉剂800倍液、50%福美双可湿性粉剂500倍液,或按说明定期喷洒具有促生、抗逆、防治植物病害等多功能的生化制剂兰迪多邦。

(七)文冠果黑斑病

文冠果黑斑病是一种真菌性病害,该病菌在叶片上越冬,翌年开始发病,在高温、高湿的雨季或地势低洼的环境下,树势衰弱或枝叶密集的植株发病较重。

1.症状

病害发生时先在叶片上或者叶片的边缘部位产生小斑(褐色),小斑的周围颜色为深褐色,随着病情不断扩展,几个小病斑逐渐扩大连成大斑,病斑背面边缘出现一层霉层(黑色)。病症发生严重时整个发病叶片的尖端或者边缘都会出现干枯,造成叶片的早脱。

2.病原

文冠果黑斑病属于真菌性病害,但没有文献报道具体种名,文冠果黑斑病主要对文冠果的叶片产生危害,是文冠果栽植中常发的病害之一。

3.发病规律

病原菌越冬的场所为发病叶片上,发病的时间开始于第2年的5月下旬。在温度高、湿度大的雨季病情更加严重,地势低、树体长势弱、林间过于郁闭的树容易发病且程度重。

4.防治方法

1)农业防治

加强田间管理,雨后及时排水,防止园地出现积水。合理设计初植密度,修剪时要注意进行强度疏枝,改善树体通风透光条件。采用双行窄带模式造林,不但能改善光照条件,而且还可在大行距内间作,以短养长、以耕代抚,值得大力提倡。

2)化学防治

在每年6月发病前或发病初期喷施240~300倍石灰倍量式波尔多液或甲基托布津或代森锰锌进行防治。

参 考 文 献

[1] 张宣,宋韬亮,刘平,等.枣缩果病发生与矿质元素含量的关系[J].林业科学,2019(2):109-117.
[2] 曹子刚.核桃板栗枣病虫害看图防治[M].北京:中国农业出版社,2002: 32-47.
[3] 丁仕生.秦巴山区板栗疫病及主要虫害防治技术研究[D].陕西:西北农林科技大学,2009:1-37.
[4] 孔德军,刘庆香,王广鹏.板栗栽培与病虫害防治[M].北京:中国农业出版社,2006: 116-132.
[5] 肖云丽,徐艳霞,晏绍良,等.不同类型栗园板栗剪枝象的发生为害[J].中国植保导刊,2017,11: 26-30.
[6] 徐志宏.板栗病虫害防治彩色图谱[M].杭州:浙江科学技术出版社,2001: 1-64.
[7] 袁嗣令.中国乔灌木病害(板栗膏药病)[M].北京:科学出版社,1997: 216-217.
[8] 陈汉杰.新编林果病虫害防治手册[M].郑州:中原农民出版社,2006:293-301.
[9] 赵宏涛,等.柿蒂虫防治试验[J].中国果树,2004(6):24-25.
[10] 柴秀山,梁尚兴.华山松木蠹象的生物学习性及防治[J].昆虫知识,1990,27(6):352-354.
[11] 陈敏.华山松木蠹象生物防治研究[D].昆明:西南林学院,2007:18-26.
[12] 陈友.华山松木蠹象及其三种主要寄生蜂的趋光特性研究[D].昆明:云南大学,2013:55-73.
[13] 宗世祥.沙棘木蠹蛾生物生态学特性的研究[D].北京:北京林业大学,2006.
[14] 宗世祥,骆有庆,路常宽,等.沙棘木蠹蛾生物学习性的初步研究[J].林业科学,2006(1):79-84.
[15] 梁维坚,王贵禧.大果榛子栽培实用技术[M].北京:中国林业出版社,2015:112-127.
[16] 胡跃华.辽宁平榛主要有害生物的发生及防治[J].辽宁林业科技,2016(2):76-78.
[17] 刘振陆.疣纹蝙蝠蛾生活习性初步观察[J].昆虫学报,1962,11(3):311-312.
[18] 蒲永兰,杨世璋,林琳,等.核桃长足象的生物学及其防治[J].昆虫知识,2003,40(3): 262-264.
[19] 邹彬,吕晓滨.核桃栽培与病虫害防治技术[M].石家庄:河北科学技术出版社,2014: 163-183.
[20] 吴国良.核桃无公害高效生产技术[M].郑州:中国农业出版社,2010:159-168.
[21] 曹挥,张利军,王美琴.核桃病虫害防治彩色图说[M].北京:化学工业出版社,2014:5-58.
[22] 陈勇,刘勇,黄恒文.果树病虫害诊断与绿色防控原色生态图谱[M].北京:中国农业科学技术出版社,2018:111-120.
[23] 束庆龙,张良富.中国油茶栽培与病虫害防治[M].北京:林业出版社,2009.
[24] 萧刚柔.中国森林昆虫[M].2 版.北京:中国林业出版社,1992.
[25] 郑万钧.中国树木志[M].北京:中国林业出版社,1997:1679-1689.
[26] 王遂义.河南树木志[M].郑州:河南科学技术出版社,1994:505-510.
[27] 郭军成.四大经济林病虫防治图谱[M].西安:陕西科学技术出版社,2016.
[28] 蒋金炜,乔红波,安世恒.农田常见昆虫图鉴[M].郑州:河南科学技术出版社,2014:70.
[29] 江尧桦.臭椿沟眶象的发生和防治[J].昆虫知识,1990,27(4): 222.
[30] 杨贵军,雍惠莉,王新谱,等.沟眶象的生物学习性及行为观察[J].昆虫知识,2008,45(1):65-69.
[31] 丁振刚,蒋俊芳.樗蚕生活史初步观察[J].河南林业科技,1991(1):37-38.
[32] 张艳.沟眶象关键基础生物学习性研究[D].北京林业大学,2015:1-6,41-42.
[33] 程晶.山苍子精油分子蒸馏制备高纯度柠檬醛的工艺及品质鉴定研究[D].南京农业大学,2015.
[34] 朱秀娥,吴跃开,余金勇,等.樟树蚧壳虫的发生及其综合治理[J].防护林科技,2008(3):94-95.
[35] 中国树木志编委会.中国主要树种造林技术[M].北京:农业出版社,1976.

后　记

河南省林业科学研究院主持编写的《北方木本粮油树种主要病虫害》一书，在河南林业职业学院、河南省森林病虫害防治检疫站、河南农业大学、安阳工学院、塔里木大学、内蒙兴安职业技术学院、湖南省林业科学院、焦作市林业工作站、洛阳市林业工作站、南阳市森林病虫害防治检疫站、三门峡市森林病虫害防治检疫站、三门峡市苗木繁育中心、濮阳市林业科学院、焦作市野生动植物保护救护站、焦作市农林科学研究院、辉县市森林病虫害防治检疫站、桐柏林业工作站、光山县森林病虫害防治检疫站、温县林业科研技术推广站、镇平县林业局、郑州市绿化工程管理处、河南省农科院植保所、河南省粮油饲料产品质量监督检验中心、卢氏县林果业生产管理办公室、河南双鹤湖园林工程有限公司等单位的大力支持下，经过一年多的时间，终于编写完成。

自从 2018 年夏天，河南省林业科学研究院与河南林业职业学院提议编写此书，经过与相关单位多次沟通，最终确定了本书的大致框架。2019 年 3 月，在河南省林业科学研究院顺利召开了《北方木本粮油树种主要病虫害》编委会会议，对各参编单位、参编人员进行了任务分工，各位参加编写人员不辞辛苦，加班加点工作，才使得本书顺利成稿。

本书的出版，得到了河南省林业科学研究院项目资助，在此表示衷心的感谢！

编　者

2019 年 8 月

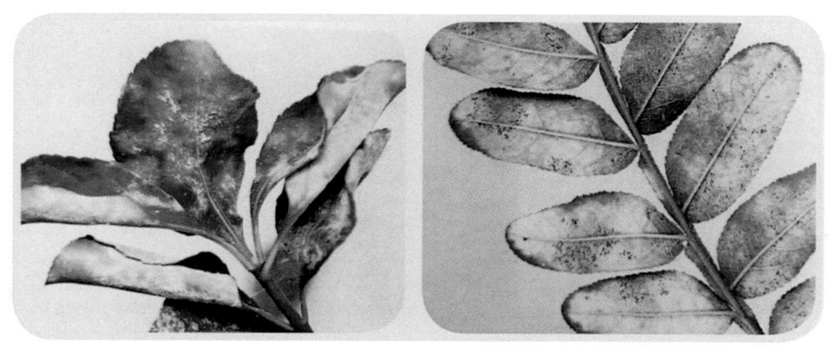

白粉病

白星花金龟幼虫化蛹形状

白星花金龟成虫

豹纹木蠹蛾成虫

斑衣蜡蝉成虫

斑衣蜡蝉若虫

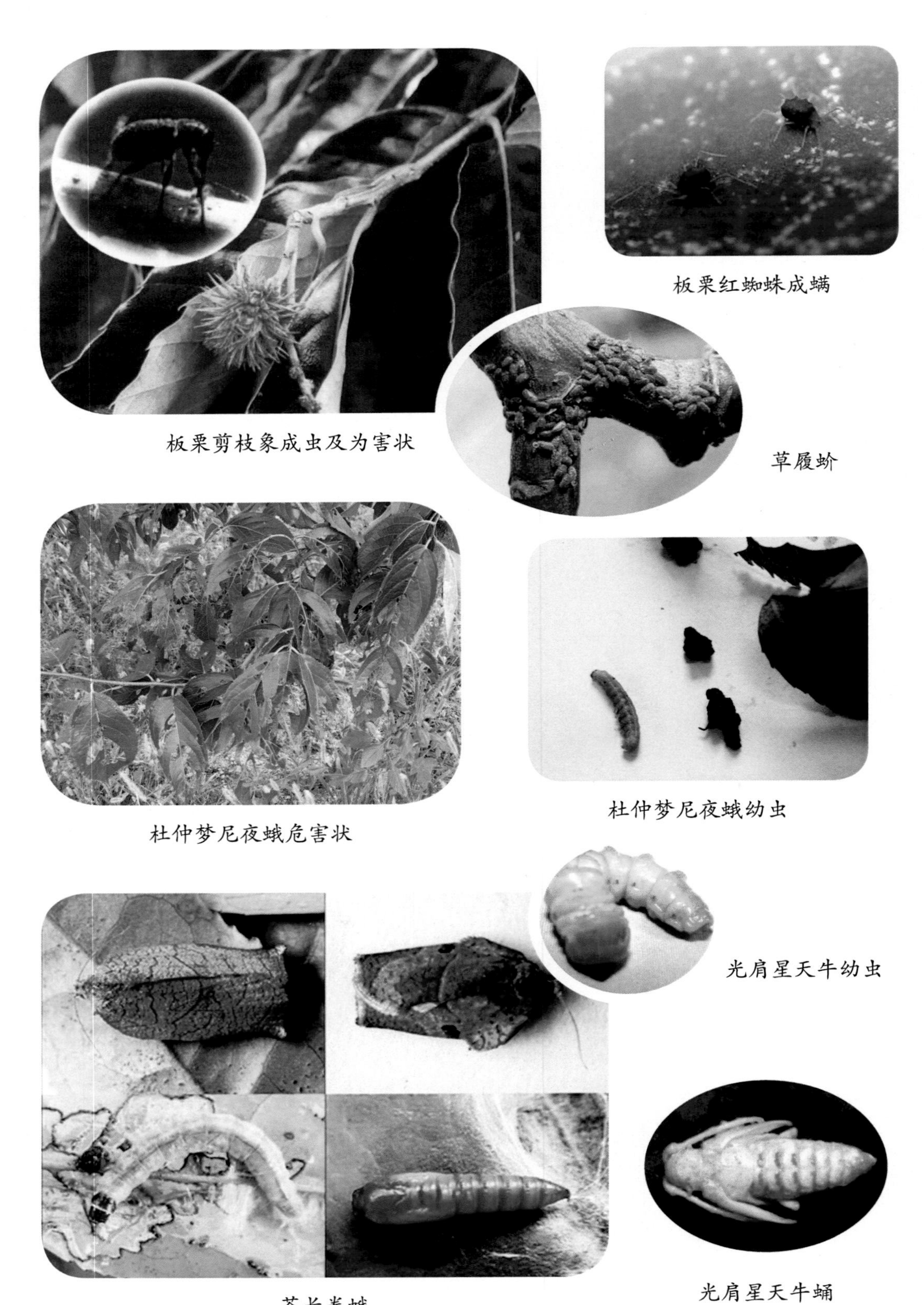

板栗剪枝象成虫及为害状

板栗红蜘蛛成螨

草履蚧

杜仲梦尼夜蛾危害状

杜仲梦尼夜蛾幼虫

光肩星天牛幼虫

光肩星天牛蛹

茶长卷蛾

臭椿沟眶象成虫

臭椿沟眶象成虫为害状

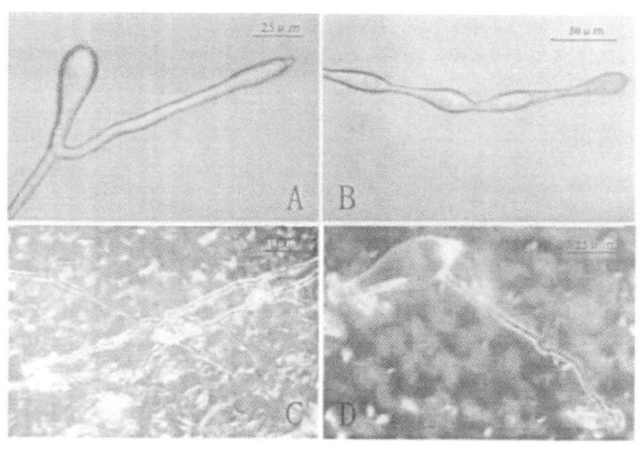

臭椿白粉病无性时期（A. 分生孢子梗；B. 分生孢子；C. 菌丝；D. 分生孢子萌发形成的芽管和附着胞。）王教敏 拍摄

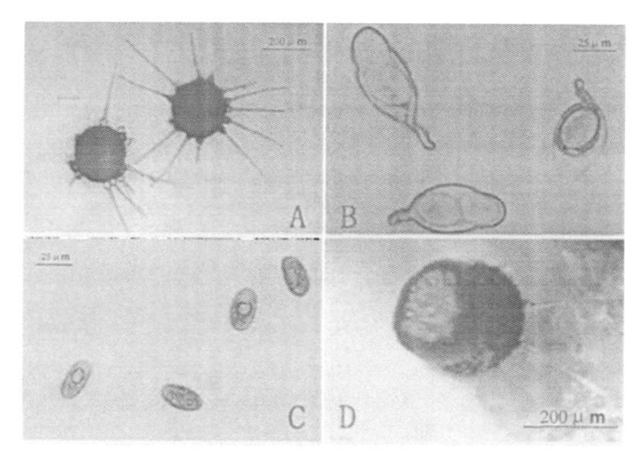

臭椿白粉菌有性时期（A. 闭囊壳；B. 子囊（2个子囊孢子）；C. 子囊孢子；D. 短附属丝吸水胶化后的闭囊壳。）

臭椿沟眶象羽化孔

臭椿沟眶象幼虫为害状

樗蚕

樗蚕幼虫

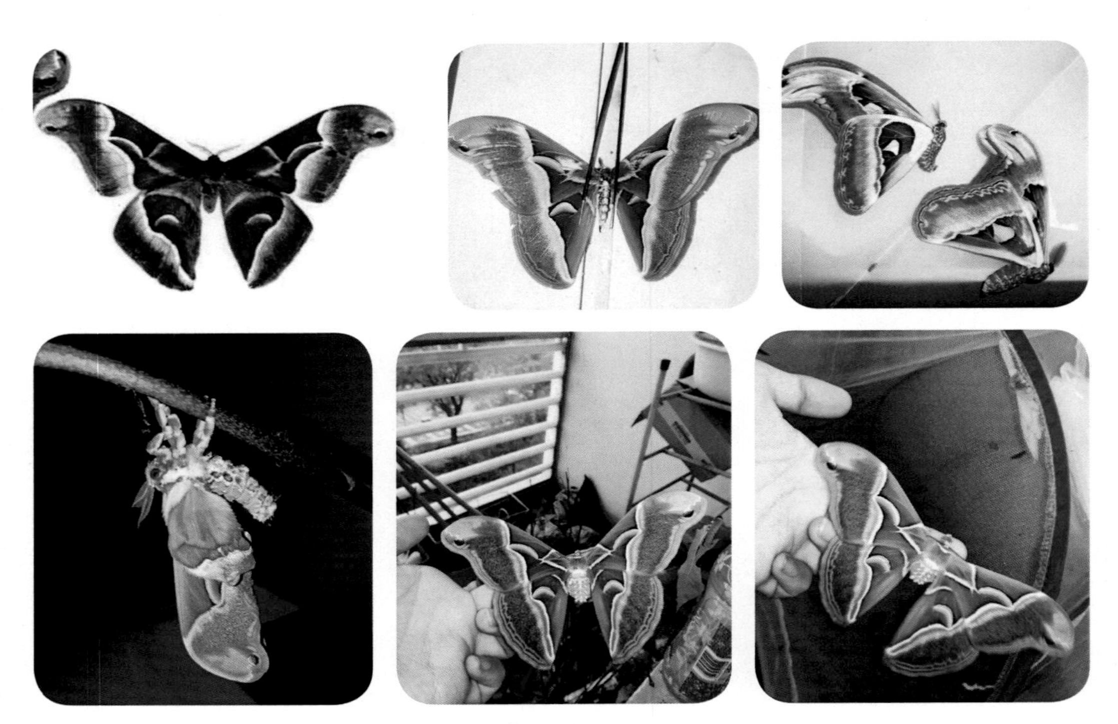

樗蚕成虫

光皮树叶斑病

光皮树枝枯病为害状

核桃小吉丁虫危害虫道

核桃小吉丁虫幼虫

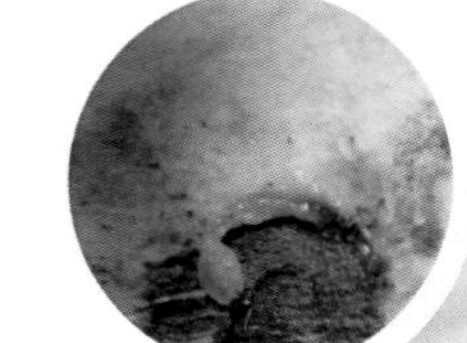

核桃小吉丁虫成虫

核桃举肢蛾成虫

核桃小吉丁虫危害状

褐边绿刺蛾幼虫

褐刺蛾成虫

褐刺蛾幼虫

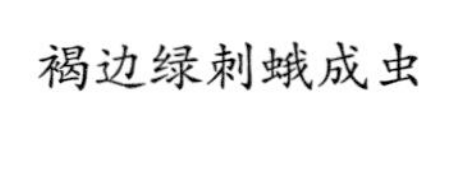

褐边绿刺蛾成虫

花布灯蛾成虫

花椒媒污病

花椒棉蚜危害状

花椒棉蚜若、成虫

黄二星舟蛾蛹

黄刺蛾幼虫

黄二星舟蛾成虫

黄二星舟蛾幼虫

黄绿枯叶蛾幼虫

黄连木种子小蜂为害状

黄连木木橑尺蠖

黄连木种子小蜂幼虫

剪枝栗实象

京枫多态毛蚜

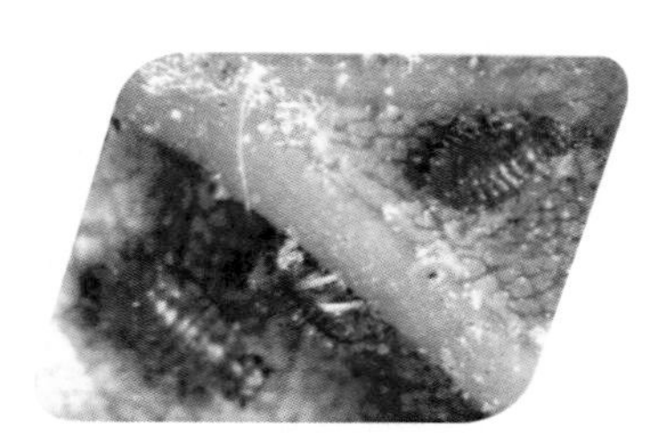

京枫多态毛蚜孤雌胎生蚜

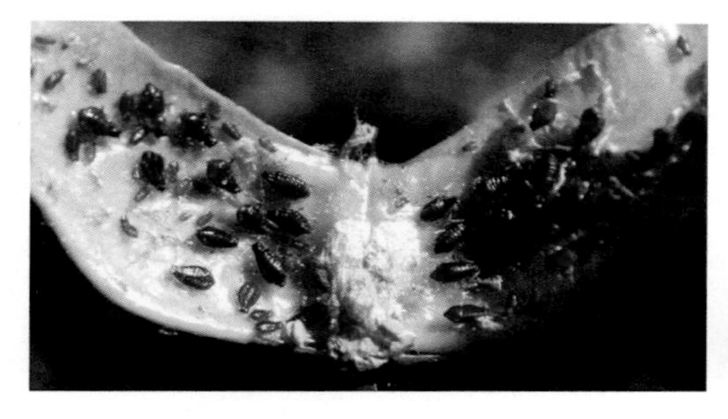

京枫多态毛蚜无翅蚜

京枫多态毛蚜有翅蚜

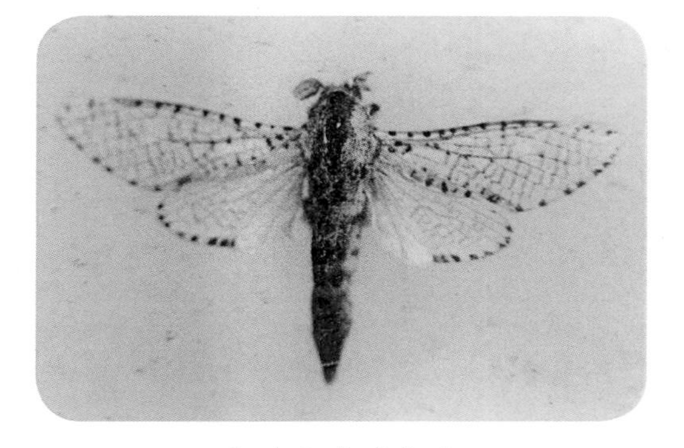

咖啡木蠹蛾成虫

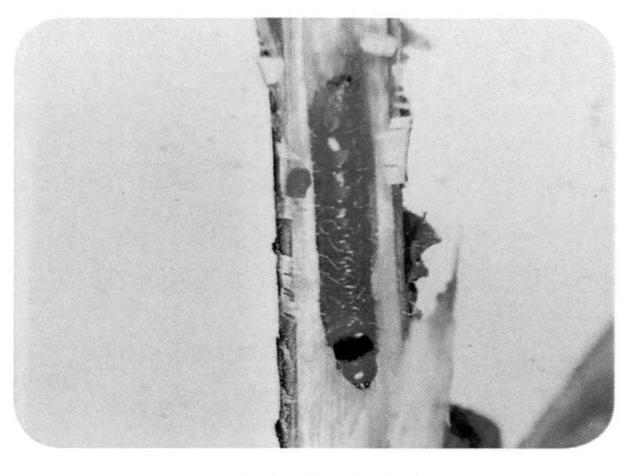

咖啡木蠹蛾幼虫

栎粉舟蛾成虫

栎粉舟蛾卵

栎粉舟蛾危害状

栎粉舟蛾蛹

栎粉舟蛾幼虫

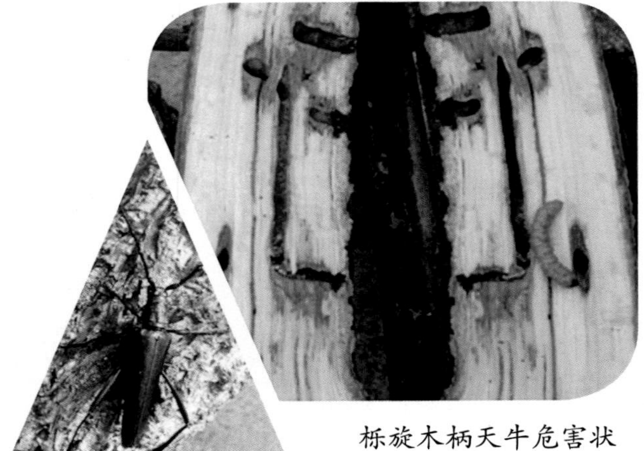

栎旋木柄天牛危害状

栎旋木柄天牛幼虫

栎旋木柄天牛成虫

栎掌舟蛾幼虫

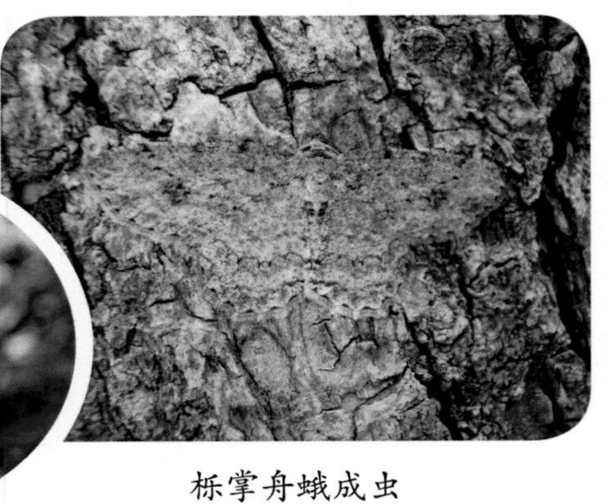

栎掌舟蛾成虫

栎掌舟蛾卵

栗白粉病（老叶）

栗绛蚧成虫

栗绛蚧为害状

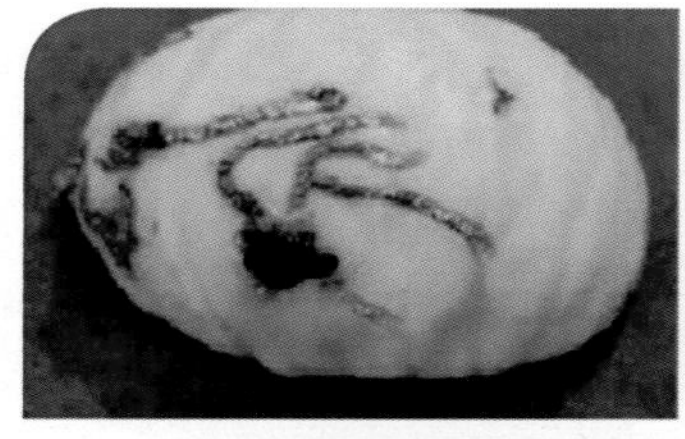

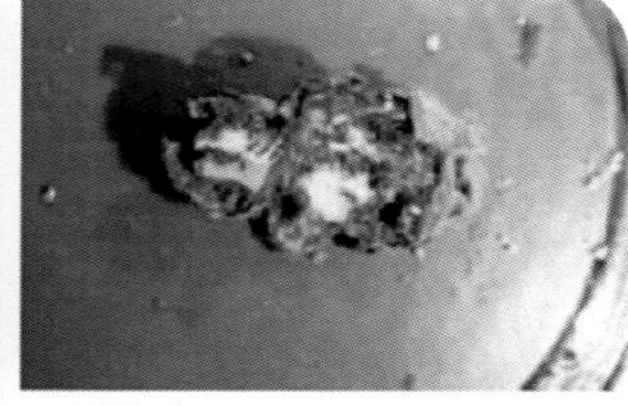

栗实象甲危害状

栗实象甲成虫

栗实象危害状

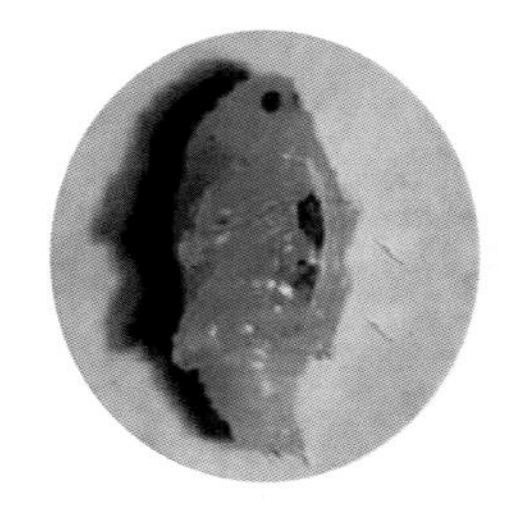

栗实象甲蛹

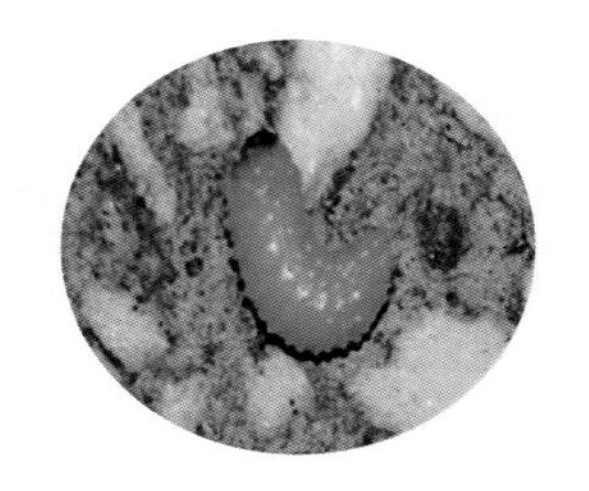

栗实象幼虫

栗雪片象

栗瘿蜂幼虫及危害状

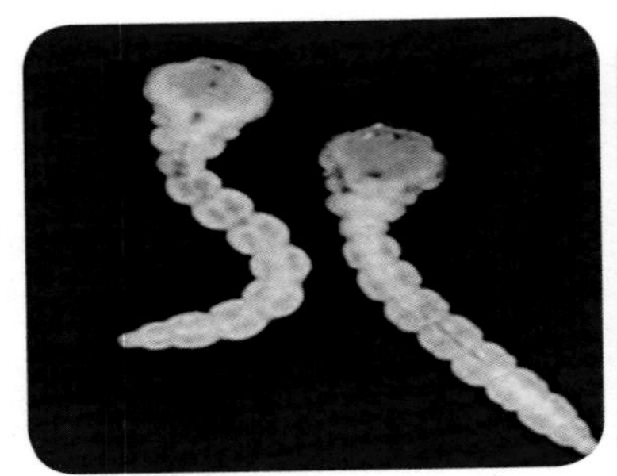

六星吉丁虫幼虫

六星吉丁虫成虫

木橑尺蛾幼虫

煤污病

七叶树溃疡病

七叶树炭疽病

蛴螬

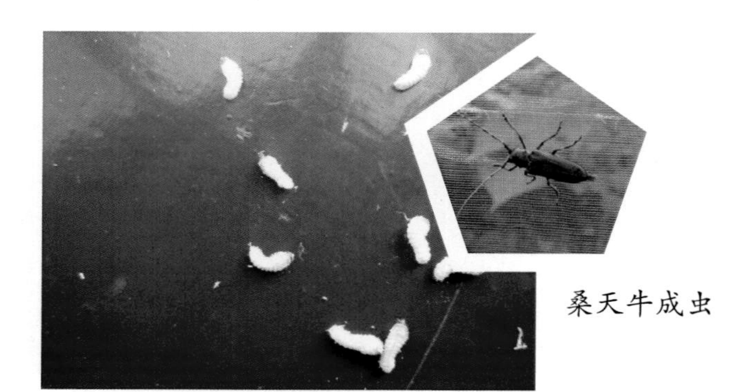
桑天牛成虫

桑天牛初孵幼虫

桑天牛刻槽状

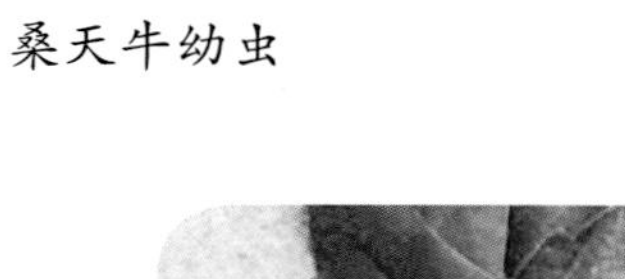
桑天牛幼虫

桑天牛幼虫为害状

山桐子炭疽病症状

山桐子猝倒病

柿角斑病

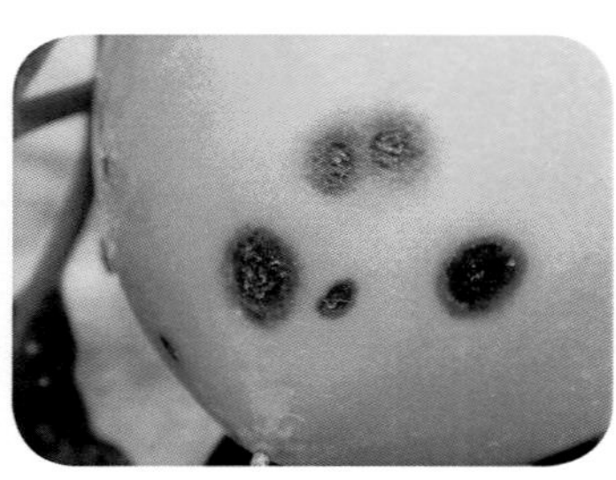
柿炭疽病

柿圆斑病

栓皮栎波尺蛾危害状

栓皮栎波尺蛾蛹

栓皮栎波尺蛾幼虫

桃蛀螟成虫

炭疽病枝上病斑

桃斑螟幼虫

桃蛀螟危害板栗

桃蛀螟危害状

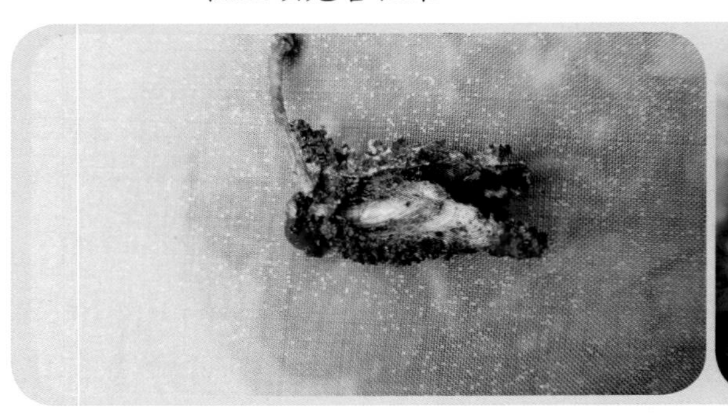

桃蛀螟蛹

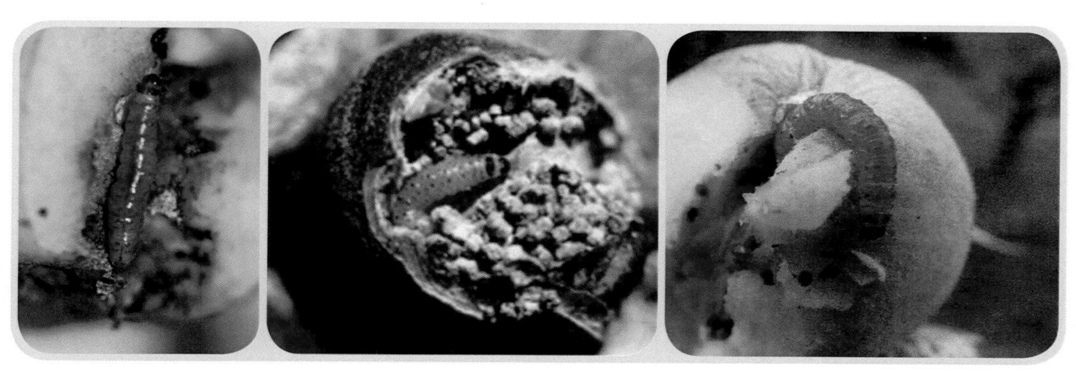

桃蛀螟幼虫

铜绿丽金龟成虫

花椒流胶病

乌桕大蚕蛾

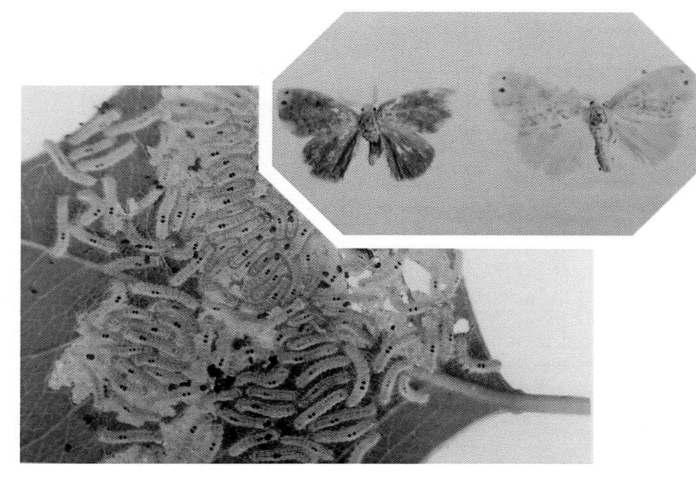

乌桕毒蛾

无花果炭疽病为害果实状

无花果炭疽病为害枝干状

舞毒蛾成虫及卵块

舞毒蛾蛹

舞毒蛾危害状

小地老虎幼虫

小地老虎成虫

小线角木蠹蛾成虫

小线角木蠹蛾幼虫排粪孔

锈病为害无花果叶片

旋皮夜蛾幼虫取食

元宝枫细蛾夏型成虫

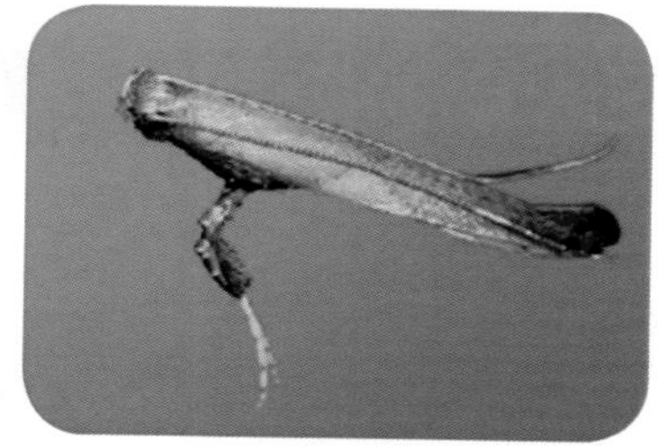

元宝枫细蛾冬型成虫

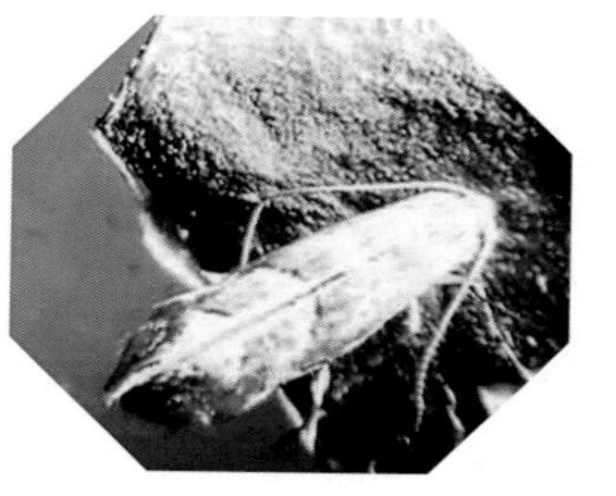

元宝枫细蛾幼虫

元宝枫细蛾幼虫为害元宝枫叶

元宝枫细蛾幼虫严重为害元宝枫

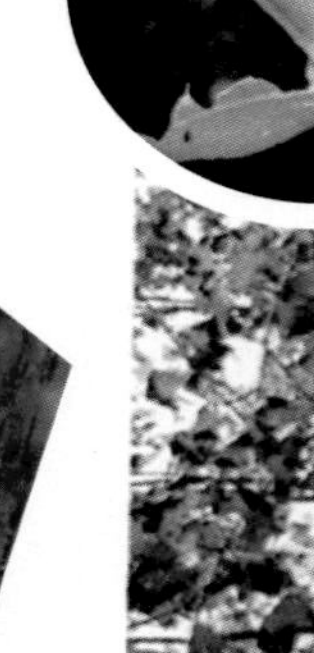

云斑白条天牛卵

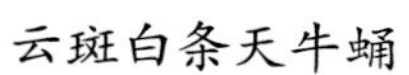

云斑白条天牛蛹

云斑白条天牛危害状

云斑天牛（卵）

云斑天牛蛹

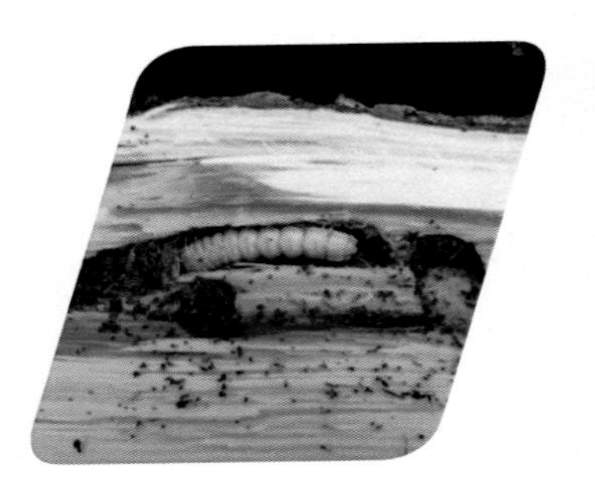

云斑天牛幼虫

云斑天牛幼虫危害状

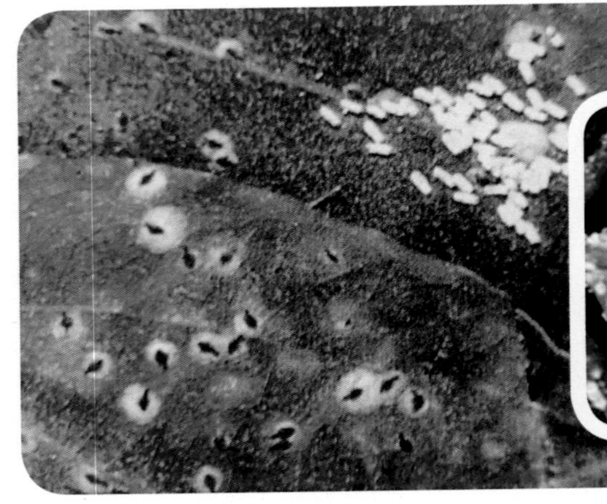

樟白轮蚧

樟叶瘤丛螟幼虫

樟叶瘤丛螟成虫

朱砂叶螨

紫纹羽病